全国高职高专建筑工程技术专业规划教材

建筑工程质量检验与安全管理

（第2版）

主　编　史美东

副主编　刘益民　刘礼军

黄河水利出版社

·郑州·

内 容 提 要

本书主要根据《建筑地基基础工程施工质量验收规范》(GB 50202—2002)、《混凝土结构工程施工质量验收规范》(GB 50204—2002(2010 年版))、《砌体结构工程施工质量验收规范》(GB 50203—2011)、《屋面工程质量验收规范》(GB 50207—2012)、《中华人民共和国安全生产法》、《安全生产许可证条例》、《建设工程安全生产管理条例》等编写而成。

本书主要介绍了建筑工程质量检验与安全管理方面的内容。全书分两篇,共 12 章,内容包括工程项目质量管理概述、建筑工程质量监督、工程质量验收与保修、建筑工程质量验收方法、地基与基础工程质量检验、混凝土结构工程质量检验、砌体结构工程质量检验、屋面工程质量检验、建筑工程项目安全管理概述、建筑工程安全生产管理体制、建筑工程安全生产管理制度、建筑工程安全技术等。书中提供了大量建筑工程质量检验、验收方面的表格和案例。书后还附有 3 个附录。

本书可作为高等院校相关专业的教材,亦可供相关专业的监理、施工、质检、安全等岗位的人员参考或作为岗位培训教材使用。

图书在版编目(CIP)数据

建筑工程质量检验与安全管理/史美东主编.—2 版.
—郑州:黄河水利出版社,2013.12 (2023.1 修订重印)
全国高职高专建筑工程技术专业规划教材
ISBN 978-7-5509-0656-3

Ⅰ.①建… Ⅱ.①史… Ⅲ.①建筑工程-工程质量-质量检验 ②建筑工程-安全管理 Ⅳ.①TU71

中国版本图书馆 CIP 数据核字(2013)第 298974 号

出 版 社:黄河水利出版社 网址:www.yrcp.com
地址:河南省郑州市顺河路黄委会综合楼 14 层 邮政编码:450003
发行单位:黄河水利出版社
发行部电话:0371-66026940、66020550、66028024、66022620(传真)
E-mail:hhslcbs@ 126.com
承印单位:河南承创印务有限公司
开本:787 mm×1 092 mm 1/16
印张:21
字数:511 千字
版次:2013 年 12 月第 2 版 印次:2023 年 1 月第 4 次印刷

定价:49.00 元

再版前言

高等职业教育培养的是高素质的技能型人才,并强调要以就业为导向,高职高专教育的人才培养模式应体现以培养技术应用能力为主线和全面推进素质教育的要求。教材建设是高职高专教育的一项重要的基础性工程,必须适应高职高专教育改革与发展的需要。但是,目前高职高专院校教学内容与学生就业实际脱节的情况还比较严重,建筑工程质量检验与安全管理方面的教材还比较缺乏。因此,我们在本书的编写过程中,注重理论联系实际,强调针对性、实用性和适应性,紧密结合现行建筑工程质量检验与安全管理方面的规范,并加入实际工程案例分析。坚持必需、够用的原则,使学生掌握必要的建筑工程质量检验与安全管理方面的知识,能较快地适应就业的需要。

本书第二版是根据《地下防水工程质量验收规范》(GB 50208—2011)、《混凝土结构工程施工质量验收规范》(GB 50204—2002(2010 年版))、《建筑地基基础工程施工质量验收规范》(GB 50202—2002)、《砌体结构工程施工质量验收规范》(GB 50203—2011)、《屋面工程质量验收规范》(GB 50207—2012)、《中华人民共和国安全生产法》、《安全生产许可证条例》、《建设工程安全生产管理条例》等编写的。

本书第一版深受广大兄弟院校欢迎, 改变了某些院校此类教材缺乏的局面,得到很多学校教师的支持和应用,教材有很好的专业适应性,取得了很好的社会效益。第二版更新了国内最新规范的内容,结合实际工程增加了丰富的案例分析,并进一步修订、丰富了有关章节的内容。

本书由史美东副教授担任主编,增编、修订内容的编写分工如下:第一、十、十一章由史美东、刘礼军编写,第九章由史美东、刘益民、刘礼军编写,第十二章第一、二、三节由史美东、刘益民编写。全书其余各章节内容均由史美东增编、修订。全书由史美东统稿。

限于编者的水平、时间和精力关系,书中难免有疏漏和不当之处,恳请广大同行和读者批评指正。若在本书中发现问题或对本书编写有意见和建议,请发到电子邮箱 ganghun@126. com。

史美东

2013 年 8 月

前 言

高等职业教育培养的是高素质的技能型人才，并强调要以就业为导向，高职高专教育的人才培养模式应体现以培养技术应用能力为主线和全面推进素质教育的要求。教材建设是高职高专教育的一项重要的基础性工程，必须适应高职高专教育改革与发展的需要。但是，目前高职高专院校教学内容与学生就业实际脱节的情况还比较严重，建筑工程质量检验与安全管理方面的教材还比较缺乏。因此，我们在本书的编写过程中，注重理论联系实际，强调针对性、实用性和适应性，紧密结合现行建筑工程质量检验与安全管理方面的规范，坚持必需、够用的原则，使学生掌握必要的建筑工程质量检验与安全管理方面的知识，能较快地适应就业的需要。

本书是根据《地下防水工程质量验收规范》（GB 50208—2002）、《混凝土结构工程施工质量验收规范》（GB 50204—2002）《建筑地基基础工程施工质量验收规范》（GB 50202—2002）、《砌体工程施工质量验收规范》（GB 50203—2002）、《施工现场临时用电安全技术规范》（JGJ 46—2005）、《中华人民共和国安全生产法》、《安全生产许可证条例》、《建设工程安全生产管理条例》等编写的。

本书编写分工如下：河南工业职业技术学院卢扬编写第一、二、三、四、八章，浙江水利水电专科学校史美东编写第五、七、十、十一章，甘肃工业职业技术学院刘益民编写第六、九章和第十二章的第一、二节，广西水利电力职业技术学院方崇编写第十二章的第三节至第十节。全书由史美东、卢扬担任主编，由方崇、刘益民担任副主编。

本书由史美东统稿，浙江工业大学史如平教授对本书的编写提供了宝贵的建议，卢扬协助校对了第十二章第五节至第十节，浙江水利水电专科学校杨吉、阮佳云、黄飞飞协助校对了部分内容，在此表示感谢。

限于编者的水平、时间和精力关系，书中难免有疏漏和不当之处，恳请读者批评指正。

编 者

2009 年 10 月

目　录

第二篇　建筑工程安全管理

第一篇　建筑工程质量检验

第一章　工程项目质量管理概述

第一节　质量管理的概念和发展

一、质量管理的概念

（一）质量管理

ISO（国际标准化组织）对质量的定义是：反映产品和服务满足顾客明确或隐含需要能力的特征或特性。质量的主体是实体，这个实体可以是客观实在的物质产品，如汽车、建筑等，也可以是无形的提供服务的一个活动或者过程，如专家咨询、就诊等。从定义上看，质量是满足顾客明确或隐含需要的能力，质量的主体只是这种能力的载体。例如：我们说一套房屋的质量好，包含着建造质量满意、户型合理以及价格在预期范围内等因素。

随着社会的发展，环境和资源问题的出现，人们逐渐认识到，产品和服务的质量不仅要满足顾客的需要，还要满足社会的需要，并使顾客、从业人员、业主、供方和社会都获益。因此，质量是一个全面的概念，不仅反映在产品和服务的理化特性上，还反映在一些产品和服务在市场经济条件下为满足顾客需要的特性上。不仅反映在产品和服务质量上，还反映在生产产品和实现服务的工序质量和工作质量上。

ISO 对质量管理的定义是：确定质量方针、目标和职责，并在质量体系中通过诸如质量策划、质量控制和质量改进使质量得以实现的全部管理活动。

我国国家标准 GB/T 19000—2000 质量管理体系基本概念和术语对质量管理的定义是：在质量方面指挥和控制组织的协调的活动。

质量管理的首要任务是确定质量方针、目标和职责，核心是建立有效的质量管理体系，通过具体的四项活动，即质量策划、质量控制、质量保证和质量改进，确保质量方针、目标的实施和实现。

（二）质量策划

我国国家标准 GB/T 19000—2000 对质量策划的定义是：质量管理的一部分，致力于制订质量目标并规定必要的运行过程和相关数据以实现质量目标。规定了质量目标后，就要考虑为达到质量目标应采取什么措施和提供什么必要条件，并把相应活动的职责落实到部门或岗位，这些活动均是质量策划的活动。

必须注意质量策划与质量计划的差别：质量策划强调的是一系列活动，而质量计划是质量策划的结果之一，通常是一种书面文件。

（三）质量控制

我国国家标准 GB/T 19000—2000 对质量控制的定义是：质量管理的一部分，致力于满足质量要求。

质量控制的目标就是确保产品的质量满足顾客、法律法规等方面所提出的质量要求。质量控制要贯穿于项目施工的全过程，包括施工准备阶段、施工阶段和交工验收阶段等。

质量控制具有动态性，因为质量要求随时间的进展而在不断变化，为了满足不断更新的质量要求，对质量控制又要提出新的任务。

（四）质量保证

我国国家标准 GB/T 19000—2000 对质量保证的定义是：质量管理中致力于对确保产品达到质量要求而提供信任的工作。质量保证可分为内部质量保证和外部质量保证。内部质量保证是为使项目经理确信本工程项目质量或服务质量满足规定要求所进行的活动，它是项目质量管理职能的一个组成部分，其目的是使项目经理对本工程项目的质量放心。外部质量保证是向顾客或第三方认证机构提供信任，这种信任表明企业（或项目）能够按规定的要求，保证持续稳定地向顾客提供合格产品，同时也向认证机构表明企业的质量管理体系符合 GB/T 19000—2000 的标准要求，并且能有效运行。

（五）质量改进

我国国家标准 GB/T 19000—2000 对质量改进的定义是：质量管理的一部分，致力于增强满足质量要求的能力。

质量改进对质量要求可以是有关任何方面的，如有效性、效率或可追溯性。

（六）质量管理体系

我国国家标准 GB/T 19000—2000 对质量管理体系的定义是：在质量方面指挥和控制组织的管理体系。

一个组织可以建立一个综合的管理体系，这个综合的管理体系可包括若干个不同的管理体系，如质量管理体系、环境管理体系和安全管理体系等。

二、质量管理的发展

随着科学技术的发展和市场竞争的需要，质量管理已越来越为人们所重视，并逐渐发展成为一门新兴的学科。最早提出质量管理的国家是美国。日本在第二次世界大战后引进美国的一整套质量管理技术和方法，并结合本国实际将其向前推进，使质量管理走上了科学的道路，取得了世界瞩目的成绩。质量管理作为企业管理的有机组成部分，它的发展也是随着企业管理的发展而发展的，其产生、形成、发展和日益完善的过程大体经历了以下几个阶段。

（一）质量检验阶段（20 世纪 20 ~ 40 年代）

20 世纪前，主要是手工作业和个体生产方式，依靠生产操作者自身的手艺和经验来保证质量，只能称为“操作者质量管理”时期。进入 20 世纪，由于资本主义生产力的发展，机器化大生产方式与手工作业的管理制度的矛盾，阻碍了生产力的发展，于是出现了管理革命。美国的泰勒研究了从工业革命以来的大工业生产的管理实践，创立了“科学管理”的新理论。他提出了计划与执行、检验与生产的职能需要分开的主张,即企业中应设置专职的质量检验部门和人员从事质量检验,这使产品质量有了基本保证,对提高产品质量、防止不合格产品出厂或流入下一道工序有积极的意义。这种制度把过去的"操作者的质量管理"变成了"检验员的质量管理",标志着进入了质量检验阶段。由于这个阶段的特点是质量管理单纯依靠事后检查、剔除废品,因此它的管理效能有限。按现在的观点来看,它只是质量管理中的一个必不可少的环节。

1924 年,美国统计学家休哈特提出了"预防缺陷"的概念。他认为,质量管理除事后检查外,还应做到事先预防,在有不合格产品出现的苗头时,就应发现并及时采取措施予以制止。他创造了统计质量控制图等一套预防质量事故的理论。与此同时,还有一些统计学家提出了抽样检验的办法,把统计方法引入了质量管理领域,使得检验成本得到降低,但由于当时不为人们充分认识和理解,故未得到真正执行。

(二)统计质量管理阶段(20 世纪 40 ~ 50 年代)

第二次世界大战初期,由于战争的需要,美国许多民用生产企业转为军用生产企业。由于事先无法控制产品质量,废品量很大,耽误了交货期,甚至因军火质量差而发生事故。同时,军用品的质量检验大多属于破坏性检验,不可能进行事后检验,于是人们采用了休哈特的"预防缺陷"的理论。美国国防部请休哈特等研究制定了一套美国战时质量管理方法,强制生产企业执行。这套方法主要是采用统计质量控制图,了解质量变动的先兆,进行预防,使不合格产品率大为下降,对保证产品质量起到了较好的作用。这种用数理统计方法来控制生产过程影响质量的因素,把单纯的质量检验变成了过程管理,使质量管理从"事后"转入了"事中",比单纯的质量检验进了一大步。第二次世界大战后,许多工业发达国家的生产企业也纷纷采用和仿效这种质量管理模式,但因为对数理统计知识的掌握有一定的要求,在过分强调的情况下,给人们以统计质量管理是少数数理统计人员责任的错觉,而忽略了广大生产与管理人员的作用,结果是既没有充分发挥数理统计方法的作用,又影响了管理功能的发展,把数理统计在质量管理中的应用推向了极端。到了 20 世纪 50 年代,人们认识到统计质量管理方法并不能全面保证产品质量,进而导致了"全面质量管理"新阶段的出现。

(三)全面质量管理阶段(20 世纪 60 年代以后)

20 世纪 60 年代以后,随着社会生产力的发展和科学技术的进步,经济上的竞争也日趋激烈,特别是一大批高安全性、高可靠性、高科技和高价值的技术密集型产品和大型复杂产品的质量在很大程度上依靠对各种影响质量的因素加以控制,才能达到设计标准和使用要求。人们对控制质量的认识有了深化,意识到单纯靠统计检验手段已不能满足要求,大规模的工业化生产,质量保证除与设备、工艺、材料、环境等因素有关外,还与职工的思想意识、技术素质,企业的生产技术管理等息息相关。同时,检验质量的标准与用户所需要的功能标准之间也存在时差,必须及时地收集反馈信息,修改制定满足用户需要的质量标准,使产品具有竞争性。20 世纪 60 年代,美国的菲根堡姆首先提出了较系统的全面质量管理的概念,其中心思想是,数理统计方法是重要的,但不能单纯依靠它,只有将它与企业管理结合起来,才能保证产品质量,这一理论很快应用于不同行业生产企业(包括服务行业和其他行业)的质量工作。此后,这一概念通过不断完善,便形成了今天的全面质量管理。

全面质量管理阶段的特点是针对不同企业的生产条件、工作环境及工作状态等多方面因素的变化,把组织管理、数理统计方法以及现代科学技术、社会心理学、行为科学等综合运用于质量管理，建立适用和完善的质量工作体系，对每一个生产环节加以管理，做到全面运行和控制。通过改善和提高工作质量来保证产品质量；通过对产品的形成和使用全过程的管理来全面保证产品质量；通过形成生产（服务）企业全员、全企业、全过程的质量工作系统，建立质量体系以保证产品质量始终满足用户需要，使企业用最少的投入获取最佳的效益。

全面质量管理的核心是“三全”管理，全面质量管理的基本观点是全面质量的观点、为用户服务的观点、预防为主的观点、用数据说话的观点，全面质量管理的基本工作方法是PDCA循环法。

1.“三全”管理的概念

所谓“三全”管理，主要是指全过程、全员、全企业的质量管理。

1）全过程的质量管理

全过程是指一个工程项目从立项、设计、施工到竣工验收的过程，或指工程项目施工的全过程，即从施工准备、施工实施、竣工验收直到回访保修的全过程。全过程管理就是对每一道工序都要有质量标准，严把质量关，防止不合格产品流入下一道工序。

2）全员的质量管理

要使每一道工序质量都符合质量标准，必然要求每一位职工都必须具有强烈的质量意识和优秀的工作质量。因此，全员质量管理要强调企业的全体员工用自己的工作质量来保证每一道工序质量。

3）全企业的质量管理

所谓“全企业”主要是从组织管理来理解的。在企业管理中，每个管理层次都有相应的质量管理活动，不同层次的质量管理活动的重点不同，上层（决策层）侧重于决策与协调，中层（管理层）侧重于执行其质量职能，基层侧重于严格按技术标准和操作规程进行施工。

2.全面质量管理的基本观点

1）全面质量的观点

全面质量的观点是指除要重视产品本身的质量特性外，还要特别重视数量（工程量）、交货期（工期）、成本（造价）和服务（回访保修）的质量以及各部门、各环节的工作质量。把产品质量建立在企业各个环节的工作质量的基础上，用科学技术和高效的工作质量来保证产品质量。因此，全面质量管理要有全面质量的观点，才能在企业中建立一个比较完整的质量保证体系。

2）为用户服务的观点

为用户服务就是要满足用户的期望，让用户得到满意的产品和服务，把用户的需要放在第一位，不仅要使产品质量达到用户的要求，而且要价廉物美、供货及时、服务周到，要根据用户的需要，不断提高产品的技术性能和质量标准。

3）预防为主的观点

工程质量是在施工过程中形成的，而不是检查出来的。因此，全面质量管理中的全过程质量管理就是强调各道工序、各个环节都要采取预防性控制措施，重点控制影响质量的因素，把各种可能产生质量隐患的苗头消灭在萌芽之中。

4）用数据说话的观点

资料是质量管理的基础，是科学管理的依据。一切用数据说话，就是用数据来区别质量标准;用数据来寻找质量波动的原因,揭示质量波动的规律;用数据来反映客观事实,分析质量问题,把管理工作定量化,以便于及时采取对策、措施,对质量进行动态控制,这是科学管理的重要标志。

3. 全面质量管理的工作方法

在全面质量管理工程中,全员参与的管理主要是通过 QC 小组(质量管理小组)来实现的。QC 小组是由一线工作人员和现场管理人员,有时还包括来自更高层的专家组成,针对某一具体质量问题,开展质量控制与改进活动的团队。因为 QC 小组的质量管理活动直接来源于小组成员的工作,活动目标也是对该项工作质量的改进,开展质量管理活动所需的额外资源一般所需不多,因此对工作质量改进的效果比较明显。

全面质量管理的基本方法中,统计方法是重要的组成部分,除此之外,还有很多非统计方法。常用的质量管理方法有因果图、排列图、直方图、控制图、散布图、分层图、调查表等,此外还有很多新发展起来的工具和方法。

全面质量管理的基本工作方法是 PDCA 循环法。美国质量管理专家戴明博士把全面质量管理活动的全过程划分为计划、实施、检查、处理四个阶段,即按计划(Plan)→实施(Do)→检查(Check)→处理(Action)四个阶段周而复始地进行质量管理,这四个阶段不断循环下去,故称 PDCA 循环,它是提高产品质量的一种科学管理工作方法,称为“戴明环”。PDCA 循环实际上就是认识→实践→再认识→再实践的过程。做任何工作总有一个设想、计划或初步打算,然后根据计划去实施。在实施过程中或进行到某一阶段,要把实施结果与原来的设想、计划进行对比,检查计划执行的情况,最后根据检查的结果来改进工作,总结经验教训,或者修改原来的设想,制订新的工作计划。这样,通过一次次的循环,便能把质量管理活动推向一个新的高度,使产品质量不断得到改进与提高。

全面质量管理活动的运转离不开管理循环的转动,改进与解决质量问题、赶超先进水平的各项工作,都要运用 PDCA 循环的科学程序。为了保证 PDCA 循环的有效运转,一般把循环工作进一步细化为以下八个步骤。

(1)分析现状,找出存在的质量问题。

(2)分析产生质量问题的原因和影响因素。

(3)找出影响质量的主要因素。

(4)针对影响质量的主要因素,制定措施,提出行动计划,并预计改进的效果。所提出的措施和计划必须明确具体,且能回答下列问题:为什么要制定措施和计划?预期能达到什么质量效果?在什么范围内、由哪个部门、由谁去执行?什么时候开始?什么时候完成?如何去执行?等等

(5)质量目标措施或计划的实施,这是“执行”阶段。

(6)调查采取改进措施以后的效果,这是“检查”阶段。

(7)总结经验,把成功和失败的原因系统化、规范化,使之形成标准或制度,纳入到有关质量管理的规定中去。

(8)提出尚未解决的问题,转入下一个循环。

最后两个步骤属于“处理”阶段。

(四)质量管理与质量保证标准的形成

近 30 年来国际化的市场经济迅速发展,国际间商品和资本的流动空间增长,国际间的

经济合作、依赖和竞争日益增强,有些产品已超越国界形成国际范围的社会化大生产。为了解决国际间质量争端,消除和减少技术壁垒,有效地开展国际贸易,加强国际间技术合作,统一国际间工程质量语言,制定共同遵守的国际规范,各国政府、企业和消费者都需要一套通用的、具有灵活性的国际质量保证模式。在总结发达国家质量工作经验的基础上,20 世纪 70 年代末,国际标准化组织着手制定国际通用的质量管理和质量保证标准。1980 年 5 月,国际标准化组织的质量保证技术委员会在加拿大应运而生。它通过总结各国质量管理经验,于 1987 年 3 月制定和颁布了 ISO 9000 系列质量管理及质量保证标准,此后又不断对它进行补充、完善。标准一经发布,相当多的国家和地区表示欢迎,等同或等效采用该标准,指导企业开展质量管理工作。

质量管理与质量保证的概念和理论是在质量管理发展前三个阶段的基础上逐步形成的,是市场经济和社会化大生产发展的产物,是与现代生产规模、条件相适应的质量管理工作模式。因此,ISO 9000 系列标准的诞生,顺应了消费者的要求,为生产方提供了当代企业寻求发展的途径,有利于一个国家对企业的规范化管理,更有利于国际间贸易和生产合作。它的诞生顺应了国际经济发展的形势,适应了企业和顾客及其他受益者的需要,因而它的诞生具有必然性。

第二节 工程项目质量管理

一、工程项目质量

工程项目质量是国家现行的有关法律、法规、技术标准、设计文件及工程合同中对工程安全、适用、经济、美观等特性的综合要求。工程项目一般都是按照合同条件承包建设的,因此工程项目质量是在“合同环境”下形成的。合同条件中对工程项目的功能、使用价值及设计、施工质量等的明确规定都是业主的需要,因而都是质量的内容。

从功能和使用价值来看,工程项目质量又体现在适用性、可靠性、经济性、外观质量与环境协调等方面。由于工程项目是根据业主的要求而兴建的,不同的业主就有不同的功能要求,所以工程项目的功能与使用价值的质量是相对于业主的需要而言的,并无一个固定和统一的标准。

任何工程项目都是由分项工程、分部工程和单位工程所组成的,而工程项目的建设则是通过一道道工序来完成的,是在工序中创造的。所以,工程项目质量包含工序质量、分项工程质量、分部工程质量和单位工程质量。

工程项目质量不仅包括活动或过程的结果,还包括活动或过程本身,即还要包括生产产品的全过程。因此,工程项目质量应包括如下工程建设各个阶段的质量及其相应的工作质量:

(1)工程项目决策质量;

(2)工程项目设计质量;

(3)工程项目施工质量;

(4)工程项目回访保修质量。

各阶段的质量内涵可以概括为表 1-1。

表 1-1 工程建设各阶段的质量内涵

工程项目质量形成的各阶段	工程项目质量在各阶段的内涵	合同环境下满足需要的主要规定
决策阶段	(1)可行性研究 (2)工程项目投资决策	国家的发展规划或业主的需求
设计阶段	(1)功能、使用价值的满足程度 (2)工程设计的安全、可靠性 (3)自然及社会环境的适应性 (4)工程概(预)算的经济性 (5)设计进度的时间性	工程建设勘察、设计合同及有关法律法规
施工阶段	(1)功能、使用价值的实现程度 (2)工程的安全、可靠性 (3)自然及社会环境的适应性 (4)工程造价的控制状况 (5)施工进度的时间性	工程建设施工合同及有关法律、法规
保修阶段	保持或恢复原使用功能的能力	工程建设施工合同及有关法律、法规

工程项目质量也包含工作质量,工作质量是指参与工程的建设者为了保证工程项目质量所从事工作的水平和完善程度。工作质量包括:社会工作质量,如社会调查、市场预测、质量回访和保修服务等;生产过程工作质量,如政治工作质量、管理工作质量、技术工作质量和后勤工作质量等。工程项目质量的好坏是决策、计划、勘察、设计、施工等单位各方面各环节工作质量的综合反映,而不是单纯靠质量检验检查出来的。要保证工程项目的质量,就要求有关部门和人员精心工作,对决定和影响工程质量的所有因素严加控制,即通过提高工作质量来保证和提高工程项目的质量。

二、项目质量管理的概念

现代项目管理中的质量管理是为了保障项目的产出物能够满足项目业主、客户以及项目各方面相关利益者的需要所开展的对于项目产出物的质量和项目工作质量的全面管理工作。

项目质量管理认为下述理念至关重要:

(1)使顾客满意是质量管理的目的。

(2)质量是干出来的不是检验出来的。

(3)质量管理是全体员工的责任。

(4)质量管理的关键是不断地改进和提高。

三、影响工程质量的因素及施工生产要素的质量控制

(一)影响工程质量的因素

影响工程质量的因素主要有“人(Man)、材料(Material)、机械(Machine)、方法(Method)

和环境(Environment)”等五个方面(4M1E)。

(1)人是指直接参与工程建设的决策者、组织者、指挥者和执行者。质量问题的主要原因是人,有许多属于技术、管理、环境等原因造成的质量问题,最终常常归结到人的身上。作为控制的对象,人应该避免产生错误或过失;作为控制的动力,应该充分调动人的积极性。工程实践中增强人的责任感和质量观,通过工作质量的改善和提高来保证工程质量。最关键的是要求所有项目管理人员具有良好的素质(如良好的职业道德、工作热情、敬业精神、讲究诚实信用、具有团队精神等)、能力(较丰富的工作经验和经历、人事能力、组织管理能力等)和知识(学历、专业知识、较宽的知识面)。

(2)材料是工程项目施工的物质条件,是工程质量的基础。材料的质量直接影响工程的质量,加强材料的质量是提高工程质量的重要保证。

(3)方法包含工程项目整个建设周期内所采取的技术方案、工艺流程、组织措施、计划与控制手段、检验手段、施工方案等各种技术方法。方法是实现工程项目的重要手段,无论工程项目采取哪种技术、工具、措施,都应该以确保质量为目的。

(4)机械设备包括生产机械设备和施工机械设备两大类。生产机械设备是工程项目的组成部分,施工机械设备是工程项目实施的重要物质基础。在质量控制过程中,要根据设备的造型、主要性能参数、适用与操作要求,对设备的购置、检查验收、安装质量和试车运转加以控制,以保证工程项目质量目标的实现。

(5)影响工程项目的环境因素很多,如社会环境、工程技术环境、工程管理环境、劳动环境等。环境因素对工程质量的影响,具有复杂多变以及不确定性的特点。

对环境因素的控制,关键是充分调查研究,及时做出预报和预测,针对各个不利因素以及可能出现的情况,做好相应预测,及时采取对策和应对措施。

(二)施工生产要素的质量控制

施工生产要素的质量控制实际就是对“人(Man)、材料(Material)、机械(Machine)、方法(Method)和环境(Environment)”这五个方面的控制。

(1)人:人是劳动的主体,劳动主体的质量直接影响工程的全过程和全面的质量。劳动主体的质量包括参与工程各类人员的生产技能、文化素养、生理体能、心理行为等方面的个体素质及经过合理组织充分发挥其潜在能力的群体素质。因此,企业应通过择优录用、加强思想教育及技能方面的教育培训;合理组织、严格考核,并辅以必要的激励机制,使企业员工的潜在能力得到最好的组合和充分的发挥,从而保证劳动主体在质量控制系统中发挥主体自控作用。

施工企业控制必须坚持对所选派的项目领导者、组织者进行质量意识教育和组织管理能力训练,坚持对分包商的资质考核和施工人员的资格考核,坚持工种按规定持证上岗制度。

(2)材料:材料是劳动对象,包括原材料、半成品、设备等。原材料、半成品、设备是构成工程实体的基础,其质量是工程项目实体质量的组成部分,加强原材料、半成品及设备的质量控制,不仅是提高工程质量的必要条件,也是实现工程项目投资目标和进度目标的前提。

对原材料、半成品及设备进行质量控制的主要内容为:控制材料设备性能、标准与设计文件的相符性;控制材料设备各项技术性能指标、检验测试指标与标准要求的相符性;控制材料设备进场验收程序及质量文件资料的齐全程度等。

施工企业应在施工过程中贯彻执行企业质量程序文件中明确材料设备在封样、采购、进场检验、抽样检测及质保材料提交等一系列明确规定的控制标准。

(3)机械:机械是指施工设备,其质量影响工程施工过程的质量水平。施工设备的控制主要内容包括:

①对施工所用的机械设备,包括起重设备、各项加工机械、专项技术设备、检查测量仪表设备及人货两用电梯等,应根据工程需要从设备选型、主要性能参数及使用操作要求等方面加以控制。

②对施工方案中选用的模板、脚手架等施工设备,除按适用的标准定型选用外,一般需按设计及施工要求进行专项设计,对其设计方案及制作质量的控制及验收应作为重点进行控制。

③按现行施工管理制度要求,工程所用的施工机械、模板、脚手架,特别是危险性较大的现场安装的起重机械设备,不仅要对其设计安装方案进行审批,而且安装完毕交付使用前必须经专业管理部门的验收,合格后方可使用。同时,在使用过程中尚需落实相应的管理制度,以确保其安全正常使用。

(4)方法:方法是指施工工艺。施工工艺的先进合理是直接影响工程质量、工程进度及工程造价的关键因素,施工工艺的合理可靠还直接影响到工程施工安全。因此,在工程项目质量控制系统中,制定和采用先进合理的施工工艺是工程质量控制的重要环节。对施工方案的质量控制主要包括以下内容:

①全面正确地分析工程特征、技术关键及环境条件等资料,明确质量目标、验收标准、控制的重点和难点;

②制定合理有效的施工技术方案和组织方案,前者包括施工工艺、施工方法;后者包括施工区段划分、施工流向及劳动组织等;

③合理选用施工机械设备和施工临时设施,合理布置施工总平面图和各阶段施工平面图;

④选用和设计保证质量和安全的模具、脚手架的施工设备;

⑤编制工程所采用的新技术、新工艺、新材料的专项技术方案和质量管理方案;

⑥为确保工程质量,尚应针对工程具体情况,编写气象、地质等环境不利因素对施工的影响及对策。

(5)环境:环境是指施工环境。施工环境因素主要包括地质水文状况、气象变化及其他不可抗力因素,以及施工现场的通风、照明、安全卫生防护设施等劳动作业环境等内容。施工环境因素对工程施工的影响一般难以避免。要消除其对施工质量的不利影响,主要是采取预测预防的控制方法。

①对地质水文等方面影响因素的控制,应根据设计要求,分析地基地质资料,预测不利因素,并会同设计等方面采取相应的措施,如降水、排水加固等技术控制方案;

②对天气气象方面的不利条件,应在施工方案中制定专项施工方案,明确施工措施,落实人员、器材等方面各项准备以紧急应对,从而控制其对施工质量的不利影响;

③对施工环境因素造成的施工中断,往往也会对工程质量造成不利影响,必须通过加强管理、调整计划等措施加以控制。

四、施工质量控制

（一）施工质量控制的目标

施工质量控制的总体目标是贯彻执行建筑工程质量法规和强制性标准，正确配置施工生产要素，采用科学管理的方法，实现工程项目预期的使用功能和质量标准。这是建筑项目参与各方的共同责任。

（1）建设单位的质量控制目标是通过施工全过程的全面质量监督管理、协调和决策，保证竣工项目达到投资决策所确定的质量标准。

（2）设计单位在施工阶段的质量控制目标，是通过对施工质量的验收签证、设计变更控制及纠正施工中所发现的设计问题，采纳变更设计的合理化建议等，保证竣工项目的各项施工结果与设计文件（包括变更文件）所规定的标准相一致。

（3）施工单位的质量控制目标是通过施工全过程的全面质量自控，保证交付满足施工合同及设计文件所规定的质量标准（含工程质量创优要求）的建筑工程产品。

（4）监理单位在施工阶段的质量控制目标是，通过审核施工质量文件、报告报表及现场旁站检查、平行监测、施工指令和结算支付控制等手段的应用，监控施工承包单位的质量活动行为，协调施工关系，正确履行工程质量的监督责任，以保证工程质量达到施工合同及设计文件所规定的质量标准。

（二）工程项目质量计划

1. 工程项目质量计划的概念

工程项目质量计划是指为确定项目应该达到的质量标准和如何达到这些项目质量标准而做的项目质量的计划与安排。

工程项目质量是国家现行的有关法律、法规、技术标准、设计文件及工程合同中对工程安全、使用、经济、美观等特性的综合要求。它是在“合同环境”下形成的，合同条件中对工程项目的功能、使用价值以及设计、施工质量有明确要求，是工程项目质量的内容。

工程项目的质量包括几个方面的质量特性，而且由于工程项目是一次性的，其质量的定义是一个渐进的过程。在项目初期，质量目标（功能、技术要求等）的定义不是很清楚，而且项目质量管理与企业生产质量管理有很大的区别，所以工程项目质量管理是一项十分困难的工作。特别是在项目管理目标系统中，当出现工期拖延、成本超支等情况时，质量目标往往成为牺牲品而受到削弱。因此，制定出一套切实可行的工程项目质量计划是很有必要的。

2. 制定工程项目质量计划的方法

（1）成本/收益分析法。也叫经济质量法，这种方法要求在制定工程项目质量计划时必须同时考虑工程项目质量的经济性。任何工程项目的质量管理都需要开展两个方面的工作，一是质量保障工作，二是质量检验与恢复工作。前者产生工程项目质量保障成本，后者产生工程项目质量检验和纠偏成本。工程项目质量计划的成本/收益分析法就是合理安排这两种工程项目质量成本，以使工程项目质量总成本相对最低。

（2）质量标杆法。这是指利用其他工程项目实际或计划的项目质量管理结果或计划，作为新项目的质量比照目标，通过对照比较制订出新项目质量计划的方法。

（3）流程图法。流程图法是用于表达一个项目的工作过程和项目不同部分之间相互联系，通常它也被用于分析和确定项目实施的过程，同时它也是一种项目质量计划的有效方法。

(4)实验设计法。运用实验设计信息是一种计划安排的分析技术,它有助于识别在多种变量中,何种变量对项目成果的影响最大,从而找出项目质量的关键因素以指导项目质量计划的编制。

(三)施工质量控制的程序

依据制定的工程项目质量计划,施工单位可以开展项目内部的质量控制工作,即施工质量控制。施工质量控制是承包商方面的质量控制,是项目内部自身的控制,主要是按照相关的途径和工作程序,根据合同文件、设计图纸等对项目生产过程及各环节的实施质量进行全过程、全面的质量监督与检查,保证施工质量达到要求的标准,反映在施工过程中的工序、工艺及生产流程等方面,是最终形成工程产品质量和使用价值的环节。

施工质量控制的程序是在工程项目施工过程中,必须对工程建设对象的施工生产进行全过程、全面的质量监督、检查与控制,对生产中各环节、中间产品进行监督、检查与验收。在每项工程开始前,必须做好准备工作,对施工计划、工作顺序安排、人员、机械设备配置、材料准备等进行合理安排。在施工过程中,必须加强内部质量管理,每道工序应按规定工艺和技术要求进行施工,并进行自检。只有上一道工序确认质量合格后,才能进行下一道工序施工。通过工序、单项工程及整个工程项目的质量控制,才能实现项目的最终产品质量控制。

(四)施工质量控制的过程

施工质量控制的中心任务是要通过建立健全有效的质量监督工作体系,确保工程质量达到合同规定的标准和等级要求。根据工程质量形成的时间和阶段,施工质量控制可分为质量的事前控制、事中控制和事后控制。其中,工作的重点应是质量的事中控制。

1. 质量的事前控制

施工前准备阶段的质量控制是各项工程项目对象正式施工活动开始前对各项准备工作及影响质量的各因素及相关方面进行的质量控制。主要包括:

①确定质量目标,明确质量要求。

②建立本项目的质量监督体系。

③项目场地质检验收。

④建立完善质量保证体系。

⑤检查工程使用的原材料、半成品。

⑥施工机械的质量检查。

⑦审查施工单位提交的施工组织设计或施工方案。

2. 质量的事中控制

所有与施工过程有关方面的质量控制,包括对其中的产品(如工序产品、流程、工艺或分部、分项工程产品)的质量控制,主要包括:

①施工工艺过程质量控制:现场检查、旁站、量测、试验。

②工序交接检查:坚持上道工序不经过检查验收不准进行下道工序的原则,检验合格后经签署认可才能进行下道工序。

③隐蔽工程的检查验收。

④做好设计变更及技术核定的处理工作。

⑤工程质量事故处理:分析质量事故的原因、责任;审核、批准处理工程质量事故的技术

措施或方案；检查处理措施的效果。

⑥进行质量、技术鉴定。

⑦建立质量监督日志。

⑧组织现场质量协调会。

3. 质量的事后控制

质量的事后控制是指对施工过程中完成的具有独立功能和使用价值的最终产品（单项工程或整个工程项目）及其相关产品（如质量文件、文档等）的质量进行控制，主要内容包括：

①组织试车运行。

②组织单位、单项工程竣工验收。

③组织对工程项目进行质量评定。

④审核竣工图及其他技术文件资料。

⑤整理工程技术文件资料，建立文件档案。

工程项目的建设过程是十分复杂的，施工质量控制过程既有施工承包方的质量控制职能，也有业主方、设计方、监理方、供应方及政府的工程质量监督部门的控制职能，他们具有各自不同的地位、责任和作用。

（五）施工作业过程的质量控制

建筑工程施工项目是由一系列相互关联、相互制约的作业过程（工序）所构成，控制工程项目施工过程的质量，必须控制全部作业过程，即各道工序的施工质量。施工作业过程质量控制的基本程序如下：

（1）进行技术交底，包括作业技术要领、质量标准、施工依据、与前后工序的关系等。

（2）检查施工工序、程序的合理性、科学性，防止工序流程错误，导致工序质量失控。检查内容包括：施工总体流程和具体施工作业的先后顺序，在正常情况下，要坚持先准备后施工、先深后浅、先土建后安装、先验收后交工等。

（3）检查工序施工条件，即每道工序投入的材料，使用的工具、设备以及操作工艺及环境条件等是否符合施工组织设计的要求。

（4）检查工序施工中人员操作程序、操作质量是否符合质量规程要求

（5）检查工序施工中间产品的质量，即工序质量、分项工程质量。

（6）对工序质量符合要求的中间产品（分项工程）及时进行工序验收或隐蔽工程验收。

（7）质量合格的工序经验收后可进入下道工序施工，未经验收合格的工序，不得进入下道工序施工。

五、工程建设各阶段对质量形成的影响

要实现对工程项目质量的控制，就必须严格执行工程建设程序，对工程建设过程中各个阶段的质量严格控制。工程建设的不同阶段，对工程项目质量的形成起着不同的作用和影响，具体表现在以下几个方面。

（一）项目可行性研究对工程项目质量的影响

项目可行性研究是运用技术经济学原理，在对投资建议有关的技术、经济、社会、环境等所有方面进行调查研究的基础上，对各种可能的拟建方案和建成投产后的经济效益、社会效

益和环境效益等进行技术经济分析、预测和论证,确定项目建设的可行性,并在可行的情况下提出最佳建设方案作为决策、设计的依据。在此阶段,需要确定工程项目的质量要求,并与投资目标相协调。因此,项目的可行性研究直接影响项目的决策质量和设计质量,这就要求项目可行性研究应对以下内容进行分析论证:

(1)建设项目的生产能力、产品类型适合和满足市场需求的程度。

(2)建设地点(或厂址)的选择是否符合城市、地区总体规划的要求。

(3)资源、能源、原料供应的可靠性。

(4)工程地质、水文地质、气象等自然条件的良好性。

(5)交通运输条件是否有利生产、方便生活。

(6)治理"三废"、文物保护、环境保护等的相应措施是否完善。

(7)生产工艺、技术是否先进、成熟,设备是否配套。

(8)确定的工程实施方案和进度表是否配套。

(9)投资估算和资金筹措是否符合实际。

(二)项目决策阶段对工程项目质量的影响

项目决策阶段主要是确定工程项目应达到的质量目标及水平。对于工程项目建设,需要控制的总体目标是投资、质量和进度,它们三者之间是互相制约的。要做到投资、质量、进度三者之间协调统一,达到业主最为满意的质量水平,则应通过可行性研究和多方案论证来确定。因此,项目决策阶段是影响工程质量的关键阶段,要能充分反映业主对质量的要求和意愿。在进行项目决策时,应从整个国民经济的角度出发,根据国民经济发展的长期计划和资源条件,有效地控制投资规模,以确定工程项目最佳的投资方案、质量目标和建设周期,使工程项目的预定质量标准在投资和进度目标下能顺利实现。

(三)工程项目设计阶段对工程项目质量的影响

工程项目设计阶段是根据项目决策阶段已确定的质量目标和水平,通过工程设计使其具体化。设计在技术上是否可行、工艺上是否先进、经济上是否合理、设备上是否配套、结构上是否安全可靠等,都将决定着工程项目建成后的使用价值和功能。因此,设计阶段是影响工程项目质量的决定性环节。

(四)工程项目施工阶段对工程项目质量的影响

工程项目施工阶段是根据设计文件和图纸的要求,通过施工形成工程实体,任何优秀的勘察设计成果只有通过施工才能变为现实。因此,工程施工活动决定了设计意图能否体现,它直接关系到工程的安全可靠、使用功能的保证,以及外表观感能否体现建筑设计的艺术水平,这一阶段直接影响工程的最终质量。在一定程度上,施工阶段是工程质量控制的关键环节。

(五)工程项目竣工验收阶段对工程项目质量的影响

工程项目竣工验收阶段就是对项目施工的质量进行试车运转、检查评定,考核质量目标是否符合设计阶段的质量要求。这一阶段是工程建设向生产转移的必要环节,影响工程能否最终形成生产能力,体现了工程质量水平的最终结果。因此,工程竣工验收阶段是工程质量控制的最后一个重要环节。

综上所述,工程项目质量的形成是一个系统的过程,即工程质量是可行性研究、投资决策、工程设计、工程施工和竣工验收各阶段质量的综合反映。

第三节 建筑工程各质量主体的质量责任和义务

一、建设单位的质量责任和义务

(1)建设单位应当将工程发包给具有相应资质等级的单位,建设单位不得将建设工程肢解发包。

(2)建设单位应当依法对工程建设项目的勘察、设计、施工、监理以及与工程建设有关的重要设备、材料等的采购进行招标。

(3)建设单位必须向有关的勘察、设计、施工、工程监理等单位提供与建设工程有关的原始材料。

(4)建设工程发包单位,不得迫使承包方以低于成本的价格竞标,不得压缩合理工期。

建设单位不得明示或者暗示设计单位或者施工单位违反工程建设强制性标准,降低建设工程质量。

(5)建设单位应当将施工图纸文件报县级以上地方人民政府建设行政主管部门或者其他有关部门审查。施工图设计文件审查的具体办法,由国务院建设行政主管部门会同国务院其他有关部门制定。施工图设计文件未经审查批准的,不得使用。

(6)实行监理的建设工程,建设单位应当委托具有相应资质等级的工程监理单位进行监理,也可以委托具有工程监理相应资质等级并与被监理工程的施工承包单位没有隶属关系或者其他利害关系的该工程的设计单位进行监理。

下列建设工程必须实行监理:

①国家重点建设工程;

②大中型公用事业工程;

③成片开发建设的住宅小区工程;

④利用外国政府资金必须实行监理的其他工程;

⑤国家规定必须实行监理的其他工程。

(7)建设单位在领取施工许可证或者开工报告前,应当按照国家有关规定办理工程质量监督手续。

(8)按照合同约定,由建设单位采购建筑材料、建筑构配件和设备的,建设单位应当保证建筑材料、建筑构配件和设备符合设计文件和合同要求。

建设单位不得明示或暗示施工单位使用不合格的建筑材料、建筑构配件和设备。

(9)涉及建筑主体和承重结构变动的装修工程,建设单位应该在施工前委托原设计单位或者具有相应资质等级的设计单位提出设计方案,没有设计方案的,不得施工。

(10)建设单位收到建设工程竣工报告后,应当组织设计、施工、工程监理等有关单位进行竣工验收。

建设工程竣工验收应当具备下列条件:

①完成建设工程设计和合同约定的各项内容;

②有完整的技术档案和施工管理数据;

③有工程使用的主要建筑材料、建筑构配件和设备的进场试验报告;

④有勘察、设计、施工、工程监理等单位分别签署的质量合格文件；

⑤有施工单位签署的工程保修书。

建设工程经验收合格后，方可交付使用。

(11)建设单位应当严格按照国家有关档案管理的规定，及时收集整理建设项目各环节的文件数据，建立健全建设项目档案，并在建设工程竣工验收后，及时向建设行政主管部门或者其他有关部门移交建设项目档案。

二、勘察、设计单位的质量责任和义务

(1)从事建设工程勘察、设计的单位应当依法取得相应等级的资质证书，并在其资质等级许可的范围内承揽工程。

禁止勘察、设计单位超越其资质许可的范围或者以其他勘察、设计单位的名义承揽工程。禁止勘察、设计单位允许其他单位或者个人以本单位的名义承揽工程。

勘察、设计单位不得转包或者违法分包所承揽的工程。

(2)勘察、设计单位必须按照工程建设强制性标准进行勘察、设计，并对其勘察、设计的质量负责。

注册建筑师、注册结构工程师等注册执业人员应当在设计文件上签字，对设计文件的质量负责。

(3)勘察单位提供的地质、测量、水文等勘察成果必须真实准确。

(4)设计单位应当根据勘察成果文件进行建设工程设计。

设计应当符合国家规定的设计深度标准，注明工程合理使用年限。

(5)设计单位在设计中选用的建筑材料、建筑构配件和设备，应当注明规格、型号、性能等技术指标，其质量要求必须符合国家规定的标准。

除有特殊要求的建筑材料、专用设备、工艺生产线等外，设计单位不得指定生产厂、供应量。

(6)设计单位应当就审查合格的施工图设计文件向施工单位作出详细说明。

(7)设计单位应当参与建设工程质量事故分析，并对因设计造成的质量事故提出相应的技术处理方案。

三、施工单位的质量责任与义务

(1)施工单位应当依法取得相应等级的资质证书，并在其资质等级许可的范围内承揽工程。禁止施工单位承揽超越本单位资质等级许可的范围或者以其他施工单位的名义承揽工程。禁止施工单位允许其他单位或者个人以本单位的名义承揽工程。

(2)施工单位应对建设工程的施工质量负责。施工单位应当建立质量责任制，确定工程项目的项目经理、技术负责人和施工管理负责人。建设工程实行总承包的，总承包单位应当对全部建设工程质量负责；建设工程勘察、设计、施工、设备采购的一项或者多项实行总承包的，总承包单位应当对其承包的建设工程或者采购的设备的质量负责。

(3)总承包单位依法将建设工程分包给其他单位的，分包单位应当按照分包合同的约定对其分包工程的质量向总承包单位负责，总承包单位与分包单位对分包工程的质量承担连带责任。

(4)施工单位必须按照工程设计图纸和施工技术标准施工,不得擅自修改工程设计,不得偷工减料。施工单位在施工过程中发现设计文件和图纸有差错的,应当及时提出意见和建议。

(5)施工单位必须按照工程设计要求、施工技术标准和合同约定,对建筑材料、建筑构配件、设备和商品混凝土进行检验,检验应当有书面记录和专人签字;未经检验或者检验不合格的,不得使用。

(6)施工单位必须建立健全施工质量的检验制度,严格工序管理,作好隐蔽工程的质量检查和记录。隐蔽工程在隐蔽前,施工单位应当通知建设单位和建设工程质量监督机构。

(7)施工人员对涉及结构安全的试块、试件以及有关材料,应当在建设单位或者工程监理单位的监督下现场取样,并送具备相应资质等级的质量检测单位进行检测。

(8)施工人员对施工中出现质量问题的建设工程或者竣工验收不合格的建设工程,应当负责返修。

(9)施工单位应当建立健全培训制度,加强对职工的教育培训;未经教育培训或者考核不合格的人员,不得上岗作业。

四、工程监理单位的质量责任和义务

(1)工程监理单位应当依法取得相应等级的资质证书,并在其资质等级许可的范围内承揽工程监理业务。

禁止工程监理单位超越本单位资质等级许可的范围或者以其他工程监理单位的名义承揽工程监理业务。禁止工程监理单位允许其他单位或者个人以本单位的名义承担工程监理业务。

工程监理单位不得转让工程监理业务。

(2)工程监理单位与被监理工程的施工承包单位以及建筑材料、建筑构配件和设备供应单位有隶属关系或者其他利害关系的,不得承揽该项建设工程的监理业务。

(3)工程监理单位应当依照法律、法规以及有关技术标准、设计文件和建设工程承包合同,代表建设单位对施工质量实行监理,并对施工质量承担监理责任。

(4)工程监理单位应当选派具备相应资格的总监理工程师和监理工程师进驻施工现场。

未经监理工程师签字,建筑材料、建筑构配件和设备不得在工程上使用或者安装,施工单位不得进行下一道工序的施工。未经总监理工程师签字,建设单位不拨付工程款,不进行竣工验收。

(5)监理工程师应当按照监理规范的要求,采取旁站、巡视和平行检验等形式,对建设工程实施监理。

本章小结

本章对工程项目质量管理进行了阐述,主要讲述了质量管理的概念和发展,以及工程项目质量管理和建筑工程各质量主体的质量责任和义务。

质量管理的发展分为质量检验阶段、统计质量管理阶段、全面质量管理阶段和质量管理与质量保证标准阶段。

工程项目质量是国家现行的有关法律、法规、技术标准、设计文件及工程合同中对工程安全、适用、经济、美观等特性的综合要求。

建筑工程质量责任体系主要包括建设单位、设计单位、施工单位和监理单位，各方主体应严格履行自己的责任和义务。

思考题

1-1 什么是质量和质量管理？其发展经历了哪几个阶段？什么是 PDCA 循环法？

1-2 工程建设各阶段对质量形成产生怎样的影响？

1-3 国家对哪些工程项目要求实行监理？

1-4 项目可行性研究应对哪些内容进行分析论证？

1-5 什么是工程项目质量？

1-6 建设单位有哪些质量责任和义务？

1-7 施工单位有哪些质量责任和义务？

1-8 监理单位有哪些质量责任和义务？

1-9 工程项目施工阶段对工程项目的质量产生什么影响？

第二章　建筑工程质量监督

第一节　质量监督工作的机构

一、质量监督管理体制

(一)政府的工程质量监督机构

国务院建设行政主管部门对全国的建设工程质量实施统一监督管理。国务院铁路、交通、水利等有关部门按国务院规定的职责分工,负责对全国的有关专业建设工程质量的监督管理。县级以上地方人民政府建设行政主管部门对本行政区域内的建设工程质量实施监督管理。县级以上地方人民政府交通、水利等有关部门在各自职责范围内,负责本行政区域内的专业建设工程质量的监督管理。

国务院发展计划主管部门按照国务院规定的职责,组织稽查特派员,对国家出资的重大建设项目实施监督检查。国务院经济贸易主管部门按国务院规定的职责,对国家重大技术改造项目实施监督检查。国务院建设行政主管部门和国务院铁路、交通、水利等有关专业部门,县级以上地方人民政府建设行政主管部门和其他有关部门,对有关建设工程质量的法律、法规和强制性标准执行情况加强监督检查。

县级以上地方人民政府建设行政主管部门和其他有关部门履行检查职责时,有权要求被检查的单位提供有关工程质量的文件和数据,有权进入被检查单位的施工现场进行检查,在检查中发现工程质量存在问题时,有权责令其改正。

政府的工程质量监督管理具有权威性、强制性、综合性的特点。

(二)社会的工程质量监督机构

现阶段我国社会上的工程质量监督机构主要是监理单位,它主要受建设单位的委托,代表建设单位对工程实施的全过程进行质量监督和控制,包括勘察设计阶段质量控制、施工阶段质量控制,以满足建设单位对工程质量的要求。

二、政府工程项目质量监督管理的职能

(一)建立和完善工程质量管理法规

工程质量管理法规包括行政性法规和工程技术规范标准,前者如《中华人民共和国建筑法》、《中华人民共和国招标投标法》、《建筑工程质量管理条例》等,后者如工程设计规范、《建筑工程施工质量验收统一标准》(GB 50300—2001)等。

(二)建立和落实工程质量责任制

工程质量责任制包括工程质量行政领导的责任、项目法定代表人的责任、参建单位法定代表人的责任和工程质量终身负责制等。

(三)建设活动主体资格的管理

国家对从事建设活动的单位实行严格的从业许可证制度,对从事建设活动的专业技术人员实行严格的执业资格制度。国务院建设行政主管部门及有关专业部门按各自分工,负责各类资质标准的审查、从业单位的资质等级的最后认定、专业技术人员资格等级的核查和注册,并对资质等级和从业范围等实施动态管理。

(四)工程承发包管理

工程承发包管理包括规定工程招投标承发包的范围、类型、条件,对招投标承发包活动的依法监督和工程合同管理。

(五)控制工程建设程序

控制工程建设程序包括对工程报建、施工图设计文件审查、工程施工许可、工程材料和设备费用、工程质量监督、施工验收备案等管理。

三、政府的工程质量监督管理的性质

(一)强制性

凡具有一定规模的工程无论业主是否愿意,都必须接受政府监理。

(二)执法性

政府监理依据国家法律、法规、方针、政策和国家颁布的技术规范、标准进行监理,并严格遵照规定的监理程序行使监督、检查、许可、纠正、强制执行等权力。

(三)全面性

政府的建设监理是针对整个建设活动而言的,就一个建设项目的建设过程来说,它贯穿于建设的全过程,即从建设立项开始,到设计、施工,直到竣工验收投入使用。

(四)宏观性

政府建设监理侧重于宏观的社会效益,其着眼点主要是保证建设行为的规范性,维护公共利益和工程建设各参与者的合法权益。

四、社会工程质量监督的性质

(一)服务性

社会监理即目前所说的工程建设监理,是一种高智能、有偿技术服务活动。它是监理人员利用自己的工程建设知识、技能和经验为业主提供的监督管理服务。它既不同于承包商的直接生产活动,也不同于业主的直接投资活动。它不向业主承包工程造价,不参与承包单位的利益分成,获得的是技术服务性的报酬。

工程建设监理的服务对象是建设单位。这种服务性活动是严格按照委托监理合同和其他有关建设合同来实施的,是受法律约束和保护的。

(二)独立性

从事工程建设监理活动的监理单位是直接参加工程项目建设的“三方当事人”(即建设单位、施工单位、监理单位)之一,它与项目业主、承包商之间的关系是一种平等主体关系,应当按照独立自主的原则开展监理活动。当委托监理合同确定后,建设单位不得干涉监理单位的正常工作。监理单位应依法独立地以自己的名义,成立自己的组织,并且根据自己的工作准则来行使工程承包合同及委托监理合同中所确认的职权,承担相应的职业道德责任和法律责任。同时,监理单位与监理工程师不得同工程建设的各方发生任何利益关系,必须保证监理行业的独立性,这是监理单位开展监理工作的一项重要原则。

(三)公正性

监理单位不仅是为业主提供技术服务的一方,还应当成为业主与承包商之间公正的第三方。在任何时候,它都应当在公正的立场上行使自己的处理权,维护业主和承包商双方的合法权益。监理单位和监理工程师是工程合同管理的主要承担者,在工程建设过程中,监理单位和监理工程师一方面应当严格履行监理合同的各项义务,竭诚为客户即建设单位服务;另一方面,监理单位应当排除各种干扰,以公正的态度对待委托方和被监理方。特别是当建设单位与承包单位发生利益冲突时,应站在公正的第三方的立场上,以事实为依据,以有关的法律法规和双方签订的工程建设合同为准绳,独立公正地解决和处理问题。公正性是对监理行业的必然要求,是社会公认的职业准则,也是监理单位和监理工程师的基本职业道德准则。

(四)科学性

工程建设监理应当遵循科学性的准则。监理的任务决定了监理单位必须具有科学的思想、理论、方法和手段,必须具有发现和解决工程设计问题及处理施工中存在的技术与管理问题的能力,能够为建设单位提供高水平的专业服务,而这种科学性又必须以工程监理人员的高素质为前提。按照国际工程管理惯例,监理单位的监理工程师必须具有相当的学历,并有长期从事工程建设工作的丰富实践经验,精通技术与管理,通晓经济与法律,经有关部门考核合格并经政府主管部门登记注册,发给岗位证书,方能取得公认的合法资格。

监理单位只有拥有了足够数量的、业务素质合格的监理工程师队伍以及科学、先进的管理制度和监理理论方法,才能满足工程建设监理科学性的要求。

第二节 质量监督的工作方法

国家实行建设工程质量监督管理制度,工程质量监督管理的主体是各级政府建设行政主管部门和其他有关部门。但由于工程建设周期长、环节多、点多面广,工程质量监督工作是一项专业技术性强,且很繁杂的工作,政府部门不可能亲自进行日常检查工作。因此,工程质量监督管理由建设行政主管部门或其他有关部门委托的工程质量监督机构具体实施。

工程质量监督机构是经省级以上建设行政主管部门或有关专业部门考核认定,具有独立法人资格的单位。它受县级以上地方人民政府建设行政主管部门或有关专业部门的委托,依法对工程质量进行强制性监督,并对委托部门负责。

一、工程质量监督机构的主要任务

(1)根据政府主管部门的委托,受理建设工程项目的质量监督。

(2)制定质量监督工作方案,确定负责该项工程的质量监督工程师和助理质量监督师。根据有关法律、法规和工程建设强制性标准,针对工程特点,明确监督的具体内容、监督方式。在方案中对地基基础、主体结构及其他涉及结构安全的重要部位和关键过程,作出实施监督的详细计划安排,并将质量监督工作方案通知建设、勘察、设计、施工、监理单位。

(3)检查施工现场工程建设各方主体的质量行为,检查施工现场工程建设各方主体及有关人员的资质或资格，检查勘察、设计、施工、监理单位的质量管理体系和质量责任制落实情况，检查有关质量文件、技术资料是否齐全并符合规定。

(4)检查建筑工程实体质量。按照质量监督工作方案，对建设工程地基基础、主体结构和其他涉及安全的关键部位进行现场实地抽查，对用于工程的主要建筑材料、构配件的质量进行抽查。对地基基础分部、主体结构分部和其他涉及安全的分部工程的质量验收进行监督。

(5)监督工程质量验收。监督建设单位组织的工程竣工验收的组织形式、验收程序以及在验收过程中提供的有关资料和形成的质量评定文件是否符合有关规定，实体质量是否存在严重缺陷，工程质量验收是否符合国家标准。

(6)向委托部门报送工程质量监督报告。报告的内容应包括对地基基础和主体结构质量检查的结论，工程施工验收的程序、内容和质量检验评定是否符合有关规定及历次抽查该工程质量问题和处理情况等。

(7)对预制建筑构件和混凝土的质量进行监督。

(8)受委托部门委托按规定收取工程质量监督费。

(9)政府主管部门委托的工程质量监督管理的其他工作。

二、工程质量监督的主要工作方法

(一)审核有关的技术文件、报告和报表

这是对工程质量进行全面监督、检查和控制的重要手段和方法。审核的具体内容主要包括以下几个方面：

(1)审查进入施工现场的分包单位的资质证明文件，控制分包单位的质量。

(2)审批施工承包单位提交的施工方案、质量计划、施工组织设计或施工计划，控制工程施工质量有可靠的技术措施保障。

(3)审批施工承包单位的开工申请书，检查、核实与控制其施工准备工作质量。

(4)审批施工承包单位提交的有关材料、半成品和构配件质量证明文件(出厂合格证、质量检验或试验报告等)，确保工程质量有可靠的物质基础。

(5)审核承包单位提交的反映工序施工质量的动态统计资料或管理图表。

(6)审核承包单位提交的有关工序产品质量的证明文件(检验记录及试验报告)，工序交接检查(自检)、隐蔽工程检查、分部分项工程质量检查报告等文件、资料，以确保和控制施工过程中的质量。

(7)审批有关工程变更、图纸修改和技术核定书等，确保设计及施工图纸的质量。

(8)审核有关应用新技术、新工艺、新材料、新结构等的技术鉴定书，审批其应用申请报告，确保新技术应用的质量。

(9)审批有关工程质量事故或质量问题的处理报告，确保质量事故或质量问题处理的质量。

(10)审批与签署现场有关的质量技术签证、文件等。

(11)检查施工承包单位的技术交底、施工日志等记录资料和文件，督促施工单位落实施工要求。

（二）发出指令文件与一般管理文书

指令文件是监督机构运用指令控制权的具体形式。所谓指令文件，是指监督机构管理人员对承包单位发出指示或命令的书面文件，属于要求承包单位强制性执行的文件。一般情况下是监理工程师从全局利益和总体目标出发，在对某项施工作业或管理问题经过充分调研、沟通和决策之后，要求承包人必须严格按监理工程师的意图和主张实施的工作。对此，承包人负有全面正确执行指令的责任，监理工程师负有监督指令实施的责任。因此，它是一种非常慎用而严肃的管理手段。监督机构管理人员的各项指令都应是书面的或有文件记载方为有效，并作为技术文件存档。如因时间紧迫，来不及做出正式的书面指令，也可以用口头指令的方式下达给承包单位，但随即应按合同规定，及时补充书面文件对口头指令予以书面确认。

一般管理文书，如监理工程师函、备忘录、会议纪要、发布的有关信息、通报等，主要是对承包商工作状态和行为提出建议、希望和劝阻等，不属于强制性执行要求，只供承包商自主决策参考。

（三）现场监督与检查

1. 现场监督与检查的内容

（1）开工前的检查。主要是检查开工前准备工作的质量，检查其能否保证正常施工及工程施工质量，也包括停工后复工前的检查。因处理质量问题或某种原因停工后需复工时，亦应经检查认可，签署意见后方能复工。

（2）工序施工中的跟踪监督、检查与控制。主要是监督、检查在工序施工过程中，人员、施工机械设备、材料、施工方法及工艺或操作以及施工环境条件等是否均处于良好状态，是否符合保证工程质量的要求，若发现问题应及时纠偏和加以控制。对于重要的或对工程质量有影响的工序和工程部位，还应在现场进行施工过程的旁站监督与控制，确保使用材料及工艺过程的质量。

（3）隐蔽工程检查。在施工单位自检与互检基础上隐蔽工程必须经监理人员检查认可、签署意见后方能掩盖。

（4）复工前的检查。当工程因质量问题或其他原因停工后，在复工前应经检查认可，下达复工指令后，方可复工。

（5）成品保护检查。应检查成品有无保护措施，或保护措施是否可靠。

2. 现场监督与检查的方式

1）旁站

根据《房屋建筑工程施工旁站监理管理办法（试行）》的要求，在工程施工阶段的监理工作中实行旁站监理，并明确了旁站监理的工作程序、内容及旁站人员的职责。

旁站监理是指监理人员在工程施工阶段监理中，对关键部位、关键工序的施工质量实行全过程现场跟班的监督活动。

在施工阶段，很多工程的质量问题是现场施工操作不当或不符合规程、标准所造成的，虽然在表面上似乎影响不大，或外表上看不出来，但却隐蔽着潜在的质量隐患与危险。例如，浇筑混凝土时振捣时间不够或漏振，都会影响混凝土的密实度和强度，而只凭抽样检验并不一定能全面反映出实际情况。此外，抽样方法和取样操作如果不符合规程及标准的要求，其检验结果也同样不能反映实际情况。上述这类不符合规程或标准要求的违规施工或违章操作，只有通过监理人员或其他质量管理人员的现场旁站监督与检查，才能发现问题并使其得到控制。

旁站的部位或工序应根据工程特点，也应根据承包单位内部质量管理水平及技术操作水平决定。一般而言，混凝土灌注、预应力张拉过程及压浆、基础工程中的软弱地基处理、复合地基施工、路面工程的沥青拌和料摊铺、沉井过程、桩基的打桩过程、防水施工、隧道衬砌施工中超挖部分的回填、边坡喷锚打锚杆等要实施旁站。

如果旁站监理人员或施工企业现场质检人员未在旁站监理记录上签字，则施工企业不能进行下一道工序，监理工程师或总监理工程师也不得在相应文件上签字。旁站监理人员在旁站监理时，如果发现施工企业有违反工程建设强制性标准行为的，有权制止并责令施工企业立即整改；如果发现施工企业的施工活动已经或者可能危及工程质量的，应当及时向监理工程师或总监理工程师报告，由总监理工程师下达局部暂停施工指令或者采取其他应急措施，制止危害工程质量的行为。

2）巡视

巡视是指质量监督人员对正在施工的部位或工序现场进行的定期的或不定期的监督活动，巡视是一种“面”上的活动，它不限于某一部位或过程，而旁站则是“点”的活动，它是针对某一部位或工序。因此，在施工过程中，质量监督人员必须加强对现场的巡视、旁站监督与检查，及时发现违章操作和不按设计要求，不按施工图纸或施工规范、规程或质量标准施工的现象，对不符合质量要求的要及时进行纠正和严格控制。

3）平行检查

平行检查是指质量监督人员利用一定的检查或检测手段在施工承包单位自检的基础上，按照一定的比例独立检查或检测的活动。

它是质量监督人员质量控制的一种重要手段，在技术复核及复验工作中采用，是质量监督人员对施工质量进行验收，作出自己独立判断的重要依据之一。

（四）规定质量监控工作程序

规定双方必须遵守的质量监控工作程序，按规定的程序进行工作，这也是进行质量监督的必要手段和方法。例如：未提交开工申请单、未得到监理工程师的审查和批准，不得开工；未经监理工程师签署质量验收单并予以质量确认，不得进行下一道工序；工程材料未经监理工程师批准不得在工程上使用等。

此外，还应具体规定交桩复验工作程序，设备、半成品、构配件材料进场检验工作程序，隐蔽工程验收、工序交接验收工作程序，检验批、分项、分部工程质量验收工作程序等。通过程序化管理，使相关的质量监督工作得到进一步落实，做到科学、规范地管理与控制。

（五）利用支付手段

这是国际上通用的一种重要的质量监督控制手段和方法，也是建设单位在合同中赋予监理工程师的支付控制权。从根本上讲，国际上对合同条件的管理主要是采用经济手段和法律手段。因此，质量管理是以计量支付控制权为保障手段的。所谓支付控制权，就是对施工承包单位支付任何工程款项，均须由总监理工程师审核签署支付证明书，没有总监理工程师签署的支付证明书，建设单位不得向承包单位支付工程款。支付工程款的条件之一就是工程质量要达到规定的要求和标准。监理工程师有权采用拒绝签署支付证明书的手段,停止对承包单位支付部分或全部工程款,由此造成的损失由承包单位自己负责。显然,这是十分有效的控制和约束手段。

第三节　工程质量监督抽样检验方法

质量管理经历了传统质量检验阶段到统计质量控制,再到全面质量管理等阶段,质量检验阶段虽成为历史,但它却是质量管理的重要基础。当统计方法应用于质量检验及质量管理中时,质量管理的效果和经济性得到了很大的提升。统计方法在质量检验中的典型应用就是抽样检验。抽样检验与全数检验相对应。

抽样检验是从一批产品的所有个体中抽取部分个体进行检验,并根据样本的检验结果来判断整批产品是否合格的活动,是一种典型的统计推断工作。根据生产作业过程,抽样检验可分为进货抽样检验、生产过程抽样检验、成品最终检验等环节。抽样检验适用于以下情形:①对产品性能检验需进行破坏性试验;②批量太大,无法进行全数检验;③需较长的检验时间和较高的检验费用;④允许有一定程度的不良品存在。

全数检验是将送检批的产品或物料全部加以检验而不遗漏的检验方法。其适用于以下情形:①批量较小,检验简单且费用较低;②产品必须是合格的;③产品中如有少量的不合格,可能产生致命性影响。

一、抽样检验的几个基本概念

(一)检验

检验是对检验项目中的性能进行测量、检查、试验等,并将结果与标准规定的要求进行比较,以确定每项性能是否合格所进行的活动。它包括对每一个体的缺陷数目或某种属性记录的检验和对每一个体的某个定量特性的计量检验。

(二)检验批

检验批是按同一生产条件或按规定的方式汇总起来供检验用的,由一定数量样本组成的检验体。检验批是质量验收的最小单位元,是工程质量验收的基础。

(三)抽样检验方案

抽样检验方案是根据检验项目特性而确定的抽样数量、接受标准和方法。如在简单的计数值抽样检验方案中,主要是确定样本容量 n 和合格判定数,即允许不合格品件数 c,记为方案(n,c)。

(四)批不合格品率

批不合格品率是指检验批中不合格品数占整个批量的比重,反映了批的质量水平,其计算公式为

由总体计算
$$P = D/N \tag{2-1}$$
由样本计算
$$p = d/n \tag{2-2}$$

式中　P、p——由检验批(总体)、样本计算的批不合格品率;

D、d——检验批、样本中的不合格品件数;

N、n——检验批、样本中的产品件数。

对于计点值数，若用 c 表示批中的缺陷数，其质量水平可由式(2-3)计算

$$批的每百单位缺陷数 = 100c/N \tag{2-3}$$

(五)过程平均批不合格品率

过程平均批不合格品率是指对 k 批产品首次检验得到的 k 个批不合格品率的平均数。它可以衡量一个基本稳定的生产过程在较长时间内所提供产品的质量水平。

(六)接受概率

接受概率又称批合格概率，是根据规定的抽样检验方案将检验批判为合格而接受的概率。一个既定方案的接受概率是产品质量水平，检验批的不合格品率 p 越小，接受概率就越大。

二、常用的抽样检验方案

(一)标准型抽样检验方案

1. 计数值标准型一次抽样检验方案

计数值标准型一次抽样检验方案是规定在一定样本容量 n 时的最高允许的批合格判断定数 c，记为(n,c)，并在一次抽检后给出判断检验批是否合格的结论。c 值一般为可接受的不合格品数，也可以是不合格品率，或者是可接受的每百单位缺陷数。若实际抽检，检出不合格品数为 d，则：当 $d \leqslant c$ 时，判定为合格批，接受该检验批；当 $d > c$ 时，判定为不合格批，拒绝该检验批。

2. 计数值标准型二次抽样检验方案

计数值标准型二次抽样检验方案是规定两组参数：第一次抽样的样本容量 n_1 时的合格判定数 c_1 和不合格判定数 $r_1(c_1 < r_1)$；第二次抽检的样本容量 n_2 时的合格判定数 c_2。在最多两次抽检后就能给出判断检验批是否合格的结论。其检验程序是：第一次抽检 n_1 后，检出不合格品数为 d_1，则当 $d_1 \leqslant c_1$ 时，接受该检验批，当 $d_1 \geqslant r_1$ 时，拒绝该检验批，当 $c_1 < d_1 < r_1$ 时，抽检第二个样本；第二次抽检 n_2 后，检出不合格品数为 d_2，则当 $d_1 + d_2 \leqslant c_2$ 时，接受该检验批，当 $d_1 + d_2 > c_2$ 时，拒绝该检验批。

(二)分选型抽样检验方案

计数值分选型抽样检验方案基本与计数值标准型一次抽样检验方案相同，只是在抽检后给出检验批是否合格的判断结论和处理有所不同。即实际抽检时，检出不合格品数为 d，则：当 $d \leqslant c$ 时，接受该检验批；当 $d > c$ 时，对该检验批余下的个体产品全数检验。

(三)调整型抽样检验方案

计数值调整型抽样检验方案是在对正常抽样检验的结果进行分析后，根据产品质量的好坏，过程是否稳定，按照一定的转换规则对下一次抽样检验判断的标准放宽或加严的检验。

三、抽样检验方案的两类风险

实际抽样检验方案中存在两类判断错误：既可能犯第一类错误，将合格批判为不合格批，错误地拒收，也可能犯第二类错误，将不合格批判为合格批，错误地接收。错误的判断将带来相应的风险，这种风险的大小可用概率来表示。

由于对合格品的错判将会给生产者带来损失，所以第一类错误又称供应方风险或生产

方风险；而第二类错误将不合格品漏判会给消费者带来损失，称为使用方风险或消费方风险等。

抽样检验必然存在两类风险，要求通过抽样检验的产品100%合格是不合理也是不可能的，除非产品中根本不存在不合格品。抽样检验中，两类风险中一般控制的范围是：α 是生产者所要承担的风险，一般控制的范围为1% ~5%；β 是使用者所要承担的风险，一般控制的范围为5% ~10%。对于主控项目，其 α、β 均不宜超过5%；对于一般项目，α 不宜超过5%，β 不宜超过10%。

第四节　工程质量监督检验技术

一、工程质量监督检验的方法

对于现场所用原材料、半成品、工序过程或工程产品质量进行检验的技术，一般可分为三类，即目测法、量测法以及试验法。

（一）目测法

目测法是凭借感官进行检查，也可以叫做观测检验。这类方法主要是根据质量要求，采用看、摸、敲、照等手段对检查对象进行检查。所谓“看”，就是根据质量标准要求进行外观检查，例如清水墙表面是否洁净，喷涂的密实度和颜色是否良好、均匀，工人的施工操作是否正常，混凝土振捣是否符合要求等。所谓“摸”，就是通过触摸手感进行检查、鉴别，例如油漆的光滑度，浆活是否牢固、不掉粉等。所谓“敲”，就是运用敲击方法进行音感检查，例如对拼镶木地板、墙面瓷砖、大理石镶贴、地砖铺砌等的质量均可通过敲击检查，根据声音虚实、脆闷判断有无空鼓等质量问题。所谓“照”，就是通过人工光源或反射光照射，仔细检查难以看清的部位。

（二）量测法

量测法就是利用量测工具或计量仪表，通过实际量测结果与规定的质量标准或规范的要求相对照，从而判断质量是否符合要求。量测的手法可归纳为靠、吊、量、套。所谓“靠”，就是指用直尺检查诸如地面、墙面的平整度等。所谓“吊”，就是指用托线锤检查垂直度。所谓“量”，就是指用量测工具或计量仪表等检查断面尺寸、轴线、标高、温度、湿度等数值并确定其偏差，例如大理石板拼缝尺寸与超差数量，摊铺沥青和料的温度等。所谓“套”，就是指以方尺套方辅以塞尺，检查诸如踢脚线的垂直度、预制构件的方正、门窗口及构件的对角线等。

（三）试验法

试验法是通过进行现场试验或实验室试验等理化试验手段，取得数据，分析判断质量情况。具体方法有理化试验和无损测试或检验。

1. 理化试验

工程中常用的理化试验包括各种物理力学性能方面的检验和化学成分及含量的测定等两个方面。物理力学性能的检验：各种力学指标的测定，像抗拉强度、抗压强度、抗弯强度、抗折强度、冲击韧性、硬度、承载力等；各种物理性能方面的测定，如密度、含水量、凝结时间、安定性、抗渗、耐磨、耐热等。各种化学方面的试验如化学成分及其含量的测定，以及耐酸、耐碱、抗腐蚀等。此外,必要时还可在现场通过诸如对桩或地基的现场静载试验或打试桩,确定其承载力。对混凝土现场取样,通过实验室的抗压强度试验,确定混凝土达到的强度等级,通过管道压水试验判断其耐压及抗渗情况等。

2. 无损测试或检验

借助专门的仪器、仪表等手段探测结构物或材料、设备内部组织结构或损伤状态。这类检测仪器如超声波探伤仪、磁粉探伤仪、射线探伤、渗透液探伤等。它们一般可以在不损伤被探测物的情况下了解被探测物的质量情况。

二、质量检验程度的种类

按质量检验的程度,即检验对象被检验的数量划分,可分为以下几类。

(一)全数检验

全数检验也叫普遍检验,它主要是用于关键工序部位或隐蔽工程,以及那些在技术规程、质量检验验收标准或设计文件中有明确规定应进行全数检验的对象。总之,对于诸如规格、性能指标对工程的安全性、可靠性起决定作用的施工对象,质量不稳定的工序,质量水平要求高,对后继工序有较大影响的施工对象,不采取全数检验不能保证工程质量时,均需采取全数检验。例如,对安装模板的稳定性、刚度、强度,结构物轮廓尺寸等,对于架立的钢筋规格、尺寸、数量、间距、保护层以及绑扎或焊接质量等均应采取全数检验。

(二)抽样检验

对于主要的建筑材料、半成品或工程产品等,由于数量大,通常采取抽样检验,即从一批材料或产品中,随机抽取少量样品进行检验,并根据对其数据统计分析的结果,判断该批产品的质量状况。与全数检验相比较,抽样检验具有如下优点:

(1)检验数量少,比较经济;

(2)适用于需要进行破坏性试验(如混凝土抗压强度的检验)的检验项目;

(3)检验所需时间较少。

(三)免检

免检就是在某种情况下,可以免去质量检验过程。对于已有足够证据证明质量有保证的一般材料或产品,或实践证明其产品质量长期稳定、质量保证、资料齐全者,或是某些施工质量只有通过在施工过程中的严格质量监控,而质量检验人员很难对产品内在质量再作检验的,均可考虑采取免检。

本章小结

本章主要介绍了质量监督工作的机构、质量监督检验的方法等。

质量监督分为政府的质量监督和社会的质量监督,政府的质量监督具有强制性、执法性、全面性和宏观性的特点,社会的质量监督具有服务性、独立性、公正性和科学性的特点。

工程质量监督的主要工作方法是审核有关的技术文件、报告和报表,发出指令文件与一般管理文书,现场监督与检查,利用支付手段等。

检验是对检验项目中的性能进行测量、检查、试验等,并将结果与标准规定要求进行比较,以确定每项性能是否合格所进行的活动。

常用的抽样检验方案分为标准型抽样检验方案、分选型抽样检验方案、调整型抽样检验方案三种。

抽样检验方案的两类风险是生产方风险和使用方风险。

工程质量监督检验的方法有目测法、量测法以及试验法。

思考题

2-1 工程项目质量政府监督管理的职能有哪些?

2-2 政府的质量监督和社会的质量监督有什么区别?

2-3 工程质量监督的主要工作方法是什么?

2-4 如何进行质量的现场监督与检查?

2-5 什么是检验?什么是检验批?

2-6 简述抽样检验方案的两类风险。

2-7 抽样检验常适用于哪些情形?常用的抽样检验方案有哪些?

2-8 工程质量监督检验技术有哪些?各包括哪些具体内容?

2-9 举例说明目测法在工程项目的质量管理中如何应用。

第三章 工程质量验收与保修

第一节 工程质量验收的概念

工程质量验收是对已完工的工程实体的外观质量及内在质量按规定程序检查后，确定其是否符合设计及各项验收标准的要求，可交付使用，是工程建设质量控制的一个重要环节，它包括工程施工质量的中间验收和工程施工质量的竣工验收两个方面。通过对工程建设中间产出品和最终产品的质量验收，从过程控制和终端把关两个方面进行工程项目的质量控制，以确保达到业主所要求的功能和使用价值，实现建设投资的经济效益和社会效益。工程项目的竣工验收是项目建设程序的最后一个环节，是全面考核项目建设成果，检查设计与施工质量，确认项目能否投入使用的重要步骤。竣工验收的顺利完成，标志着项目建设阶段的结束和生产使用阶段的开始。

《建筑工程施工质量验收统一标准》(GB 50300—2001)给出了以下基本术语，理解这些术语有利于正确掌握各专业施工质量验收规范的运用。

建筑工程：为新建、改建或扩建房屋建筑物和附属构筑物设施所进行的规划、勘察、设计和施工、竣工等各项技术工作和完成的工程实体。

建筑工程质量：反映建筑工程满足相关标准规定或合同约定的要求，包括其在安全、使用功能及其在耐久性能、环境保护等方面所有明显和隐含能力的特性总和。

验收：建筑工程在施工单位自行质量检查评定的基础上，参与建设活动的有关单位共同对检验批、分项、分部、单位工程的质量进行抽样复验，根据相关标准以书面形式对工程质量达到合格与否作出确认。

进场验收：对进入施工现场的材料、构配件、设备等按相关标准规定要求进行检验，对产品达到合格与否作出确认。

检验批：按同一的生产条件或按规定的方式汇总起来供检验用的，由一定数量样本组成的检验体。

检验：对检验项目中的性能进行量测、检查、试验等，并将结果与标准规定要求进行比较，以确定每项性能是否合格所进行的活动。

见证取样检测：在监理单位或建设单位监督下，由施工单位有关人员现场取样，并送至具有相应资质的检测单位所进行的检测。

交接检验：由施工承接方与完成方经双方检查并对可否继续施工作出确认的活动。

主控项目：建筑工程中对安全、卫生、环境保护和公众利益起决定性作用的检验项目。

一般项目：除主控项目外的检验项目。

抽样检验：按照规定的抽样方案，随机从进场的材料、构配件、设备或建筑工程检验项目，按检验批抽取一定数量的样本所进行的检验。

抽样方案：根据检验项目的特性所确定的抽样数量和方法。

计数检验：在抽样的样本中，记录每一个体有某种属性或计算某一个体的缺陷数目的检查方法。

观感品质：通过观察和必要的量测所反映的工程外在质量。

返修：对工程不符合标准规定的部位采取整修等措施。

返工：对不合格的工程部位采取的重新制作、重新施工等措施。

第二节　工程质量验收基本规定

一、建筑工程施工质量管理要求

施工现场质量管理应有相应的施工技术标准、健全的质量管理体系、施工质量检验制度和综合施工质量水平评价考核制度，并作好施工现场质量管理检查记录。

（一）有标准

施工现场必须具备相应的施工技术标准，这是抓好工程质量的最基本要求。

（二）有体系

要求每一个施工现场，都要树立靠体系管理质量的观念，并从组织上加以落实。施工单位应推行生产控制和合格控制的全过程质量控制，应有健全的生产控制和合格控制的质量管理体系。不仅要有体系，而且这个体系还要有效运行，即应该发挥作用。施工单位必须建立内部自我完善机制，只有这样，施工单位的管理水平才能不断提高。这种自我完善机制主要是：施工单位通过内部的审核与管理者的评审，找出质量管理体系中存在的问题和薄弱环节，并制定改进的措施和跟踪检查落实，使单位和项目的质量管理体系不断健全和完善。这项机制是一个施工单位不断提高工程施工质量的基本保证。因此，无论是否贯标认证，都要树立靠体系管理质量的观念。

（三）有制度

建筑工程施工中必须制度健全，这种制度应该是一种"责任制度"。只有建立起必要的质量责任制度，才能对建筑工程施工的全过程进行有效的控制。

这里所说的制度，应包括原材料控制、工艺流程控制、施工操作控制、每道工序质量检查、各道相关工序间的交接检验以及专业工种之间等中间交接环节的质量管理和控制要求等制度，此外还应包括满足施工图设计和功能要求的抽样检验制度等。施工单位从施工技术、管理制度、工程质量控制和工程实际质量等方面制定企业综合质量控制的指标，并形成制度，以达到提高整体素质和经济效益的目的。

施工现场质量管理检查记录应由施工单位按表 3-1 填写，总监理工程师（建设单位项目负责人）进行检查，并做出检查结论。

二、建筑工程施工质量验收基本规定

（1）建筑工程施工质量应符合《建筑工程施工质量验收统一标准》（GB 50300—2001）和相关专业验收规范的规定。

(2)建筑工程施工应符合工程勘察、设计文件的要求。

(3)参加工程施工质量验收的各方人员应具备规定的资格。

(4)工程质量的验收应在施工单位自行检查评定的基础上进行。

表 3-1　施工现场质量管理检查记录

开工日期：

工程名称		施工许可证(开工证)	
建设单位		项目负责人	
设计单位		项目负责人	
监理单位		总监理工程师	
施工单位	项目经理	项目技术负责人	
序号	项目	内容	
1	现场质量管理制度		
2	质量责任制		
3	主要专业工种操作上岗证书		
4	分包资质与对分包单位的管理制度		
5	施工图审查情况		
6	地质勘察资料		
7	施工组织设计、施工方案及审批		
8	施工技术标准		
9	工程质量检验制度		
10	搅拌站及计量设置		
11	现场材料、设备存放与管理		
检查结论： 总监理工程师(建设单位项目负责人) 年　月　日			

(5)隐蔽工程在隐蔽前应由施工单位通知有关单位进行验收，并形成验收文件。

(6)涉及结构安全的试块、试件以及有关施工内容按规定进行见证取样检测。

(7)检验批的质量应按主控项目和一般项目验收。

(8)对涉及结构安全和使用功能的重要分部工程和专业工程应进行功能性抽样检测。

(9)承担见证取样检测，即有关结构安全检测的单位应具有相应资质。

(10)工程的观感质量应由验收人员通过现场检查共同确认。

第三节　工程质量验收程序和组织

一、建筑工程质量验收的基本程序与组织原则

(一)验收的程序

为了方便工程的质量管理，根据建筑工程的特点，将其划分为检验批、分项、分部(子分

部）和单位（子单位）工程。验收的顺序是首先验收检验批或者分项工程质量，再验收分部（子分部）工程质量，最后验收单位（子单位）工程质量。对检验批、分项工程、分部（子分部）工程、单位（子单位）工程的质量验收，都是先由施工单位自我检查评定后，再由监理或建设单位进行验收的。

1. 检验批的划分

检验批可根据施工及质量控制和专业验收需要按楼层、施工段、变形缝等进行划分。建筑工程的地基基础分部工程中的分项工程一般划分为一个检验批；有地下室的基础工程可按不同地下层划分检验批；屋面分部工程中的分项工程按不同楼层屋面可划分为不同的检验批；单层建筑工程中的分项工程可按变形缝等划分检验批，多层及高层建筑工程中主体分部的分项工程可按楼层或施工段来划分检验批；其他分部工程中的分项工程一般按楼层划分检验批；对于工程量较少的分项工程可统一划分为一个检验批，安装工程一般按一个设计系统或组别划分为一个检验批，室外工程统一划分为一个检验批，散水、台阶、明沟等含在地面检验批中。

2. 分项工程的划分

分项工程应按主要工种、材料、施工工艺、设备类别等进行划分。如混凝土结构工程中按主要工种分为模板工程、钢筋工程、混凝土工程等分项工程，按施工工艺又分为预应力、现浇结构、装配式结构等分项工程。

3. 分部（子分部）工程的划分

分部（子分部）工程的划分应按下列原则确定：

（1）分部工程的划分应按专业性质、建筑部位确定。如建筑工程划分为地基与基础、主体结构、建筑装饰装修、建筑屋面、建筑给排水及采暖、建筑电气、智能建筑、通风与空调、电梯等九个分部工程。

（2）当分部工程较大或较复杂时，可按施工程序、专业系统及类别等划分为若干个子分部工程。如智能建筑分部工程中就包含了火灾及报警消防联动系统、安全防范系统、综合布线系统、智能化集成系统、电源与接地、环境、住宅（小区）智能化系统等子分部工程。

分部、子分部工程的验收内容、程序都是一样的，在一个分部工程中只有一个子分部工程时，子分部工程就是分部工程。当不是一个子分部工程时，可以一个子分部、一个子分部地进行质量验收。

（二）验收的组织

检验批、分项工程由专业监理工程师、建设单位项目技术负责人组织施工单位的项目专业技术负责人等进行验收。分部工程、子分部工程由总监理工程师、建设单位项目负责人组织施工单位项目负责人（项目经理）和技术、质量负责人及勘察、设计单位工程项目负责人参加验收。竣工验收由建设单位组织验收。

（三）施工单位自检

工程质量的验收应在班组、企业自行检查评定合格的基础上，由监理工程师或总监理工程师组织有关人员进行验收。

工程质量验收首先是班组在施工过程中的自我检查（也称自检），自我检查就是按照施工操作工艺的要求，边操作边检查，将有关质量要求及误差控制在规定的限值内。自检主要是在本班组（本工种）范围内进行，由承担检验批、分项工程的工种工人和班组等参加。自检、互检是班组在分项（或分部）工程交接（检验批、分项工程完工或中间交工验收）前，由班组先进行的检查，也可是分包单位在交给总包单位之前，由分包单位先进行的检查，还可以是由单位工程项目经理（或企业技术负责人）组织有关班组长（或分包）及有关人员参加的交工前的检查，对单位工程的观感和使用功能等方面易出现的质量疵病和遗留问题，尤其是各工种、分包之间的工序交叉可能发生建筑成品损坏的部位，均要及时发现问题及时改进，力争工程一次验收通过。

交接检是各班组之间，或各工种、各分包单位之间，在工序、检验批、分项或分部（子分部）工程完毕之后，下一道工序、检验批、分项或分部（子分部）工程开始之前，共同对前一道工序、检验批、分项或分部（子分部）工程的检查，经后一道工序认可，并为它们创造合格的工作条件。交接检通常由工程项目经理（或项目技术负责人）主持，由有关班组长或分包单位参加，其实是下一道工序对上一道工序质量的验收，也是班组之间的检查、督促和互相把关。交接检是保证下一道工序顺利进行的有力措施，有利于分清质量责任和成品保护，也可以防止下一道工序对上一道工序的损坏。

施工企业对检验批、分项工程、分部（子分部）工程、单位（子单位）工程，都应按照企业标准检查评定合格之后，将各验收记录表填写好，再交监理单位的监理工程师、总监理工程师进行验收。企业的自我检查评定是工程验收的基础。

（四）监理单位或建设单位的验收

施工企业的质量检查人员（包括各专业的项目质量检查员），将企业检查评定为合格的检验批、分项工程、分部（子分部）工程、单位（子单位）工程，填好表格后及时交监理单位，对一些政策允许的建设单位自行管理的工程应交建设单位。监理单位或建设单位的有关人员应及时组织有关人员到工地现场，对该项工程的质量进行验收。监理单位或建设单位应加强对施工过程的检查监督，对工程质量进行全面了解，验收时可采取抽样方法、宏观检查的方法，必要时进行抽样检测，来确定是否通过验收。监理人员或建设单位的现场质量检查人员在施工过程中可进行旁站、平行或巡视检查，对检验批的质量，可以根据自己对工程质量了解的程度，进行抽样检查或抽取重点部位或是对认为有必要查的部位进行检查。

在对工程进行检查后，确认其工程质量符合标准规定，由有关人员签字认可。

二、检验批及分项工程的验收程序与组织

检验批及分项工程应由监理工程师（建设单位项目技术负责人）组织施工单位项目专业质量（技术）负责人等进行验收。

检验批和分项工程是建筑工程施工质量的基础，因此所有检验批和分项工程均应由监理工程师或建设单位项目技术负责人组织验收。验收前，施工单位先填好“检验批和分项工程验收记录”（有关监理记录和结论不填），并由项目专业质量检验员和项目专业技术负责人分别在检验批和分项工程质量检验记录中相关栏目签字，然后由监理工程师或建设单位项目技术负责人组织，严格按规定程序进行验收。

三、分部工程的验收程序与组织

分部工程完成后，应在施工单位自行验收合格后，由总监理工程师（建设单位项目负责人）组织施工单位项目负责人和技术、质量负责人等进行验收。由于地基基础、主体结构技

术性能要求严格,关系到整个工程的安全,因此规定与地基基础、主体结构分部工程相关的勘察、设计单位工程项目负责人和施工单位技术负责人、质量部门负责人也应参加相关分部工程的验收。

混凝土结构子分部工程施工质量验收时,应提供下列文件和记录:

(1)设计变更文件;

(2)原材料出厂合格证和进场复验报告;

(3)钢筋接头的试验报告;

(4)混凝土工程施工记录;

(5)混凝土试件的性能试验报告;

(6)装配式结构预制构件的合格证和安装验收记录;

(7)预应力筋用锚具、连接器的合格证和和进场复验报告;

(8)预应力筋安装、张拉及灌浆记录;

(9)隐蔽工程验收记录;

(10)分项工程验收记录;

(11)混凝土结构实体检验记录;

(12)工程的重大质量问题的处理方案和验收记录;

(13)其他必要的文件和记录;

混凝土结构子分部工程施工质量验收合格应符合下列规定:

(1)有关分项工程施工质量验收合格;

(2)应有完整的质量控制资料;

(3)观感质量验收合格;

(4)结构实体检验结果满足本规范的要求。

四、单位(子单位)工程的验收程序与组织

(一)竣工预验收的程序

单位工程达到竣工验收条件后,施工单位在完成自查、自评工作情况下,符合验收标准后,填写工程竣工报检单,并将全部竣工资料报送项目监理机构,申请竣工验收。总监理工程师应组织各专业监理工程师对竣工数据及各专业工程的质量情况进行全面检查,对检查出的问题,应督促施工单位及时整改。对需要进行功能试验的项目(包括单机试车和无负荷试车),监理工程师应督促施工单位及时进行试验,并对重要项目进行监督、检查,必要时请建设单位和设计单位参加。监理工程师应认真审查试验报告单并督促施工单位搞好成品保护和现场清理。

经项目监理机构对竣工资料及实物全面检查、验收合格后,由总监理工程师签署工程竣工报验单,并向建设单位提出质量评估报告。

(二)正式验收的程序

建设单位收到工程验收报告后,应由建设单位(项目)负责人组织施工(含分包单位)、勘察设计、监理等单位(项目)负责人进行单位(子单位)工程验收,明确验收结果,并形成验收报告。单位工程由分包单位施工时,分包单位对所承包的工程项目应按规定的程序检查评定,总包单位应派人参加。分包工程完成后,应将工程有关数据交总包单位。建设工程经

验收合格的,方可交付使用。验收合格后,尚需在规定时间内,将验收文件报政府管理部门备案。

工程竣工验收的条件是:

(1)完成建设工程设计和合同约定的各项内容;

(2)有完整的技术档案和施工管理数据;

(3)有工程使用的主要建筑材料、建筑构配件和设备的进场试验报告;

(4)有勘察、设计、施工、工程监理等单位分别签署的质量合格文件;

(5)有施工单位签署的工程保修书。

在一个单位工程中,对满足生产要求或具备使用条件,施工单位已预验,监理工程师已初验通过的子单位工程,建设单位方可组织进行验收。由几个施工单位负责施工的单位工程,当其中某个施工单位所负责的子单位工程已按设计完成,并经自行检验时,也可组织正式验收,办理交工手续。在整个单位工程进行全部验收时,已验收的子单位工程验收数据应作为单位工程验收的附件。

在竣工验收时,对某些剩余工程和缺陷工程,在不影响交付的前提下,经建设单位、设计单位、施工单位和监理单位协商,施工单位应在竣工验收后的限定时间内完成。

参加验收各方对工程质量验收意见不一致时,可请当地建设行政主管部门或工程质量监督机构协调处理。

第四节 工程竣工验收质量管理

一、工程竣工验收备案

单位工程质量验收合格后,建设单位应在规定时间内将工程竣工验收报告和有关文件报建设行政管理部门备案。

(1)凡在中华人民共和国境内新建、扩建、改建各类房屋建筑工程和市政基础设施工程竣工验收的,均应按有关规定进行备案。

(2)国务院建设行政主管部门和有关专业部门负责全国工程竣工验收的监督管理工作,县级以上地方人民政府建设行政主管部门负责本行政区域内工程的竣工验收备案管理工作。

二、工程项目的交接

工程项目的竣工和交接是两个不同的概念。所谓竣工,是针对承包单位而言的,它有以下几层含义:第一,承包单位按合同要求完成了工作内容;第二,承包单位按质量要求进行了自检;第三,项目的工期、进度、质量均满足合同的要求。工程项目交接则是由监理工程师对工程的质量进行验收之后,协助承包单位与业主进行移交项目所有权的过程。能否交接取决于承包单位所承包的工程项目是否通过了竣工验收。因此,交接是建立在竣工验收基础上的时间过程。

工程项目经竣工验收合格后,便可办理工程交接,即将工程项目的所有权移交给建设单位。交接手续应及时办理,以便项目早日投产使用,充分发挥投资效益。

在办理工程项目交接前,施工单位要编制竣工结算书,以此向建设单位结算最终拨付的工程价款。而竣工结算书通过监理工程师审核、确认并签字后,才能通知建设单位与施工单位办理工程价款的拨付手续。

在工程项目交接时,还应将成套的工程技术资料进行分类整理、编目建档后移交给建设单位,同时施工单位还应将在施工中所占用的房屋设施等进行维修清理后全部予以移交。

第五节 工程质量保修

建筑工程质量保修是指对房屋建筑工程竣工验收后在保修期限内出现的质量缺陷,予以修复。质量缺陷是指房屋建筑工程的质量不符合工程建设强制性标准以及合同的约定。房屋建筑工程在保修范围和保修期限内出现质量缺陷,施工单位应当履行保修义务。国务院建设行政主管部门负责全国房屋建筑工程质量保修的监督管理,县级以上地方人民政府建设行政主管部门负责本行政区域内房屋建筑工程质量保修的监督管理。建设单位和施工单位应当在工程质量保修书中约定保修范围、保修期限和保修责任等,双方约定的保修范围、保修期限必须符合国家的有关规定。

一、工程质量保修期限

在正常使用情况下,房屋建筑工程的最低保修期限为:

(1)地基基础和主体结构工程,为设计文件规定的该工程的合理使用年限;

(2)屋面防水工程、有防水要求的卫生间、房间和外墙面的防渗漏,为5年;

(3)供热与供冷系统,为2个采暖期、供冷期;

(4)电气系统、给排水管道、设备安装,为2年;

(5)装修工程,为2年。

其他项目的保修期限由建设单位和施工单位约定。

房屋建筑工程保修期从工程竣工验收合格之日起计算。

二、工程质量保修的管理

房屋建筑工程在保修期限内出现质量缺陷,建设单位或者房屋建筑所有人应当向施工单位发出保修通知。施工单位接到保修通知后,应当到现场核查情况,在保修书约定的时间内予以保修。若发生涉及结构安全或者严重影响使用功能的紧急抢修事故,施工单位接到保修通知后,应当立即到达现场抢修。若发现涉及结构安全的质量缺陷,建设单位或者房屋建筑所有人应当立即向当地建设行政主管部门报告,采取安全防范措施,由原设计单位或者具有相应资质等级的设计单位提出保修方案,施工单位实施保修,原工程质量监督机构负责监督。保修完成后,由建设单位或者房屋建筑所有人组织验收。涉及结构安全的,应当报当地建设行政主管部门备案。

三、工程质量保修的责任

施工单位不按工程质量保修书约定保修的,建设单位可以另行委托其他单位保修,由原施工单位承担相应责任。保修费用由质量缺陷的责任方承担。

在保修期内,因房屋建筑工程质量缺陷造成房屋所有人、使用人或者第三方人身、财产损害的，房屋所有人、使用人或者第三方可以向建设单位提出赔偿要求。建设单位向造成房屋建筑工程质量缺陷的责任方追偿。

因保修不及时造成新的人身、财产损害，由造成拖延的责任方承担赔偿责任。

房地产开发企业售出的商品房保修，还应当执行《城市房地产开发经营管理条例》和其他有关规定。

下列情况不属于规定的保修范围：

(1)因使用不当或者第三方造成的质量缺陷；

(2)不可抗力造成的质量缺陷。

本章小结

本章主要介绍了工程质量验收的概念，工程质量验收的基本规定、组织与程序，工程竣工验收的质量管理与工程质量的保修等。

工程施工质量验收是工程建设质量控制的一个重要环节，它包括工程施工质量的中间验收和工程施工质量的竣工验收两个方面。

验收是指建筑工程在施工单位自行质量检查评定的基础上，参与建设活动的有关单位共同对检验批、分项、分部、单位工程的质量进行抽样复验，根据相关标准以书面形式对工程质量达到合格与否作出确认。

建设单位收到工程验收报告后，应由建设单位(项目)负责人组织施工(含分包单位)、设计、监理等单位(项目)负责人进行单位(子单位)工程验收。

建筑工程质量保修是指对房屋建筑工程竣工验收后在保修期限内出现的质量缺陷予以修复。房屋建筑工程在保修期限内出现质量缺陷，建设单位或者房屋建筑所有人应当向施工单位发出保修通知。

思考题

3-1　建筑工程施工质量验收的基本规定有哪些？

3-2　检验批、分项工程、分部(子分部)工程各是如何划分的？

3-3　简述建筑工程质量验收的基本程序与组织原则。

3-4　工程竣工验收的条件有哪些？

3-5　简述工程竣工验收质量管理的内容。

3-6　什么是工程质量保修？在正常使用下，房屋建筑工程的最低保修期限有哪些规定？

3-7　如何进行工程质量保修的管理？

3-8　工程质量的保修责任如何划分？哪些情况下可以不进行保修？

第四章　建筑工程质量验收方法

第一节　检验批质量验收

一、检验批合格质量规定

检验批的质量验收包括主控项目及一般项目的检验和质量数据的检查两方面的内容。要求主控项目和一般项目的质量经抽样检验合格，当采用计数检验时，除有专门要求外，一般项目的合格点率达到80%及以上，且不得有严重缺陷；具有完整的施工操作依据和质量验收记录。

二、检验批质量验收方法

（一）资料检查

对检验批质量控制数据进行完整性检查，就是确认施工过程的质量控制是否符合规定要求，这是检验批合格的前提。所要检查的数据主要包括：

（1）图纸会审、设计变更、洽商记录；

（2）建筑材料、成品、半成品、建筑构配件、器具和设备等的产品合格证及进场复验报告；

（3）工程测量、放线记录；

（4）按专业质量验收规范规定的抽样检验报告、见证检测报告；

（5）隐蔽工程验收记录；

（6）施工过程中重要工序的自检和交接检记录；

（7）新材料、新工艺的施工记录；

（8）质量管理数据和施工单位操作依据等。

（二）主控项目和一般项目的检验

为确保工程质量，使检验批的质量符合安全和使用功能的基本要求，各专业质量验收规范对各检验批的主控项目和一般项目的子项目合格质量都给予明确规定。

1. 主控项目的检验

主控项目是保证工程安全和使用功能的重要检验项目，是对安全、卫生、环境保护和公众利益起决定性作用的检验项目，它决定该检验批的主要性能。如果达不到规定的质量标准，降低要求就相当于降低该工程项目的性能，就会严重影响工程的安全性能；如果提高要求就等于提高性能要求，就会增加工程造价。

主控项目包括的内容主要有：

（1）重要材料、构配件、成品及半成品、设备性能及附件的材质、技术性能等。

（2）结构的强度、刚度和稳定性等检验数据及工程性能的检测。

(3)一些重要的允许偏差项目,必须控制在允许偏差限值之内。

对于一些有龄期的检测项目,在其龄期不到,不能提供数据时,可先将其他评价项目先评价,并根据施工现场的质量保证和控制情况,暂时验收该项目,待检测资料出来后,再填入资料。如果数据达不到规定数值,以及对一些材料、构配件质量及工程性能的测试数据有疑问,应进行复试、鉴定及实地检验。

2. 一般项目的检验

一般项目是除主控项目外的检验项目,其要求也是应该达到的,只不过对影响工程安全和使用功能较少的少数要求可以适当放宽一些,这些要求虽不像主控项目那样重要,但对安全、使用功能、建筑美观都有较大影响。

一般项目包括的内容主要有:

(1)在一般项目中,允许有一定偏差的,若用数据标准判断,其偏差范围不得超过规定值。

(2)对于不能确定偏差值而又允许出现一定缺陷的项目,则以缺陷的数量来区分。

(3)一些无法定量而采用定性的项目。如碎拼大理石的颜色协调、无明显裂缝和坑洼,管道接口项目无外露油麻等,需要管理者来合理控制。

检验批的质量合格与否主要取决于对主控项目和一般项目的检验结果。主控项目是对检验批的基本质量起决定性影响的检验项目,因此必须全部符合有关专业工程验收规范的规定。这意味着主控项目不允许有不符合要求的检验结果,即这种项目的检查具有否决权,而一般项目则可按专业规范的要求处理。

3. 检验批实物检查的方式

(1)对原材料、构配件和器具等产品的进场复验,应按进场的批次和产品的抽样检验方案执行;

(2)对混凝土强度、预制构件结构性能等,应按规定的抽样检验方案执行;

(3)对采用计数检验的项目,应按抽查总点数的合格点率进行检查。

三、检验批的质量验收记录

检验批的质量验收记录由施工项目专业质量检查员填写,监理工程师或建设单位专业技术负责人组织项目专业质量检查员等进行验收。

检验批质量验收记录通用表格见表4-1。

检验批质量验收记录的填表说明如下。

(一)单位(子单位)、分部(子分部)工程名称及验收部位

按合同文件上的单位工程名称填写,子单位工程标出该部分的位置。分部(子分部)工程名称按验收规范划定的分部(子分部)名称填写。验收部位是指一个分项工程中验收的那个检验批的抽样范围,要标注清楚,如二层①~⑩轴线砖砌体。

(二)施工单位、分包单位名称与项目经理

填写的施工单位的全称,要与合同上公章名称相一致。项目经理一栏填写合同中指定的项目负责人。在装饰、安装分部工程施工中,有分包单位时,也应填写分包单位的全称,分包单位的项目经理也应是合同中指定的项目负责人。

表 4-1 检验批质量验收记录

工程名称		分项工程名称		验收部位	
施工单位		专业工长		项目经理	
分包单位		分包项目经理		施工班组长	
施工执行标准名称及编号					
检查项目		质量验收规范的规定	施工单位检查评定记录	监理（建设）单位验收记录	
主控项目	1				
	2				
	3				
	4				
	5				
一般项目	1				
	2				
	3				
	4				
	5				
施工单位检查评定结果		项目专业质量检查员 年 月 日			
监理（建设）单位验收结论		监理工程师（建设单位项目专业技术负责人） 年 月 日			

（三）施工执行标准名称及编号

由于验收规范只列出验收的质量指标，对其工艺只提出一个原则要求，具体的操作工艺就靠企业标准了。只有按照不低于国家质量验收规范的企业标准来操作，才能保证国家验收规范的实施。企业必须制定企业标准（操作工艺、工艺标准、工法等），以此来对工人进行培训、技术交底，规范工人班组的操作。填表时只要将标准名称及编号填写上，就能在企业的标准系列中查到其详细情况，并要在施工现场有这项标准，工人在执行这项标准。

（四）质量验收规范的规定栏

在质量验收规范的规定栏里填写具体的质量要求，在制表时就已填写好验收规范中主控项目、一般项目的全部内容。但由于表格的地方小，多数指标不能将全部内容填写下，所以只将质量指标归纳、简化描述或将题目及条文号填写上，作为检查内容的提示，以便查对验收规范的原文。对计数检验的项目，将数据直接写出来。

(五)主控项目、一般项目施工单位检查评定记录

填写方法分以下几种情况,判定验收、不验收均按施工质量验收规定进行判定。

(1)对于定量项目直接填写检查的数据。

(2)对于定性项目:当符合规范规定时,采用打"√"的方法标注;当不符合规范规定时,采用打"×"的方法标注。

(3)有混凝土、砂浆强度等级的检验批,按规定制取试件后,可填写试件编号,待试件试验报告出来后,对检验批进行判定,在分项工程验收时进一步进行强度评定及验收。

(4)对于既有定性又有定量的项目:各个子项目质量均符合规范规定时,采用打"√"来标注;否则采用打"×"来标注;无此项内容的打"/"来标注。

(5)对于一般项目合格点有要求的项目,应是其中带有数据的定量项目,定性项目必须基本达到。定量项目中每个项目都必须有80%以上(混凝土保护层为90%)检测点的实测数值达到规范规定,其余20%按各专业施工质量验收规范规定,不能大于150%,钢结构为120%,就是说有数据的项目,除必须达到规定的数值外,其余可放宽的,最大放宽到150%。

第二节　分项工程质量验收

一、分项工程的质量验收方法

分项工程由一个或若干个检验批组成,分项工程的质量验收应在所含检验批验收合格的基础上进行质量验收记录检查,是一个统计过程,没有直接的验收内容。一般情况下,分项工程合格质量的条件比较简单,只要构成分项工程的各检验批的验收资料文件完整,并且均已验收合格,则分项工程验收合格。所以,在验收分项工程时应注意以下四点:

(1)核对检验批的部位、区段是否全部覆盖分项工程的范围,有没有缺漏的及没有验收到的部位,填写在"检验批质量检查记录"一栏内,结论为"完整"。

(2)检查有混凝土、砂浆强度要求的检验批,到龄期后能否达到规范规定,填写在"备注"栏内。

(3)检验批验收记录的内容及签字人是否正确、齐全。

(4)将检验批的资料统一,依次进行登记整理,方便管理。

二、分项工程质量验收记录

分项工程应由监理工程师(建设单位项目技术负责人)组织施工单位项目专业质量(技术)负责人等进行验收并进行记录。

分项工程质量验收记录通用表格,见表4-2。

在表4-2中,表名填上所验收分项工程的名称,施工单位检查评定结果由施工单位项目专业质量检查员填写,由施工单位的项目专业技术负责人检查后给出评价并签字,交监理单位或建设单位验收。

监理单位的专业监理工程师(或建设单位的专业技术负责人)应逐项审查,在同意项填写"合格或符合要求",若不同意项则不填写,等处理后再验收,但应作标记。表中应注明验收和不验收的意见,如同意验收则签字确认,不同意验收请指出存在问题,明确处理意见和完成时间。

表 4-2　　分项工程质量验收记录

工程名称		结构类型		检验批数	
施工单位		项目经理		项目技术负责人	
分包单位		分包单位负责人		分包项目经理	

序号	检验批部位、区段	施工单位检查评定结果	监理(建设)单位验收结论
1			
2			
3			
4			
5			
6			

检查结论	项目专业技术负责人： 年　月　日	验收结论	监理工程师： (建设单位项目专业技术负责人) 年　月　日

第三节　分部(子分部)工程质量验收

一、分部(子分部)工程的验收要求

分部(子分部)工程的验收在其所含各分项工程验收的基础上进行,各分部工程应符合验收合格的条件。

分部(子分部)工程质量的验收,均应在施工单位自检合格的基础上进行。施工单位确认自检合格后提出工程验收申请,由总监理工程师(建设单位项目负责人)组织施工单位项目负责人和技术、质量负责人等进行验收;地基与基础、主体结构分部工程由勘察、设计单位工程项目负责人和施工单位技术、质量部门负责人参加相关分部工程的验收。

首先,分部(子分部)工程的各分项工程必须已验收合格且相关的质量控制资料文件必须完整,这是验收的基本条件。此外,由于各分项工程的性质不尽相同,因此作为分部工程不能简单地组合而加以验收,尚需增加以下两项检查项目:

(1)涉及安全和使用功能的地基基础、主体结构,有关安全及重要使用功能的安装分部工程,应进行有关见证、取样、送样、试验或抽样检测。

(2)关于观感质量验收,这类检查往往难以定量,只能以观察、触摸或简单量测的方式进行,并由各自的主观印象判断,检查结果并不给出"合格"或"不合格"的结论,而是综合给出质量评价。

分部(子分部)工程验收时应提供下列技术文件和记录:

(1)原材料的质量合格证和质量鉴定文件；

(2)半成品如预制桩、钢桩、钢筋笼等产品合格证书；

(3)施工记录及隐蔽工程验收文件；

(4)检测试验及见证取样文件；

(5)其他必须提供的文件或记录。

隐蔽工程应在施工单位自检合格后，于隐蔽前通知有关人员检查验收，并形成中间验收文件。

二、分部(子分部)工程质量验收合格规定

(一)分部(子分部)工程所含分项工程的质量均应验收合格

(1)检查每个分项工程验收是否正确。

(2)注意查对所含分项工程，看有没有缺漏的分项工程没有归纳进来，或是没有进行验收。

(3)注意检查分项工程的数据是否完整，每个验收数据的内容是否有缺漏项，以及分项验收人员的证件是否齐全及符合规定。

(二)质量控制数据应完整

本项验收内容，就是对验收资料的统计、归纳和核查，主要包括以下三个方面的数据：

(1)核查和归纳各检验批的验收记录数据，查对其是否完整。

(2)检验批验收时，应具备的数据应准确完整才能验收。在分部、子分部工程验收时，主要是核查和归纳各检验批的施工操作依据、质量检查记录，查对其是否配套完整，包括有关施工工艺(企业标准)、原材料、构配件出厂合格证及按规定进行的试验数据的完整程度。但在实际工程中，有时数据的类别、数量会有欠缺，不够完整，要靠验收人员来掌握其程度，具体操作可参照单位工程的做法。

(3)注意核对各种数据的内容、数据及验收人员的签字是否规范等。

(三)地基与基础、主体结构、设备安装分部工程有关安全及功能的检测和抽样检测结果应符合有关规定

本项验收内容包括安全及功能两个方面的检测数据。检测项目在各专业质量验收规范中已有明确规定，验收时应注意以下三个方面的工作：

(1)检查各规范中规定的检测项目是否都进行了验收，不能进行检测的项目应该说明原因。

(2)检查各项检测记录(报告)的内容、资料是否符合要求，包括检测项目的内容、所遵循的检测方法标准、检测结果的数据是否达到规定的标准。

(3)核查数据的检测程序，有关取样人、检测人、审核人、试验负责人，以及公章签字是否符合要求等。

(四)观感质量验收应符合要求

观感质量评价是工程的一项重要评价工作，是全面评价一个分部、子分部、单位工程的外观及使用功能质量的必要手段与过程，它可以促进施工过程的管理、成品保护，提高社会效益和环境效益。

观感质量评价的结论为“好”、“一般”和“差”三种，评价标准由检查评价人员宏观掌

握:如果没有较明显达不到要求的,就可以评为一般;如果某些部位质量较好,细部处理到位,就可以评为好;如果有的部位达不到要求,或有明显的缺陷,但不影响安全或使用功能,则评为差。评为差的项目能进行返修的应进行返修,不能返修的只要不影响安全或使用功能可通过验收。有影响安全或使用功能的项目,不能评价,应修理后再评价。

在进行检查时,要注意一定要在现场,将工程的各个部分全部看到,能操作的应操作,观察其方便性、灵活性或有效性等;能打开观看的应打开观看,不能只看"外观",应全面了解分部(子分部)工程的实物品质。

观感质量验收评价时,首先施工单位应自行检查,合格后由监理单位来验收,参加评价的人员必须具有相应的资格,由总监理工程师组织,不少于三个专业监理工程师来检查,在听取其他参加人员的意见后,共同作出评价,但总监理工程师的意见应为主导意见。在作评价时,可分项目逐点评价,也可按项目进行综合评价,最后对分部(子分部)工程作出评价验收结论。

三、分部(子分部)工程质量验收记录及填表说明

分部(子分部)工程质量应由总监理工程师(建设单位项目专业负责人)组织施工项目经理和有关勘察、设计单位项目负责人进行验收,并进行相应的记录。

(一)子分部工程施工质量控制资料核查记录

子分部工程施工质量控制资料核查记录见表4-3。

表4-3　子分部工程施工质量控制资料核查记录

×××(□□□□□)A

工程名称		施工单位		
序号	资料名称	份数	核查意见	核查人
1				
2				
3				
4				
5				
6				
7				
8				

结论:

总监理工程师:

施工单位项目经理:　　　　(建设单位项目负责人)

年　月　日　　　　年　月　日

其填表说明如下:

(1)子分部名称、工程名称、施工单位、资料名称和份数(栏),由施工单位质量(技术)

负责人填写。

(2)核查意见(栏),由总监理工程师组织专业监理工程师核查,由总监理工程师(建设单位项目负责人)填写“符合要求”或“不符合要求”。

项目若能做到及时、准确、齐全、完整可填写“符合要求”,对“不符合要求”的项目应加以说明和提出处理意见。

核查人(栏),由总监理工程师签认。

(3)结论(栏),由总包单位项目经理和总监理工程师共同确认填写“经检验、核查符合要求”或“经检验、核查不符合要求”,并签字,加盖岗位资格章。对结论为“不符合要求”的应写出处理意见。

(二)子分部工程安全和功能检验控制资料核查及主要功能抽查记录

子分部工程安全和功能检验控制资料核查及主要功能抽查记录通用表格,见表4-4。

表4-4　子分部工程安全和功能检验控制资料核查及主要功能抽查记录

×××(□□□□)B

工程名称		施工单位			
序号	安全和功能检验项目	份数	核查意见	抽查结果	核查人
1					
2					
3					
4					
5					
6					

结论:

总监理工程师:

施工单位项目经理:　　　　(建设单位项目负责人)

年　月　日　　　　年　月　日

其填表说明如下:

(1)子分部名称、工程名称、施工单位、安全和功能检验项目及份数(栏),由施工单位质量(技术)负责人填写。

(2)核查意见(栏)和抽查结果(栏),由总监理工程师组织专业监理工程师核查、抽查,施工单位项目经理、项目质量(技术)负责人参加,由总监理工程师(建设单位项目负责人)填写“符合要求”或“不符合要求”。

项目若能做到及时、准确、齐全、完整可填写“符合要求”,对“不符合要求”的项目应加以说明和提出处理意见。

核查人(栏),由总监理工程师签认。

(3)结论(栏),由总包单位项目经理和总监理工程师共同确认填写“经检验、核查及抽查符合要求”或“经检验、核查及抽查不符合要求”,并签字,加盖岗位资格章。

(三)子分部工程施工观感质量检查评价记录

子分部工程施工观感质量检查评价记录通用表格,见表4-5。

表 4-5　子分部工程施工观感质量检查评价记录

×××(□□□□)C

工程名称											施工单位			
参加人员														
序号	项目名称	抽查质量情况									质量评价			综合评价
		1	2	3	4	5	6	7	8	9	10	好	一般	差	
1															
2															
3															
4															
5															
6															
7															
8															
9															

结论：

施工单位项目经理：　　年　月　日

总监理工程师：
（建设单位项目负责人）
年　月　日

其填表说明如下：

(1)填写子分部名称。

(2)参加人员(栏)，填写总监理工程师(建设单位项目负责人)和专业监理工程师、项目经理、项目质量(技术)负责人、技术(质量)部门负责人，检查评价人数不少于5人。

(3)项目名称(栏)，由施工单位项目质量(技术)负责人填写。

(4)抽查质量情况(栏)，各抽检点质量状况(好、一般、差)分别用√、○、×填写。评价时，施工单位应先自行检查合格后交监理验收，由总监理工程师组织专业监理工程师，通过现场检查，在听取有关人员的意见后，以总监理工程师为主，与专业监理工程师共同确认，质量评价为好、一般、差。

(5)质量评价(栏)：

① 每项抽检点中无“差”(×)，且“好”(√)点数占该项总抽查点数的50%及以上，可填写“好”。

② 每项抽检点中评为“差”(×)点的数不大于20%，且不影响安全、使用功能及观感，可填写“一般”。

③ 对评为“差”(×)的应写出处理意见。

(6)综合评价(栏)：

① 子分部工程中，被抽检的分项工程评价为“好”的项数占总抽检项数的50%及以上，且无“差”项，可填写“好”。

② 子分部工程中，被抽检的分项工程评价为“好”的项数占总抽检项数低于50%，且无

"差"项,可填写"一般"。

③ 对评为"差"的应写出处理意见。

(7)结论(栏),由总监理工程师(建设单位项目负责人)和施工总包单位项目经理填写,经现场检查评价共同确定为"好"、"一般"或"差"并签字,加盖岗位资格章。

① 抽检的项数综合评定为"好"的项数达到50%及以上,且无"差"项,结论可写"经现场检查评价共同确认为好"。

② 抽检的项数综合评价为"好"的项数低于50%,且无"差"项,结论可填写"经现场检查评价共同确认为一般"。

③ 经现场检查评价共同确认为"差"的应写出处理意见。

(四)子分部工程施工质量验收记录

子分部工程施工质量验收记录通用表格,见表4-6。

表4-6 ________子分部工程施工质量验收记录

<table>
<tr><td colspan="2">工程名称</td><td></td><td>结构类型</td><td></td><td>层数</td><td></td></tr>
<tr><td colspan="2">施工单位</td><td></td><td>技术部门负责人</td><td></td><td>质量部门负责人</td><td></td></tr>
<tr><td colspan="2">分包单位</td><td></td><td>分包单位负责人</td><td></td><td>分包技术负责人</td><td></td></tr>
<tr><td>序号</td><td colspan="2">分项工程名称</td><td>检验批数</td><td colspan="2">施工单位检查评定</td><td>验收意见</td></tr>
<tr><td>1</td><td colspan="2"></td><td></td><td colspan="2"></td><td rowspan="10"></td></tr>
<tr><td>2</td><td colspan="2"></td><td></td><td colspan="2"></td></tr>
<tr><td>3</td><td colspan="2"></td><td></td><td colspan="2"></td></tr>
<tr><td>4</td><td colspan="2"></td><td></td><td colspan="2"></td></tr>
<tr><td>5</td><td colspan="2"></td><td></td><td colspan="2"></td></tr>
<tr><td></td><td colspan="2"></td><td></td><td colspan="2"></td></tr>
<tr><td></td><td colspan="2"></td><td></td><td colspan="2"></td></tr>
<tr><td colspan="3">质量控制资料</td><td></td><td colspan="2"></td></tr>
<tr><td colspan="3">______子分部工程安全和功能检验控制资料核查及主要功能抽查记录</td><td></td><td colspan="2"></td></tr>
<tr><td colspan="3">观感质量验收</td><td></td><td colspan="2"></td></tr>
<tr><td rowspan="5">验收单位</td><td colspan="2">分包单位</td><td colspan="4">项目经理:　　　　年　月　日</td></tr>
<tr><td colspan="2">施工单位</td><td colspan="4">项目经理:　　　　年　月　日</td></tr>
<tr><td colspan="2">勘察单位</td><td colspan="4">项目负责人:　　　　年　月　日</td></tr>
<tr><td colspan="2">设计单位</td><td colspan="4">项目负责人:　　　　年　月　日</td></tr>
<tr><td colspan="2">监理(建设)单位</td><td colspan="4">总监理工程师:
(建设单位项目专业负责人)　　　　年　月　日</td></tr>
</table>

其填表说明如下：

(1)施工单位检查评定(栏)，施工单位根据自行检验结果填写"符合标准×××合格规定"。

(2)验收意见(栏)，由监理工程师填写"分项和检验批划分合理，验收项目完整，符合设计要求及标准×××合格规定"，或填写"验收项目不完整，不符合设计要求或不符合标准×××合格规定"。

验收不合格的应写出原因与处理意见。

(3)质量控制资料(栏)：

①施工单位检查评定(栏)，施工单位根据资料的数量及完整情况填写"经检验符合要求"。

②验收意见(栏)，由监理工程师根据资料及时、准确、齐全及完整情况填写"符合要求"或"不符合要求"。

(4)结构实体检验报告(栏)：

① 施工单位检查评定(栏)，施工单位应根据安全及功能两方面检测资料情况填写"经检验符合要求"。

② 验收意见(栏)，由监理工程师根据安全和功能检查就每项检测是否有单项检测报告，其结果能否达到设计要求等填写"符合要求"或"不符合要求"。

(5)观感质量验收(栏)，由监理工程师组织专业监理工程师会同参加验收人员共同进行。通过现场检查，听取验收人员意见后，以总监理工程师为主与监理工程师共同确定质量评价，填写：经现场检查评价共同确认为"好"或"一般"或"差"。

(6)验收单位(栏)：

①分包单位(栏)，由分包单位项目经理亲自签认，并加盖岗位资格章，填写"检验符合标准×××合格规定"。

②施工单位(栏)，由总承包单位项目经理亲自签认，并加盖岗位资格章，填写"检验符合标准×××合格规定"。

③勘察单位(栏)，勘察单位可只签认地基基础子分部工程，由项目负责人亲自签认，并加盖岗位资格章，填写"基坑(槽)，现场检验地质条件与勘察报告相符(或不符)，同意(或不同意)继续施工"。

现场检验与勘察报告不符时应写出处理意见。

④设计单位(栏)，设计单位可只签地基基础、主体结构子分部工程，由项目负责人亲自签认，并加盖岗位资格章，填写"施工质量符合(或不符合)设计要求，同意(或不同意)验收"。

对不符合设计要求的，应写明原因和处理意见。

⑤监理(建设)单位(栏)，由总监理工程师(建设单位项目负责人)亲自签认验收，并加盖岗位资格章，填写"符合标准(或不符合)标准×××合格的规定，验收合格(或验收不合格)"。

对"验收不合格"的应提出问题和处理意见。

(五)分部工程施工质量验收记录

分部工程施工质量验收记录通用表格，见表4-7。

表 4-7　分部工程施工质量验收记录

<table>
<tr><td>工程名称</td><td colspan="2"></td><td>结构类型</td><td></td><td>层数</td><td></td></tr>
<tr><td>施工单位</td><td colspan="2"></td><td>技术部门负责人</td><td></td><td>质量部门负责人</td><td></td></tr>
<tr><td>分包单位</td><td colspan="2"></td><td>分包单位负责人</td><td></td><td>分包技术负责人</td><td></td></tr>
<tr><td>序号</td><td colspan="2">子分部工程名称</td><td>分项数</td><td colspan="2">施工单位检查评定</td><td>验收意见</td></tr>
<tr><td>1</td><td colspan="2"></td><td></td><td colspan="2"></td><td></td></tr>
<tr><td>2</td><td colspan="2"></td><td></td><td colspan="2"></td><td></td></tr>
<tr><td>3</td><td colspan="2"></td><td></td><td colspan="2"></td><td></td></tr>
<tr><td>4</td><td colspan="2"></td><td></td><td colspan="2"></td><td></td></tr>
<tr><td>5</td><td colspan="2"></td><td></td><td colspan="2"></td><td></td></tr>
<tr><td colspan="3">质量控制资料</td><td colspan="4"></td></tr>
<tr><td colspan="3">安全和功能检验资料核查及主要功能抽查</td><td colspan="4"></td></tr>
<tr><td colspan="3">观感质量验收</td><td colspan="4"></td></tr>
<tr><td rowspan="4">验收单位</td><td colspan="2">施工单位</td><td colspan="4">（公章）
项目经理：　　　　年　月　日</td></tr>
<tr><td colspan="2">勘察单位</td><td colspan="4">（公章）
项目负责人：　　　　年　月　日</td></tr>
<tr><td colspan="2">设计单位</td><td colspan="4">（公章）
项目负责人：　　　　年　月　日</td></tr>
<tr><td colspan="2">监理（建设）单位</td><td colspan="4">总监理工程师：　　　　（公章）
（建设单位项目专业负责人）　　年　月　日</td></tr>
</table>

其填表说明如下：

(1)分项数(栏),分别填写各子分部工程实际的分项数,即子分部工程验收表上的分项数。

(2)施工单位检查评定(栏),施工单位根据自行检验结果,填写“符合标准×××合格规定”。

(3)验收意见(栏),由监理工程师填写“检验×× 个子分项工程,符合设计要求及标准×××合格规定”,或“检验××个子分部,计××个分项工程,其中×××子分部的××分项工程不符合设计要求及标准×××合格规定”。

(4)质量控制资料(栏),先由施工单位检验合格,交监理单位验收。由总监理工程师组织专业监理工程师,对已核查过的子分部分项工程质量控制资料逐项检查和审查,符合要求后,将各子分部工程审查的资料逐项进行统计,填写“核查施工质量控制资料××份,符合(或不符合)要求”。

(5)安全和功能检验资料核查及主要功能抽查(栏),先由施工单位检验合格,交监理单位验收。由监理工程师(建设单位项目负责人)组织专业监理工程师,除对已核查和抽查过的子分部工程安全和功能检验资料逐项检查和审查外,还要对分部工程进行的安全和功能抽测项目、抽测报告是否达到设计要求及规范规定逐项进行核查验收,填写“核查、抽查安全及主要功能检验资料和抽查资料××份,符合(或不符合)要求”。

(6)观感质量验收(栏),分部工程施工观感质量检查评价,由施工单位先自行检查合格后,由总监理工程师(建设单位负责人)组织专业监理工程师、项目经理、项目质量(技术)负责人、技术(质量)部门负责人,进行检查评价,检查评价人数不少于5人。

通过现场检查,在听取有关人员的意见后,以总监理工程师为主与专业监理工程师共同确认,填写:检查评价××个子分部,其中评为“好”的有××个子分部,占( )%,且无“差”子分部,共同确认为“好”或“一般”。

①检查评价为“好”的子分部数占总数的50%及以上可共同确认为“好”,低于50%可确认为“一般”。

②检查评价有“差”的子分部确认为“差”。

(7)验收单位(栏):

①施工单位(栏),由总承包单位项目经理亲自签认,并加盖岗位资格章。填写“检验符合标准×××合格规定”。

②勘察单位(栏),勘察单位可只签认地基基础分部工程,由项目负责人亲自签认,并加盖岗位资格章。填写“基坑(槽)现场检验地质条件与勘察报告相符”或“现场检验地质条件与勘察报告不符,但经处理满足设计要求”。

③设计单位(栏),设计单位可只签认地基基础、主体结构分部工程,由项目负责人亲自签认,并加盖岗位资格章。填写“施工质量符合设计要求,同意验收”。

④监理(建设)单位(栏),由总监理工程师(建设单位项目负责人)亲自签认验收,并加盖岗位资格章,填写“验收合格”。

第四节 单位(子单位)工程质量验收

一、单位(子单位)工程质量验收合格规定

单位工程质量验收也称质量竣工验收,是建筑工程投入使用前的最后一次验收,也是最重要的一次验收,是对工程交付使用前最后一道工序把关,应引起参与建设的各方责任主体和有关单位及人员的足够重视。

单位(子单位)工程质量验收总体上是一个统计性的审核和综合性的评价,是通过核查分部(子分部)工程验收质量控制资料和有关安全、功能检测资料,进行必要的主要功能项目的复核及抽测,以及总体工程观感质量的现场实地质量验收。

(一)单位(子单位)工程所含分部(子分部)工程的质量应验收合格

(1)核查各分部工程中所含的子分部工程验收是否齐全。

(2)核查各分部、子分部工程质量验收记录表的质量评价是否齐全、完整。

(3)核查各分部、子分部工程质量验收记录表的验收人员是否是规定的有相应资质的技术人员,并进行了评价和签认。

（二）质量控制数据应完整

单位（子单位）工程质量验收应加强对建筑结构、设备性能、使用功能方面主要技术性能的检验。总承包单位应将各分部、子分部工程应有的质量控制数据进行核查，图纸会审及变更记录、定位测量放线记录、施工操作依据、原材料和构配件等的质量证书、按规定进行检验的检测报告等，由总监理工程师进行核查确认，可按单位工程所包含的分部（子分部）工程分别核查，也可综合抽查。每个检验批规定了“主控项目”，并提出了主要技术性能的要求，但检查单位工程的质量控制数据时，应对主要技术性能进行系统的核查。如一个空调系统只有分部、子分部工程全部完成后才能进行综合调试，取得需要的检验数据。

施工操作工艺、企业标准、施工图纸及设计文件、工程技术数据和施工过程的见证记录，是企业管理的重要组成部分，必须齐全完整。

单位工程质量控制数据是否完整，通常可按以下三个层次进行判定：

（1）已发生的数据项目必须有；

（2）在每个项目中该有的数据必须有，没有发生的数据应该没有；

（3）在每个数据中该有的数据必须有。

因工程项目的具体情况不同，资料是否完整，要视工程特点和已有数据的情况而定。总之，验收人员应掌握的关键一点是，看其工程的结构安全和使用功能是否达到设计要求。如果数据能保证该工程结构安全和使用功能，能达到设计要求，则可认为是完整的；否则，不能判为完整。

（三）单位（子单位）工程所含分部工程有关安全和功能的检验数据应完整

本项指标内容的目的是确保工程的安全和使用功能。在分部（子分部）工程中提出了一些检测项目，在分部（子分部）工程检查和验收时，应进行检测来保证和验证工程的综合质量和最终质量。这种检测（检验）应由施工单位进行，检测过程中可请监理工程师或建设单位有关负责人参加监督检测工作，达到要求后，形成检测记录并签字认可。在单位工程、子单位工程验收时，监理工程师应对各分部（子分部）工程应检测的项目进行核对，对检测资料的数量、数据及使用的检测方法标准、检测程序进行核查，并核查有关人员的签认情况等。核查后，将核查的情况填入单位（子单位）工程安全和功能检测资料核查和主要功能抽查记录表，并对该项内容作出通过或不通过的结论。

（四）主要功能项目的抽查结果应符合相关专业质量验收规范的规定

主要功能项目抽查的目的是综合检验工程质量能否保证工程的功能，满足使用要求。本项抽查检测的多数内容主要还是以复查和验证为主，主要功能抽测项目已在各分部（子分部）工程中列出，有的是在分部（子分部）工程完工后才能进行检测，有的还要待相关分部（子分部）工程完成后才能检测，有的则需要待单位工程全部完成后才能进行检测。这些检测项目应在单位工程完工，施工单位向建设单位提交工程验收报告之前全部进行完毕，并将检测报告写好。建设单位组织单位工程验收时，抽测什么项目，一般由验收委员会（验收组）来确定，但其项目应是在单位（子单位）工程安全和功能检测资料核查和主要功能抽查记录表中所包含的项目，不能随便提出其他项目。通常监理单位应在施工过程中，提前将抽测的项目在分部（子分部）工程验收时检测。多数情况是施工单位检测时，监理单位、建设单位都参加，不再重复检测，防止造成不必要的浪费及对工程的损害。

通常，主要功能抽测项目应为有关项目最终的综合性的使用功能，如室内环境检测、屋面淋水检测、用电设备全负荷试验检测、智能建筑系统运行等。只有最终抽测项目效果不符合验收标准要求，必须进行中间过程有关项目的检测时，才要与有关单位共同制定检测方案，并要制定完善的成品保护措施。主要功能项目的抽测以不损坏建筑成品为原则。

（五）观感质量验收应符合要求

对单位工程进行严格、系统的检查，可全面衡量单位工程质量的实际情况，突出对工程整体检验和对用户负责的观点。分项、分部工程的验收，对其本身来讲属于产品检验，只有经过单位工程的验收，才是最终建筑产品的验收。

观感质量检查绝不是单纯的外观检查，而是实地对工程的一个全面检查，核实质量控制数据，核查分项、分部工程验收的正确性，对在分项工程中不能检查的项目进行检查等。若工程完工，绝大部分的安全可靠性能和使用功能已达到要求，但出现不应出现的裂缝和严重影响使用功能的情况，应该首先弄清原因，然后再评价。分项、分部无法测定和不便测定的项目，在单位工程观感评价中，给予核查。如建筑物的全高垂直度、上下窗口位置偏移及一些线角顺直等项目，只有在单位工程质量最终检查时，才能了解的更确切。

其评价方法同分部、子分部工程观感质量验收项目。

二、单位（子单位）工程质量验收记录

单位（子单位）工程质量验收记录见表4-8，由施工单位填写；验收结论由监理（建设）单位填写；综合验收结论由参加验收各方共同商定，建设单位填写，应对工程质量是否符合设计和规范要求及总体质量水平作出评价。

表4-8　单位（子单位）工程质量验收记录

工程项目		结构类型		建筑面积（m^2）	
施工单位		技术负责人		开工日期	
项目经理		项目技术负责人		竣工日期	
序号	项目	验收记录		验收结论	
1	分部工程	共　分部，其中优良　分部，优良率　%，结构分部：　孔口防护分部：			
2	质量控制资料核查	共　项，符合要求　项，经鉴定符合要求　项			
3	观感质量验收	应得　分，实得　分，得分率　%			
4	综合验收结论				
参加验收单位	建设单位	监理单位	施工单位	设计单位	
	（公章） 单位（项目）负责人 年　月　日	（公章） 总监理工程师 年　月　日	（公章） 单位负责人 年　月　日	（公章） 单位（项目）负责人 年　月　日	

第五节　建筑工程质量不符合要求时的处理

一、建筑工程质量不符合要求时的处理规定

施工质量不合格现象在检验批的验收时应及时发现并妥善处理，所有质量隐患必须尽快消灭在初始状态，否则将影响后续检验批和相关的分项工程、分部工程的验收。验收标准条文规定了建筑工程质量不符合要求时，应按规定进行处理，共规定了以下五种情况。

（一）经返工重做或更换器具、设备的检验批，应重新进行检查验收

当检验批在进行验收时，发现主控项目不能满足验收规范规定或一般项目超过偏差限值，或某个检验批中的子项不符合检验规定的要求，应及时进行处理。其中，严重的缺陷应推倒重来；一般的缺陷通过返修或更换器具、设备予以解决，应允许施工单位在采取相应的措施后重新验收。若能够符合相应的专业工程质量验收规范，则应认为该检验批合格。

（二）经有资质的检测单位鉴定能达到设计要求的检验批，应予以验收

这种情况是指个别检验批发现试块强度等不满足要求等问题，难以确定是否验收时，应委托具有资质的单位检测，当鉴定结果能够达到设计要求时，该检验批应允许通过验收。

（三）经有资质的检测单位鉴定达不到设计要求但经原设计单位核算认可，能满足结构安全和使用功能的检验批，应予以验收

一般情况下，规范标准给出了满足安全和功能的最低限度要求，而设计往往在此基础上留有一些余量，出现两者限值不完全相符的现象。这种不满足设计要求而符合相应规范标准要求的情况，两者并不矛盾。如原设计计算混凝土强度为 27 MPa，而选用了 C30 混凝土，经检测的结果是 29 MPa，虽未达到 C30 级的要求，但仍能大于 27 MPa，是安全的。又如某五层砖混结构，一、二、三层用 M10 砂浆砌筑，四、五层用 M5 砂浆砌筑，在施工过程中，由于管理不善等，其三层砂浆强度仅达到 7.4 MPa，没有达到设计要求，但经过原设计单位验算，砌体强度尚可满足结构安全和使用功能，可不返工和加固。这种情况下，由设计单位出具正式的认可证明，由注册结构工程师签字，并加盖单位公章，质量责任由设计单位承担，可进行验收。

（四）经返修或加固的分项、分部工程虽然改变了外形尺寸但仍能满足安全使用要求，可按技术处理方案和协商进行验收

这种情况是指更为严重的缺陷或超过检验批的更大范围内的缺陷可能影响结构的安全性和使用功能，如经法定检测单位检测鉴定以后认为达不到规范标准的相应要求，即不能满足最低限度的安全储备和使用功能，则必须按一定的技术方案进行加固处理，使之能保证满足安全使用的基本要求。经过验算和事故分析，找出事故原因，分清质量责任，同时经过建设单位、施工单位、监理单位、设计单位等协商，是否同意进行加固补强，并协商好加固费用的来源、加固后的验收等事宜，由原设计单位出具加固技术方案，通常由原施工单位进行加固，虽然改变了个别建筑构件的外形尺寸，或留下永久性缺陷，包括改变工程的用途在内，应按协商文件验收，也是有条件的验收，由责任方承担经济损失或赔偿等。这种情况实际上是工程质量达不到验收规范的合格规定，应算在不合格工程的范围。

（五）经返修加固仍不能满足安全使用要求的分部工程、单位（子单位）工程，严禁验收

这种情况是非常少的，但确实是有的。通常是在制定加固技术之前，就知道加固补强措施效果不会太好，或是加固费用太高不值得加固处理，或是加固后仍不能保证安全、功能。这种情况就应该坚决拆掉，不要再花大的代价来加固补强。这是强制性条文，必须贯彻执行。

经处理的工程必须有详尽的记录数据，包括处理方案等原始数据应齐全、准确，原始记录数据能确切说明问题的演变过程和结论。这些数据不仅应纳入工程质量验收数据中，还应纳入单位工程质量事故处理数据中。对协商验收的有关资料，要经监理单位的总监理工程师签字验收，并将数据归纳在竣工数据中，以便在工程使用、管理、维修及改建、扩建时作为参考依据等。

以上五种情况中：前三种是能通过正常验收的；第四种是特殊情况的处理，虽达不到验收规范的要求，但经过加固补强等措施能保证结构安全或使用功能，建设单位与施工单位可以协商，根据协商文件进行验收，是让步接受或有条件验收；第五种情况是不能验收的，通常这样的情况发生在检验批。造成不符合规定的原因很多，有操作技术方面的，也有管理不善方面的，还有材料等质量方面的。因此，一旦发现工程质量任何一项不符合规定，必须及时组织有关人员，查找分析原因，并按有关技术管理规定，通过有关方面共同商定补救方案，及时进行处理。经处理后的工程，再进行质量验收。

二、质量问题不作处理的论证

施工项目的质量问题，并非都要处理，即使有些质量缺陷已超出了国家标准及规范要求，但也可以针对工程的具体情况，经过分析、论证，作出勿需处理的结论。总之，对质量问题的处理要实事求是，既不能掩饰，也不能扩大，以免造成不必要的经济损失和延误工期。

勿需处理的质量问题常有以下几种情况：

（1）不影响结构安全、生产工艺和使用要求的质量问题，经分析论证，可以不处理。例如，有的建筑物在施工中发生了错位，若要纠正，困难较大，或将造成重大的经济损失。

（2）检验中的质量问题，经论证后可不处理。例如，混凝土试块强度偏低，而实际混凝土强度经测试论证已达到要求，就可不处理。

（3）某些轻微的质量缺陷，通过后续工序可以弥补的，可不处理。例如，混凝土墙板出现了轻微的蜂窝、麻面，而该缺陷可通过后续工序抹灰、喷涂、刷白等进行弥补，则勿需对墙板的缺陷进行处理。

（4）对出现的质量问题，经复核验算，仍能满足设计要求，可不处理。例如，结构断面被削弱后，仍能满足设计的承载能力，但这种做法实际上是在挖设计的潜力，因此需要特别慎重。

本章小结

本章主要介绍了检验批、分项工程、分部（子分部）工程和单位（子单位）工程的质量验收。

检验批可根据施工及质量控制和专业验收需要，按楼层、施工段、变形缝等进行划分。

主控项目是保证工程安全和使用功能的重要检验项目,是对安全、卫生、环境保护和公众利益起决定性作用的检验项目,它决定该检验批的主要性能。施工质量不合格现象在检验批的验收时应及时发现并妥善处理,所有质量隐患必须尽快消灭在初始状态,否则将影响后续检验批和相关的分项工程、分部工程的验收。

分项工程由一个或若干个检验批组成,分项工程质量的验收是在检验批验收的基础上进行的,是一个统计过程,没有直接的验收内容。一般情况下,只要构成分项工程的各检验批的验收资料文件完整,并且均已验收合格,则分项工程验收合格。

分部(子分部)工程的验收在其所包含的各分项工程验收的基础上进行,各分部工程应符合验收合格的条件。分部(子分部)工程质量的验收,均应在施工单位自检合格的基础上进行,施工单位确认自检合格后提出工程验收申请。

单位(子单位)工程质量验收也称质量竣工验收,是建筑工程投入使用前的最后一次验收,也是最重要的一次验收。单位(子单位)工程质量验收是通过核查分部(子分部)工程验收质量控制资料和有关安全、功能检测资料,进行必要的主要功能项目的复核及抽测,以及总体工程观感质量的现场实地质量验收。

思考题

4-1　检验批如何进行主控项目和一般项目的检验?

4-2　分项工程质量验收合格的规定是什么?在验收中应注意哪些问题?

4-3　分部(子分部)工程验收时应提供哪些技术文件和记录?

4-4　单位(子单位)工程质量验收合格有哪些规定?

4-5　建筑工程质量不符合要求时有哪些处理规定?

4-6　什么是观感质量评价?如何进行观感质量评价?

4-7　施工项目哪些质量问题可以不作处理?

第五章　地基与基础工程质量检验

第一节　土方工程质量检验

一、土方开挖

土方工程施工前应进行挖方和填方的平衡计算，综合考虑土方运距最短、运程合理和各个工程项目的合理施工程序等，做好土方平衡调配，减少重复挖运。当土方工程挖方较深时，施工单位应采取措施，防止基坑底部土的隆起，并避免危害周边环境。

土方开挖前应检查定位放线、排水和降低地下水位系统，合理安排土方运输车的行走路线及弃土场。施工过程中应检查平面位置、水平标高、边坡坡度、压实度、排水和降低地下水位系统，并随时观测周围的环境变化。对于分层挖方，也应检查开挖深度等。在挖土过程中应及时排除坑底表面积水，若发生边坡滑移、坑涌，应立即停止挖土，再根据具体情况采取必要的措施。临时性挖方的边坡值应符合表 5-1 的规定。

表 5-1　临时性挖方的边坡值

土的类别		边坡值(高: 宽)
砂土(不包括细砂、粉砂)		1: 1.25 ~ 1: 1.50
一般性黏土	硬	1: 0.75 ~ 1: 1.00
	硬、塑	1: 1.00 ~ 1: 1.25
	软	1: 1.50 或更缓
碎石类土	充填坚硬、硬塑黏性土	1: 0.50 ~ 1: 1.00
	充填砂土	1: 1.00 ~ 1: 1.50

注：1. 设计有要求时，应符合设计标准。

2. 如采取降水或其他加固措施，可不受表 5-1 的影响，但应计算复核。

3. 开挖深度，对软土不应超过 4 m，对硬土不应超过 8 m。

4. 在建(构)筑物场地或其周边，由于建(构)筑物和市政工程开挖或填筑施工所形成的人工边坡和对建(构)筑物安全或稳定有影响的自然边坡，简称边坡。

土方开挖工程的质量检验标准应符合表 5-2 的规定。

二、土方回填

土方回填前应清除基底的垃圾、树根等杂物，抽除坑穴积水、淤泥，验收基底标高。如在耕植土或松土上填方，应在基底压实后再进行。对于填方土料，应按设计要求验收后方可填入。填方施工过程中应检查排水设施，每层填筑厚度、含水量控制、压实程度。填筑厚度及压实遍数应根据土质、压实系数及所用机具确定，如无试验依据，应符合表 5-3 的规定。

表 5-2　土方开挖工程的质量检验标准

项	序	项目	允许偏差或允许值(mm)					检验方法
			柱基、基坑、基槽	挖方场地平整		管沟	地(路)面基层	
				人工	机械			
主控项目	1	标高	-50	±30	±50	-50	-50	水准仪
	2	长度、宽度(由设计中心线向两边量)	+200,-50	+300,-100	+500,-150	+100		经纬仪,用钢尺量
	3	边坡	设计要求					观察或用坡度尺检查
一般项目	1	表面平整度	20	20	50	20	20	用 2 m 靠尺和楔形塞尺检查
	2	基底土性	设计要求					观察或土样分析

注:1. 地(路)面基层的偏差只适用于直接在挖方、填方上做地(路)面的基层。

2. 表 5-2 所列数值适用于附近无重要建筑物或重要公共设施,且基坑暴露时间不长的条件。

表 5-3　填土施工时的分层厚度及压实遍数

压实机具	分层厚度(mm)	每层压实遍数
平碾	250~300	6~8
振动压实机	250~350	3~4
柴油打夯机	200~250	3~4
人工打夯	<200	3~4

填方工程的施工参数(如每层填筑厚度、压实遍数及压实系数)对重要工程均应做现场试验后确定,或由设计单位提供。填方施工结束后,应检查标高、边坡坡度、压实程度等。

填方工程的质量检验标准应符合表 5-4 的规定。

表 5-4　填方工程的质量检验标准

项	序	项目	允许偏差或允许值(mm)					检查方法
			柱基、基坑、基槽	场地平整		管沟	地(路)面基层	
				人工	机械			
主控项目	1	标高	-50	±30	±50	-50	-50	水准仪
	2	分层压实系数	设计要求					按规定方法
一般项目	1	回填土料	设计要求					取样检查或直观鉴别
	2	分层厚度及含水量	设计要求					水准仪及抽样检查
	3	表面平整度	20	20	30	20	20	用靠尺或水准仪

对有密实度要求的填方，在夯实或压实后，要对每层回填土的质量进行检验，一般采用环刀取样测定土的干密度和密实度，或用小轻便触探仪直接通过锤击数来检验土的干密度和密实度，符合设计要求后，才能填筑上层土。填方密实后的干密度，应有 90% 以上符合设计要求。

土方回填质量检查资料包括验槽隐蔽验收记录、土工试验记录、回填土干密度试验记录、施工日记、自检记录、土方分项工程质量检验评定表等。

第二节　地基工程质量检验

一、概述

地基基础工程施工前，必须具备完备的地质勘察资料及工程附近管线、建筑物、构筑物和其他公共设施的构造情况资料，必要时应做施工勘察和调查以确保工程质量及临近建筑的安全。施工单位必须具备相应的专业资质，并应建立完善的质量管理体系和质量检验制度。从事地基基础工程检测及见证试验的单位，必须具备省级以上（含省、自治区、直辖市）建设行政主管部门颁发的资质证书和计量行政主管部门颁发的计量认证合格证书。

施工过程中出现异常情况时，应停止施工，由监理或建设单位组织勘察设计、施工等有关单位共同分析问题，解决问题，消除质量隐患，并形成文件资料。

建筑物地基的施工应具备下述资料：岩土工程勘察资料，邻近建筑物和地下设施类型、分布及结构质量情况，工程设计图纸，设计要求及需达到的标准，检验手段。

地基施工结束，宜在一个间歇期后，进行质量验收，间歇期由设计确定。

对灰土地基、砂和砂石地基、土工合成材料地基、粉煤灰地基、强夯地基、注浆地基、预压地基，其竣工后的结果（地基强度或承载力）必须达到设计要求的标准。检验数量：每单位工程不应少于 3 点；1 000 m^2 以上工程，每 100 m^2 至少应有 1 点；3 000 m^2 以上工程，每 300 m^2 至少应有 1 点；每一独立基础下至少应有 1 点；基槽每 20 延米应有 1 点。

对水泥土搅拌桩复合地基、高压喷射注浆桩复合地基、砂桩地基、振冲桩复合地基、土和灰土挤密桩复合地基、水泥粉煤灰碎石桩复合地基及夯实水泥土桩复合地基，地基承载力检验数量为总数的 0.5% ~1%，但不应少于 3 处。有单桩强度检验要求时，数量为总数的 0.5% ~1%，但不应少于 3 根。

二、砂和砂石地基

砂和砂石地基是采用砂、石材料经压实而成的。砂、石等原材料质量、配合比应符合设计要求，砂、石应搅拌均匀。砂和砂石地基分段施工时，接头处应做成斜坡，每层错开 0.5 ~ 1 m，并充分压实。施工过程中必须检查分层厚度、分段施工时搭接部分的压实情况、加水量、压实遍数、压实系数。施工结束后，应检验砂石地基的承载力。

砂和砂石地基的质量检验标准应符合表 5-5 的规定。

表 5-5 砂和砂石地基的质量检验标准

项	序	检查项目	允许偏差或允许值		检查方法
			单位	数值	
主控项目	1	地基承载力	设计要求		按规定方法
	2	配合比	设计要求		检查拌和时的体积比或质量比
	3	压实系数	设计要求		现场实测
一般项目	1	砂石料有机质含量	%	≤5	焙烧法
	2	砂石料含泥量	%	≤5	水洗法
	3	石料粒径	mm	≤100	筛分法
	4	含水量（与最优含水量比较）	%	±2	烘干法
	5	分层厚度（与设计要求比较）	mm	±50	水准仪

三、土工合成材料地基

土工合成材料是由尼龙、涤纶、腈纶、丙纶等高分子化合物经加工后制成的各种产品，如土工织物、土工网、土工格栅、土工垫、土工格室等。土工合成材料地基是指在土工合成材料上填以土(砂土料)构成建筑物的地基，可以是单层或多层，一般为浅层地基。

施工前应对土工合成材料的物理性能(单位面积的质量、厚度、比重)、强度、延伸率以及土、砂石料等做检验。土工合成材料以100 m^2 为一批，每批应抽查5%。施工过程中应检查清基、回填料铺设厚度及平整度、土工合成材料的铺设方向、接缝搭接长度或缝接状况、土工合成材料与结构的连接状况等。施工结束后，应进行承载力检验。

土工合成材料地基的质量检验标准应符合表 5-6 的规定。

表 5-6 土工合成材料地基的质量检验标准

项	序	检查项目	允许偏差或允许值		检查方法
			单位	数值	
主控项目	1	土工合成材料强度	%	≤5	置于夹具上做拉伸试验（结果与设计标准相比）
	2	土工合成材料延伸率	%	≤3	置于夹具上做拉伸试验（结果与设计标准相比）
	3	地基承载力	设计要求		按规定方法
一般项目	1	土工合成材料搭接长度	mm	≥300	用钢尺量
	2	土石料有机质含量	%	≤5	焙烧法
	3	层面平整度	mm	≤20	用 2 m 靠尺
	4	每层铺设厚度	mm	±25	水准仪

四、粉煤灰地基

粉煤灰地基是用粉煤灰压实而成的,粉煤灰材料可用电厂排放的硅铝型低钙粉煤灰。粉煤灰应分层摊铺,分层压实。粉煤灰地基在施工前应检查粉煤灰材料,并对基槽清底状况、地质条件予以检验。施工过程中应检查铺筑厚度、碾压遍数、施工含水量控制、搭接区碾压程度、压实系数等。施工结束后,应检验地基承载力。

粉煤灰地基的质量检验标准应符合表 5-7 的规定。

表 5-7　粉煤灰地基的质量检验标准

项	序	检查项目	允许偏差或允许值		检查方法
			单位	数值	
主控项目	1	压实系数	设计要求		现场实测
	2	地基承载力	设计要求		按规定方法
一般项目	1	粉煤灰粒径	mm	0.001 ~ 2.000	过筛
	2	氧化铝及二氧化硅含量	%	≥70	试验室化学分析
	3	烧失量	%	≤12	试验室烧结法
	4	每层铺筑厚度	mm	±50	水准仪
	5	含水量(与最优含水量比较)	%	±2	取样后试验室确定

五、强夯地基

强夯地基是利用夯锤(锤质量不小于 8 t)自由下落(落距不小于 6 m)产生的冲击能来夯实浅层填土地基,使表面形成一层较均匀的硬层来承受上部荷载。

施工前应检查夯锤质量、尺寸、落距控制手段,排水设施及被夯地基的土质。施工中应检查落距、夯击遍数、夯点位置、夯击范围。对透水性差、含水量高的土层,前后两遍夯击应有一定间歇期,一般 2 ~ 4 周。夯点超出需加固的范围为加固深度的 1/2 ~ 1/3,且不小于 3 m。施工时,要有排水措施。施工结束后,检查被夯地基的强度并进行承载力检验。强夯地基的质量检验应在夯后一定间歇期之后进行,一般为 2 周。

强夯地基的质量检验标准应符合表 5-8 的规定。

六、振冲地基

振冲地基施工按其加固机理不同,分为振冲置换法和振冲密实法。振冲置换法是在地基中以石块、砂粒等散粒材料组成的桩体置换原地基土,构成复合地基,提高地基承载力,减少沉降。振冲密实法是利用振动和压力水使砂层发生液化,砂粒重新排列,孔隙减少,提高砂层的承载力和抗液化能力。

施工前应检查振冲器的性能、电流表和电压表的准确度及填料的性能。施工中应检查密实电流、供水压力、供水量、填料量、孔底留振时间、振冲点位置、振冲器施工参数(施工参数由振冲试验或设计确定)等。施工结束后,应在有代表性的地段进行地基强度或地基承载力检验。

表 5-8 强夯地基的质量检验标准

项	序	检查项目	允许偏差或允许值		检查方法
			单位	数值	
主控项目	1	地基强度	设计要求		按规定方法
	2	地基承载力	设计要求		按规定方法
一般项目	1	夯锤落距	mm	±300	钢索设标志
	2	夯锤质量	kg	±100	称重
	3	夯击遍数及顺序	设计要求		计数法
	4	夯点间距	mm	±500	用钢尺量
	5	夯击范围(超出基础范围距离)	设计要求		用钢尺量
	6	前后两遍间歇时间	设计要求		

振冲施工对原土结构造成扰动,强度降低。因此,质量检验应在施工结束后间歇一定时间之后进行,对砂土地基应间歇 2~3 周。桩顶部位由于周围约束力小,密实度较难达到要求,检验取样时应考虑此因素。对振冲密实法加固的砂土地基,如不加填料,质量检验主要是地基的密实度,宜由设计、施工、监理(或业主方)共同确定位置后,再进行检验。

振冲地基的质量检验标准应符合表 5-9 的规定。

表 5-9 振冲地基的质量检验标准

项	序	检查项目	允许偏差或允许值		检查方法
			单位	数值	
主控项目	1	填料粒径	设计要求		抽样检查
	2	密实电流(黏性土) 密实电流(砂性土或粉土) (以上为功率 30 kW 振冲器)	A A	50~55 40~50	电流表读数 电流表读数
		密实电流 (其他类型振冲器)	A_0	1.5~2.0	电流表读数, (A_0 为空振电流)
	3	地基承载力	设计要求		按规定方法
一般项目	1	填料含泥量	%	<5	抽样检查
	2	振冲器喷水中心与孔径中心偏差	mm	≤50	用钢尺量
	3	成孔中心与设计孔位中心偏差	mm	≤100	用钢尺量
	4	桩体直径	mm	<50	用钢尺量
	5	孔深	mm	±200	量钻杆或重锤测

七、高压喷射注浆地基

高压喷射注浆地基是利用钻机把带有喷嘴的注浆管钻至土层的预定位置或先钻孔后将

注浆管放在预定位置，用高压使浆液或水从喷嘴中射出，边旋转边喷射浆液，使土体与浆液搅拌混合成一固结体。高压喷射注浆有三种基本形式，即旋喷注浆（固结体为圆柱状或圆盘状）、定喷注浆（固结体为墙壁状）和摆喷注浆（固结体为扇状）。浆液中的水泥宜采用普通硅酸盐水泥，水泥浆液的水灰比可取1.0～1.5。

高压喷射注浆施工前应检查水泥及外掺剂等的质量、桩位、压力表及流量表的精度和灵敏度、高压喷射设备的性能等。施工中应检查施工参数（压力、水泥浆量、提升速度、旋转速度等）及施工程序。施工结束后，应检验桩体强度、平均直径、桩身中心位置、桩体质量及承载力等。桩体质量及承载力检验应在施工结束28天后进行。

高压喷射注浆地基的质量检验标准应符合表5-10的规定。

表5-10　高压喷射注浆地基的质量检验标准

项	序	检查项目	允许偏差或允许值		检查方法
			单位	数值	
主控项目	1	水泥及外掺剂质量	符合出厂要求		查产品合格证书或抽样送检
	2	水泥用量	设计要求		查看流量表及水泥浆水灰比
	3	桩体强度或完整性检验	设计要求		按规定方法
	4	地基承载力	设计要求		按规定方法
一般项目	1	钻孔位置	mm	≤50	用钢尺量
	2	钻孔垂直度	%	≤1.5	经纬仪测钻杆或实测
	3	孔深	mm	±200	用钢尺量
	4	注浆压力	按设定参数指标		查看压力表
	5	桩体搭接	mm	>200	用钢尺量
	6	桩体直径	mm	≤50	开挖后用钢尺量
	7	桩身中心允许偏差		≤0.2D	开挖后桩顶下500 mm处用钢尺量，D为桩径

八、水泥土搅拌桩地基

水泥土搅拌桩地基是利用水泥作为固化剂，通过搅拌机械将其与地基土强制搅拌，硬化后构成的地基。水泥固化剂掺入量宜为被加固土质量的7%～15%，搅拌桩施工到地面，开挖基坑时，应将上部质量较差的桩段挖去。

水泥土搅拌桩地基必须在施工机械上配置流量控制仪表，以保证一定的水泥用量。施工前应检查水泥及外掺剂的质量、桩位、搅拌机工作性能及各种计量设备的完好程度（主要是水泥浆流量计及其他计量装置）。施工中应检查机头提升速度、水泥浆或水泥注入量、搅拌桩的长度及标高。施工结束后，应检查桩体强度、桩体直径及地基承载力。进行桩体强度检验时，对承重水泥土搅拌桩应取90天后的试件，对支护水泥土搅拌桩应取28天后的试件。

水泥土搅拌桩地基的质量检验标准应符合表5-11的规定。

表 5-11　水泥土搅拌桩地基的质量检验标准

项	序	检查项目	允许偏差或允许值		检查方法
			单位	数值	
主控项目	1	水泥及外掺剂质量	设计要求		查产品合格证书或抽样送检
	2	水泥用量	参数指标		查看流量计
	3	桩体强度	设计要求		按规定办法
	4	地基承载力	设计要求		按规定办法
一般项目	1	机头提升速度	m/min	≤0.5	量机头上升距离及时间
	2	桩底标高	mm	±200	测机头深度
	3	桩顶标高	mm	+100，-50	水准仪(最上部 500 mm 不计入)
	4	桩位偏差	mm	<50	用钢尺量
	5	桩径		<0.04D	用钢尺量，D 为桩径
	6	垂直度	%	≤1.5	经纬仪
	7	搭接	mm	>200	用钢尺量

九、水泥粉煤灰碎石桩复合地基

水泥粉煤灰碎石桩复合地基是指用长螺旋钻机钻孔或沉管桩机成孔后，将水泥、粉煤灰、砂及碎石混合搅拌后，泵压或经下料斗投入孔内，构成密实的桩体。

水泥、粉煤灰、砂及碎石等原材料应符合设计要求。施工中应检查桩身混合料的配合比、坍落度和提拔钻杆速度(或提拔套管速度)、成孔深度、混合料灌入量等。施工结束后，应对桩顶标高、桩位、桩体质量、地基承载力以及褥垫层的质量进行检查。复合地基检验应在桩体强度符合试验荷载条件时进行，一般宜在施工结束后 2～4 周后进行。

水泥粉煤灰碎石桩复合地基的质量检验标准应符合表 5-12 的规定。

表 5-12　水泥粉煤灰碎石桩复合地基的质量检验标准

项	序	检查项目	允许偏差或允许值		检查方法
			单位	数值	
主控项目	1	原材料	设计要求		查产品合格证或抽样送检
	2	桩径	mm	-20	用钢尺量或计算填料量
	3	桩身强度	设计要求		查 28 天试块强度
	4	地基承载力	设计要求		按规定办法
一般项目	1	桩身完整性	按桩基检测技术规范		按桩基检测技术规范
	2	桩位偏差		满堂布桩 ≤0.4D 条基布桩 ≤0.25D	用钢尺量，D 为桩径
	3	桩垂直度	%	≤1.5	用经纬仪测桩管
	4	桩长	mm	+100	测桩管长度或垂球测孔深
	5	褥垫层夯填度		≤0.9	用钢尺量

注：1. 夯填度指夯实后的褥垫层厚度与虚体厚度的比值。

2. 桩径允许偏差负值是指个别断面。

十、砂桩地基

砂桩地基是采用振动法或锤击法在原地基土中成孔，在孔内灌以砂料，形成砂桩。砂桩直径宜为 300 ~ 800 mm，砂桩的间距应通过现场试验确定，但不宜大于砂桩直径的 4 倍。以挤密为主的砂桩施工时，应间隔进行，并宜从外围或两侧向中间进行。砂桩施工的间歇期为 7 天，在间歇期后才能进行质量检验。

砂桩地基施工前应检查砂料的含泥量及有机质含量、样桩的位置等。施工中应检查每根砂桩的桩位、灌砂量、标高、垂直度等。施工结束后，应检验被加固地基的强度或承载力。

砂桩地基的质量检验标准应符合表 5-13 的规定。

表 5-13　砂桩地基的质量检验标准

项	序	检查项目	允许偏差或允许值		检查方法
			单位	数值	
主控项目	1	灌砂量	%	≥95	实际用砂量与计算体积比
	2	地基强度	设计要求		按规定方法
	3	地基承载力	设计要求		按规定方法
一般项目	1	砂料的含泥量	%	≤3	试验室测定
	2	砂料的有机质含量	%	≤5	焙烧法
	3	桩位	mm	≤50	用钢尺量
	4	砂桩标高	mm	+150	水准仪
	5	垂直度	%	≤1.5	经纬仪检查桩管垂直度

第三节　桩基础工程质量检验

一、概述

桩基础工程的桩位验收，除设计有规定外，应按下述要求进行：

(1)当桩顶设计标高与施工现场标高相同时，或桩基施工结束后，有可能对桩位进行检查时，桩基础工程的验收应在施工结束后进行。

(2)当桩顶设计标高低于施工场地标高，送桩后无法对桩位进行检查时，对打入桩可在每根桩桩顶沉至场地标高时，进行中间验收，待全部桩施工结束，承台或底板开挖到设计标高后，再做最终验收。对灌注桩可对护筒位置做中间验收。

桩位的放样允许偏差为：群桩 20 mm，单排桩 10 mm。

工程桩应进行承载力检验，对于地基基础设计等级为甲级或地质条件复杂、成桩质量可靠性低的灌注桩，应采用静载荷试验的方法进行检验，检验桩数不应少于总数的 1%，且不应少于 3 根，当总桩数少于 50 根时，不应少于 2 根。承载力检验不仅是检验施工的质量而且也能检验设计是否达到工程的要求。因此，施工前的试桩如没有破坏又用于实际工程中应可作为验收的依据。非静载荷试验桩的数量，可按国家现行行业标准《建筑工程基桩检测技术规范》(JGJ 106—2003)的规定。

桩身质量应进行检验，对设计等级为甲级或地质条件复杂、成桩质量可靠性低的灌注桩,抽检数量不应少于总数的 30%,且不应少于 20 根;其他桩基工程的抽检数量不应少于总数的 20%,且不应少于 10 根;对混凝土预制桩及地下水位以上且终孔后经过核验的灌注桩,检验数量不应少于总桩数的 10%,且不得少于 10 根。每个柱子承台下不得少于 1 根。打入预制桩的质量容易控制,问题也较易发现,抽查数可较灌注桩少。

砂、石子、钢材、水泥等原材料的质量、检验项目、批量和检验方法,应符合国家现行标准的规定。

二、静力压桩

静力压桩的方法较多,有锚杆静压、液压千斤顶加压、绳索系统加压等,凡非冲击力沉桩均按静力压桩考虑。锚杆静压是利用锚杆将桩分节压入土层中的沉桩工艺。

静力压桩施工前应对成品桩(锚杆静压成品桩一般均由工厂制造,运至现场堆放)做外观及强度检验,接桩用的焊条或半成品硫磺胶泥应有产品合格证书,或送有关部门检验。压桩用压力表、锚杆规格及质量也应进行检查,硫磺胶泥半成品应每 100 kg 做一组试件(3 件)。压桩过程中应检查压力、桩垂直度、接桩间歇时间、桩的连接质量及压入深度,重要工程应对电焊接桩的接头作 10% 的探伤检查。对承受反力的结构应加强观测,施工结束后,应做桩的承载力及桩体质量检验。

锚杆静力压桩的质量检验标准应符合表 5-14 的规定。

表 5-14　锚杆静力压桩的质量检验标准

项	序	检查项目		允许偏差或允许值		检查方法
				单位	数值	
主控项目	1	桩体质量检验		按基桩检测技术规范		按基桩检测技术规范
	2	桩位偏差		见规范表 5.1.3		用钢尺量
	3	承载力		按基桩检测技术规范		按基桩检测技术规范
一般项目	1	成品桩质量:外观 外形尺寸 强度		表面平整,颜色均匀,掉角深度<10 mm,蜂窝面积小于总面积的 0.5%,外形尺寸见规范表 7.4.5,强度满足设计要求		直观、外形尺寸见规范表 5.4.5、强度查产品合格证书或钻芯试压
	2	硫磺胶泥质量(半成品)		设计要求		查产品合格证书或抽样送检
	3	接桩	电焊接桩:焊缝质量	见规范表 5.5.4-2		见规范表 5.5.4-2
			电焊结束后停歇时间	min	>1.0	秒表测定
			硫磺胶泥接桩:胶泥浇注时间	min	<2	秒表测定
			浇注后停歇时间	min	>7	秒表测定
	4	电焊条质量		设计要求		查产品合格证书
	5	压桩压力(设计有要求时)		%	±5	查压力表读数
	6	接桩时上下节平面偏差		mm	<10	用钢尺量
		接桩时节点弯曲矢高			$<l/1\,000$	用钢尺量,l 为两节桩长
	7	桩顶标高		mm	±50	水准仪

注:本表中的规范是指《建筑地基基础工程施工质量验收规范》(GB 50202—2002)。

三、先张法预应力管桩

先张法预应力管桩均为在工厂生产后运到现场用锤击方法施打进行沉桩，工厂生产时的质量检验应由生产单位负责，但运入工地后，打桩单位有必要对外观尺寸进行检验并检查产品合格证书。

施工前应检查进入现场的成品桩、接桩用电焊条等产品质量。施工过程中应检查桩的贯入情况、桩顶完整状况、电焊接桩质量、桩体垂直度、电焊后的停歇时间。重要工程应对电焊接头做10%的焊缝探头检查。电焊后应有一定间歇时间，不能焊完即锤击，这样容易使接头损伤。对重要工程应对接头作X光拍片检查。施工结束后，应做承载力检验及桩体质量检验，可检查桩体是否被打裂、电焊接头是否完整等。

先张法预应力管桩的质量检验应符合表5-15的规定。

表5-15 先张法预应力管桩的质量检验标准

项	序	检查项目		允许偏差或允许值：单位	允许偏差或允许值：数值	检查方法
主控项目	1	桩体质量检验		按基桩检测技术规范		按基桩检测技术规范
	2	桩位偏差		见规范表5.1.3		用钢尺量
	3	承载力		按基桩检测技术规范		按基桩检测技术规范
一般项目	1	成品桩质量	外观	无蜂窝、露筋、裂缝、色感均匀、桩顶处无孔隙		直观
			桩径	mm	±5	用钢尺量
			管壁厚度	mm	±5	用钢尺量
			桩尖中心线	mm	<2	用钢尺量
			顶面平整度	mm	10	用水平尺量
			桩体弯曲		$<l/1\ 000$	用钢尺量，l为桩长
	2	接桩：焊缝质量		见规范表5.5.4-2		见规范表5.5.4-2
		电焊结束后停歇时间		min	>1.0	秒表测定
		上下节平面偏差		mm	<10	用钢尺量
		节点弯曲矢高			$<l/1\ 000$	用钢尺量，l为两节桩长
	3	停锤标准		设计要求		现场实测或查沉桩记录
	4	桩顶标高		mm	±50	水准仪

注：本表中的规范是指《建筑地基基础工程施工质量验收规范》（GB 50202—2002）。

四、混凝土预制桩

混凝土预制桩可在工厂生产，也可在现场支模预制。桩在现场预制时，应对原材料、钢筋骨架、混凝土强度进行检查，预制桩钢筋骨架的质量检验标准见表5-16。采用工厂生产的成品桩时，虽有产品合格证书，但在运输过程中容易碰坏，成品桩进场后应进行外观及尺寸检查。

表 5-16　预制桩钢筋骨架的质量检验标准

项	序	检查项目	允许偏差或允许值(mm)	检查方法
主控项目	1	主筋距桩顶距离	±5	用钢尺量
	2	多节桩锚固钢筋位置	5	用钢尺量
	3	多节桩预埋铁件	±3	用钢尺量
	4	主筋保护层厚度	±5	用钢尺量
一般项目	1	主筋间距	±5	用钢尺量
	2	桩尖中心线	10	用钢尺量
	3	箍筋间距	±20	用钢尺量
	4	桩顶钢筋网片	±10	用钢尺量
	5	多节桩锚固钢筋长度	±10	用钢尺量

施工中应对桩体垂直度、沉桩情况、桩顶完整状况、接桩质量等进行检查,对于电焊接桩,经常发生接桩时电焊质量较差,接头在锤击过程中断开,尤其接头对接的两端面不平整,电焊更不容易保证质量,对重要工程作 X 光拍片检查是完全必要的,重要工程应做 10% 的焊缝探伤检查。施工结束后,应对承载力及桩体质量作检验。对长桩或总锤击数超过 500 击的锤击桩,应符合桩体强度及 28 天龄期的两项条件才能锤击。

钢筋混凝土预制桩的质量检验标准应符合表 5-17 的规定。

五、混凝土灌注桩

混凝土灌注桩的质量检验应较其他桩种严格,因为其工艺较复杂,工程事故也较多。混凝土灌注桩施工前应对水泥、砂、石子(如现场搅拌)、钢材等原材料进行检查,粗骨料选用卵石或碎石,含泥量应控制。粗骨料粒径用沉管成孔时不宜大于 50 mm,用泥浆护壁时不宜大于 40 mm,并不得大于钢筋净距的 1/3。对素混凝土灌注桩,粗骨料粒径不得大于桩径的 1/4,并不宜大于 70 mm。细骨料选用中、粗砂,含泥量应控制。当灌注桩采用水下浇筑混凝土时,严禁选用快硬水泥作胶凝材料。材料进场时应有出厂质量证明书,材料到达施工现场后,取样复试合格后才能用于工程。

对施工组织设计中制定的施工顺序、监测手段(包括仪器、方法)也应检查。施工中应对成孔、清孔、放置钢筋笼、灌注混凝土等进行全过程检查。人工挖孔桩一般对持力层有要求,尚应复验孔底持力层土(岩)性。嵌岩桩必须有桩端持力层的岩性报告。沉渣厚度应在钢筋笼放入后、混凝土浇筑前测定,沉渣厚度应是二次清孔后的结果。沉渣厚度的检查目前均用重锤,有些地方用较先进的沉渣仪,这种仪器应预先作标定。施工结束后,应检查混凝土强度,并应作桩体质量及承载力的检验。

灌注桩的钢筋笼有时在现场加工,不是在工厂加工完后运到现场。混凝土灌注桩钢筋笼的质量检验标准应符合表 5-18 的规定,混凝土灌注桩的质量检验标准应符合表 5-19 的规定。

表 5-17　钢筋混凝土预制桩的质量检验标准

<table>
<tr><th rowspan="2">项</th><th rowspan="2">序</th><th rowspan="2" colspan="2">检查项目</th><th colspan="2">允许偏差或允许值</th><th rowspan="2">检查方法</th></tr>
<tr><th>单位</th><th>数值</th></tr>
<tr><td rowspan="3">主控项目</td><td>1</td><td colspan="2">桩体质量检验</td><td colspan="2">按基桩检测技术规范</td><td>按基桩检测技术规范</td></tr>
<tr><td>2</td><td colspan="2">桩体偏差</td><td colspan="2">见规范表 5.1.3</td><td>用钢尺量</td></tr>
<tr><td>3</td><td colspan="2">承载力</td><td colspan="2">按基桩检测技术规范</td><td>按基桩检测技术规范</td></tr>
<tr><td rowspan="18">一般项目</td><td>1</td><td colspan="2">砂、石、水泥、钢材等原材料(现场预制时)</td><td colspan="2">符合设计要求</td><td>查出厂质保文件或抽样送检</td></tr>
<tr><td>2</td><td colspan="2">混凝土配合比及强度(现场预制时)</td><td colspan="2">符合设计要求</td><td>检查称量及查试块记录</td></tr>
<tr><td>3</td><td colspan="2">成品桩外形</td><td colspan="2">表面平整,颜色均匀,掉角深度<10 mm,蜂窝面积小于总面积的 0.5%</td><td>直观</td></tr>
<tr><td>4</td><td colspan="2">成品桩裂缝(收缩裂缝或起吊、装运、堆放引起的裂缝)</td><td colspan="2">深度<20 mm,宽度<0.25 mm,横向裂缝不超过边长的一半</td><td>裂缝测定仪,该项在地下水有侵蚀地区及锤击数超过 500 击的长桩不适用</td></tr>
<tr><td rowspan="5">5</td><td colspan="2">成品桩尺寸:横截面边长</td><td>mm</td><td>±5</td><td>用钢尺量</td></tr>
<tr><td colspan="2">桩顶对角线差</td><td>mm</td><td><10</td><td>用钢尺量</td></tr>
<tr><td colspan="2">桩尖中心线</td><td>mm</td><td><10</td><td>用钢尺量</td></tr>
<tr><td colspan="2">桩身弯曲矢高</td><td></td><td><l/1 000</td><td>用钢尺量,l 为桩长</td></tr>
<tr><td colspan="2">桩顶平整度</td><td>mm</td><td><2</td><td>用水平尺量</td></tr>
<tr><td rowspan="4">6</td><td rowspan="4">电焊接桩</td><td>焊缝质量</td><td colspan="2">见规范表 5.5.4-2</td><td>见规范表 5.5.4-2</td></tr>
<tr><td>电焊结束后停歇时间</td><td>min</td><td>>1.0</td><td>秒表测定</td></tr>
<tr><td>上下节平面偏差</td><td>mm</td><td><10</td><td>用钢尺量</td></tr>
<tr><td>节点弯曲矢高</td><td></td><td><l/1 000</td><td>用钢尺量,l 为两节桩长</td></tr>
<tr><td rowspan="2">7</td><td rowspan="2">硫磺胶泥接桩</td><td>胶泥浇注时间</td><td>min</td><td><2</td><td>秒表测定</td></tr>
<tr><td>浇注后停歇时间</td><td>min</td><td>>7</td><td>秒表测定</td></tr>
<tr><td>8</td><td colspan="2">桩顶标高</td><td>mm</td><td>±50</td><td>水准仪</td></tr>
<tr><td>9</td><td colspan="2">停锤标准</td><td colspan="2">设计要求</td><td>现场实测或查沉桩记录</td></tr>
</table>

注:本表中的规范是指《建筑地基基础工程施工质量验收规范》(GB 50202—2002)。

表 5-18　混凝土灌注桩钢筋笼的质量检验标准

项	序	检查项目	允许偏差或允许值(mm)	检查方法
主控项目	1	主筋间距	±10	用钢尺量
	2	长度	±100	用钢尺量
一般项目	1	钢筋材质检验	设计要求	抽样送检
	2	箍筋间距	±20	用钢尺量
	3	直径	±10	用钢尺量

表 5-19 混凝土灌注桩的质量检验标准

项	序	检查项目	允许偏差或允许值		检查方法
			单位	数值	
主控项目	1	桩位	见规范表 5.1.4		基坑开挖前量护筒,开挖后量桩中心
	2	孔深	mm	+300	只深不浅,用重锤测,或测钻杆、套管长度,嵌岩桩应确保进入设计要求的嵌岩深度
	3	桩体质量检验	按基桩检测技术规范,如钻芯取样,大直径嵌岩桩应钻至桩尖下 50 cm		按基桩检测技术规范
	4	混凝土强度	设计要求		试件报告或钻芯取样送检
	5	承载力	按基桩检测技术规范		按基桩检测技术规范
一般项目	1	垂直度	见规范表 5.1.4		测套管或钻杆,或用超声波探测,干施工时吊垂球
	2	桩径	见规范表 5.1.4		井径仪或超声波检测,干施工时用钢尺量,人工挖孔桩不包括内衬厚度
	3	泥浆比重 (黏土或砂性土中)	1.15～1.20		用比重计测,清孔后在距孔底 50 cm 处取样
	4	泥浆面标高 (高于地下水位)	m	0.5～1.0	目测
	5	沉渣厚度:端承桩 摩擦桩	mm mm	≤50 ≤150	用沉渣仪或重锤测量
	6	混凝土坍落度:水下灌注 干施工	mm mm	160～220 70～100	坍落度仪
	7	钢筋笼安装深度	mm	±100	用钢尺量
	8	混凝土充盈系数	>1		检查每根桩的实际灌注量
	9	桩顶标高	mm	+30,−50	水准仪,需扣除桩顶浮浆层及劣质桩体

注:本表中的规范是指《建筑地基基础工程施工质量验收规范》(GB 50202—2002)。

第四节 基坑工程质量检验

在基坑(槽)或管沟工程等开挖施工中,现场不宜进行放坡开挖,如挖方较深、土质较差或有地下水渗流等,可能对邻近建(构)筑物、地下管线、永久性道路等产生危害,或构成边坡不稳定,不宜进行大规模开挖施工,应对基坑(槽)、管沟进行支护后再开挖。有关围护结构的施工质量应按有关规定执行,验收合格后方可进行土方开挖。土方开挖的顺序、方法必须与设计工况相一致,并遵循"开槽支撑,先撑后挖,分层开挖,严禁超挖"的原则。基坑(槽)、管沟的挖土应分层进行,在施工过程中,基坑(槽)、管沟边堆置土方不应超过设计荷载,挖方时不应碰撞或损伤支护结构、降水设施。

基坑(槽)、管沟土方施工中应对支护结构、周围环境进行观察和监测,如出现异常情况应及时处理,待恢复正常后方可继续施工。基坑(槽)、管沟开挖至设计标高后,应对坑底进行保护,经验槽合格后,方可进行垫层施工。基坑(槽)、管沟土方工程验收必须以确保支护结构安全和周围环境安全为前提。当设计有指标时,以设计要求为依据;当设计无指标时,应按表5-20的规定执行。

表5-20 基坑变形的监控值 (单位:cm)

基坑类别	围护结构墙顶位移监控值	围护结构墙体最大位移监控值	地面最大沉降监控值
一级基坑	3	5	3
二级基坑	6	8	6
三级基坑	8	10	10

注:1. 符合下列情况之一的,为一级基坑:①重要工程或支护结构为主体结构的一部分;②开挖深度大于10 m;③与邻近建筑物、重要设施的距离在开挖深度以内的基坑;④基坑范围内有历史文物、近代优秀建筑、重要管线等需严加保护的基坑。

2. 三级基坑为开挖深度小于7 m,且周围环境无特别要求的基坑。

3. 除一级和三级外的基坑属二级基坑。

4. 当周围已有的设施有特殊要求时,尚应符合这些要求。

一、排桩墙支护工程

排桩墙支护结构包括灌注桩、预制桩、板桩等类型的桩构成的支护结构。排桩墙支护的基坑开挖后应及时支护,每一道支撑施工应确保基坑变形在设计要求的控制范围内。含水地层内的排桩墙支护基坑应有可靠的止水设施,这些设施有深层搅拌桩帷幕、高压喷射注浆止水帷幕、注浆帷幕或者降水井(点)等,根据不同的条件选用,确保基坑施工及邻近构筑物的安全。

钢板桩均为工厂成品,新桩可按出厂标准检验,重复使用的钢板桩质量检验标准应符合表5-21的规定,混凝土板桩质量检验标准应符合表5-22的规定。

表5-21 重复使用的钢板桩质量检验标准

序	检查项目	允许偏差或允许值		检查方法
		单位	数值	
1	桩垂直度	%	<1	用钢尺量
2	桩身弯曲度		<2%l	用钢尺量,l为桩长
3	齿槽平直度及光滑度	无电焊渣或毛刺		用1 m长的桩段做通过试验
4	桩长度	不小于设计长度		用钢尺量

二、水泥土桩墙支护工程

水泥土桩墙支护结构指水泥土搅拌桩(包括加筋水泥土搅拌桩)、高压喷射注浆桩所构成的围护结构。加筋水泥土搅拌桩是在水泥土搅拌桩内插入筋性材料如型钢、钢板桩、混凝土板桩、混凝土工字梁等。这些筋性材料可以拔出,也可不拔,视具体条件而定,若要拔出,应考虑相应的填充措施,而且填充应同拔出的时间同步,以减少周围的土体变形。

表 5-22 混凝土板桩质量检验标准

项	序	检查项目	允许偏差或允许值		检查方法
			单位	数值	
主控项目	1	桩长度	mm	+100	用钢尺量
	2	桩身弯曲度		<0.1%l	用钢尺量,l 为桩长
一般项目	1	保护层厚度	mm	±5	用钢尺量
	2	桩截面相对两面之差	mm	5	用钢尺量
	3	桩尖对桩轴线的位移	mm	10	用钢尺量
	4	桩厚度	mm	+100	用钢尺量
	5	凹凸槽尺寸	mm	±3	用钢尺量

注:主控项目全部检查,一般项目按20%抽查。

加筋水泥土桩的质量检验标准应符合表5-23的规定。

表 5-23 加筋水泥土桩的质量检验标准

序	检查项目	允许偏差或允许值		检查方法
		单位	数值	
1	型钢长度	mm	±10	用钢尺量
2	型钢垂直度	%	<1	经纬仪
3	型钢插入标高	mm	±30	水准仪
4	型钢插入平面位置	mm	10	用钢尺量

三、锚杆及土钉墙支护工程

锚杆及土钉墙支护工程是指喷射水泥砂浆锚杆或喷射混凝土锚杆组合的围护结构或土钉与喷射混凝土面层组合的围护结构。施工前应熟悉地质资料、设计图纸及周围环境,降水系统应确保正常工作,必需的施工设备如挖掘机、钻机、压浆泵、搅拌机等应能正常运转。一般情况下,应遵循分段开挖、分段支护的原则。土钉与锚杆均有一段养护时间,不能为抢进度而不顾及养护期。

施工中应对锚杆或土钉位置,钻孔直径、深度及角度,锚杆或土钉插入长度,注浆配比、压力及注浆量,喷锚墙面厚度及强度,锚杆或土钉应力等进行检查。每段支护体施工完成后,应检查坡顶或坡面位移、坡顶沉降及周围环境变化,如有异常情况应采取措施,恢复正常后方可继续施工。

锚杆及土钉墙支护工程的质量检验标准应符合表5-24的规定。

表 5-24　锚杆及土钉墙支护工程的质量检验标准

项	序	检查项目	允许偏差或允许值		检查方法
			单位	数值	
主控项目	1	锚杆土钉长度	mm	±30	用钢尺量
	2	锚杆锁定力	设计要求		现场实测
一般项目	1	锚杆或土钉位置	mm	±100	用钢尺量
	2	钻孔倾斜度	(°)	±1	测钻机倾角
	3	浆体强度	设计要求		试样送检
	4	注浆量	大于理论计算浆量		检查计量数据
	5	土钉墙面厚度	mm	±10	用钢尺量
	6	墙体强度	设计要求		试样送检

四、钢或混凝土支撑系统

支撑系统包括围图及支撑，当支撑较长(一般超过 15 m)时，还包括支撑下的立柱及相应的立柱桩。工程中常用的支撑系统有钢筋混凝土围图、钢围图、混凝土支撑、钢支撑、格构式立柱、钢管立桩、型钢立桩等，立柱往往埋入灌注桩内，也有直接打入一根钢管桩或型钢桩，使桩柱合为一体。施工前应熟悉支撑系统的图纸及各种计算工况，掌握开挖及支撑设置的方式、预顶力及周围环境保护的要求。

施工过程中应严格控制开挖和支撑的程序及时间，对支撑(包括立柱及立柱桩)的位置、每层开挖深度、预加顶力(若需要)、钢围图与围护体或支撑与围图的密贴度应做周密检查。全部支撑安装结束后，仍应维持整个系统的正常运转直至支撑全部拆除。

有些工程采用逆作法施工，地下室的楼板、梁结构作支撑系统用，就可按现行国家标准《混凝土结构工程施工质量验收规范》(GB 50204—2002(2010 年版))的要求验收。

钢或混凝土支撑系统工程的质量检验标准应符合表 5-25 的规定。

表 5-25　钢或混凝土支撑系统工程的质量检验标准

项	序	检查项目	允许偏差或允许值		检查方法
			单位	数值	
主控项目	1	支撑位置： 标高平面	mm mm	30 100	水准仪 用钢尺量
	2	预加顶力	kN	±50	油泵读数或传感器
一般项目	1	围图标高	mm	30	水准仪
	2	立柱桩	参见规范第 5 章		参见规范第 5 章
	3	立柱位置： 标高平面	mm mm	30 50	水准仪 用钢尺量
	4	开挖超深 (开槽放支撑不在此范围)	mm	<200	水准仪
	5	支撑安装时间	设计要求		用钟表估测

注：本表中的规范是指《建筑地基基础工程施工质量验收规范》(GB 50202—2002)。

五、地下连续墙

地下连续墙是指采用机械施工方法开槽、浇注钢筋混凝土，形成具有截水、防渗、挡土和承重作用的地下墙体。地下连续墙施工前宜先试成槽，以检验泥浆的配比、成槽机的选型，并可复核地质资料，仅对专业施工经验丰富、熟悉土层性质的施工单位可不进行试成槽。施工前应检验进场的钢材、电焊条。地下连续墙均应设置导墙，导墙形式有预制和现浇两种。已完工的导墙应检查其净空尺寸、墙面平整度与垂直度。泥浆护壁在地下连续墙施工时是确保槽壁不坍的重要措施，必须有完整的仪器，经常检验泥浆指标，随着泥浆的循环使用，泥浆指标将会劣化，只有通过检验，方可把好此关。检查泥浆用的仪器、泥浆循环系统应完好。地下连续墙应用商品混凝土。

施工中应检查成槽的垂直度、槽底的淤积物厚度、泥浆比重、钢筋笼尺寸、浇注导管位置、混凝土上升速度、浇注面标高、地下连续墙连接面的清洗程度、商品混凝土的坍落度、锁口管或接头箱的拔出时间及速度等。地下连续墙槽段间的连接接头在浇注混凝土前必须刷洗干净，不留任何泥砂或污物。从抗渗要求着眼，接头部位经常是薄弱环节，严格这部分的质量要求很有必要。

成槽结束后应对成槽的宽度、深度及倾斜度进行检验，重要结构每段槽段都应检查，一般结构可抽查总槽段数的20%，每槽段应抽查1个断面。检查槽段的宽度及倾斜度宜用超声测槽仪，机械式的不能保证精度。每50 m^3地下连续墙应做1组试件，每幅槽段不得少于1组，在强度满足设计要求后方可开挖土方。

作为永久结构的地下连续墙，其抗渗质量标准可按现行国家标准《地下防水工程质量验收规范》（GB 50208—2011）执行。永久性结构的地下连续墙，在钢筋笼沉放后，应做二次清孔，沉渣厚度应符合要求。作为永久性结构的地下连续墙，土方开挖后应进行逐段检查，钢筋混凝土底板也应符合现行国家标准《混凝土结构工程施工质量验收规范》（GB 50204—2002（2010年版））的规定。地下连续墙作为永久结构，与地下室结构顶板、楼板、底板及梁之间连接可预埋钢筋或接驳器（锥螺纹或直螺纹），对接驳器也应按原材料检验要求，抽样复验。数量每500套为一个检验批，每批应抽查3件，复验内容为外观、尺寸、抗拉试验等。

地下连续墙的质量检验标准应符合表5-26的规定。

表5-26　地下连续墙的质量检验标准

项	序	检查项目	允许偏差或允许值		检查方法
			单位	数值	
主控项目	1	墙体强度	设计要求		查试件记录或取芯试压
	2	垂直度：永久结构 临时结构		1/300 1/150	超声波测槽仪或成槽机上的监测系统

续表 5-26

项	序	检查项目		允许偏差或允许值		检查方法
				单位	数值	
一般项目	1	导墙尺寸	宽度	mm	$W+40$	用钢尺量，W 为地下连续墙设计厚度
			墙面平整度	mm	<5	用钢尺量
			导墙平面位置	mm	±10	用钢尺量
	2	沉渣厚度：永久结构 临时结构		mm mm	≤100 ≤200	重锤测或沉积物测定仪测
	3	槽深		mm	+100	重锤测
	4	混凝土坍落度		mm	180～220	坍落度测定器
	5	钢筋笼尺寸		见规范表 5.6.4-1		见规范表 5.6.4-1
	6	地下连续墙表面平整度	永久结构 临时结构 插入式结构	mm mm mm	<100 <150 <20	此为均匀黏土层，松散及易坍土层由设计决定
	7	永久结构时的预埋件位置	水平向 垂直向	mm mm	≤10 ≤20	用钢尺量 水准仪

注：本表中的规范是指《建筑地基基础工程施工质量验收规范》(GB 50202—2002)。

第五节　地下防水工程质量检验

一、概述

地下防水工程是指对房屋建筑工程、防护工程、市政隧道及地下铁道等进行地下防水设计、防水施工和维护管理等各项技术工作的工程实体。

地下工程的防水应包括两个部分的内容：一是主体防水，二是细部构造防水。目前，主体采用防水混凝土结构自防水的效果尚好，而细部构造（施工缝、变形缝、后浇带、诱导缝）的渗漏水现象最为普遍，工程界有所谓“十缝九漏”之称。

地下防水工程施工前，应通过图纸会审，掌握结构主体及细部构造的防水要求，对地下防水工程的各工序应按企业标准进行质量控制，施工单位应编制防水工程专项施工方案，经监理单位或建设单位审查批准后执行。地下防水工程必须由持有资质等级证书的专业防水队伍进行施工，主要施工人员应持有省级及以上建设行政主管部门或其指定单位颁发的执业资格证书或防水专业岗位证书。

地下防水工程所使用的防水材料，应有产品合格证书和性能检测报告，材料的品种、规格、性能等必须符合现行国家或行业产品标准和设计要求。对进场的防水材料应按规定抽样复验，并提出试验报告；对进场的主要建筑材料应由监理人员（建设单位）与施工人员共同取样，并送至有资质的实验室进行试验，实行见证取样、送样制度，不合格的材料不得在工程中使用。地下防水工程的施工，应建立各道工序的自检、交接检和专职人员检查的“三检”制度，并有完整的检查记录。工程隐蔽前，应由施工单位通知有关单位进行验收，并形成隐蔽工程验收记录。未经建设(监理)单位对上道工序的检查确认，不得进行下道工序的施工。

地下防水工程施工期间，必须保持地下水位稳定在工程底部最低高程 0.5 m 以下，必要时应采取降水措施。对采用明沟排水的基坑，应保持基坑干燥。地下防水工程不得在雨天、雪天和 5 级风及其以上时施工，防水材料施工环境气温条件应符合表 5-27 的规定。

表 5-27 防水材料的施工环境气温条件

防水材料	施工环境气温条件
高聚物改性沥青防水卷材	冷粘法、自粘法不低于 5 ℃，热熔法不低于 -10 ℃
合成高分子防水卷材	冷粘法、自粘法不低于 5 ℃，焊接法不低于 -10 ℃
有机防水涂料	溶剂型 -5 ~ 35 ℃，反应型、溶乳型 5 ~ 35 ℃
无机防水涂料	5 ~ 35 ℃
防水混凝土、防水砂浆	5 ~ 35 ℃
膨润土防水涂料	不低于 -20 ℃

二、地下工程的防水等级和设防要求

(一)地下工程的防水等级

防水等级是指根据地下工程的重要性和使用中对防水的要求，所确定结构允许渗漏水量的等级标准。我国将地下工程防水等级标准划分为 4 个等级，主要是根据国内工程调查资料和参考国外有关规定，并结合地下工程不同的使用要求和我国实际情况，按允许渗漏水量来确定的，各级标准应符合表 5-28 的规定。地下工程应按设计的防水等级标准进行验收。

表 5-28 地下工程防水等级标准

防水等级	防水标准
1 级	不允许渗水，结构表面无湿渍
2 级	不允许漏水，结构表面可有少量湿渍； 房屋建筑地下工程：湿渍总面积不大于总防水面积的 1‰，单个湿渍的最大面积不大于 0.1 m^2，任意 100 m^2 防水面积上的湿渍不超过 2 处； 其他地下工程：湿渍总面积不应大于总防水面积的 2‰，单个湿渍的最大面积不大于 0.2 m^2，任意100 m^2 防水面积上的湿渍不超过 3 处
3 级	有少量漏水点，不得有线流和漏泥砂； 单个湿渍的最大面积不大于 0.3 m^2，单个漏水点的最大漏水量不大于 2.5 L/d，任意 100 m^2 防水面积上的漏水或湿渍点数不超过 7 处
4 级	有漏水点，不得有线流和漏泥砂； 整个工程平均漏水量不大于 2 L/(m^2 · d)，任意 100 m^2 防水面积上的平均漏水量不大于 4 L/(m^2 · d)

(二)地下工程的设防要求

明挖法施工时,不同防水等级的地下工程防水设防,对主体防水"应"或"宜"采用防水混凝土。一道防水设防的含义应是具有单独防水能力的一个防水层。当地下工程的防水等级为 1 ~3 级时,还应在防水混凝土的黏结表面增设一至两道其他防水层,称为"多道设防"。多道设防时,所增设的防水层可采用多道卷材,亦可卷材、涂料、刚性防水复合使用。多道设防主要利用不同防水材料的性能,体现地下防水工程"刚柔相济"的设计原则。

明挖法地下工程的防水设防要求,应按表 5-29 选用。

表 5-29　明挖法地下工程的防水设防

工程部位		主体结构							施工缝						后浇带				变形缝、诱导缝					
防水措施		防水混凝土	防水砂浆	防水卷材	防水涂料	塑料防水板	金属板	膨润土防水材料	遇水膨胀止水条或止水带	中埋式止水带	外贴式止水带	外抹防水砂浆	外涂防水涂料	水泥基渗透结晶型防水涂料	补偿收缩混凝土	遇水膨胀止水条	外贴式止水带	预埋注浆管	中埋式止水带	外贴式止水带	可卸式止水带	防水密封材料	外贴防水卷材	外涂防水涂料
防水等级	1 级	应选	应选一到两种						应选两种						应选	应选两种			应选	应选两种				
	2 级	应选	应选一种						应选一到两种						应选	应选一到两种			应选	应选一到两种				
	3 级	应选	宜选一种						宜选一到两种						应选	宜选一到两种			应选	宜选一到两种				
	4 级	宜选	—						宜选一种						应选	宜选一种			应选	宜选一种				

三、主体结构防水工程

地下防水工程是一个子分部工程,其分项工程的划分应符合规范表 3.0.12 的要求。分项工程检验批和抽样检验数量应符合规范表 3.0.13 的要求。

(一)防水混凝土

1. 防水混凝土的概念

防水混凝土适用于抗渗等级不低于 P6 的地下混凝土结构,不适用于环境温度高于 80 ℃的地下工程。处于侵蚀性介质中,防水混凝土的耐侵蚀性要求应符合有关规定。

防水混凝土包括普通防水混凝土、外加剂或掺合料防水混凝土和膨胀水泥防水混凝土三大类。防水混凝土是根据工程设计所需抗渗等级要求进行配制的。普通防水混凝土是以调整配合比的方法,提高混凝土自身的密实性和抗渗性。外加剂防水混凝土是在混凝土拌和物中加入少量改善混凝土抗渗性的有机物或无机物,如减水剂、防水剂、引气剂等外加剂。掺合料防水混凝土是在混凝土拌和物中加入少量硅粉、磨细矿渣粉、粉煤灰等无机粉料,以增加混凝土密实性和抗渗性。膨胀水泥防水混凝土是利用膨胀水泥在水化硬化过程中形成大量体积增大的结晶(如钙矾石),主要是改善混凝土的孔结构,提高混凝土的抗渗性能。同时,膨胀后产生的自应力使混凝土处于受压状态,提高混凝土的抗裂能力。

在明挖法地下整体式混凝土主体结构设防中，防水混凝土是一道重要防线，也是做好地下防水工程的基础。因此，在1~3级地下防水工程中，防水混凝土是应选的防水措施，在4级地下防水工程中则是宜选的防水措施。

2. 防水混凝土所用材料应符合的规定

(1)水泥品种应按设计要求选用，宜采用普通硅酸盐水泥或硅酸盐水泥，采用其他品种水泥时应经试验确定。不得使用过期水泥或受潮结块的水泥，并不得将不同品种或强度等级的水泥混合使用。

(2)碎石或卵石的粒径宜为5~40 mm，含泥量不应大于1%，泥块含量不应大于0.5%。

(3)砂宜用中粗砂，含泥量不应大于3.0%，泥块含量不宜大于1.0%。

(4)拌合混凝土所用的水必须进行检测并加以控制，应符合现行行业标准《混凝土用水标准》(JGJ 63)的有关规定，应采用不含有害物质的洁净水。

(5)外加剂的品种和用量应经试验确定。外加剂的技术性能应符合国家或行业标准质量要求。

(6)粉煤灰的级别不应低于二级，烧失量不应大于5%，硅粉的比表面积不应小于15 000 m^2/kg，SiO_2 含量不应小于85%，其他掺合料的掺量应通过试验确定。

3. 防水混凝土的配合比应符合的规定

(1)试配要求的抗渗水压值应比设计值提高0.2 MPa。

(2)混凝土胶凝材料总量不宜小于320 kg/m^3，其中水泥用量不宜少于260 kg/m^3，粉煤灰掺量宜为胶凝材料总量的20%~30%，硅粉的掺量宜为胶凝材料总量的2%~5%。

(3)砂率宜为35%~40%，泵送时可增加到45%，灰砂比宜为1:2~1:2.5。

(4)水胶比不得大于0.50，有侵蚀性介质时水胶比不宜大于0.45。

(5)混凝土拌合物的氯离子含量不应超过胶凝材料总量的0.1%，混凝土中各类材料的总碱量即 Na_2O 当量不得大于3 kg/m^3。

预拌混凝土泵送时入泵坍落度宜为120~140 mm，坍落度每小时损失不应大于20 mm，总损失值不应大于40 mm。

4. 混凝土拌制和浇筑过程控制应符合的规定

(1)拌制混凝土所用材料的品种、规格和用量，每工作班检查不应少于两次。

(2)混凝土在浇筑地点的坍落度，每工作班至少检查两次。混凝土的坍落度试验应符合现行国家标准《普通混凝土拌合物性能试验方法标准》(GB/T 50080)的有关规定。

(3)泵送混凝土拌合物在运输后出现离析，必须进行二次搅拌。当坍落度损失后不能满足施工要求时，应加入原水胶比的水泥浆或掺加同品种的减水剂进行搅拌，严禁直接加水。

5. 防水混凝土抗渗性能的评定

防水混凝土的抗渗性能应采用标准条件下养护混凝土抗渗试件的试验结果进行评定，试件应在浇筑地点随机取样后制作。连续浇筑混凝土每500 m^3 应留置一组6个抗渗试件，且每项工程不得少于两组。采用预拌混凝土的抗渗试件，留置组数应视结构的规模和要求而定。抗渗性能试验应符合现行国家标准《普通混凝土长期性能和耐久性能试验方法》(GB/T 50082—2009)的有关规定。

6. 防水混凝土的施工质量检验

防水混凝土分项工程检验批的抽样检验数量，应按混凝土外露面积每 100 m^2 抽查 1 处，每处 10 m^2，且不得少于 3 处。细部构造是地下防水工程渗漏水的薄弱环节，细部构造一般是独立的部位，一旦出现渗漏难以修补，不能以抽检的百分率来确定地下防水工程的整体质量，因此施工质量检验时应按全数检查。

防水混凝土质量检验项目包括主控项目和一般项目。

1）主控项目

（1）防水混凝土的原材料、配合比及坍落度必须符合设计要求。

检验方法：检查产品合格证、产品性能检测报告、计量措施和材料进场检验报告。

（2）防水混凝土的抗压强度和抗渗性能必须符合设计要求。

检验方法：检查混凝土抗压、抗渗性能检验报告。

（3）对于超长结构混凝土，应使用膨胀混凝土，并按《补偿收缩混凝土应用技术规程》（JGJ/T 178—2009）施工。

（4）防水混凝土的变形缝、施工缝、后浇带、穿墙管、埋设件等设置和构造，必须符合设计要求。

检验方法：观察检查和检查隐蔽工程验收记录。

2）一般项目

（1）防水混凝土结构表面应坚实、平整，不得有露筋、蜂窝等缺陷；埋设件位置应正确。地下铁道、隧道结构预埋件和预留孔洞多，特别是梁、柱和不同断面结合等部位钢筋密集，施工时必须事先制定措施，加强该部位混凝土振捣，保证混凝土质量。

检查方法：观察检查。

（2）防水混凝土结构表面的裂缝宽度不应大于 0.2 mm，且不得贯通。因为当裂缝宽度为 0.1 ~ 0.2 mm 时，一般混凝土裂缝可以自愈。

检查方法：用刻度放大镜检查。

（3）防水混凝土结构厚度不应小于 250 mm，其允许偏差为 +8 mm、-5 mm，从而可以延长混凝土的透水通路，加大混凝土的阻水截面，使混凝土不发生渗漏；主体结构迎水面钢筋保护层厚度不应小于 50 mm，其允许偏差为 ±5 mm，防止混凝土受到各种侵蚀而出现钢筋锈蚀等危害。

检查方法：尺量检查和检查隐蔽工程验收记录。

（二）水泥砂浆防水层

水泥砂浆防水层适用于地下工程主体结构的迎水面或背水面。不适用于受持续振动或环境温度高于 80 ℃的地下工程。水泥砂浆防水层应采用聚合物水泥防水砂浆，掺外加剂或掺合料的防水砂浆。

1. 水泥砂浆防水层的基层质量应符合的规定

（1）水泥砂浆铺抹前，应将埋设件、穿墙管预留凹槽内嵌填密封材料后再进行水泥砂浆防水层施工。

（2）基层表面应坚实、平整、清洁，并充分湿润，无明水。

（3）基层表面的孔洞、缝隙应采用与防水层相同的水泥砂浆填塞并抹平。

2. 水泥砂浆防水层施工应符合的规定

(1)分层铺抹或喷涂,铺抹时应压实、抹平和表面提浆压光。

(2)防水层各层应紧密贴合,每层宜连续施工,必须留设施工缝时应采用阶梯坡形槎,但与阴阳角的距离不得小于200 mm;接槎要依层次顺序操作,层层搭接紧密。

(3)水泥砂浆的配制应按所掺材料的技术要求准确计量。

(4)水泥砂浆终凝后应及时进行养护,养护温度不宜低于5 ℃,并应保持砂浆表面湿润,养护时间不得少于14天,潮湿环境中,可在自然条件下养护。

3. 水泥砂浆防水层的质量检验项目

水泥砂浆防水层分项工程检验批的抽样检验数量,应按施工面积每100 m^2 抽查1处,每处10 m^2,且不得少于3处。

1)主控项目

(1)防水砂浆的原材料及配合比必须符合设计要求。配制过程中必须做到原材料的品种、规格和性能符合国家标准或行业标准,同时计量应准确,搅拌应均匀,现场抽样试验应符合设计要求。

检验方法:检查产品合格证、产品性能检测报告、计量措施和材料进场检验报告。

(2)水泥砂浆防水层属刚性防水,适应变形能力较差,不宜单独作为一个防水层,防水层与基层之间必须结合牢固,无空鼓现象,以共同承受外力及压力水的作用。

检验方法:观察和用小锤轻击检查。

(3)防水砂浆的黏结强度和抗渗性能必须符合设计规定。

检验方法:检查砂浆黏结强度、抗渗性能检测报告。

2)一般项目

(1)水泥砂浆防水层表面应密实、平整,不得有裂纹、起砂、麻面等缺陷;水泥砂浆终凝后,应采取浇水、覆盖浇水、喷养护剂、涂刷冷底子油等措施充分养护,保证砂浆中的水泥充分水化,确保防水层质量。

检验方法:观察检查。

(2)水泥砂浆防水层施工缝留槎位置应正确,接槎应按层次顺序操作,层层搭接紧密。

检验方法:观察检查和检查隐蔽工程验收记录。

(3)水泥砂浆防水层的平均厚度应符合设计要求。最小厚度不得小于设计值的85%。水泥砂浆防水层的厚度测量,应在砂浆终凝前用钢针插入进行尺量检查,不允许在已硬化的防水层表面任意凿孔破坏。

检验方法:用针测法检查。

(4)水泥砂浆防水层表面平整度的允许偏差应为5 mm。

检验方法:用2 m靠尺和楔形塞尺检查。

(三)卷材防水层

卷材防水层适用于受侵蚀性介质作用或受振动作用的地下工程。卷材防水层应采用高聚物改性沥青防水卷材和合成高分子防水卷材,所选用的基层处理剂、胶粘剂、密封材料等配套材料,均应与铺贴的卷材相匹配。卷材防水层应铺设在主体结构的迎水面,一般采用外防外贴和外防内贴两种施工方法。由于外防外贴法的防水效果优于外防内贴法,所以在施工场地和条件不受限制时一般均采用外防外贴法。目前,大部分合成高分子卷材只能采用冷粘法、自粘法铺贴。两幅卷材短边和长边的搭接宽度均不应小于 100 mm。采用多层卷材时,上下两层和相邻两幅卷材的接缝应错开 1/3 幅宽,且两层卷材不得相互垂直铺贴。

卷材防水层完工并经验收合格后应及时做保护层,保护层应符合下列规定:

(1)顶板的细石混凝土保护层与防水层之间宜设置隔离层;细石混凝土保护层厚度:机械回填时不宜小于 70 mm,人工回填处不宜小于 50 mm;

(2)底板的细石混凝土保护层厚度应大于 50 mm;

(3)侧墙宜采用软质保护材料,或铺抹 20 mm 厚 1:2.5 水泥砂浆。

卷材防水层分项工程检验批的抽检数量,应按铺贴面积每 100 m^2 抽查 1 处,每处 10 m^2,且不得少于 3 处。

卷材防水层工程的质量检验项目包括主控项目和一般项目。

1. 主控项目

(1)卷材防水层所用卷材及其配套材料必须符合设计要求。

检验方法:检查产品合格证、产品性能检测报告和材料进场检验报告。

(2)卷材防水层在转角处、变形缝、施工缝、穿墙管等部位是防水薄弱环节,施工较为困难,这些部位的细部做法均必须符合设计要求。

检验方法:观察检查和检查隐蔽工程验收记录。

2. 一般项目

(1)采用外防外贴法铺贴卷材防水层时,立面卷材接槎的搭接宽度,高聚物改性沥青类卷材应为 150 mm,合成高分子类卷材应为 100 mm,且上层卷材应盖过下层卷材。

检验方法:观察和尺量检查。

(2)卷材防水层的搭接缝应粘贴或焊接牢固,密封严密,不得有扭曲皱折、翘边和起泡等缺陷。

检验方法:观察检查。

(3)侧墙卷材防水层的保护层与防水层应结合紧密,保护层厚度应符合设计要求。

检验方法:观察和尺量检查。

(4)卷材搭接宽度的允许偏差为 -10 mm。卷材铺贴前,施工单位应根据卷材搭接宽度和允许偏差,在现场弹线作为标准控制施工质量。

检验方法:观察和尺量检查。

(四)涂料防水层

涂料防水层是采用有机涂料(反应型、水乳型、聚合物水泥)或无机涂料(水泥基、水泥基渗透结晶型)涂刷形成防水涂膜。涂料防水层适用于受侵蚀性介质作用或受振动作用的地下工程。防水涂料必须具有一定的厚度才能保证地下工程的防水功能。涂料防水层一般采用外防外涂和外防内涂两种施工方法。有机防水涂料宜用于主体结构的迎水面,无机防水涂料宜用于主体结构的迎水面或背水面。

1. 涂料防水层施工应符合的规定

(1)多组分涂料应按配合比准确计量,搅拌均匀,并应根据有效时间确定每次配制的用量。

(2)涂膜应分层涂刷或喷涂,涂层应均匀,涂刷应待前遍涂层干燥成膜后进行。

(3)每遍涂刷时应交替改变涂刷方向,同层涂膜的先后搭压宽度宜为 30 ~ 50 mm。

(4)涂料防水层的甩槎处接缝宽度应大于100 mm,接涂前应将其甩茬表面处理干净。

(5)在转角处、穿墙管、变形缝、施工缝等部位应增加胎体增强材料和增强防水涂料,宽度不应小于50 mm。采用有机防水涂料时,基层阴阳角处应做成圆弧。

(6)涂料防水层中铺贴的胎体增强材料的搭接宽度应大于100 mm,上下层和相邻两幅胎体的接缝应错开1/3幅宽,且上下两层胎体不得相互垂直铺贴。

2. 涂料防水层的质量检验项目

涂料防水层分项工程检验批的抽检数量,应按涂层面积每100 m^2抽查1处,每处10 m^2,且不得少于3处。

1)主控项目

(1)涂料防水层所用的材料及配合比必须符合设计要求。

检验方法:检查产品合格证、产品性能检测报告、计量措施和材料进场检验报告。

(2)涂料防水层在转角处、变形缝、施工缝、穿墙管等部位做法均必须符合设计要求。

检验方法:观察检查和检查隐蔽工程验收记录。

(3)涂料防水层的平均厚度应符合设计要求,最小厚度不得低于设计厚度的90%。

检验方法:用针测法检查。

2)一般项目

(1)涂料防水层应与基层黏结牢固,涂刷均匀,不得流淌、鼓泡、露槎。

检验方法:观察检查。

(2)侧墙涂料防水层的保护层与防水层应结合紧密,保护层厚度应符合设计要求。

检验方法:观察检查。

四、细部构造防水工程

防水混凝土结构的细部构造指变形缝、施工缝、后浇带、穿墙管道、埋设件等。细部构造防水应采用止水带、遇水膨胀橡胶腻子止水条等高分子防水材料和接缝密封材料。

(一)变形缝的防水施工质量检验

由于变形缝是防水薄弱环节,已成为地下工程渗漏的通病之一。变形缝的复合防水构造,是将中埋式止水带与遇水膨胀橡胶腻子止水条、嵌缝材料复合使用,形成多道防线。

1. 主控项目

(1)变形缝用止水带、填缝材料和密封材料必须符合设计要求。

检验方法:检查产品合格证、产品性能检测报告和材料进场检验报告。

(2)变形缝防水构造必须符合设计要求。

检验方法:观察检查和检查隐蔽工程验收记录。

(3)中埋式止水带埋设位置应准确,其中间空心圆环与变形缝的中心线应重合。

检验方法:观察检查和检查隐蔽工程验收记录。

2. 一般项目

(1)中埋式止水带的接缝应设在边墙较高位置上,不得设在结构转角处;接头宜采用热压焊接,接缝应平整、牢固,不得有裂口和脱胶现象。

检验方法:观察检查和检查隐蔽工程验收记录。

(2)中埋式止水带在转角处应做成圆弧形;顶板、底板内止水带应安装成盆状,并宜采用专用钢筋套或扁钢固定。

检验方法：观察检查和检查隐蔽工程验收记录。

(3)外贴式止水带在变形缝与施工缝相交部位宜采用十字配件；外贴式止水带在变形缝转角部位宜采用直角配件。止水带埋设位置应准确，固定应牢靠，并与固定止水带的基层密贴，不得出现空鼓、翘边等现象。

检验方法：观察检查和检查隐蔽工程验收记录。

(4)安设于结构内侧的可卸式止水带所需配件应一次配齐，转角处应做成45°坡角，并增加紧固件的数量。

检验方法：观察检查和检查隐蔽工程验收记录。

(5)嵌填密封材料的缝内两侧基面应平整、洁净、干燥，并应涂刷基层处理剂；嵌缝底部应设置背衬材料；密封材料嵌填应严密、连续、饱满，黏结牢固。

检验方法：观察检查和检查隐蔽工程验收记录。

(6)变形缝处表面粘贴卷材功涂刷涂料前，应在缝上设置隔离层和加强层。

检验方法：观察检查和检查隐蔽工程验收记录。

(二)施工缝的防水施工质量检验

施工缝指的是在混凝土浇筑过程中，因设计要求或施工需要分段浇筑而在先后浇筑的混凝土之间所形成的接缝。施工缝并不是一种真实存在的“缝”，它只是因后浇筑混凝土超过初凝时间，而与先浇筑的混凝土之间存在一个结合面，该结合面就称之为施工缝。

1. 主控项目

(1)施工缝用止水带、遇水膨胀止水条或止水胶、水泥基渗透结晶型防水涂料和预埋注浆管必须符合设计要求。

检验方法：检查产品合格证、产品性能检测报告和材料进场检验报告。

(2)施工缝防水构造必须符合设计要求。

检验方法：观察检查和检查隐蔽工程验收记录。

2. 一般项目

(1)墙体水平施工缝应留设在高出底板表面不小于300 mm的墙体上。拱、板与墙结合的水平施工缝，宜留在拱、板和墙交接处以下150～300 mm处；垂直施工缝应避开地下水和裂隙水较多的地段，并宜与变形缝相结合。

检验方法：观察检查和检查隐蔽工程验收记录。

(2)在施工缝处继续浇筑混凝土时，已浇筑的混凝土抗压强度不应小于1.2 MPa。

检验方法：观察检查和检查隐蔽工程验收记录。

(3)水平或垂直施工缝浇筑混凝土前，应将其表面浮浆和杂物清除，然后铺设净浆、涂刷混凝土界面处理剂或水泥基渗透结晶型防水涂料，再铺30 mm～50 mm厚的1:1水泥砂浆，并及时浇筑混凝土。

检验方法：观察检查和检查隐蔽工程验收记录。

(4)中埋式止水带及外贴式止水带埋设位置应准确，固定应牢靠。

检验方法：观察检查和检查隐蔽工程验收记录。

(5)遇水膨胀止水带应具有缓膨胀性能；止水条与施工缝基面应密贴，中间不得有空鼓、脱离等现象；止水条应牢固地安装在缝表面或预埋凹槽内；止水条采用搭接连接时，搭接宽度不得小于 30 mm。

检验方法:观察检查和检查隐蔽工程验收记录。

(6)遇水膨胀止水胶应采用专用注胶器挤出黏结在施工缝表面,并做到连续、均匀、饱满、无气泡和孔洞,挤出宽度及厚度应符合设计要求;止水胶挤出成型后,固化期内应采取临时保护措施;止水胶固化前不得浇筑混凝土。

检验方法:观察检查和检查隐蔽工程验收记录。

(7)预埋式注浆管应设置在施工缝断面中部,注浆管与施工缝基面应密贴并固定牢靠,固定间距宜为 200 ~ 300 mm;注浆导管与注浆管的连接应牢固、严密,导管埋入混凝土内的部分应与结构钢筋绑扎牢固,导管的末端应临时封堵严密。

检验方法:观察检查和检查隐蔽工程验收记录。

(三)后浇带的防水施工质量检验

为防止混凝土由于收缩和温差效应而产生裂缝,一般在防水混凝土结构较长或体积较大时设置后浇带。后浇带的位置应设在受力和变形较小而收缩应力最大的部位,其宽度一般为 0.8 ~ 1.0 m,并可采用垂直平缝或阶梯缝。

1. 主控项目

(1)后浇带用遇水膨胀止水条或止水胶、预埋注浆管、外贴式止水带必须符合设计要求。

检验方法:检查产品合格证、产品性能检测报告和材料进场检验报告。

(2)补偿收缩混凝土的原材料及配合比必须符合设计要求。

检验方法:检查产品合格证、产品性能检测报告、计量措施和材料进场检验报告。

(3)后浇带防水构造必须符合设计要求。

检验方法:观察检查和检查隐蔽工程验收记录。

(4)采用掺膨胀剂的补偿收缩混凝土,其抗压强度、抗渗性能和限制膨胀率必须符合设计要求。

检验方法:检查混凝土抗压强度、抗渗性能和水中养护 14 天后的限制膨胀率检测报告。

2. 一般项目

(1)补偿收缩混凝土浇筑前,后浇带部位和外贴式止水带应采取保护措施。

检验方法:观察检查。

(2)后浇带两侧的接缝表面应先清理干净,再涂刷混凝土界面处理剂或水泥基渗透结晶型防水涂料;后浇混凝土的浇筑时间应符合设计要求。

检验方法:观察检查和检查隐蔽工程验收记录。

(3)遇水膨胀止水条的施工应符合规范第 5.1.8 条的规定;遇水膨胀止水胶的施工应符合规范第 5.1.9 条的规定;预埋注浆管的施工应符合规范第 5.1.10 条的规定;外贴式止水带的施工应符合规范第 5.2.6 条的规定(说明:本条中的规范指《地下防水工程质量验收规范》(GB 50208—2011))。

检验方法:观察检查和检查隐蔽工程验收记录。

(4)后浇带混凝土应一次浇筑,不得留施工缝;混凝土浇筑后应及时养护,养护时间不得少于 28 d。

检验方法:观察检查和检查隐蔽工程验收记录。

(四)穿墙管的防水施工质量检验

1. 主控项目

(1)穿墙管用遇水膨胀止水条和密封材料必须符合设计要求。

检验方法:检查产品合格证、产品性能检测报告和材料进场检验报告。

(2)穿墙管防水构造必须符合设计要求。

检验方法:观察检查和检查隐蔽工程验收记录。

2. 一般项目

(1)固定式穿墙管应加焊止水环或环绕遇水膨胀止水圈,并作好防腐处理;穿墙管应在主体结构迎水面预留凹槽,槽内应用密封材料嵌填密实。

检验方法:观察检查和检查隐蔽工程验收记录。

(2)套管式穿墙管的套管与止水环及翼环应连续满焊,并作好防腐处理;套管内表面应清理干净,穿墙管与套管之间应用密封材料和橡胶密封圈进行密封处理,并采用法兰盘及螺栓进行固定。

检验方法:观察检查和检查隐蔽工程验收记录。

(3)穿墙盒的封口钢板与混凝土结构墙上预埋的角钢应焊平,并从钢板上的预留浇注孔注入改性沥青密封材料或细石混凝土,封填后将浇注孔口用钢板焊接封闭。

检验方法:观察检查和检查隐蔽工程验收记录。

(4)当主体结构迎水面有柔性防水层时,防水层与穿墙管连接处应增设加强层。

检验方法:观察检查和检查隐蔽工程验收记录。

(5)密封材料嵌填应密实、连续、饱满,黏结牢固。

检验方法:观察检查和检查隐蔽工程验收记录。

(五)埋设件的防水施工质量检验

1. 主控项目

(1)埋设件用密封材料必须符合设计要求。

检验方法:检查产品合格证、产品性能检测报告和材料进场检验报告。

(2)埋设件防水构造必须符合设计要求。

检验方法:观察检查和检查隐蔽工程验收记录。

2. 一般项目

(1)埋设件应位置准确,固定牢靠;埋设件应进行防腐处理。

检验方法:观察、尺量和手扳检查。

(2)埋设件端部或预留孔、槽底部的混凝土厚度不得少于 250 mm;当混凝土厚度小于 250 mm 时,应局部加厚或采取其他防水措施。

检验方法:尺量检查和检查隐蔽工程验收记录。

(3)结构迎水面的埋设件周围应预留凹槽,凹槽内应用密封材料嵌填密实。

检验方法:观察检查和检查隐蔽工程验收记录。

(4)用于固定模板的螺栓必须穿过混凝土结构时,可采用工具式螺栓或螺栓加堵头,螺栓上应加焊止水环。拆模后留下的凹槽应用密封材料封堵密实,并用聚合物水泥砂浆抹平。

检验方法:观察检查和检查隐蔽工程验收记录。

(5)预留孔、槽内的防水层应与主体防水层保持连续。

检验方法:观察检查和检查隐蔽工程验收记录。

(6)密封材料嵌填应密实、连续、饱满,黏结牢固。

检验方法:观察检查和检查隐蔽工程验收记录。

五、地下防水工程质量验收

地下防水工程质量验收的程序和组织应符合现行国家标准《建筑工程施工质量验收统一规范》(GB 50300)的有关规定。

地下防水工程应对下列部位作好隐蔽工程验收记录:防水层的基层;防水混凝土结构和防水层被掩盖的部位;变形缝、施工缝、后浇带等防水构造做法;管道穿过防水层的封固部位;渗排水层、盲沟和坑槽;结构裂缝注浆处理部位;衬砌前围岩渗漏水处理部位;基坑的超挖和回填。

地下防水工程的观感质量检查应符合下列规定:

(1)防水混凝土应密实,表面应平整,不得有露筋、蜂窝等缺陷;裂缝宽度不得大于0.2 mm,并不得贯通。

(2)水泥砂浆防水层应密实、平整、黏结牢固,不得有空鼓、裂纹、起砂、麻面等缺陷;

(3)卷材防水层接缝应黏结牢固、封闭严密,防水层不得有损伤、空鼓、皱折等缺陷;

(4)涂料防水层应与基层黏结牢固,不得有脱皮、流淌、鼓泡、露胎、皱折等缺陷;

(5)塑料防水板防水层应铺设牢固、平整,搭接焊缝严密,不得有下垂、绷紧破损现象;

(6)金属板防水层焊缝不得有裂纹、未熔合、夹渣、焊瘤、咬边、烧穿、弧坑、针状气孔等缺陷;

(7)变形缝、施工缝、后浇带、穿墙管、埋设件、预留通道接头、桩头、孔口、坑、池等防水构造应符合设计要求;

(8)锚喷支护、地下连续墙、盾构隧道、沉井、逆筑结构等防水构造应符合设计要求;

(9)排水系统不淤积、不堵塞,确保排水畅通;

(10)结构裂缝的注浆效果应符合设计要求。

地下工程完工应及时回填土,待地下水位上升并稳定后,即对地下工程主体结构或衬砌结构进行渗漏水调查和检测,若背水面顶板或拱顶、侧墙和底板渗漏水量超过地下工程防水等级标准规定,应对结构进行堵漏防渗处理,处理后符合设计的防水等级标准要求后方可进行二次验收。地下防水工程验收后,应填写子分部工程质量验收记录,随同工程验收验评资料分别由建设单位和施工单位存档。

本章小结

本章主要介绍了土方工程质量检验、地基工程质量检验、桩基础工程质量检验、基坑工程质量检验、地下防水工程质量检验。土方工程质量检验主要要求掌握土方开挖、土方回填的质量检验标准。地基工程质量检验主要要求熟悉砂和砂石地基、土工合成材料地基、粉煤灰地基、强夯地基、振冲地基、高压喷射注浆地基、水泥土搅拌桩地基、水泥粉煤灰碎石桩复合地基、砂桩地基的质量检验标准。桩基础工程质量检验主要要求掌握静力压桩、先张法预应力管桩、混凝土预制桩、混凝土灌注桩的质量检验标准。基坑工程质量检验主要要求掌握钢板桩、混凝土板桩、加筋水泥土桩、锚杆及土钉墙支护工程、钢及混凝土支撑系统工程以及地下连续墙的质量检验标准。地下防水工程质量检验主要要求掌握地下工程防水等级，地下工程的设防要求及防水混凝土、水泥砂浆防水层、卷材防水层和涂料防水层以及防水结构细部构造的质量检验。

思考题

5-1 土方工程施工过程中需要检查哪些内容？

5-2 如何进行土方回填质量检查？

5-3 建筑物地基基础施工前应具备哪些资料？

5-4 砂石地基施工过程中和施工结束后应分别检查哪些内容？

5-5 土工合成材料地基、粉煤灰地基、强夯地基、水泥土搅拌桩地基在施工前、施工过程中、施工结束后分别需要进行哪些检查？

5-6 为什么振冲地基的质量检验应在施工结束后间歇一定时间后进行？

5-7 高压喷射注浆在施工前、施工过程中、施工结束后分别需要进行哪些检查？

5-8 桩基工程的桩位验收有哪些要求？

5-9 如何对工程桩进行承载力检验和桩身质量的检验？

5-10 静力压桩在施工前、施工过程中、施工结束后分别需要进行哪些检查？

5-11 桩在现场预制时，应检查哪些内容？钢筋混凝土预制桩在施工过程中、施工结束后分别需要进行哪些检查？

5-12 混凝土灌注桩如何进行质量检验？

5-13 水泥土桩墙支护结构有哪些质量检验标准？

5-14 锚杆及土钉墙支护结构在施工过程中应检查哪些内容？

5-15 基坑支撑系统施工过程中应严格控制哪些内容？

5-16 地下连续墙在施工前、施工过程中、施工结束后分别需要进行哪些检查？

5-17 什么是地下防水工程？地下工程的防水包括哪些内容？

5-18 对地下防水工程所使用的防水材料如何进行检验？

5-19 我国对地下工程防水等级标准是如何确定的？

5-20 什么是地下工程防水的“多道设防”？

5-21 防水混凝土包括哪几类？各是如何制成的？

5-22 防水混凝土所用的材料和配合比有哪些规定？

5-23 防水混凝土的质量检验项目有哪些？各是如何检验的？

5-24 什么是防水混凝土结构的细部构造？

5-25 变形缝、施工缝、后浇带的防水施工如何进行质量检验？

第六章　混凝土结构工程质量检验

钢筋混凝土结构是建筑工程主体结构最常见的结构形式。钢筋混凝土工程的材料是由混凝土和钢筋两种不同特性的材料组成的,并且能够相互黏结共同受力。因此,钢筋混凝土工程的特点主要有以下两点:一是影响工程质量的因素多,如材料本身(水泥、骨料、钢材)化学性能的影响,混凝土、钢筋以及它们之间黏结的物理性能的影响,施工过程中的工艺、工序及环境等的影响;二是钢筋混凝土工程的施工工艺比较复杂,工序多,工种多。因此,钢筋混凝土工程的质量检查控制,涉及到对材料、构件和结构性能、施工方法等多方面的检查控制。

混凝土结构子分部工程可划分为模板、钢筋、预应力、混凝土、现浇结构和装配式结构等分项工程。各分项工程可根据与施工方式相一致且便于控制施工质量的原则,按工作班、楼层、结构缝或施工段划分为若干检验批,分项工程的质量验收应在所含检验批验收合格的基础上,进行质量验收记录检查。

第一节　模板工程质量检验

一、材料质量要求

混凝土结构模板可采用木模板、组合钢模板、木胶合板模板、竹胶合板模板、塑料和玻璃钢模板等。常用的模板主要有木模板、组合钢模板、竹胶合板模板等。

(一)木模板

木模板及支撑所用的木料应选用质地优良、无腐朽的松木或杉木,且不宜低于三等材,其含水率不小于25%(质量分数)。木模板在拼制时,板边应找平刨直、接缝严密,当为清水混凝土时板面应刨光。

(二)组合钢模板

组合钢模板由钢模板、连接件和支撑件组成,其规格见表6-1。

表6-1　组合钢模板规格　（单位:mm）

规格	平面模板	阴角模板	阳角模板	连接角模
宽度	100,150,200 250,300	150×150 100×150	100×100 50×50	50×50
长度	450,600,900,1 200,1 500			
肋高	55			

钢模板纵肋和横肋的孔距与模板的模数应一致,模板横竖都可拼装,钢模板接缝严密,拆装灵活,搬运方便。钢模板板面应保持平整不翘曲,边框应保证平直不弯折,使用中如变形应及时整修。连接件有U形卡、L形插销、紧固螺栓、勾头螺栓、对拉螺栓、扣件等,应满足配套使用、装拆方便、操作安全的要求,使用前要检查其质量合格证明。

支撑件有木结构和钢结构两种。支架必须有足够的强度、刚度和稳定性。支架应能承受新浇混凝土的重量、模板的重量、侧压力以及施工荷载，其质量应符合有关标准的规定，并应检查其质量合格证明。

(三)竹胶合板模板

应选用无变质、厚度均匀、含水率小的竹胶合板模板，并优先采用防水胶质型。竹胶合板根据板面处理的不同可分为素面板、复合木板、涂膜板和复合膜板，表面处理应按《竹胶合板》(JG/T 3026—1995)中的要求进行。

二、施工过程的质量控制

(1)审查模板设计文件和施工技术方案。特别是要检查模板及其支撑系统在浇筑混凝土时的重量、侧压力以及在施工荷载作用下的强度、刚度和稳定性是否满足要求。

(2)按编制的模板设计文件和施工技术方案检查模板安装质量，在混凝土浇筑前应进行模板工程验收。

(3)检查测量、放样、弹线工作是否按照施工技术方案进行，并进行复核记录。

(4)模板安装时检查接头处、梁柱板交叉处连接是否牢固可靠，防止烂根、位移等不良现象。发生异常情况时，应按施工技术方案及时进行处理。

(5)对照图样检查所有预埋件及预留孔洞，并检查其固定是否牢靠、准确。

(6)检查在模板支设安装时是否按要求拉设水平通线、竖向垂直度控制线，位置是否准确。

(7)检查防止模板变形的控制措施。

(8)检查模板的支撑体系是否牢固可靠。模板及支撑系统应连成整体，竖向结构模板(墙、柱等)应加设斜撑和剪刀撑，水平结构模板(梁、板等)应加强支撑系统的整体连接。对于木支撑，纵横方向应加设拉杆；采用钢管支撑时，应扣成整体排架；所有可调节的模板及支撑系统在模板验收后，不得对其任意改动。

(9)模板与混凝土的接触面应清理干净并涂刷隔离剂，严禁隔离剂污染钢筋和混凝土接槎处。混凝土浇筑前，应检查模板内的杂物是否清理干净。

(10)审查模板拆除的技术方案，并检查模板拆除时的执行情况。模板及其支架拆除的顺序及安全措施应按施工技术方案执行。

三、模板工程质量检验

(一)现浇结构模板的安装

现浇结构模板安装的允许偏差和检验方法见表6-2。

表6-2　现浇结构模板安装的允许偏差和检验方法

项	序	项目	允许偏差(mm)	检验方法	检查数量
主控项目	1	现浇结构模板及其支架的安装	安装上层模板及其支架时，下层楼板应具有承受上层荷载的承载能力，或加设支架；上、下层支架的立柱应对准，并铺设垫板	对照模板设计文件和施工技术方案观察检查	全数检查
	2	隔离剂涂刷	不得沾污钢筋和混凝土接槎处	观察检查	

续表 6-2

项	序	项目	允许偏差(mm)	检验方法	检查数量
一般项目	1	模板安装的一般要求	模板接缝处不应漏浆;在浇筑混凝土前,木模板应浇水湿润,但模板内不应有积水;模板内应清理干净;模板内应涂刷隔离剂;对清水混凝土工程和装饰混凝土工程,应使用能达到设计效果的模板	观察检查	全数检查
	2	用做模板的地坪、胎模	应平整光洁,不得产生影响构件质量的下沉、裂缝、起砂和起鼓现象	观察检查	
	3	模板起拱	跨度大于 4 m 的模板起拱高度应符合设计要求;当设计无具体要求时,起拱高度宜为跨度的 0.1% ~ 0.3%	水准仪或拉线、钢尺检查	在同一个检验批内,对梁应抽查构件数量的 10%,且不少于 3 件对板,应按有代表性的自然间抽查 10%,且不少于 3 间;对大空间结构板可按纵、横轴线划分检查面,抽查总数的 10%,且不少于 3 面
	4	预埋件及预留孔洞:预埋钢板中心线位置	3	钢尺检查;检查中心线位置时,应沿纵、横两个方向量测,并取其中的较大值	同一检验批内,对梁、柱和独立基础,应抽查构件数量的 10%,且不少于 3 件;对墙和板,应按有代表性自然间抽查 10%,且不少于 3 间;对大空间结构,墙可按相邻轴线高度 5 m 左右划分检查面,板可按纵、横轴线划分检查面,抽查总数的 10%,且不少于 3 面
		预埋件及预留孔洞:预埋管(孔)中心线位置	3		
		预埋件及预留孔洞:插筋 中心线位置	5		
		预埋件及预留孔洞:插筋 外露长度	+10,0		
		预埋件及预留孔洞:预埋螺栓 中心线位置	2		
		预埋件及预留孔洞:预埋螺栓 外露长度	+10,0		
		预埋件及预留孔洞:预留洞 中心线位置	10		
		预埋件及预留孔洞:预留洞 尺寸	+10,0		
	5	模板安装:轴线位置	5	钢尺检查,检查时应沿纵、横两个方向量测,并取其中的较大值	
		模板安装:底模上表面标高	±5	水准仪或拉线、钢尺检查	
		模板安装:截面内部尺寸 基础	±10	钢尺检查	
		模板安装:截面内部尺寸 柱、墙、梁	+4,-5		
		模板安装:层高垂直度 ≤5 m	6	经纬仪或吊线、钢尺检查	
		模板安装:层高垂直度 >5 m	8		
		模板安装:相邻两板表面高低差	2	钢尺检查	
		模板安装:表面平整度	5	2 m 靠尺和塞尺检查	

(二)模板的拆除

模板拆除工程的质量检验标准和检验方法见表6-3。

表6-3　模板拆除工程的质量检验标准和检验方法

项	序	检验项目		检验要求		检验方法	检查数量
				构件跨度（m）	达到设计的混凝土立方体抗压强度标准值的百分率（%）		
主控项目	1	底模及其支架拆除时的混凝土强度	板	≤2	≥50	检查同条件养护的试件强度试验报告	
				>2，≤8	≥75		
				>8	≥100		
			梁、拱、壳	≤8	≥75		
				>8	≥100		
			悬臂构件	—	≥100		
	2	后张法预应力混凝土结构模板拆除		侧模宜在预应力张拉前拆除；底模支架的拆除应按施工技术方案执行，当无具体要求时，不应在结构构件建立预应力前拆除		观察检查	全数检查
	3	后浇带模板的拆除和支顶		应按施工技术方案执行		观察检查	
一般项目	1	侧模拆除		混凝土强度应能保证其表面及棱角不受损伤		观察检查	
	2	模板拆除操作及其堆放		不应对楼层产生冲击荷载，拆除的模板、支架宜分散堆放并及时清运		观察检查	

第二节　钢筋工程质量检验

一、材料质量要求

(1)混凝土结构构件所采用的热轧钢筋、热处理钢筋、碳素钢丝、刻痕钢丝和钢绞线的(盘)钢筋均应有两个标牌(标明生产厂家、生产日期、钢号、炉罐号、钢筋级别、钢筋直径等)，还应按炉罐号、批次及直径分批验收，之后分别堆放整齐，严防混料，并应对其检验状态进行标识，防止混用。

(2)钢筋进场时和使用前应全数检查其外观质量。钢筋应平直、无损伤,表面不得有裂纹、油污、颗粒状或片状的老锈。

(3)检查现场复检报告时,对于有抗震设防要求的框架结构,其纵向受力钢筋的强度应满足设计要求;当设计无具体要求时,对于一、二级抗震,检验所得的强度实测值应符合下列规定:钢筋的抗拉强度实测值与屈服强度实测值的比值不应小于1.25,钢筋的屈服强度实测值与强度标准值的比值不应大于1.3。

(4)在钢筋分项工程施工过程中,发现钢筋脆断、焊接性能不良或力学性能显著不正常等现象时,应立即停止使用,并对该批钢筋进行化学成分检验或其他专项检验,再按其检验结果进行技术处理。

(5)钢筋的种类、强度等级、直径应符合设计要求。当钢筋的品种、级别或规格需作变更时,应办理设计变更文件。当需要代换时,必须征得设计单位同意,并应符合下列要求:①不同种类钢筋的代换,应按钢筋受拉承载力设计值相等的原则进行,代换后应满足混凝土结构设计规范中有关间距、锚固长度、最小钢筋直径、根数等的要求;②对有抗震要求的框架钢筋需代换时,应符合①的规定,不宜以强度等级较高的钢筋代换原设计中的钢筋,对于重要的受力结构,不宜用光圆钢筋代换变形钢筋;当构件受抗裂、裂缝宽度或挠度控制时,钢筋代换时应重新进行验算,梁的纵向受力钢筋与弯起钢筋应分别进行代换。

(6)当进口钢筋需要焊接时,必须进行化学成分检验。

(7)预制构件的吊环,必须采用未经冷拉的HPB300级热轧钢筋制作。

二、施工过程的质量控制

(1)对进场的钢筋原材料进行检查验收。应检查产品合格证、出厂复检报告;钢筋进场时和使用前还应全数检查外观质量、检验报告,检查合格后才能允许进场。

(2)钢筋加工的质量检查。检查钢筋冷拉的方法和控制参数;检查钢筋翻样图及配料单中的钢筋尺寸、形状是否符合设计要求,加工尺寸偏差也应符合规定;检查受力钢筋加工时的弯钩及弯折的形状和弯曲半径;检查箍筋末端的弯钩形式。

(3)检查钢筋连接的质量。钢筋的连接方式应符合设计要求,钢筋接头数量、接头面积百分率、接头的设置位置应满足规定要求,钢筋接头的质量应按规定进行抽样检验。

(4)钢筋安装时的质量检查。应检查钢筋的品种、规格、数量、位置是否符合设计要求;检查钢筋骨架绑扎方法是否正确、是否牢固可靠;检查梁、柱箍筋弯钩处是否沿受力钢筋方向相互错开放置,绑扎扣是否变换方向进行绑扎;检查钢筋保护层垫块是否根据钢筋直径、间距和设计要求正确放置;检查受力钢筋放置的位置是否符合设计的要求,特别是梁、板悬挑构件的上部纵向受力钢筋;检查钢筋安装位置是否准确,其偏差是否符合规定要求。应检查箍筋、横向钢筋的品种、规格、数量、间距等是否准确,还应检查预埋件的规格、数量、位置等。

三、钢筋工程质量检验

(一)钢筋原材料及制作质量检验

钢筋原材料及制作的质量检验标准和检验方法见表6-4。

表 6-4　钢筋原材料及制作的质量检验标准和检验方法

项	序	检验项目	质量检验标准	检验方法	检查数量
主控项目	1	钢筋原材料进场	按国家现行相关标准抽样并检验力学性能和重量偏差，其质量必须符合有关标准的规定	检查产品合格证、出厂检验报告和进场复检报告	按进场的批次和产品的抽样检验方案确定，一般钢筋混凝土用的钢筋按质量不大于 60 t 为一个检验批，每批应由同一牌号、同一炉罐号、同一规格的钢筋组成，其中冷轧扭钢筋的检验批由同一牌号、同一规格尺寸、同一台轧机、同一台班的钢筋组成，且每批不大于 10 t，不足 10 t 按一批计
	2	有抗震设防要求的结构的纵向受力钢筋性能	应满足设计要求；钢筋的抗拉强度实测值与屈服强度实测值的比值不应小于 1.25，钢筋的屈服强度实测值与屈服强度标准值的比值不应大于 1.3；钢筋的最大力下总伸长率不应小于 9%。	检查进场复检报告	按进场的批次和产品的抽样检验方案确定
	3	有异常的钢筋	当发现钢筋脆断、焊接性能不良或力学性能显著不正常等现象时，应对该批钢筋进行化学成分检验或其他专项检验	检查化学成分等专项检验报告	对发现有异常的钢筋按批次抽样检查
	4	受力钢筋的弯钩和弯折	(1) HPB300 级钢筋末端应做 180° 弯钩，其弯钩内直径不小于 2.5*d*，弯钩的弯后平直部分长度不应小于 3*d*，*d* 为钢筋直径；	钢尺检查	按每工作班同一类型钢筋、同一加工设备抽查，且不应少于 3 件

续表 6-4

项	序	检验项目	质量检验标准	检验方法	检查数量
主控项目	4	受力钢筋的弯钩和弯折	(2)HRB335 级、HRB400 级钢筋按设计要求需做 135°弯钩时，其弯钩内直径应不小于 $4d$，弯钩的弯后平直部分长度应符合设计要求； (3)钢筋做不大于 90°的弯折时，弯折处的弯弧内直径不小于 $5d$	钢尺检查	按每工作班同一类型钢筋、同一加工设备抽查，且不应少于 3 件
	5	箍筋的加工	除焊接封闭环式箍筋外，箍筋的末端应作弯钩，弯钩形式应符合设计要求，当设计无具体要求时，应符合下列规定： (1)箍筋弯钩的弯弧内直径除应满足前面的规定外，尚应不小于受力钢筋直径； (2)箍筋弯钩的弯折角度，对一般结构不应小于 90°，对有抗震等要求的结构，应为 135°； (3)箍筋弯后平直部分长度，对一般结构，不宜小于箍筋直径的 5 倍，对有抗震等要求的结构，不应小于箍筋直径的 10 倍	尺量检查	按每工作班同一类型钢筋、同一加工设备抽查，且不应少于 3 件
一般项目	1	钢筋外观	钢筋应平直、无损伤，表面不得有裂纹、油污、颗粒状或片状老锈	观察检查	进场时和使用前全数检查
	2	钢筋调直	宜采用无延伸功能的机械设备调直，也可采用冷拉方法调直。采用冷拉方法时，HPB300 钢筋冷拉率不宜大于 4%，HRB335、HRB400、HRB500、HRBF335、HRBF400、HRBF500 和 RRB400 冷拉率不宜大于 1%	观察检查，钢尺检查	按每工作班同一类型钢筋、同一加工设备抽查，且不应少于 3 件
	3	与钢筋加工形状对应的尺寸允许偏差(mm)	受力钢筋顺长度方向全长的净尺寸 ±10 弯起钢筋的弯折位置 ±20 箍筋的内净尺寸 ±5	钢尺检查	

（二）钢筋连接质量检验

钢筋连接的质量检验标准和检验方法见表6-5。

表6-5 钢筋连接的质量检验标准和检验方法

项	序	检验项目	质量检验标准	检验方法	检查数量
主控项目	1	纵向受力钢筋的连接方式	应符合设计要求	观察检查	全数检查
	2	钢筋机械连接接头、焊接接头的力学性能	应按现行国家标准《钢筋机械连接技术规程》（JGJ 107—2010）、《钢筋焊接及验收规程》（JGJ 18—2012）的规定抽样检验钢筋接头的力学性能，其质量应符合有关规程的规定	检查产品合格证、接头力学性能试验报告	按有关规程确定
一般项目	1	钢筋接头的设置	宜设置在受力较小处，同一纵向受力钢筋不宜设置两个或两个以上接头（指同一跨中），接头末端至弯起点的距离不应小于钢筋直径的10倍	观察、钢尺检查	全数检查
	2	钢筋接头的外观检查	应按现行国家标准的规定进行外观检查，其质量应符合有关规程的规定	观察检查	
	3	钢筋机械连接接头或焊接接头在同一构件中的设置	设置在同一构件的接头宜相互错开，纵向受力钢筋接头连结区段的长度为35d（d为纵向受力钢筋的较大直径）且不小于500 mm，同一连接区段内，接头面积百分率为该区段内有接头的纵向受力钢筋截面面积与全部纵向受力钢筋截面面积的比值，应符合设计要求，当设计无要求时应符合下列规定： （1）在受拉区不宜大于50%； （2）接头不宜设置在有抗震设防要求的框架梁端、柱端的箍筋加密区，但是当无法避开时，对等强度的高质量机械连接接头，不应大于50%； （3）直接承受动力荷载的结构构件中，不宜采用焊接接头，当采用机械连接接头时，不应大于50%	观察检查、钢尺检查	同一检验批内，对梁、柱和独立基础，抽查构件总数的10%，且不少于3件；对墙和板，按有代表性的自然间抽查10%，且不少于3间；对大空间结构，墙可按相邻轴线间高度5 m左右划分检查面，板可按纵横轴线划分检查面，抽查总数的10%，且均不少于3面

续表 6-5

项	序	检验项目	质量检验标准	检验方法	检查数量
一般项目	4	同一构件中相邻纵向受力钢筋的绑扎搭接接头设置	搭接接头宜相互错开，同一连接区段内，纵向受拉钢筋搭接接头面积百分率应符合设计要求，当设计无具体要求时，应符合下列规定： （1）对梁类、板类及墙类构件，不宜大于25%； （2）对柱类构件，不宜大于50%； （3）当工程中确有必要增大接头面积百分率时，对梁类构件不应大于50%，对其他构件，可根据实际情况放宽； （4）纵向受力钢筋绑扎搭接接头的最小搭接长度应符合《混凝土结构工程施工质量验收规范》（GB 50204—2002（2010 年版））附录 B 的规定	观察、钢尺检查	同一检验批内，对梁、柱和独立基础，抽查构件总数的 10%，且不少于 3 件；对墙和板，按有代表性的自然间抽查 10%，且不少于 3 间；对大空间结构，墙可按相邻轴线间高度 5 m 左右划分检查面，板可按纵横轴线划分检查面，抽查总数的 10%，且均不少于 3 面
	5	梁、柱类构件的纵向受力钢筋搭接长度范围内箍筋的设置	应按设计要求配置箍筋，当设计无具体要求时，应符合下列规定： （1）箍筋直径不应小于搭接钢筋较大直径的 0.25 倍； （2）受拉搭接区段的箍筋间距不应大于搭接钢筋较小直径的 5 倍，且不应大于 100 mm； （3）受压搭接区段的箍筋间距不应大于搭接钢筋较小直径的 10 倍，且不应大于 200 mm； （4）当柱中纵向受力钢筋直径大于 25 mm 时，应在搭接接头两个端面外 100 mm 范围内各设置两个箍筋，其间距宜为 50 mm	观察、钢尺检查	

注：1. 一般机械连接时，应按同一施工条件采用一批材料的同等级、同形式、同规格的接头，以 500 个作为一个检验批，不足 500 个也作为一个检验批。

2. 每批随机抽取 3 个试件，焊接连接时，按同一工作班、同一焊接参数、同一接头形式、同一钢筋级别，以 300 个焊接接头作为一个检验批。

3. 闪光对焊一层内不足 300 个，焊条电弧焊每一至二层中不足 300 个，电渣焊、气压焊同一层中不足 300 个接头仍按一批计算。闪光对焊接头应从每批成品中随机切取 6 个试件，其中 3 个试件做拉伸试验，3 个试件做弯曲试验。焊条电弧焊及电渣焊接头应从每批接头成品中随机切取 3 个试件做拉伸试验。气压焊接头应从每批接头成品中随机切取 3 个试件做拉伸试验，在梁类、板类的水平钢筋连接中，另切取 3 个接头试件做弯曲试验。

(三)钢筋安装质量检验

钢筋安装的质量检验标准和检验方法见表6-6。

表6-6　钢筋安装的质量检验标准和检验方法

<table>
<tr><th>项</th><th>序</th><th colspan="4">项目</th><th>允许偏差(mm)</th><th>检验方法</th><th>检查数量</th></tr>
<tr><td>主控项目</td><td>1</td><td colspan="4">受力钢筋的品种、级别、规格和数量</td><td>必须符合设计要求</td><td>观察、钢尺检查</td><td>全数检查</td></tr>
<tr><td rowspan="13">一般项目</td><td rowspan="13">1</td><td rowspan="13">钢筋安装位置</td><td rowspan="2">绑扎钢筋网</td><td colspan="2">长、宽</td><td>±10</td><td>钢尺检查</td><td rowspan="13">同一检验批内,对梁、柱和独立基础,抽查构件总数的10%,且不少于3件;对墙和板,按有代表性的自然间抽查10%,且不少于3间;对大空间结构,墙可按相邻轴线间高度5 m左右划分检查面,板可按纵、横轴线划分检查面,均抽查总数的10%,且不少于3面</td></tr>
<tr><td colspan="2">网眼尺寸</td><td>±20</td><td>钢尺量连续三档,取最大值</td></tr>
<tr><td rowspan="2">绑扎钢筋骨架</td><td colspan="2">长</td><td>±10</td><td rowspan="2">钢尺检查</td></tr>
<tr><td colspan="2">宽、高</td><td>±5</td></tr>
<tr><td rowspan="5">受力钢筋</td><td colspan="2">间距</td><td>±10</td><td rowspan="2">钢尺量两端、中间各一点,取最大值</td></tr>
<tr><td colspan="2">排距</td><td>±5</td></tr>
<tr><td rowspan="3">保护层厚度</td><td>基础</td><td>±10</td><td rowspan="3">钢尺检查</td></tr>
<tr><td>柱、梁</td><td>±5</td></tr>
<tr><td>板、墙、壳</td><td>±3</td></tr>
<tr><td colspan="3">绑扎箍筋、横向钢筋间距</td><td>±20</td><td>钢尺量连续三档,取最大值</td></tr>
<tr><td colspan="3">钢筋弯起点位置</td><td>20</td><td>钢尺检查</td></tr>
<tr><td rowspan="2">预埋件</td><td colspan="2">中心线位置</td><td>5</td><td>钢尺检查</td></tr>
<tr><td colspan="2">水平高差</td><td>+3,0</td><td>钢尺和塞尺检查</td></tr>
</table>

注:1. 检查预埋件中心线位置时,应沿纵、横两个方向量测,并取其中的较大值;

2. 表中梁类、板类构件上部纵向受力钢筋保护层厚度的合格点率应达到90%及以上,且不得有超过表中数值1.5倍的尺寸偏差。

四、竣工验收资料

钢筋工程竣工验收应具备以下资料:

(1)钢筋产品合格证、出厂检验报告。

(2)钢筋进场复验报告。

(3)钢筋冷拉记录。

(4)钢筋焊接接头力学性能试验报告。

(5)焊条(剂)试验报告。

(6)钢筋隐蔽工程验收记录。

(7)钢筋锥(直)螺纹加工检验记录及连接套产品合格证。

(8)钢筋机械连接接头力学性能试验报告。

(9)钢筋锥(直)螺纹接头质量检查记录。

(10)施工现场挤压接头质量检查记录。

(11)设计变更和钢材代用证明。

(12)见证检测报告。

(13)检验批质量验收记录。

(14)钢筋分项工程质量验收记录。

第三节　混凝土工程质量检验

一、材料质量要求

(一)水泥

建筑工程中常用的水泥有硅酸盐水泥(代号 P.Ⅰ、P.Ⅱ)、普通硅酸盐水泥(代号 P.O)、矿渣硅酸盐水泥(代号 P.S)、火山灰质硅酸盐水泥(代号 P.P)、粉煤灰硅酸盐水泥(代号 P.F)等五种。

(1)水泥进场时必须有产品合格证、出厂检验报告,并应对水泥的品种、级别、包装或散装仓号、出厂日期等进行检查,还应对其强度、安定性及其他必要的性能指标进行复验,其质量必须符合《通用硅酸盐水泥》(GB 175—2007)中的规定。

(2)当使用中对水泥质量有怀疑或水泥出厂超过三个月(快硬硅酸盐水泥超过一个月)时,应进行复验,并按复验结果使用。

(3)钢筋混凝土结构、预应力混凝土结构中,严禁使用含氯化物的水泥。

(4)水泥在运输和储存时,应有防潮、防雨措施,以防止水泥受潮凝结结块而使强度降低。不同品种和标号的水泥应分别储存,不得混杂。

(二)骨料

混凝土中用的骨料有细骨料(砂)和粗骨料(碎石、卵石)。

(1)骨料进场时,必须进行复检,按进场的批次和产品的抽样检验方案,检验其颗粒级配、含泥量及粗细骨料的针片状颗粒含量,必要时还应检验其他质量指标。对海砂还应按批检验其氯盐含量,其检验结果应符合有关标准的规定。对含有活性二氧化硅或其他活性成分的骨料,应进行专门试验,待验证确认其对混凝土质量无有害影响时,方可使用。

(2)骨料在生产、采集、运输与储藏过程中,严禁混入煅烧过的白云石或石灰块等影响混凝土性能的有害物质;骨料应按品种、规格分别堆放,不得混杂。

(三)水

拌制混凝土宜采用饮用水;当采用其他水源时,应进行水质化验,水质应符合现行国家标准《混凝土拌合用水标准》(JGJ 63—2006)中的规定。不得使用海水拌制钢筋混凝土和预应力混凝土，且不宜使用海水拌制有饰面要求的素混凝土。

(四)外加剂

混凝土常用的外加剂有减水剂、引气剂、缓凝剂、早强剂、防冻剂、膨胀剂等。选用外加剂时，应根据混凝土的性能要求、施工工艺及气候条件，并结合混凝土的原材料性能、配合比以及对水泥的适应性能等因素，通过试验确定其品种和掺量。

(1)混凝土中掺用的外加剂应有产品合格证、出厂检验报告，并应按进场的批次和产品的抽样检验方案进行复检，其质量及应用技术应符合现行国家标准《混凝土外加剂》(GB 8076—2008)、《混凝土外加剂应用技术规范》(GB 50119—2003)等和有关环境保护的规定。

(2)预应力混凝土结构中，严禁使用含氯化物的外加剂。钢筋混凝土结构中，当使用含氯化物的外加剂时，混凝土中氯化物的总含量应符合现行国家标准《混凝土质量控制标准》(GB 50164—2011)的规定。选用的外加剂，必要时还应检验其中的氯化物、碱等有害物质的含量，经验证确认其对混凝土无有害影响时，方可使用。

(3)不同品种的外加剂应分别储存，作好标记，在运输和储存时不得混入杂物和遭受污染。

(五)掺合料

混凝土中使用的掺合料主要是粉煤灰和矿粉，其掺量应通过试验确定。进场的粉煤灰和矿粉应有出厂合格证，并应按进场的批次和产品的抽样检验方案进行复验。

二、施工过程的质量控制

(1)检查混凝土原材料的产品合格证、出厂检验报告及进场复检报告。

(2)审查混凝土配合比设计是否满足设计和施工要求，并且是否经济合理。

(3)混凝土现场搅拌时应对原材料的计量进行检查，并应经常检查坍落度，控制水灰比。

(4)检查混凝土搅拌的时间，每工作班至少检查两次，并在混凝土搅拌后和在浇筑地点分别抽样检测混凝土的坍落度，每工作班至少检查两次。

(5)检查混凝土的运输设备及道路是否良好畅通，以保证混凝土的连续浇筑和良好的混凝土和易性。运至浇筑地点时的混凝土坍落度应符合规定要求。

(6)检查控制混凝土浇筑的方法和质量。混凝土浇筑应在混凝土初凝前完成，浇筑高度不宜超过 2 m，且竖向结构不宜超过 3 m，否则应检查是否采取了相应措施。控制混凝土一次浇筑的厚度，并保证混凝土的连续浇筑。

(7)检查混凝土振捣的情况，保证混凝土振捣密实。合理使用混凝土振捣机械，掌握正确的振捣方法，控制振捣的时间。

(8)审查施工缝、后浇带处理的施工技术方案。检查施工缝、后浇带留设的位置是否符合规范和设计要求，若不符合要求，其处理应按施工技术方案执行。

(9)检查混凝土浇筑后是否按施工技术方案进行养护，并对养护的时间进行检查落实。

(10)施工过程中应对混凝土的强度进行检查,在混凝土浇筑地点随机留取标准养护试件和同条件养护试件,其留取的数量应符合要求。

三、混凝土工程质量检验

(一)混凝土原材料及配合比质量检验

混凝土原材料及配合比的质量检验标准和检验方法见表6-7。

表6-7 混凝土原材料及配合比的质量检验标准和检验方法

项	序	检验项目	质量标准及要求	检验方法	检查数量
主控项目	1	进场水泥	应检查品种、级别、包装或散装仓号、出厂日期,并应对其强度、安定性及其他必要的性能指标进行复验;严禁使用含氯化物的水泥	检查产品合格证、出厂检验报告和进场复验报告	同一生产厂家、同一等级、同一品种、同一批号且连续进场的水泥,袋装不超过200 t为一批,散装不超过500 t为一批,每批抽样不少于1次。
	2	混凝土中掺用的外加剂	质量及应用技术应符合现行国家标准《混凝土外加剂》(GB 8076—2008)、《混凝土外加剂应用技术规范》(GB 50119—2003)等和有关环境保护的规定。预应力混凝土结构中,严禁使用含氯化物的外加剂;钢筋混凝土结构中,当使用含氯化物的外加剂时,氯化物的总含量应符合现行标准《混凝土质量控制标准》(GB 50164—2011)的规定	检查产品合格证、出厂检验报告和进场复验报告	按进场的批次和产品的抽样检验方案确定
	3	混凝土中氯化物和碱的总含量	应符合设计要求和《混凝土结构设计规范》(GB 50010—2010)的规定	检查原材料试验报告和氯化物、碱的总含量计算书	
	4	混凝土配合比设计	应符合设计要求和《普通混凝土配合比设计规程》(JGJ 55—2011)的规定,还应满足混凝土强度等级、耐久性和工作性的要求;有特殊要求的混凝土尚应符合国家现行有关标准的专门规定	检查配合比设计资料	

续表 6-7

项	序	检验项目	质量标准及要求	检验方法	检查数量
一般项目	1	混凝土中矿物掺合料	质量应符合《用于水泥和混凝土中的粉煤灰》(GB 1596—2005)的规定，掺量应通过试验确定	检查出厂合格证和进场复验报告	按进场的批次和产品的抽样检验方案确定。
	2	普通混凝土所用粗、细骨料	质量应符合相应的规定。粗骨料最大颗粒粒径不得超过构件截面最小尺寸的1/4，且不得超过钢筋最小净间距的3/4；对混凝土实心板，骨料的最大粒径不宜超过板厚的1/3，且不得超过40 mm	检查进场复验报告	按进场的批次和产品的抽样检验方案确定。骨料进场时，应按同产地、同规格的骨料，用大型工具运输的以400 m^3 或600 t、小型工具运输的以200 m^3 或300 t作为一个验收批。取样时应从料堆上的不同部位均匀分布抽取，取样前先将表层铲除。砂由各部位抽取大致相等的8份，总质量不少于10 kg，并混合均匀；石子在料堆的上、中、下选取5个不同部位抽取大致相等的15份，总质量不小于60 kg，并混合均匀
	3	拌制混凝土的水	宜采用饮用水；当采用其他水源时，水质应符合《混凝土拌合用水标准》(JGJ 63—2006)的规定	检查水质试验报告	同一水源检查不应少于1次
	4	首次使用的混凝土配合比	应进行开盘鉴定，其工作性应满足设计配合比的要求。开始生产时，应至少留置一组标准养护试件作为验证配合比的依据	检查开盘鉴定资料和试件强度试验报告	
	5	砂、石含水率	混凝土拌制前应进行测定，根据测试结果调整材料用量，提出施工配合比	检查含水率测试结果和施工配合比通知单	每工作班检查1次

(二)混凝土施工工程质量检验

混凝土施工工程质量的检验标准和检验方法见表6-8。

表 6-8　混凝土施工工程质量的检验标准和检验方法

项	序	检验项目		质量标准及要求		检验方法	检查数量
主控项目	1	结构混凝土的强度等级		必须符合设计要求		检查施工记录及试件强度试验报告	见本表注
	2	抗渗要求的混凝土试件		必须符合设计要求，混凝土试件应在浇筑地点随机取样		检查试件抗渗试验报告	同一工程、同一配合比的混凝土，取样不应少于1次，留置组数可根据实际需要确定
	3	混凝土原材料每盘称量允许偏差	水泥、掺合料	±2%	(1)各种衡器应定期校验，每次使用前应进行零点校核，保持计量准确； (2)当遇雨天或含水率有显著变化时，应增加含水率检测次数，并及时调整水和骨料的用量	复称	每工作班抽查不应少于1次
			粗、细骨料	±3%			
			水、外加剂	±2%			
	4	混凝土运输、浇筑及间歇时间		混凝土运输、浇筑及间歇的全部时间不应超过初凝时间。同一施工段的混凝土应连续浇筑，并应在底层混凝土初凝之前将上层混凝土浇筑完毕；否则应按施工技术方案中对施工缝要求进行处理		观察检查，检查施工记录	全数检查
一般项目	1	施工缝		位置应在混凝土浇筑前按设计要求和施工技术方案确定，施工缝的处理应按施工技术方案执行		观察检查，检查施工记录	全数检查
	2	后浇带		留置位置应按设计要求和施工技术方案确定，后浇带混凝土浇筑应按施工技术方案进行		观察检查，检查施工记录	全数检查
	3	混凝土养护措施		混凝土浇筑完毕后，应按施工技术方案及时采取有效的养护措施，并应符合以下规定： (1)应在浇筑完毕后的12 h以内对混凝土加以覆盖并保湿养护； (2)混凝土浇水养护的时间，对采用硅酸盐水泥或矿渣硅酸盐水泥拌制的混凝土，不得少于7天，对掺用缓凝型外加剂或有抗渗要求的混凝土，不得少于14天；当采用其他品种水泥时，混凝土的养护时间应根据所采用水泥的技术性能确定，当日平均气温低于5 ℃时，不得浇水，且大体积混凝土应有控温措施；		观察检查，检查施工记录	全数检查

续表 6-8

项	序	检验项目	质量标准及要求	检验方法	检查数量
一般项目	3	混凝土养护措施	(3)浇水次数应保持混凝土处于湿润状态,养护用水应与拌制用水相同; (4)采用塑料布覆盖养护的混凝土,其敞露的全部表面应覆盖严密,并应保持塑料布内有凝结水,宜涂刷养护剂养护; (5)在混凝土强度达到 1.2 N/mm^2 前,不得在其上踩踏或安装模板及支架	观察检查,检查施工记录	全数检查

注:用于检查结构构件混凝土强度的试件,应在混凝土的浇筑地点随机抽取。取样与留置应符合下列规定:

(1)每拌制 100 盘且不超过 100 m^3 的同配合比的混凝土,取样不得少于 1 次;

(2)每工作班拌制的同一配合比的混凝土不足 100 盘时,取样不得少于 1 次;

(3)当一次连续浇筑超过 1 000 m^3 时,同一配合比的混凝土每 200 m^3 取样不得少于 1 次;

(4)每一楼层、同一配合比的混凝土,取样不得少于 1 次;

(5)每次取样至少留置 1 组标准养护试件,同条件养护试件的留置组数应根据实际需要确定。

(三)现浇混凝土结构外观质量和尺寸偏差检验

现浇混凝土结构外观质量和尺寸偏差的检验标准和检验方法见表 6-9,现浇结构外观质量缺陷见表 6-10。

表 6-9　现浇混凝土结构外观质量和尺寸偏差的检验标准和检验方法

项	序	检验项目	质量标准及要求	检验方法	检查数量
主控项目	1	现浇结构的外观质量	不应有严重缺陷,参照表 6-10;对已出现的严重缺陷,应由施工单位提出技术处理方案,并经监理(建设)单位认可后进行处理,之后重新检查验收	按表 6-10 进行观察检查,检查技术处理方案	全数检查
主控项目	2	结构和设备安装尺寸	现浇结构不应有影响结构性能和使用功能的尺寸偏差,混凝土设备基础不应有影响结构性能和设备安装的尺寸偏差;对超过尺寸允许偏差且影响结构性能和安装、使用功能的部位,应由施工单位提出技术处理方案,并经监理(建设)单位认可后进行处理,对经处理的部位,应重新检查验收	量测,检查技术处理方法	全数检查
一般项目	1	现浇结构的外观质量	不宜有一般缺陷;对已出现的一般缺陷,应由施工单位按技术处理方案进行处理,并重新检查验收	观察检查,检查技术处理方案	全数检查

续表 6-9

项	序	检验项目			质量标准及要求	检验方法	检查数量
一般项目	2	现浇结构尺寸允许偏差(mm)	轴线位置	基础	15	钢尺检查,应沿纵、横两个方向量测,并取其中的最大值	
				独立基础	10		
				墙、柱、梁	8		
				剪力墙	5		
			垂直度	层高 ≤5 m	8	经纬仪或吊线、钢尺检查	
				层高 >5 m	10		
				全高(H)	H/1 000 且≤30	经纬仪、钢尺检查	
			标高	层高	±10	水准仪或拉线、钢尺检查	按楼层、结构缝或施工段划分检验批。在同一检验批内,对梁、柱和独立基础,应抽查构件总数的10%,且不少于3件;对墙和板,应按有代表性的自然间抽查10%,且不少于3间;对于大空间结构,墙可按相邻轴线间高度5 m左右划分检查面,板可按纵、横轴线划分检查面,抽查10%,且均不少于3面;对电梯井,应全数检查;对设备基础,应全数检查
				全高	±30		
			截面尺寸		+8,-5	钢尺检查	
			电梯井	井筒长、宽对定位中心线	+25,0	钢尺检查,应沿纵、横两个方向量测,并取其中的最大值	
				井筒全高(H)垂直度	H/1 000 且≤30	经纬仪、钢尺检查	
			表面平整度		8	2 m 靠尺和塞尺检查	
			预埋设施中心线位置	预埋件	10	钢尺检查,应沿纵、横两个方向量测,并取其中的最大值	
				预埋螺栓	5		
				预埋管	5		
			预留洞中心线		15	钢尺检查	
	3	设备基础尺寸允许偏差(mm)	坐标位置		20	钢尺检查	
			不同平面的标高		0,-20	水准仪或拉线、钢尺检查	
			平面外形尺寸		±20	钢尺检查	
			凸台上平面外形尺寸		0,-20	钢尺检查	
			凹台上平面外形尺寸		+20,0	钢尺检查	
			平面水平度	每米	5	水平尺、塞尺检查	
				全长	10	水准仪或拉线、钢尺检查	
			垂直度	每米	5	经纬仪或吊线、钢尺检查	
				全高	10		
			预埋地脚螺栓	标高(顶部)	+20,0	水准仪或拉线、钢尺检查	
				中心距	±2	钢尺检查	
			预埋地脚螺栓孔	中心线位置	10	钢尺检查	
				深度	+20,0		
				孔垂直度	10	吊线、钢尺检查	

续表 6-9

项	序	检验项目			质量标准及要求	检验方法	检查数量
一般项目	3	设备基础尺寸允许偏差（mm）	预埋活动地脚螺栓锚板	标高	+20,0	水准仪或拉线、钢尺检查	同上页规定
				中心线位置	5	钢尺检查	
				带槽锚板平整度	5	钢尺、塞尺检查	
				带螺纹孔锚板平整度	2		

表 6-10 现浇结构外观质量缺陷

名称	现象	严重缺陷	一般缺陷
露筋	构件内钢筋未被混凝土包裹而外露	纵向受力钢筋有外露	其他钢筋有少量外露
蜂窝	混凝土表面缺少水泥砂浆面而形成石子外露	构件主要受力部分有蜂窝	其他部位有少量蜂窝
孔洞	混凝土中孔穴深度和长度均超过保护层厚度	构件主要受力部分有孔洞	其他部位有少量孔洞
夹渣	混凝土中夹有杂物且深度超过保护层厚度	构件主要受力部分有夹渣	其他部位有少量夹渣
疏松	混凝土中局部不密实	构件主要受力部分有疏松	其他部位有少量疏松
裂缝	缝隙从混凝土表面延伸至混凝土内部	构件主要受力部分有影响结构或使用功能的裂缝	其他部位有少量不影响结构性能或使用功能的裂缝
连接部位缺陷	构件连接处混凝土有缺陷及连接钢筋、连接件松动	构件连接部位有影响结构传力性能或使用功能的缺陷	连接部位有基本不影响结构传力性能的缺陷
外形缺陷	缺棱掉角、棱角不直、翘曲不平、飞边凸肋等	清水混凝土结构有影响使用功能或装饰效果的外形缺陷	其他混凝土构件有不影响使用功能的外形缺陷
外表缺陷	构件表面麻面、掉皮、起砂、沾污等	具有重要装饰效果的清水混凝土构件有外表缺陷	其他混凝土构件有不影响使用功能的外表缺陷

（四）混凝土结构实体检验

（1）对涉及混凝土结构安全的重要部位应进行结构实体检验。结构实体检验应在监理工程师（建设单位项目专业技术负责人）见证下，由施工项目技术负责人组织实施。承担结构实体检验的试验室应具有相应的资质。

（2）结构实体检验的内容应包括混凝土强度、钢筋保护层厚度以及工程合同约定的项目；必要时可检验其他项目。

对混凝土强度的检验，应以在混凝土浇筑地点制备并与结构实体同条件养护的试件强度为依据。混凝土强度检验用同条件养护试件的留置、养护和强度代表值应符合有关规定。

对混凝土强度的检验,也可根据合同的约定,采用非破损或局部破损的检测方法,按国家现行有关标准的规定进行。

(3)当同条件养护试件强度的检验结果符合现行国家标准《混凝土强度检验评定标准》(GBJ 107)的有关规定时,混凝土强度应判为合格。

(4)对钢筋保护层厚度的检验,抽样数量、检验方法、允许偏差和合格条件应符合有关规定。

(5)当未能取得同条件养护试件强度、同条件养护试件强度被判为不合格或钢筋保护层厚度不满足要求时,应委托具有相应资质等级的检测机构按国家有关标准的规定进行检测。

四、竣工验收资料

混凝土工程竣工验收应具备以下资料:

(1)水泥产品合格证、出厂检验报告、进场复检报告。

(2)外加剂产品合格证、出厂检验报告、进场复验报告。

(3)混凝土中氯化物、碱的含量计算书。

(4)掺合料出厂合格证、进场复检报告。

(5)粗、细骨料进场复检报告。

(6)水质试验报告。

(7)混凝土配合比设计资料。

(8)砂、石含水率测试结果记录。

(9)混凝土配合比通知单。

(10)混凝土试件强度试验报告和混凝土试件抗渗试验报告。

(11)施工记录。

(12)检验批质量验收记录。

(13)混凝土分项工程质量验收记录。

第四节　预应力工程质量检验

一、材料质量要求

(一)预应力筋

预应力筋常用的品种有钢丝、钢绞线和热处理钢筋。

(1)预应力筋进场时,应具备产品合格证、出厂检验报告,使用前应作进场复检。按现行国家标准规定,还应按批次抽取试件作力学性能检验,其质量必须符合有关标准的规定。

(2)预应力筋使用前应进行外观检查,其质量应符合下列要求:有黏结预应力筋展开后应平顺,不得弯折,且表面不应有裂纹、小刺、机械损伤、氧化铁皮或油污;无黏结预应力筋的护套应光滑、无裂缝和明显褶皱。

(3)无黏结预应力筋的涂包质量应符合《无黏结预应力钢绞线》(JG 161—2004)标准的规定,进场时应具备产品合格证、出厂检验报告和进场复检报告。涂包质量的检验是按每

60 t为一批，每批抽取1组试件来检查涂包层的油脂用量。

(4)无黏结预应力筋的护套，有严重破损的不得使用，有轻微破损的应外包防水塑料胶带修补好。当根据工程经验并经观察认为质量有保证时，可不作油脂用量和护套厚度的进场复检。

(二)锚具、夹具和连接器

(1)预应力筋所用的锚具、夹具和连接器应按设计规定采用，其性能应符合现行国家标准《预应力筋用锚具、夹具和连接器》(GB/T 14370—2007)和《预应力筋用锚具、夹具和连接器应用技术规程》(JGJ 85—2010)中的规定。

(2)预应力筋端部锚具的制作质量应符合下列要求：挤压锚具制作时，压力表的油压应符合操作说明书的规定，挤压后预应力筋应露出挤压套筒1~5 mm；钢绞线压花锚成型时，表面应洁净无污染，且梨形头尺寸和直线段长度应符合设计要求；钢丝镦头的强度不得低于钢丝强度标准值的98%，制作预应力筋的锚具每工作班应进行抽样检查，对挤压锚每工作班抽查5%，且不应少于5件，对压花锚每工作班抽查3件，对钢丝镦头则主要是检查钢丝的可镦性，故按钢丝进场批量每批检查6个镦头试件的强度试验报告。

(3)预应力筋所用的锚具、夹具和连接器进场时应作进场复检，主要对锚具、夹具、连接器做静载锚固性能试验，并按出厂检验报告中所列的指标，核对材质、加工尺寸等。对锚具使用较少的一般工程，如供货方提供了有效的出厂试验报告，可不再做静载锚固性能试验。

(4)锚具、夹具和连接器使用前应进行外观质量检查，其表面应无污物、锈蚀、机械损伤和裂纹，否则应根据不同情况进行处理，以确保其使用性能。

(三)孔道成型及灌浆材料

(1)后张预应力混凝土孔道成型材料应具有刚度和密闭性，在铺设及浇筑混凝土过程中不应变形，其咬口及连接处不应漏浆。成型后的管道应能有效地传递灰浆及其周围混凝土的黏结力。

(2)预应力混凝土所用的金属螺旋管，进场时应有产品合格证、出厂检验报告，使用前应作进场复检，其尺寸、径向刚度和抗渗漏性能等应符合现行国家标准《预应力混凝土用金属螺旋管》(GB/T 5224—2003)中的规定。对金属螺旋管用量较少的一般工程，如有可靠依据，可不作径向刚度、抗渗漏性能的进场复检。

(3)预应力混凝土所用的金属螺旋管在使用前应进行外观质量检查，其内外表面应清洁、无锈蚀、无油污，且不应有变形、孔洞和不规则的褶皱，咬口不应有开裂和脱扣现象。

(4)孔道灌浆所用的水泥应采用普通硅酸盐水泥，水泥及水泥浆中掺入的外加剂应符合对水泥及混凝土外加剂的相关要求。预应力混凝土结构中严禁使用含氯化物的外加剂；孔道灌浆所用的水泥及外加剂进场时应具备产品合格证，使用前应作进场复检，对孔道灌浆所用的水泥和外加剂用量较少的一般工程，如果由使用单位提供了近期采用的相同品牌和型号的水泥及外加剂的检验报告，可不作材料性能的进场复检。

二、施工过程的质量控制

(1)对进场的预应力钢材、锚具，应现场检查厂家质量合格证书、包装情况、标识内容、材料规格及外观质量。后张法预应力工程的施工应由具有相应资质等级的预应力专业施工单位承担。

(2)在预应力筋的制作和安装过程中主要检查以下内容:预应力筋下料长度的计算资料;预应力筋现场加工或组装时,有无采用加热、焊接和电弧烧割等违章现象;现场钢筋加工的安全措施落实情况;孔道的施工质量,应保证其尺寸及位置的准确,孔道应平顺、通畅,接头不漏浆;保证预应力筋铺设的位置准确牢固,并符合设计要求。

(3)在预应力筋张拉和放张施工中主要检查以下内容:张拉所用的机具、设备及仪表的校验和标定,应符合规定要求;张拉设备应配套标定,并配套使用。张拉设备的标定期限不应超过半年。按审定工艺施加预应力,执行张拉程序,控制张拉应力值、持荷时间等参数;控制断丝、滑丝情况和预应力筋应力不均匀情况;后张法预应力筋张拉时,千斤顶轴线与预应力筋轴线应保持一致,锚固则在张拉应力稳定后进行;预应力筋张拉或放张时的混凝土强度应符合设计要求,当无设计要求时不应低于设计强度的75%;先张法放张、后张法张拉时应控制应力变化的速度,注意观察梁的反向拱起以及梁混凝土的开裂情况。

(4)在预应力工程的灌浆与封锚施工中主要检查以下内容:灌浆的时间,应在预应力筋张拉后及时灌浆;灌浆的材料、配合比及外加剂,应符合设计要求;控制灌浆泌水率;标准尺寸水泥试件的抗压强度是否大于30 MPa;灌浆与封锚的施工技术方案执行情况,应保证符合设计要求。

三、预应力钢筋混凝土工程质量检验

(一)预应力原材料质量检验

预应力原材料质量检验和检验方法见表6-11。

表6-11　预应力原材料质量检验和检验方法

项	序	检验项目	质量标准及要求	检验方法	检查数量
主控项目	1	预应力筋	按《预应力混凝土用钢绞线》(GB/T 5224—2004)等标准抽样作力学性能检验	检查产品合格证、出厂检验报告和进场复验报告	按进场的批次和产品的抽样检验方案确定
	2	无黏结预应力筋	涂包质量应符合《无黏结预应力钢绞线》(JG 161—2004)标准的规定	观察,检查产品合格证、出厂检验报告和进场复验报告	每60 t为一批,每批抽取1组试件
	3	锚具、夹具和连接器	应按设计要求采用,其性能应符合《预应力筋用锚具、夹具和连接器》(GB/T 14370—2007)的规定	检查产品合格证、出厂检验报告和进场复验报告	按进场的批次和产品的抽样检验方案确定
	4	孔道灌浆水泥	应采用普通硅酸盐水泥,其质量应符合《通用硅酸盐水泥》(GB 175—2007)的规定;孔道灌浆所用外加剂的质量应符合《混凝土外加剂》(GB 8076—2008)、《混凝土外加剂应用技术规范》(GB 50119—2003)的规定	检查产品合格证、出厂检验报告和进场复验报告	按进场的批次和产品的抽样检验方案确定

续表 6-11

项	序	检验项目	质量标准及要求	检验方法	检查数量
一般项目	1	预应力筋的外观	(1)有黏结预应力筋展开后应平顺,不得有弯折,表面不应有裂纹、小刺、机械损伤、氧化铁皮和油污等; (2)无黏结预应力筋的护套应光滑、无裂缝、无明显褶皱;	观察检查	全数检查
	2	锚具、夹具和连接器使用前的外观	应无污物、锈蚀、机械损伤和裂纹	观察检查	全数检查
	3	金属螺旋管的尺寸和性能	应符合《预应力混凝土用金属螺旋管》(GB/T 5224—2003)的规定	检查产品合格证、出厂检验报告和进场复验报告	按进场批次和产品的抽样检验方案确定
	4	金属螺旋管的外观	内外表面应清洁、无锈蚀,不应有油污、孔洞和不规则的褶皱,咬口不应有开裂或脱扣	观察检查	全数检查

(二)预应力筋制作与安装工程质量检验

预应力筋制作与安装工程质量检验标准和检验方法见表 6-12。

表 6-12 预应力筋制作与安装工程质量检验标准和检验方法

项	序	检验项目	质量标准及要求	检验方法	检查数量
主控项目	1	预应力筋安装时的品种、级别、规格、数量	必须符合设计要求	观察检查和钢尺检查	全数检查
	2	先张法预应力施工时所用的隔离剂	应选用非油质类模板隔离剂,并应避免沾污预应力筋	观察检查	
	3	施工过程中的预应力筋	应避免电火花的损伤,受损伤的预应力筋应予以更换	观察检查	
一般项目	1	预应力筋的下料	应采用砂轮锯或切断机切断,不得采用电弧切割;钢丝束两端采用镦头锚具时,同一束中各根钢丝长度极差不大于 $L/5\ 000$(L 为钢丝长度),且不应大于 5 mm;当成组张拉长度不大于 10 m 的钢丝时,同组钢丝长度的极差不得大于 2 mm	观察检查和钢尺检查	每工作班抽查预应力筋总数的 3%,且不少于 3 束

续表 6-12

<table>
<tr><th>项</th><th>序</th><th colspan="2">检验项目</th><th colspan="2">质量标准及要求</th><th>检验方法</th><th>检查数量</th></tr>
<tr><td rowspan="6">一般项目</td><td>2</td><td colspan="2">预应力筋端部锚具的制作</td><td colspan="2">（1）挤压锚具制作时，压力表油压应符合操作说明书的规定，挤压后预应力筋外端应露出套筒 1～5 mm；
（2）钢绞线压花锚成形时，表面应清洁、无油污，梨形头尺寸和直线段长度应符合设计要求；
（3）钢丝镦头的强度不得低于钢丝强度标准值的 98%</td><td>观察检查和钢尺检查，检查镦头锚具强度试验报告</td><td>对挤压锚，每工作班抽查 5%，且不应少于 5 件；对压花锚，每工作班抽查 3 件；对钢丝镦头强度，每批钢丝抽查 6 个镦头试件</td></tr>
<tr><td>3</td><td colspan="2">后张法有黏结预应力筋的孔道</td><td colspan="2">其规格、数量、位置和形状应符合设计要求，同时应符合下列规定：
（1）预留孔道的定位应牢固，浇筑混凝土时不应出现移位和变形；
（2）孔道应平顺，端部的预埋锚垫板应垂直于孔道中心线；
（3）成孔用管道应密封良好，接头应严密且不得漏浆；
（4）灌浆孔的间距：对预埋金属螺旋管不宜大于 30 m，对抽芯成型孔道不宜大于 12 m；
（5）在曲线孔道的曲线波峰部位应设置排气兼泌水管，必要时可在最低点设置排气孔；
（6）灌浆孔及泌水管的孔径应能保证浆液畅通。</td><td>观察检查和钢尺检查；
（6）灌浆孔及泌水管的孔径应能保证浆液畅通</td><td>全数检查</td></tr>
<tr><td rowspan="4">4</td><td rowspan="4">预应力筋束形控制点的竖向位置偏差（mm）</td><td rowspan="4">截面高（厚）度 h（mm）</td><td>$h \leq 300$</td><td>±5</td><td rowspan="4">钢尺检查</td><td rowspan="4">在同一检验批内，抽查各类型构件中预应力筋总数的 5%，且对各类型构件均不少于 5 束，每束不应少于 5 处</td></tr>
<tr><td>$300 < h \leq 1\ 500$</td><td>±10</td></tr>
<tr><td>$h > 1\ 500$</td><td>±15</td></tr>
<tr><td colspan="2">束形控制点的竖向位置偏差合格点率应达到 90% 及以上，且不得超过以上偏差的 1.5 倍</td></tr>
</table>

续表 6-12

项	序	检验项目	质量标准及要求	检验方法	检查数量
一般项目	5	无黏结预应力筋的铺设	除应符合一般项目第 4 条规定外应符合下列要求： (1)无黏结预应力筋的定位应牢固,浇筑混凝土时不应出现移位和变形； (2)端部的预埋锚板应垂直于预应力筋； (3)内埋式固定端垫板不应重叠,锚具与垫板应贴紧； (4)无黏结预应力筋成束布置时应能保证混凝土密实并能裹住预应力筋； (5)无黏结预应力筋的护套应完整,局部破损处应采用防水胶带缠绕紧密	观察检查	全数检查
	6	后张法有黏结预应力筋	在浇筑混凝土前穿入孔道内的预应力筋,宜采取防锈措施	观察检查	全数检查

(三)预应力张拉、放张、灌浆及封锚工程质量检验

预应力张拉、放张、灌浆及封锚工程质量检验标准和检验方法见表 6-13。

表 6-13　预应力张拉、放张、灌浆及封锚工程质量检验标准和检验方法

项目	序号	检验项目	质量标准及要求	检验方法	检查数量
主控项目	1	预应力筋张拉或放张时的混凝土强度	应符合设计要求；当设计无具体要求时,不应低于设计的混凝土立方体抗压强度标准值的 75%	检查同条件养护试件的试验报告	全数检查
	2	预应力筋的张拉力、张拉或放张顺序及张拉工艺	应符合设计及施工技术方案的要求,并应符合以下规定： (1)当施工需要超张拉时,最大张拉应力不应大于《混凝土结构设计规范》(GB 50010—2010)的规定； (2)张拉工艺应能保证同一束中各根预应力筋的应力均匀一致；	检查张拉记录	

续表 6-13

项	序	检验项目	质量标准及要求	检验方法	检查数量
主控项目	2	预应力筋的张拉力、张拉或放张顺序及张拉工艺	(3)后张法施工中,当预应力筋是逐根或逐束张拉时,应保证各阶段不出现对结构不利的应力状态,同时宜考虑后批张拉预应力筋所产生的结构构件的弹性压缩对先批张拉预应力筋的影响,确定张拉力; (4)先张法预应力筋放张时,宜缓慢放松锚固装置,使各根预应力筋同时缓慢放松; (5)当采用应力控制方法张拉时,应校核预应力筋伸长值,实际伸长值与设计计算理论伸长值的相对允许偏差值为±6%	检查张拉记录	全数检查
	3	实际建立的预应力筋值与工程设计规定检验值的相对允许偏差	±5%	先张法施工检查预应力筋应力检测记录,后张法施工检查见证张拉记录	先张法施工,每工作班抽查预应力筋总数的1%,且不少3根;后张法施工,在同一检验批内抽查预应力筋总数的3%,且不少于5束
	4	张拉过程中的预应力筋	应避免断裂或滑脱,当发生断裂或滑脱时,必须符合以下规定: (1)对后张法预应力结构构件,断裂或滑脱的数量严禁超过同一截面预应力筋总数的3%,且每束钢丝不得超过一根,对多跨双向连续板,其同一截面应按每跨计算; (2)对先张法预应力受力构件,在浇筑混凝土前发生断裂或滑脱的预应力筋必须予以更换	观察检查,检查张拉记录	全数检查
	5	后张法有黏结预应力筋孔道灌浆	应在预应力筋张拉后尽早进行,孔道内水泥浆应饱满、密实	观察检查,检查灌浆记录	
	6	锚具的封闭保护	应符合设计要求,当设计无具体要求时,应符合下列规定: (1)应采取防止锚具腐蚀和遭受机械损伤的有效措施;	观察检查和尺量检查	在同一检验批内抽查预应力筋总数的5%,且不少于5处

续表 6-13

<table>
<tr><th>项</th><th>序</th><th>检验项目</th><th>质量标准及要求</th><th>检验方法</th><th>检查数量</th></tr>
<tr><td>主控项目</td><td>6</td><td>锚具的封闭保护</td><td>(2)凸出式锚固端锚具的保护层厚度不应小于 50 mm;
(3)外露预应力筋的保护层厚度:处于正常环境时,不应小于 20 mm;处于易受腐蚀的环境时,不应小于 50 mm</td><td>观察检查和钢尺检查</td><td>在同一检验批内抽查预应力筋总数的 5%,且不少于 5 处</td></tr>
<tr><td rowspan="6">一般项目</td><td rowspan="2">1</td><td rowspan="2">锚固阶段张拉端预应力筋的内缩量</td><td>应符合设计要求;当设计无具体要求时,应符合下列规定</td><td>钢尺检查</td><td>每工作班抽查预应力筋总数的 3%,且不少于 3 束</td></tr>
<tr><td><table>
<tr><th colspan="2">锚具类别</th><th>内缩量限值(mm)</th></tr>
<tr><td rowspan="2">支承式锚具(镦头锚具等)</td><td>螺帽缝隙</td><td>1</td></tr>
<tr><td>每块后加垫板的缝隙</td><td>1</td></tr>
<tr><td colspan="3">锥塞式锚具</td></tr>
<tr><td rowspan="2">夹片式锚具</td><td>有顶压</td><td>5</td></tr>
<tr><td>无顶压</td><td>6 ~ 8</td></tr>
</table></td><td rowspan="2">钢尺检查</td><td rowspan="2">每工作班抽查预应力筋总数的 3%,且不少于 3 束</td></tr>
<tr><td>2</td><td>先张法预应力筋张拉后与设计位置的偏差</td><td>不得大于 5 mm,且不得大于构件截面短边边长的 4%</td></tr>
<tr><td>3</td><td>后张法预应力筋锚固后的外露部分</td><td>宜采用机械方法切割,外露长度不宜小于 1.5d,且不宜小于 30 mm(d 为预应力筋直径)</td><td>观察检查,钢尺检查</td><td>在同一检验批内,抽查预应力筋总数的 3%,且不少于 5 束</td></tr>
<tr><td>4</td><td>灌浆用水泥浆的水灰比</td><td>不应大于 0.45,搅拌后 3 h 的泌水率不宜大于 2%,且不应大于 3%,泌水应能在 24 h 内全部被水泥浆吸收</td><td>检查水泥浆性能试验报告</td><td>同一配合比检查 1 次</td></tr>
<tr><td>5</td><td>灌浆用水泥浆的抗压强度</td><td>不应小于 30 N/mm^2</td><td>检查水泥浆试件强度试验报告</td><td>每工作班留置 1 组边长为 70.7 mm 的立方体试件</td></tr>
</table>

注:1. 一组试件由 6 个试件组成,试件应标准养护 28 d。

2. 抗压强度为一组试件的平均值,当一组试件中抗压强度最大值或最小值与平均值相差超过 20% 时,应取中间 4 个试件强度的平均值。

本章小结

本章主要介绍混凝土结构工程中的模板工程、钢筋工程、混凝土工程及预应力混凝土工程施工过程的质量检查项目和施工质量检验标准及检验方法，还介绍了混凝土结构工程中常用的检验工具的种类和使用方法。

对混凝土结构工程的质量控制，首先，应领会设计文件对混凝土结构的要求，检查钢筋、水泥、骨料、外加剂等原材料的质量，并按规范要求现场取样复检。其次，注意审查钢筋混凝土的施工技术方案，包括钢筋安装、模板架设、混凝土配制、混凝土运输、混凝土浇捣及预应力筋施工等方面的内容，认真检查验收钢筋工程、模板工程，其中主要检查钢筋的规格、数量、间距、接头等，检查模板及其支架的强度、刚度和稳定性以及接缝严密性、尺寸等是否符合设计文件和规范的要求。

在混凝土浇筑过程中，检查混凝土的质量，以保证混凝土的施工符合有关技术标准的规定。支架的变形应控制在允许的范围内，检查混凝土浇筑是否按施工技术方案进行，混凝土浇筑时不能破坏钢筋和模板，且在施工过程中要按规定留取或抽取钢筋接头、混凝土试件进行试验，确保工程质量。必要时可对混凝土结构实体进行无损或微损检测。在预应力混凝土施工时应特别注意预应力筋的张拉和锚固工艺的检查控制，必要时可检查预应力筋的有效锚固力。

通过本章的学习，要求了解混凝土结构工程在施工过程中的质量检验项目和质量验收项目，熟悉混凝土结构工程中常用检验工具的使用方法和检验方法，能够进行各检验项目的实际量测，掌握混凝土结构工程质量验收要求与方法，能够进行有关隐蔽工程的验收。

思考题

6-1 如何检查模板支撑体系的可靠性？

6-2 模板安装工程质量检验标准中的主控项目有哪些？如何进行检查？

6-3 模板拆除工程质量检验标准和检验方法有哪些？

6-4 钢筋原材料进场检查的内容有哪些？如何划分检验批？

6-5 钢筋加工时主要检查哪些方面的内容？

6-6 有抗震设防要求的框架结构的纵向受力钢筋的强度应满足什么要求？

6-7 箍筋加工时的质量检验标准有哪些？

6-8 在同一构件中钢筋接头设置的要求有哪些？钢筋接头质量检验批如何划分？

6-9 钢筋安装位置允许偏差的检验数量如何确定？

6-10 混凝土结构施工过程中质量检查项目有哪些？

6-11 用于检查结构构件混凝土强度的试件如何留置？

6-12 现浇混凝土结构的外观质量检验标准有哪些？

6-13 预应力筋在制作和安装过程中主要检查哪些方面的内容？

6-14 预应力筋的张拉力、张拉或放张顺序及张拉工艺的质量标准及要求有哪些？

6-15 预应力张拉、放张、灌浆及封锚工程质量检验数量如何确定？

6-16　编写混凝土框架结构的施工质量检查方案(包括:模板工程的检查、钢筋工程的检查、混凝土工程的检查)。

6-17　2002 年 7 月某天凌晨两点左右,某市一所职业技术学校一栋教学楼顶面带挂板大挑檐根部突然发生断裂。该工程是一栋 6 层砖混结构,长 41.06 m,宽 9.78 m,高 8.00 m,建筑面积 2 259.6 m^2,设计单位为该市建筑设计研究院,施工单位为某市某建筑公司,监理单位为该市工程监理公司。事故发生后,进行事故调查和原因分析后,发现造成该质量事故的主要原因是施工队伍素质差,竟然将悬挑构件的受力钢筋反向放置,且构件厚度控制不严。回答以下问题:

(1)为了满足质量要求,施工单位进行现场质量检查目测法和实测法常用手段有哪些?

(2)在工程施工过程中,应做好工序质量控制,施工工序质量控制的内容有哪些?施工工序质量控制的步骤是什么?

(3)钢筋工程安装质量检验标准和检验方法的具体内容有哪些?若要防止类似质量事故的出现,应该怎样做?

第七章 砌体结构工程质量检验

第一节 概 述

一、砌体结构工程质量控制的一般规定

(1)砌体结构工程所用的材料应有产品合格证书、产品性能型式检验报告,质量应符合国家现行有关标准的要求。块材、水泥、钢筋、外加剂等尚应有材料主要性能的进场复验报告,并应符合设计要求。严禁使用国家明令淘汰的材料。

(2)砌体的砌筑顺序应符合下列规定:

①基底标高不同时,应从低处砌起,并应由高处向低处搭砌。当设计无要求时,搭接长度不应小于基础底的高差。

②砌体的转角处和交接处应同时砌筑,当不能同时砌筑时,应按规定留槎、接槎。

(3)设计要求的洞口、管道、沟槽应于砌筑时正确留出或预埋,未经设计同意,不得打凿墙体和在墙体上开凿水平沟槽。宽度超过 300 mm 的洞口上部,应设置钢筋混凝土过梁。

(4)搁置预制梁、板的砌体顶面应平整,标高一致。

(5)由于砌体的施工存在较大量的人工操作过程,所以砌体结构的质量也在很大程度上取决于人的因素。砌体结构工程施工前,应编制施工方案。施工过程对砌体结构质量的影响直接表现在砌体的强度上。砌体施工质量控制等级分为三级,并应符合表 7-1 的规定。

表 7-1 砌体施工质量控制等级

项目	施工质量控制等级		
	A	B	C
现场质量管理	监督检查制度健全,并严格执行;施工方有在岗专业技术管理人员,人员齐全,并持证上岗	监督检查制度基本健全,并能执行;施工方有在岗专业技术管理人员,人员齐全,并持证上岗	有监督检查制度;施工方有在岗专业技术管理人员
砂浆、混凝土强度	试块按规定制作,强度满足验收规定,离散性小	试块按规定制作,强度满足验收规定,离散性较小	试块按规定制作,强度满足验收规定,离散性大
砂浆拌合	机械拌合,配合比计量控制严格	机械拌合,配合比计量控制一般	机械或人工拌合,配合比计量控制较差
砌筑工人	中级工以上,其中,高级工不少于 30%	高、中级工不少于 70%	初级工以上

注:1. 砂浆、混凝土强度离散性大小根据强度标准差确定;

2. 配筋砌体不得为 C 级施工。

(6)设置在潮湿环境或有化学侵蚀性介质环境中的砌体灰缝内的钢筋应采取防腐措施。

(7)砌体施工时,楼面和屋面堆载不得超过楼板的允许荷载值;当施工层进料口处施工荷载较大时,楼板下宜采取临时支撑措施。砌筑墙体应设置皮数杆。

(8)砌体结构工程检验批验收时,其主控项目应全部符合规范的规定,一般项目应有80%及以上的抽检处符合规范的规定,或最大超差值为允许偏差值的1.5倍。

(9)雨天不宜在露天砌筑墙体,对下雨当日砌筑的墙体应进行遮盖,继续施工时,应复核墙体的垂直度,如果垂直度超过允许偏差,应拆除重新砌筑。

(10)正常施工条件下,砖砌体、小砌块砌体每日砌筑高度宜控制在1.5 m或一步脚手架高度内,石砌体不宜超过1.2 m。

二、砌筑砂浆的质量控制

(1)砂浆用砂宜采用过筛中砂,不得含有有害杂物,砂浆用砂的含泥量应满足下列要求:

①对水泥砂浆和强度等级不小于M5的水泥混合砂浆,不应超过5%;

②对强度等级小于M5的水泥混合砂浆,不应超过10%;

③人工砂、山砂及特细砂,经试配应能满足砌筑砂浆技术条件要求。

(2)砌筑砂浆应通过试配确定配合比,当砌筑砂浆的组成材料有变更时,其配合比应重新确定。

(3)施工中当采用水泥砂浆代替水泥混合砂浆时,应将水泥砂浆提高一个强度等级。

(4)凡在砂浆中掺入有机塑化剂、早强剂、缓凝剂、防冻剂等,应经检验和试配符合要求后,方可使用。有机塑化剂应有砌体强度的检验报告。

(5)砌筑砂浆应采用机械搅拌,自投料完算起,搅拌时间应符合下列规定:

①水泥砂浆和水泥混合砂浆不得少于2 min;

②水泥粉煤灰砂浆和掺用外加剂的砂浆不得少于3 min;

③掺增塑剂的砂浆,其搅拌时间应符合《砌筑砂浆增塑剂》的有关规定。

④干混砂浆及加气混凝土砌块专用砂浆宜按掺用外加剂的砂浆确定搅拌时间或按产品说明书采用。

(6)砌筑砂浆试块强度验收时其强度合格标准应符合以下规定:

砌筑砂浆的验收批,同一类型、强度等级的砂浆试块不应少于3组。同一验收批砂浆试块强度平均值应大于或等于设计强度等级值的1.1倍;同一验收批砂浆试块抗压强度的最小一组平均值应大于或等于设计强度等级值的85%。砂浆强度应以标准养护,龄期为28天的试块抗压强度为准。

抽检数量:每一检验批且不超过250 m^3砌体的各种类型及强度等级的普通砌筑砂浆,每台搅拌机应至少抽检一次。验收批的预拌砂浆、蒸压加气混凝土砌块专用砂浆,抽检可为3组。

检验方法:在砂浆搅拌机出料口或在湿拌砂浆的储存容器出料口随机取样制作砂浆试块(同盘砂浆只应制作一组试块),试块标养28 d后作强度试验。

(7)当施工中或验收时出现下列情况时,可采用现场检验方法对砂浆或砌体强度进行实体检测，并判定其强度：

①砂浆试块缺乏代表性或试块数量不足；

②对砂浆试块的试验结果有怀疑或有争议；

③砂浆试块的试验结果，不能满足设计要求；

④发生工程事故，需要进一步分析事故原因。

第二节　砖砌体工程质量检验

砖砌体包括烧结普通砖、烧结多孔砖、混凝土多孔砖、混凝土实心砖、蒸压灰砂砖、蒸压粉煤灰砖等砌体工程。

一、砖砌体工程施工质量控制的一般规定

(1)用于清水墙、柱表面的砖，根据砌体外观质量的需要，应采用边角整齐、色泽均匀的块材。

(2)地面以下或防潮层以下的砌体，常处于潮湿的环境中，有的处于地下水位以下，在冻胀作用下，对多孔砖砌体的耐久性能影响较大，故在有受冻环境和条件的地区不宜在地面以下或防潮层以下采用多孔砖。

(3)砌筑砖砌体时，砖应提前1~2天适度湿润。但混凝土多孔砖及混凝土实心砖不需浇水湿润，但在气候干燥炎热的情况下，宜在砌筑前喷水。对烧结普通砖、多孔砖的相对含水率宜为60%~70%；对灰砂砖、粉煤灰砖相对含水率宜为40%~50%。现场检验砖含水率的简易方法可采用断砖法，当砖截面四周融水深度为15~20 mm时，视为符合要求的适宜含水率。

(4)砌砖工程当采用铺浆法砌筑时，铺浆长度不得超过750 mm；施工期间气温超过30 ℃时，铺浆长度不得超过500 mm。

(5)240 mm厚承重墙的每层墙的最上一皮砖，砖砌体的阶台水平面上及挑出层的外皮砖，应整砖丁砌，有利于保证砌体的完整性、整体性和受力的合理性。

(6)砖砌弧拱及平拱过梁的灰缝应砌成楔形缝。灰缝的宽度在过梁的底面不宜小于5 mm，在过梁的顶面不应大于15 mm。拱脚下面应伸入墙内不小于20 mm，砖砌平拱过梁拱底应有1%的起拱。砖过梁底部的模板及支架，应在灰缝砂浆强度不低于设计强度的75%时，方可拆除。

(7)多孔砖的孔洞应垂直于受压面砌筑。

(8)施工时施砌的混凝土多孔砖、混凝土实心砖、蒸压(养)砖的产品龄期不应小于28天。灰砂砖、粉煤灰砖出釜后早期收缩值大，如果这时用于墙体上，很容易出现明显的收缩裂缝，因而要求出釜后停放时间不应少于28天，使其早期收缩值在此期间内完成大部分，这是预防墙体早期开裂的一个重要技术措施。

(9)竖向灰缝不应出现透明缝、瞎缝和假缝。

(10)砖砌体施工临时间断处补砌时，必须将接槎处表面清理干净，洒水湿润，并填实砂浆，保持灰缝平直。

(11)不同品种的砖不得在同一楼层混砌。

二、砖砌体工程的质量检验

(一)主控项目

(1)砖和砂浆的强度等级必须符合设计要求。

抽检数量:每一生产厂家的砖到现场后,按烧结普通砖、混凝土实心砖每 15 万块,烧结多孔砖、混凝土多孔砖、蒸压灰砂砖及蒸压粉煤灰砖每 10 万块各为一验收批,抽检数量为 1 组。

检验方法:检查砖和砂浆试块试验报告。

(2)砌墙水平灰缝的砂浆饱满度不得低于 80%;砖柱水平灰缝和竖向灰缝饱满度不得低于 90%。

抽检数量:每检验批抽查不应少于 5 处。

检验方法:用百格网检查砖底面与砂浆的黏结痕迹面积。每处检测 3 块砖,取其平均值。

(3)砖砌体的转角处和交接处应同时砌筑,严禁无可靠措施的内外墙分砌施工。在抗震设防烈度为 8 度及 8 度以上地区,对不能同时砌筑而又必须留置的临时间断处应砌成斜槎,普通砖砌体斜槎水平投影长度不应小于高度的 2/3。多孔砖砌体根据砖规格尺寸,留置斜槎的长高比不应小于 1/2。斜槎高度不得超过一步脚手架的高度。

抽检数量:每检验批抽 20% 接槎,且不应少于 5 处。

检验方法:观察检查。

(4)非抗震设防及抗震设防烈度为 6 度、7 度地区的临时间断处,当不能留斜槎时,除转角处外,可留直槎,但直槎必须做成凸槎。留直槎处应加设拉结钢筋,拉结钢筋的数量为每 120 mm 墙厚放置 1 Φ6 拉结钢筋(120 mm 厚墙灰放置 2 Φ6 拉结钢筋),间距沿墙高不应超过 500 mm;埋入长度从留槎处算起每边均不应小于 500 mm,对抗震设防烈度 6 度、7 度的地区,不应小于 1 000 mm;拉结钢筋末端应有 90°弯钩。

抽检数量:每检验批抽查不应少于 5 处。

检验方法:观察和尺量检查。

合格标准:留槎正确,拉结钢筋设置数量、直径正确,竖向间距偏差不超过 100 mm,留置长度基本符合规定。

(5)砖砌体的位置及垂直度影响结构受力性能和结构安全,其允许偏差应符合表 7-2 的规定。

表 7-2 砖砌体的位置及垂直度允许偏差

项次	项目			允许偏差(mm)	检验方法	抽检数量
1	轴线偏移			10	用经纬仪和尺检查或用其他测量仪器检查	承重墙、柱全数检查
2	墙面垂直度	每层		5	用 2 m 托线板检查	不应少于 5 处
		全高	≤10 m	10	用经纬仪、吊线和尺检查,或用其他测量仪器检查	外墙全部阳角
			>10 m	20		

抽检数量：轴线查全部承重墙柱；外墙垂直度全高查阳角，不应少于 4 处，每层 20 m 查一处；内墙按有代表性的自然间抽 10%，但不应少于 3 间，每间不应少于 2 处，柱不少于 5 根。

（二）一般项目

（1）砖砌体组砌方法应正确，上、下错缝，内外搭砌，砖柱不得采用包心砌法。

抽检数量：每检验批抽查不应少于 5 处。

检验方法：观察检查。砌体组砌方法抽检每处应为 3 ~ 5 m。

合格标准：除符合本条要求外，清水墙、窗间墙无通缝（“通缝”指上下二皮砖搭接长度小于 25 mm 的部位），混水墙（指砌筑完后要整体抹灰的墙）中长度 200 ~ 300 mm 的通缝每间不超过 3 处，且不得位于同一面墙体上。混水墙中不得有长度大于 300 mm 的通缝。

（2）砖砌体的灰缝应横平竖直，厚薄均匀，既是对砌体表面美观的要求（尤其是清水墙）又有利于砌体均匀传力。水平灰缝厚度及竖向灰缝宽度宜为 10 mm，但不应小于 8 mm，也不应大于 12 mm。

抽检数量：每检验批抽查不应少于 5 处。

检验方法：水平灰缝厚度用尺量 10 皮砖砌高度折算；竖向灰缝宽度用尺量 2 m 砌体长度折算。

（3）砖砌体的尺寸、位置的允许偏差应符合表 7-3 的规定。

表 7-3　砖砌体尺寸位置的允许偏差及检验

项次	项目		允许偏差（mm）	检验方法	抽检数量
1	基础、墙、柱顶面		±15	用水准仪和尺检查	不应少于 5 处
2	表面平整度	清水墙、柱 混水墙、柱	5 8	用 2 m 靠尺和楔形塞尺检查	不应少于 5 处
3	门窗洞口高、宽（后塞口）		±10	用尺检查	不应少于 5 处
4	外墙上下窗口偏移		20	以底层窗口为准，用经纬仪或吊线检查	不应少于 5 处
5	水平灰缝平直度	清水墙 混水墙	7 10	拉 5 m 线和尺检查	不应少于 5 处
6	清水墙游丁走缝		20	用吊线和尺检查，以每层第一皮砖为准	不应少于 5 处

表 7-3 中所列砖砌体一般尺寸偏差，虽对结构的受力性能和结构安全性不会产生重要影响，但对整个建筑物的施工质量、经济性、简便性、建筑美观和确保有效使用面积产生影响，故施工中对其偏差也应予以控制。

（三）砖砌体工程检验批质量验收记录用表

砖砌体工程检验批质量验收记录用表见表 7-4。

表 7-4 砖砌体工程检验批质量验收记录

工程名称		分项工程名称		验收部位	
施工单位				项目经理	
施工执行标准名称及编号				专业工长	
分包单位				施工班组组长	
质量验收规范的规定			施工单位检查评定记录		监理（建设）单位验收记录
主控项目	1. 砖强度等级	设计要求 MU			
	2. 砂浆强度等级	设计要求 M			
	3. 斜槎留置	见规范 5.2.3 条			
	4. 转角、交接处	见规范 5.2.3 条			
	5. 直槎拉结钢筋及接槎处理	见规范 5.2.4 条			
	6. 砂浆饱满度	≥80%（墙） ≥90%（槎）			
一般项目	1. 轴线位移	≤10 mm			
	2. 垂直度（每层）	≤5 mm			
	3. 组砌方法	见规范 5.3.1 条			
	4. 水平灰缝厚度	见规范 5.3.2 条			
	5. 竖向灰缝宽度	见规范 5.3.2 条			
	6. 基础墙、柱、顶面标高	±15 mm 以内			
	7. 表面平整度	清水≤5 mm 混水≤8 mm			
	8. 门窗洞口高宽（后塞口）	±10 mm 以内			
	9. 窗口偏移	20 mm			
	10. 水平灰缝平直度	清水≤7 mm 混水≤10 mm			
	11. 清水墙游丁走缝	≤20 mm			
施工单位检查评定结果		项目专业质量检查员： 项目专业质量（技术）负责人： 年　月　日			
监理（建设）单位验收结论		监理工程师（建设单位项目工程师）： 年　月　日			

注：1. 本表由施工项目专业质量检查员填写，监理工程师（建设单位项目技术负责人）组织项目专业质量（技术）负责人等进行验收。

2. 本表中规范是指《砌体结构工程施工质量验收规范》（GB 50203—2011）。

第三节　混凝土小型空心砌块砌体工程质量检验

一、混凝土小型空心砌块砌体工程施工质量控制的一般规定

(1)为有效控制砌体收缩裂缝和保证砌体强度,施工时所用小砌块的产品龄期不应小于28天。

(2)砌筑小砌块时,应清除表面污物,剔除外观质量不合格的小砌块。

(3)施工时所用的砂浆,宜选用符合国家现行标准《混凝土小型空心砌块和混凝土砖砌筑砂浆》(JC 860—2008)专用的小砌块砌筑砂浆,该砂浆可提高小砌块与砂浆间的黏结力,且施工性能好。

(4)普通混凝土小型空心砌块具有饱和吸水率低和吸水速度迟缓的特点,一般情况下砌墙时可不浇水;如遇天气干燥炎热,宜在砌筑前对其喷水湿润。轻骨料混凝土小砌块的吸水率较大,对这类小砌块应提前浇水湿润。块体的相对含水率宜为40%～50%,控制小砌块含水率的目的,是避免砌筑时产生砂浆流淌,并保证砂浆不致失水过快。

(5)小砌块墙体应孔对孔、肋对肋错缝搭砌,对孔即上皮小砌块的孔洞对准下皮小砌块的孔洞,所谓错缝,即上、下皮小砌块错开砌筑(搭砌),以增强砌体的整体性,单排孔小砌块的搭接长度应为块体长度的1/2;多排孔小砌块的搭接长度可适当调整,但不宜小于小砌块长度的1/3,且搭接长度不应小于90 mm。墙体的个别部位不能满足上述要求时,应在灰缝中设置拉结钢筋或钢筋网片,但竖向通缝仍不得超过两皮小砌块。

(6)小砌块应将生产时的底面朝上反砌于墙上,易于铺放砂浆和保证水平灰缝砂浆的饱满度。

(7)小砌块墙体宜逐块坐(铺)浆砌筑。

二、混凝土小型空心砌块砌体工程的质量检验

(一)主控项目

(1)小砌块和芯柱混凝土、砌筑砂浆的强度等级必须符合设计要求。

抽检数量:每一生产厂家,每1万块小砌块为一验收批,不足一万块按一批计,至少应抽检一组。用于多层以上建筑的基础和底层的小砌块抽检数量不应少于2组。

检验方法:检查小砌块和芯柱混凝土、砌筑砂浆试块试验报告。

(2)砌体水平灰缝和竖向灰缝的砂浆饱满度,应按净面积计算,不得低于90%。

抽检数量:每检验批抽查不应少于5处。

检验方法:用专用百格网检测小砌块与砂浆黏结痕迹,每处检测3块小砌块,取其平均值。

(3)墙体转角处和纵横墙交接处应同时砌筑。临时间断处应砌成斜槎,斜槎水平投影长度不应小于斜槎高度。施工洞口可预留直槎,但在洞口砌筑和补砌时,应在直槎上下搭砌的小砌块孔洞内用强度等级不低于C20(或Cb20)的混凝土灌实。

抽检数量:每检验批抽查不应少于5处。

检验方法:观察检查。

(4)砌体的轴线偏移和垂直度偏差应按表 7-2 的规定执行。

(二)一般项目

(1)砌体的水平灰缝厚度和竖向灰缝宽度宜为 10 mm,但不应大于 12 mm,也不应小于 8 mm。

抽检数量:每检验批抽查不应少于 5 处。

抽检方法:水平灰缝用尺量 5 皮小砌块的高度折算和竖向灰缝宽度用尺量 2 m 砌体长度折算。

(2)小砌块砌体尺寸、位置的允许偏差应按表 7-3 中规定执行。

(三)混凝土小型空心砌块砌体工程检验批质量验收记录用表

混凝土小型空心砌块砌体工程检验批质量验收记录用表见表 7-5。

表 7-5　混凝土小型空心砌块砌体工程检验批质量验收记录

工程名称		分项工程名称		验收部位	
施工单位				项目经理	
施工执行标准名称及编号				专业工长	
分包单位				施工班组组长	
质量验收规范的规定			施工单位检查评定记录	监理(建设)单位验收记录	
主控项目	1. 小砌块强度等级	设计要求 MU			
	2. 砂浆强度等级	设计要求 M			
	3. 混凝土强度等级	设计要求 C			
	4. 转角、交接处	6.2.3 条			
	5. 斜槎留置	6.2.3 条			
	6. 施工洞口砌法	6.2.3 条			
	7. 芯柱贯通楼盖	6.2.4 条			
	8. 芯柱混凝土灌实	6.2.4 条			
	9. 水平缝饱满度	≥90%			
	10. 竖向缝饱和度	≥90%			

续表 7-5

质量验收规范的规定			施工单位检查评定记录	监理(建设)单位验收记录
一般项目	1. 轴线位移	≤10 mm		
	2. 垂直度(每层)	≤5 mm		
	3. 水平灰缝厚度	8~12 mm		
	4. 竖向灰缝宽度	8~12 mm		
	5. 顶面标高	±15 mm 以内		
	6. 表面平整度	≤5 mm(清水)		
		≤8 mm(混水)		
	7. 门窗洞口	±10 mm 以内		
	8. 窗口偏移	≤20 mm		
	9. 水平灰缝平直度	≤7 mm(清水)		
		≤10 mm(混水)		
施工单位检查评定结果		验收专业质量检查员: 项目专业质量(技术)负责人: 年 月 日		
监理(建设)单位验收结论		监理工程师(建设单位项目负责人): 年 月 日		

注:1. 本表由施工项目专业质量检查员填写,监理工程师(建设单位项目技术负责人)组织项目专业质量(技术)负责人等进行验收。

第四节 石砌体工程质量检验

一、石砌体工程质量控制的一般规定

(1)为满足砌体强度和耐久性的要求,石砌体采用的石材应质地坚实,无风化剥落和裂纹。为达到美观效果,用于清水墙、柱表面的石材,尚应色泽均匀。为了保证石材与砂浆的黏结质量,石材表面的泥垢、水锈等杂物等,砌筑前应清除干净。石材的放射性应经检验,符合有关国家标准。

(2)石砌体的灰缝厚度:毛石砌体外露面的灰缝厚度不宜大于 40 mm;毛料石和粗料石砌体不宜大于 20 mm,细料石砌体不宜大于5 mm。既便于施工操作,又能满足砌体强度和稳定性要求。

(3)砂浆初凝后,如移动已砌筑的石块,应将原砂浆清理干净,重新铺浆砌筑。

(4)毛石砌体的第一皮及转角处、交接处和洞口处,应用较大的平毛石砌筑,可加强该部位砌体的拉结强度和整体性。为使砌体传力均匀及搁置的楼板(或屋面板)平稳牢固,每个楼层(包括基础)砌体的最上一皮,宜选用较大的毛石砌筑。

(5)毛石墙和砖墙相接的转角处和交接处应同时砌筑。转角处、交接处应自纵墙(或横墙)每隔4~6皮砖高度引出不小于120 mm与横墙(或纵墙)相接。

二、石砌体工程的质量检验

(一)主控项目

(1)石材及砂浆强度等级必须符合设计要求。

抽检数量:同一产地的同类石材至少应抽检1组。

检验方法:料石检查产品质量证明书,石材、砂浆检查试验报告。

(2)砂浆饱满度的大小将直接影响石砌体的力学性能、整体性能和耐久性能的好坏,砌体灰缝的砂浆饱满度不应小于80%。

抽检数量:每检验批抽查不应少于5处。

检验方法:观察检查。

(3)石砌体的轴线位置及垂直度偏差将直接影响结构的安全性,石砌体的轴线位置及垂直度允许偏差应符合表7-6的规定。

表7-6 石砌体的轴线位置及垂直度允许偏差

<table>
<tr><th rowspan="4">项次</th><th rowspan="4" colspan="2">项目</th><th colspan="7">允许偏差(mm)</th><th rowspan="4">检验方法</th></tr>
<tr><th colspan="2">毛石砌体</th><th colspan="5">料石砌体</th></tr>
<tr><th rowspan="2">基础</th><th rowspan="2">墙</th><th colspan="2">毛料石</th><th colspan="2">粗料石</th><th>细料石</th></tr>
<tr><th>基础</th><th>墙</th><th>基础</th><th>墙</th><th>墙、柱</th></tr>
<tr><td>1</td><td colspan="2">轴线位置</td><td>20</td><td>15</td><td>20</td><td>15</td><td>15</td><td>10</td><td>10</td><td>用经纬仪和尺检查,或用其他测量仪器检查</td></tr>
<tr><td rowspan="2">2</td><td rowspan="2">墙面垂直度</td><td>每层</td><td>—</td><td>20</td><td>—</td><td>20</td><td>—</td><td>10</td><td>7</td><td rowspan="2">用经纬仪、吊线和尺检查或用其他测量仪器检查</td></tr>
<tr><td>全高</td><td>—</td><td>30</td><td>—</td><td>30</td><td>—</td><td>25</td><td>20</td></tr>
</table>

抽检数量:每检验批抽查不应少于5处。

(二)一般项目

(1)石砌体尺寸、位置的允许偏差应符合表7-7的规定。

抽检数量:每检验批抽查不应少于5处。

(2)为了保证砌体的整体性及砌体内部的拉结作用,石砌体的组砌形式应符合下列规定:

①内外搭砌,上下错缝,拉结石、丁砌石交错设置;

②毛石墙拉结石每0.7 m^2 墙面不应少于1块。

检查数量:每检验批抽查不应少于5处。

检验方法:观察检查。

表 7-7　石砌体尺寸、位置的允许偏差及检验方法

项次	项目		允许偏差(mm)							检验方法
			毛石砌体		料石砌体					
			基础	墙	毛料石		粗料石		细料石	
					基础	墙	基础	墙	墙、柱	
1	基础和墙砌体顶面标高		±25	±15	±25	±15	±15	±15	±10	用水准仪和尺检查
2	砌体厚度		+30	+20 −10	+30	+20 −10	+15	+10 −5	+10 −5	用尺检查
3	表面平整度	清水墙、柱	—	—	—	20	—	10	5	细料石用 2 m 靠尺和楔形塞尺检查，其他用两直尺垂直于灰缝拉 2 m 线和尺检查
		混水墙、柱	—	—	—	20	—	15	—	
4	清水墙水平灰缝平直度		—	—	—	—	—	10	5	拉 10 m 线和尺检查

(三)石砌体工程检验批质量验收记录用表

石砌体工程检验批质量验收记录用表见表 7-8。

表 7-8　石砌体工程检验批质量验收记录

工程名称		分项工程名称		验收部位	
施工单位				项目经理	
施工执行标准名称及编号				专业工长	
分包单位				施工班组组长	
质量验收规范的规定			施工单位检查评定记录	监理(建设)单位验收记录	
主控项目	1. 石材强度等级	设计要求 MU			
	2. 砂浆强度等级	设计要求 M			
	3. 砂浆饱满度	≥80%			

续表 7-8

一般项目	1. 轴线位移	见规范 7.3.1 条											
	2. 垂直度（每层）	见规范 7.3.1 条											
	3. 顶面标高	见规范 7.3.1 条											
	4. 砌体厚度	见规范 7.3.1 条											
	5. 表面平整度	见规范 7.3.1 条											
	6. 水平灰缝平直度	见规范 7.3.1 条											
	7. 组砌形式	见规范 7.3.1 条											
施工单位检查评定结果		项目专业质量检查员： 项目专业质量（技术）负责人： 年　月　日											
监理（建设）单位验收结论		监理工程师（建设单位项目负责人）： 年　月　日											

注：1. 本表由施工项目专业质量检查员填写，监理工程师（建设单位项目技术负责人）组织项目专业质量（技术）负责人等进行验收。

2. 本表中的规范是指《砌体结构工程施工质量验收规范》（GB 50203—2011）。

第五节　填充墙砌体工程质量检验

本节的填充墙砌体指房屋建筑采用烧结空心砖、蒸压加气混凝土砌块、轻骨料混凝土小型空心砌块等砌筑填充墙的砌体。

一、填充墙砌体工程质量控制的一般规定

(1)为了有效控制砌体收缩裂缝和保证砌体强度，蒸压加气混凝土砌块、轻骨料混凝土小型空心砌块砌筑时，其产品龄期应超过 28 天。蒸压加气混凝土砌块的含水率宜小于 30%。

(2)烧结空心砖、蒸压加气混凝土砌块、轻骨料混凝土小型空心砌块等在运输、装卸过

程中，严禁抛掷和倾倒。进场后应按品种、规格堆放整齐，堆置高度不宜超过 2 m。蒸压加气混凝土砌块应防止雨淋。

(3)为了使其与砌筑有较好的黏结，烧结空心砖、吸水率较大的轻骨料混凝土小型空心砌块应提前 1 ~2 d 浇(喷)水湿润。为了保证砌筑砂浆的强度及砌体的整体性，蒸压加气混凝土砌块砌筑时，应在砌筑当天向砌筑面适量喷水湿润。

(4)在厨房、卫生间、浴室等处采用轻骨料混凝土小型空心砌块或蒸压加气混凝土砌块砌筑墙体时，墙底部宜现浇混凝土坎台等，其高度宜为 150 mm，其作用是承重、防撞击、防潮。

(5)蒸压加气混凝土砌块、轻骨料混凝土小型空心砌块不应与其他块体混砌，不同强度等级的同类块体也不得混砌。

(6)填充墙砌体砌筑，应待承重主体结构检验批验收合格后进行。

二、填充墙砌体工程的质量检验

(一)主控项目

(1)烧结空心砖、小砌块和砌筑砂浆的强度等级应符合设计要求，这是砌体力学性能的重要保证。

抽检数量：烧结空心砖每 10 万块为一验收批，小砌块每 1 万块为一验收批，不足上述数量时按一批计，抽检数量为 1 组。

检验方法：检查砖或小砌块的进场复验报告和砂浆试块试验报告。

(2)填充墙砌体应与主体结构可靠连接，其连接构造应符合设计要求，未经设计同意，不得随意改变连接构造方法。每一填充墙与柱的拉结筋的位置超过一皮块体高度的数量不得多于一处。

抽检数量：每检验批抽查不应小于 5 处。

检验方法：观察检查。

(二)一般项目

(1)填充墙砌体尺寸、位置的允许偏差及检验方法应符合表 7-9 的规定。

表 7-9 填充墙砌体一般尺寸允许偏差

项次	项目		允许偏差(mm)	检验方法
1	轴线位移		10	用尺检查
2	垂直度(每层)	≤3 m	5	用 2 m 托线板或吊线、尺检查
		>3 m	10	
3	表面平整度		8	用 2 m 靠尺和楔形尺检查
4	门窗洞口高、宽(后塞口)		±10	用尺检查
5	外墙上、下窗口偏移		20	用经纬仪或吊线检查

抽检数量：每检验批抽查不应少于 5 处。

(2)蒸压加气混凝土砌块砌体和轻骨料混凝土小型空心砌块砌体干缩较大，为防止或控制砌体干缩裂缝的产生,不应与其他块材混砌,但对于因构造需要的墙底部、墙顶部、局部门、窗洞口处,可酌情采用其他块材补砌。

抽检数量:在检验批中抽检 20%,且不应少于 5 处。

检验方法:外观检查。

(3)填充墙砌体的砂浆饱满度及检验方法应符合表 7-10 的规定。

表 7-10 填充墙砌体的砂浆饱满度及检验方法

砌体分类	灰缝	饱满度及要求	检验方法
空心砖砌体	水平	≥80%	采用百格网检查块体底面砂浆的黏结痕迹面积
	垂直	填满砂浆,不得有透明缝、瞎缝、假缝	
蒸压加气混凝土砌块、轻骨料混凝土小型空心砌块砌体	水平	≥80%	
	垂直	≥80%	

抽检数量:每检验批抽查不应少于 5 处。

(4)为了保证填充墙砌体与相邻的承重结构(墙或柱)有可靠的连接,填充墙砌体留置的拉结钢筋或网片的位置应与块体皮数相符合。拉结钢筋或网片应置于灰缝中,埋置长度应符合设计要求,竖向位置偏差不应超过一皮高度。

抽检数量:每检验批抽查不应少于 5 处。

检验方法:观察和用尺量检查。

(5)为了增强砌体的整体性,填充墙砌筑时应错缝搭砌(错缝,即上下皮块体错开摆放),蒸压加气混凝土砌块搭砌长度不应小于砌块长度的 1/3,轻骨料混凝土小型空心砌块搭砌长度不应小于 90 mm,竖向通缝不应大于 2 皮。

抽检数量:每检验批抽查不应少于 5 处。

检查方法:观察检查。

(6)填充墙砌体的水平灰缝厚度和竖向灰缝宽度应正确。烧结空心砖、轻骨料混凝土小型空心砌块砌体的灰缝应为 8 ~12 mm。蒸压加气混凝土砌块砌体的水平灰缝厚度及竖向灰缝宽度不应超过 15 mm。当蒸压加气混凝土砌块砌体采用蒸压加气混凝土砌块黏结砂浆时,水平灰缝厚度和竖向灰缝宽度宜为 3 ~4 mm。灰缝过厚或过宽,不仅浪费砌筑砂浆,而且砌体灰缝的收缩也将加大,不利砌体裂缝的控制。

抽检数量:每检验批抽查不应少于 5 处。

检查方法:水平灰缝厚度用尺量 5 皮小砌块的高度折算;竖向灰缝宽度用尺量 2 m 砌体长度折算。

(7)填充墙砌完后,砌体还将产生一定变形,若施工不当,不仅会影响砌体与梁或板底的紧密结合,还会产生结合部位的水平裂缝。因此,填充墙砌至接近梁、板底时,应留一定空隙,待填充墙砌完并应至少间隔 14 天后,再将其补砌挤紧。

(三)填充墙砌体工程检验批质量验收记录用表

填充墙砌体工程检验批质量验收记录用表见表 7-11。

表 7-11　填充墙砌体工程检验批质量验收记录

工程名称			分项工程名称		验收部位
施工单位					项目经理
施工执行标准名称及编号					专业工长
分包单位					施工班组组长
质量验收规范的规定				施工单位检查评定记录	监理(建设)单位验收记录
主控项目	1. 砌块强度等级		设计要求 MU		
主控项目	2. 砂浆强度等级		设计要求 M		
主控项目	3. 与主体结构连接		9.2.2 条		
主控项目	4. 植筋实体检测		9.2.3 条	见填充墙砌体植筋锚固力检测记录	
一般项目	1. 轴线位移		≤10 mm		
一般项目	2. 墙面垂直度(每层)	≤3 m	≤5 mm		
一般项目	2. 墙面垂直度(每层)	>3 m	≤10 mm		
一般项目	3. 表面平整度		≤8 mm		
一般项目	4. 门窗洞口		±10 mm		
一般项目	5. 窗口偏移		≤20 mm		
一般项目	6. 水平缝砂浆饱满度		9.3.2 条		
一般项目	7. 竖缝砂浆饱满度		9.3.2 条		
一般项目	8. 拉结筋、网片位置		9.3.3 条		
一般项目	9. 拉结筋、网片埋置长度		9.3.3 条		
一般项目	10. 搭砌长度		9.3.4 条		
一般项目	11. 灰缝厚度		9.3.5 条		
一般项目	12. 灰缝宽度		9.3.5 条		
施工单位检查评定结果	验收专业质量检查员： 项目专业质量(技术)负责人： 年　月　日				
监理(建设)单位验收结论	监理工程师(建设单位项目负责人)： 年　月　日				

注：本表由施工项目专业质量检查员填写，监理工程师(建设单位项目技术负责人)组织项目专业质量(技术)负责人等进行验收。

第六节　配筋砌体工程质量检验

一、配筋砌体工程质量控制的一般规定

(1)为了保证混凝土强度和两次浇捣时结合面的密实和整体性,构造柱浇筑混凝土前,必须将砌体留槎部位和模板浇水湿润,将模板内的落地灰、砖渣和其他杂物清理干净,并在结合面处注入适量与构造柱混凝土相同的去石水泥砂浆。振捣时,应避免触碰墙体,严禁通过墙体传振。

(2)设置在砌体灰缝内的钢筋应居中置于灰缝内,水平灰缝厚度应大于钢筋直径 4 mm 以上。

(3)施工配筋小砌块砌体剪力墙,应采用专用的小砌块砌筑砂浆砌筑,专用小砌块灌孔混凝土浇筑芯柱。小砌块砌筑砂浆和小砌块灌孔混凝土性能好,对保证配筋砌块砌体剪力墙的结构受力性能十分有利,其性能应分别符合国家现行标准《混凝土小型空心砌块和混凝土砖砌筑砂浆》(JC 860—2008)和《混凝土小型空心砌块灌孔混凝土》(JC 861—2008)的要求。

二、配筋砌体工程质量检验

(一)主控项目

(1)钢筋的品种、规格、数量和设置部位应符合设计要求。

检验方法:检查钢筋的合格证书、钢筋性能复试试验报告、隐蔽工程记录。

(2)构造柱、芯柱、组合砌体构件、配筋砌体剪力墙构件的混凝土及砂浆的强度等级直接影响砌体的结构性能,应符合设计要求。

抽检数量:每检验批砌体至少应做一组试块,验收批砌体试块不得少于 3 组。

检验方法:检查混凝土和砂浆试块试验报告。

(3)构造柱是房屋抗震设防的重要构造措施,为保证构造柱与墙体可靠的连接,构造柱与墙体的连接处应砌成马牙槎,马牙槎应先退后进,预留的拉结钢筋规格、尺寸、数量及位置应正确,施工中不得任意弯折。

抽检数量:每检验批抽查不应少于 5 处。

检验方法:观察检查和尺量检查。

合格标准:拉结钢筋应沿墙高每隔 500 mm 设 2 ϕ6,伸入墙内不宜小于 600 mm,钢筋竖向移位不应超过 100 mm,马牙槎凹凸尺寸不宜小于 60 mm,马牙槎沿高度方向尺寸不应超过 300 mm。钢筋竖向移位和马牙槎尺寸偏差每一构造柱不应超过 2 处。

(4)对配筋混凝土小型空心砌块砌体,芯柱混凝土应在装配式楼盖处贯通,不得削弱芯柱截面尺寸。

抽检数量:每检验批抽查不应少于 5 处。

检验方法:观察检查。

(二)一般项目

(1)构造柱位置及垂直度的允许偏差应符合表 7-12 的规定。

表 7-12　构造柱一般尺寸允许偏差及检验方法

<table>
<tr><th>项次</th><th colspan="3">项目</th><th>允许偏差(mm)</th><th>检验方法</th></tr>
<tr><td>1</td><td colspan="3">中心线位置</td><td>10</td><td>用经纬仪和尺检查或用其他测量仪器检查</td></tr>
<tr><td>2</td><td colspan="3">层间错位</td><td>8</td><td>用经纬仪和尺检查或用其他测量仪器检查</td></tr>
<tr><td rowspan="3">3</td><td rowspan="3">垂直度</td><td colspan="2">每层</td><td>10</td><td>用 2 m 托线板检查</td></tr>
<tr><td rowspan="2">全高</td><td>≤10 m</td><td>15</td><td rowspan="2">用经纬仪、吊线和尺检查,或用其他测量仪器检查</td></tr>
<tr><td>>10 m</td><td>20</td></tr>
</table>

抽检数量:每检验批抽查不应少于 5 处。

(2)设置在潮湿环境或有化学侵蚀性介质环境中的砌体灰缝内的钢筋应采取防腐措施,且钢筋保护层完好,不应有肉眼可见裂纹、剥落和擦痕等缺陷。

抽检数量:每检验批抽查不应少于 5 处。

检验方法:观察检查。

合格标准:防腐涂料无漏刷(喷浸),无起皮脱落现象。

(3)网状配筋砖砌体中,钢筋网规格及放置间距应符合设计规定。受力钢筋保护层厚度允许偏差 ±10 mm。

抽检数量:每检验批抽查不应少于 5 处。

检验方法:钢筋规格可检查钢筋网成品,钢筋网放置间距可局部剔缝观察,或用探针刺入灰缝内检查,或用钢筋位置测定仪测定。

合格标准:每一构件钢筋网沿砌体高度位置超过设计规定一皮砖厚不得多于 1 处。

(4)组合砖砌体构件中,为了保证钢筋的握裹力和耐久性,竖向受力钢筋保护层应符合设计要求,允许偏差为 ±5 mm;为充分发挥拉结筋及箍筋的作用,拉结筋两端应设弯钩,拉结筋及箍筋的位置应正确。

抽检数量:每检验批抽查不应少于 5 处。

检验方法:支模前观察与尺量检查。

(5)配筋小砌块砌体中,受力钢筋保护层厚度允许偏差 ±10 mm。

抽检数量:每检验批抽查不应少于 5 处。

检验方法:浇筑灌孔混凝土前观察与尺量检查。

(6)配筋小砌块砌体墙凹槽中水平钢筋间距允许偏差 ±10 mm。

抽检数量:每检验批抽查不应少于 5 处。

检验方法:钢尺量连续三档,取最大值。

(三)配筋砌体工程检验批质量验收记录用表

配筋砌体工程检验批质量验收记录用表见表 7-13。

表 7-13　配筋砌体工程检验批质量验收记录

工程名称			分项工程名称		验收部位	
施工单位					项目经理	
施工执行标准名称及编号					专业工长	
分包单位					施工班组组长	
	质量验收规范的规定		施工单位检查评定记录		监理（建设）单位验收记录	
主控项目	1. 钢筋品种、规格、数量和设置部位		8.2.1 条			
	2. 混凝土强度等级	设计要求 C				
	3. 马牙槎尺寸	8.2.3 条				
	4. 马牙槎拉结筋	8.2.3 条				
	5. 钢筋连接	8.2.4 条				
	6. 钢筋锚固长度	8.2.4 条				
	7. 钢筋搭接长度	8.2.4 条				
一般项目	1. 构造柱中心线位置	≤10 mm				
	2. 构造柱层间错位	≤8 mm				
	3. 构造柱垂直度（每层）	≤10 mm				
	4. 灰缝钢筋防腐	8.3.2 条				
	5. 网状配筋规格	8.3.3 条				
	6. 网状配筋位置	8.3.3 条				
	7. 钢筋保护层厚度	8.3.4 条				
	8. 凹槽中水平钢筋间距	8.3.4 条				
施工单位检查评定结果	验收专业质量检查员： 项目专业质量（技术）负责人： 年　月　日					
监理（建设）单位验收结论	监理工程师（建设单位项目负责人）： 年　月　日					

注：本表由施工项目专业质量检查员填写，监理工程师（建设单位项目技术负责人）组织项目专业质量（技术）负责人等进行验收。

本章小结

砌体结构工程的质量检验是建筑工程质量检验的重要组成部分,关系到建筑工程的最终质量。本章介绍了砖砌体、混凝土小型空心砌块砌体、石砌体三类砌体工程的质量检验,主要介绍砌体结构工程质量控制的一般规定、砌体施工质量控制等级、砌筑砂浆的质量控制、砖砌体工程施工质量控制的一般规定、砖砌体工程的质量检验、砖砌体工程检验批质量验收记录用表、混凝土小型空心砌块砌体工程施工质量控制的一般规定及质量检验、石砌体工程质量控制的一般规定及质量检验、石砌体工程检验批质量验收记录用表、填充墙砌体工程质量控制的一般规定及质量检验、填充墙砌体工程检验批质量验收记录用表、配筋砌体工程质量控制的一般规定及质量检验、配筋砌体工程检验批质量验收记录用表等内容。重点要求掌握砌体工程质量控制的一般规定、砌筑砂浆的质量控制、砖砌体工程施工质量控制的一般规定、砖砌体工程的质量检验、混凝土小型空心砌块砌体工程施工质量控制的一般规定及质量检验、填充墙砌体工程质量控制的一般规定及质量检验。

思考题

7-1 砌体结构工程质量控制对砌体工程所用的材料有什么要求?砌体的砌筑顺序有什么规定?

7-2 砌体施工质量控制等级有哪几级?各有什么规定?

7-3 砌筑砂浆的质量如何控制?

7-4 砖砌体工程施工质量控制有什么规定?

7-5 砖砌体工程的质量检验主控项目和一般项目各有哪些?

7-6 混凝土小型空心砌块砌体工程施工质量控制有什么规定?

7-7 混凝土小型空心砌块砌体工程如何进行质量检验?

7-8 填充墙砌体工程质量控制有什么规定?

7-9 填充墙砌体工程的质量检验主控项目有哪些?如何检验?

7-10 填充墙砌体的砂浆饱满度有何要求?如何检验?

7-11 填充墙砌体留置的拉结钢筋或网片有何要求?

7-12 如何保证构造柱与墙体可靠地连接?如何检验?

第八章　屋面工程质量检验

第一节　屋面工程质量检验基本规定

(1)屋面防水等级和设防要求应符合现行国家标准《屋面工程技术规范》(GB 50345)的相关规定。

(2)施工单位应取得建筑防水和保温工程相应等级的资质证书；作业人员应持证上岗。防水专业队伍由省级以上建设行政主管部门颁发资质证书。新型防水材料和相应的施工技术，强调需经屋面工程实践检验，符合有关安全及功能要求的才能推广应用。

(3)屋面工程所用的防水、保温材料应有产品合格证书和性能检测报告，材料的品种、规格、性能等必须符合国家现行产品标准和设计要求。产品质量应由经过省级以上建设行政主管部门对其资质认可和质量技术监督部门对其计量认证的质量检测单位进行检测。

(4)屋面防水工程完工后，应进行观感质量检查和雨后观察或淋水、蓄水试验，不得有渗漏和积水现象。

(5)屋面工程检验批划分。

屋面工程各分项工程宜按屋面面积每 500 ~ 1 000 m^2 划分为一个检验批，不足 500 m^2 应按一个检验批；每个检验批的抽检数量按各子分部工程的规定执行，具体如下：

①基层与保护工程、保温与隔热工程、瓦面与板面工程：应按屋面面积每 100 m^2 抽查一处，每处应为 10 m^2，且不得少于 3 处。

②防水与密封工程：防水层按①执行；接缝密封防水应按每 50 m 抽查一处，每处应为 5 m，且不得少于 3 处。

③细部构造工程各分项工程每个检验批应全数进行检验。

(6)防水、保温材料进场验收应符合下列规定：

①应根据设计要求对材料的质量证明文件进行检查，并应经监理工程师或建设单位代表确认，纳入工程技术档案；

②应对材料的品种、规格、包装、外观和尺寸等进行检查验收，并应经监理工程师或建设单位代表确认，形成相应验收记录；

③防水、保温材料进场检验项目及材料标准应符合规范规定。材料进场检验应执行见证取样送检制度，并提出进场检验报告；

④进场检验报告的全部项目指标均达到技术标准规定应为合格，不合格材料不得在工程中使用。

第二节　涂膜防水屋面工程质量检验

涂膜防水屋面是在屋面基层上涂刷防水涂料，经固化后形成一层有一定厚度和弹性的整体涂膜,从而达到防水目的的一种防水屋面形式。涂料按其稠度有厚质涂料和薄质涂料之分,施工时有加胎体增强材料和不加胎体增强材料两种情况,具体做法视屋面构造和涂料本身的性能要求而定。

一、涂膜防水屋面找平层的检验

防水屋面基层宜采用水泥砂浆或细石混凝土找平层,涂膜防水屋面的找平层应符合下列规定:

(1)找平层的厚度和技术要求应符合规定。

(2)找平层的基层采用装配式钢筋混凝土板时,应符合下列规定:板端、侧缝应用细石混凝土灌缝,其强度等级不应低于C20。板缝宽度大于40 mm或上窄下宽时,板缝内应设置构造钢筋。板端缝应按设计要求增加防裂的构造措施。

(3)屋面找坡应满足设计排水坡度要求。采用结构找坡不应小于3%,采用材料找坡宜为2%;天沟、檐沟纵向找坡不应小于1%,沟底水落差不得超过200 mm。找坡层宜采用轻骨料混凝土,找坡材料应分层铺设和适当压实,表面应平整。

(4)卷材防水层的基层与突出屋面结构(女儿墙、山墙、天窗壁、变形缝、烟囱等)的交接处和基层的转角处,找平层均应做成圆弧形,圆弧半径应符合要求。内部排水的水落口周围,找平层应做成略低的凹坑。

(5)找平层宜设分格缝,并嵌填密封材料。分格缝应留设在板端缝处,其纵横间距:水泥砂浆或细石混凝土找平层,不宜大于6 m;分格缝的宽度宜为5~20 mm。

(6)主控项目的检验。找平层的材料质量及配合比,应符合设计要求。找平层宜采用水泥砂浆或细石混凝土,找坡层宜采用轻骨料混凝土。检验方法:检查出厂合格证、质量检验报告和计量措施。

找平层的排水坡度,应符合设计要求。检验方法:坡度尺检查。

(7)一般项目的检验。

①基层与突出屋面结构的交接处以及基层的转角处,找平层应做成圆弧形,且整齐平顺。检验方法:观察检查。

②找平层应平整、压光,不得有酥松、起砂、起皮现象。检验方法:观察检查。

③找平层分格缝的宽度和间距应符合设计要求。检验方法:观察和尺量检查。

④找平层表面平整度的允许偏差为5 mm,找坡层表面平整度的允许偏差为7 mm。检验方法:用2 m靠尺和楔形塞尺检查。

二、涂膜防水屋面保温层的检验

把保温层分为纤维材料、板状材料和整体材料时,应符合下列要求:

(1)保温层应干燥,保温材料使用时的含水率应相当于该材料在当地自然风干状态下的平衡含水率。

(2)屋面保温层干燥有困难时,应采取排气措施。

(3)倒置式层面应采用吸水率小、长期浸水不腐烂的保温材料。保温层上应用混凝土等块材、水泥砂浆或卵石做保护层;卵石保护层与保温层之间,应干铺一层无纺聚酯纤维作隔离层。当倒置式屋面保护层采用卵石铺压时,卵石应分布均匀,卵石的质(重)量应符合设计要求。检验方法:观察检查和按堆积密度计算其质(重)量。

(4)岩棉、矿渣棉和玻璃棉都是很好的无机绝热材料。纤维材料保温层施工应符合下列规定:铺设纤维材料保温层的基层应平整、干燥和干净;纤维保温材料应分层铺设并压实,压实的程度与厚度应经试验确定;保温层施工完成后,应及时进行找平层和防水层的施工;雨季施工时,保温层应采取遮盖措施。

(5)板状材料保温层施工应符合下列规定:板状材料保温层的基层应平整、干燥和干净;板状保温材料应紧靠在需保温的基层表面上,并应铺平垫稳,拼缝应严密;分层铺设的板块上下层接缝应相互错开,接缝高低差允许偏差为2 mm;板间缝隙应采用同类材料嵌填密实;粘贴的板状保温材料应贴严、粘牢。

(6)整体现浇(喷)保温层施工应符合下列规定:沥青膨胀蛭石、沥青膨胀珍珠岩宜用机械搅拌,并应色泽一致,无沥青团;压实程度根据试验确定,其厚度应符合设计要求,表面应平整;硬质聚氨酯泡沫塑料应按配比准确计量,发泡厚度均匀一致。

(7)主控项目的检验。

①保温材料的质量应符合设计要求。检验方法:检查出厂合格证、质量检验报告和进场检验报告。

②屋面热桥部位处理应符合设计要求。检验方法:观察检查。

③板状材料保温层的厚度应符合设计要求,其正偏差应不限,负偏差应为5%,且不得大于4mm。纤维材料保温层的毡不得有负偏差,板负偏差应为4%,且不得大于3 mm。现浇泡沫混凝土保温层的正负偏差应为5%,且不得大于5 mm。

检验方法:钢针插入和尺量检查。

(8)一般项目的检验。保温层的铺设应符合下列要求:

①纤维保温材料:表面应平整,拼缝应严密,铺设应紧贴基层。固定件的规格、数量和位置应符合设计要求,屋面坡度较大时,宜采用金属或塑料专用固定件。

②板状保温材料:紧贴(靠)基层,铺平垫稳,拼缝严密,找坡正确。保湿层表面平整度允许偏差为5 mm。检验方法:2 m靠尺和塞尺检查。板状材料保温层接缝高低差的允许偏差为2 mm。检验方法:直尺和塞尺检查。

③整体现浇保温层:分层铺设,黏结应牢固,压实适当,表面应平整,不得有贯通性裂缝及疏松、起砂、起皮现象,找坡正确。检验方法:观察检查。保温层表面平整度的允许偏差为5 mm。检验方法:2 m靠尺和塞尺检查。

三、涂膜防水屋面防水层的检验

防水涂膜施工应符合下列规定:

(1)防水涂料应分遍涂布,不得一次涂成;应待前一遍涂布的涂料干燥成膜后,方可涂后一遍涂料,且前后两遍涂料的涂布方向应相互垂直。

(2)铺设胎体增强材料应符合下列规定:

①胎体增强材料宜采用聚酚无纺布或化纤无纺布。

②胎体增强材料长边搭接宽度不应小于50 mm,短边搭接宽度不应小于70 mm。

③采用2层胎体增强材料时,上下层不得相互垂直铺设,长边搭接缝应错开,且不得小于幅宽的1/3。

(3)多组分防水涂料应按配合比准确计量,搅拌应均匀,并应根据有效时间确定每次配制的数量。

(4)涂膜防水层完工并经验收合格后,应做好成品保护。保护层的施工应符合规范规定。

(5)主控项目的检验。

①防水涂料和胎体增强材料的质量应符合设计要求。检验方法:检查出厂合格证、质量检验报告和进场检验报告。

②涂膜防水层不得有渗漏和积水现象。检验方法:雨后观察或淋水、蓄水试验。

③涂膜防水层在天沟、檐沟、檐口、泛水、水落口、变形缝和伸出屋面管道的防水构造,应符合设计要求。检验方法:观察检查。

④涂膜防水层的平均厚度应符合设计要求,最小厚度不得小于设计厚度的80%。检验方法:针测法或取样量测。

(6)一般项目的检验。

①涂膜防水层与基层应黏结牢固,表面平整,涂刷均匀,无流淌、皱折、起泡和露胎体等缺陷。检验方法:观察检查。

②涂膜防水层的收头应用防水涂料多遍涂刷。检验方法:观察检查。

③铺贴胎体增强材料时应平整顺直,搭接尺寸应准确,应排除气泡,并应与涂料黏结牢固,搭接宽度的允许偏差为 -10 mm。检验方法:观察和尺量检查。

第三节　卷材防水屋面工程质量检验

卷材防水屋面是指利用胶结材料采用各种形式粘贴卷材进行防水的屋面。卷材防水屋面找平层与保温层的检验同涂膜防水屋面。

下面重点讲述卷材防水屋面防水层的检验。

卷材防水屋面应符合下列规定:

(1)卷材防水层所选用的基层处理剂、接缝胶粘剂、密封材料等配套材料应与铺贴的卷材材性相容。

(2)在坡度大于25%的屋面上采用卷材做防水层时,卷材应采取满粘和钉压固定措施,固定点应密封严密。

(3)做屋面隔汽层和防水层前,基层应坚实、平整、干净、干燥。干燥程度的简易检验方法是将1 m^2卷材平坦地干铺在找平层上,静置3 h后掀开检查,找平层覆盖部位与卷材上未见水印即可铺设。

(4)卷材铺贴方向宜平行屋脊铺贴,上下层卷材不得相互垂直铺贴。

(5)屋面防水等级为Ⅰ级时,属重要建筑和高层建筑,设两道防水;Ⅱ级,属一般建筑,设一道防水。

(6)铺贴卷材采用搭接法时,上下层及相邻两幅卷材的搭缝应错开。各种卷材搭接宽度应符合要求。相邻两幅卷材短边搭接缝应错开,且不得小于500 mm,上下层卷材长边搭接缝应错开,且不得小于幅宽的1/3。

(7)冷粘法铺贴卷材应符合下列规定:胶粘剂涂刷应均匀,不露底,不堆积;根据胶粘剂的性能,应控制胶粘剂涂刷与卷材铺贴的间隔时间;铺贴的卷材下面的空气应排尽,并辊压黏结牢固;铺贴卷材应平整顺直,搭接尺寸应准确,不得扭曲、皱折;接缝口应用密封材料封严,宽度不应小于10 mm。

(8)热熔法铺贴卷材应符合下列规定:火焰加热器加热卷材应均匀,不得加热不足或烧穿卷材;厚度小于3 mm的高聚物改性沥青防水卷材严禁采用热熔法施工;卷材表面热熔后应立即滚铺,卷材下面的空气应排尽,并辊压粘贴牢固,不得空鼓;卷材接缝部位应溢出热熔的改性沥青胶,溢出的改性沥青胶宽度宜为8 mm。铺贴的卷材应平整顺直,搭接尺寸应准确,不得扭曲、皱折。

(9)自粘法铺贴卷材应符合下列规定:铺贴卷材前基层表面应均匀涂刷基层处理剂,干燥后应及时铺贴卷材;铺贴卷材时,应将自粘胶底面的隔离纸全部撕净;卷材下面的空气应排尽,并辊压粘贴牢固;铺贴的卷材应平整顺直,搭接尺寸准确,不得扭曲、皱折。接缝口应用密封材料封严,宽度不应小于10 mm。低温施工时,接缝部位宜采用热风加热,随即粘贴牢固。

(10)焊接法铺贴卷材应符合下列规定:焊接前卷材铺设应平整、顺直,搭接尺寸应准确,不得扭曲、皱折;卷材的焊接面应干净、干燥,无水滴、油污及附着物;焊接时应先焊长边搭接缝,后焊短边搭接缝;控制热风加热温度和时间,焊接处不得有漏焊、跳焊、焊焦或焊接不牢现象;焊接时不得损害非焊接部位的卷材。

(11)机械固定法铺贴卷材应符合下列规定:

卷材应采用专用固定件进行机械固定;固定件应设置在卷材搭接缝内,外露固定件应用卷材封严;固定件应垂直钉入结构层有效固定,固定件数量和位置应符合设计要求;卷材搭接缝应黏结或焊接牢固,密封应严密;卷材周边800 mm范围内应满粘。

(12)天沟、檐沟、檐口、泛水和立面卷材收头的端部应裁齐,塞入预留凹槽内,用金属压条钉压固定,最大钉距不应大于900 mm,并用密封材料嵌填封严。

(13)卷材防水层完工并经验收合格后,应及时做好成品保护。保护层的施工应符合下列规定:

①绿豆砂应清洁、预热、铺撒均匀,并与沥青玛𤨣脂粘贴牢固,不得残留未粘贴的绿豆砂。

②云母或蛭石保护层不得有粉料,铺撒应均匀,不得露底,多余的云母或蛭石应清除。

③水泥砂浆保护层的表面应抹平压光,并设表面分格缝,分格面积宜为1 m^2;块体材料保护层的表面应留设分格缝,分格面积不宜大于100 m^2,分格缝宽度不宜小于20 mm;细石混凝土保护层,混凝土应密实,表面抹平压光,并留设分格缝,分格面积不大于36 m^2。

④浅色涂料保护层应与卷材黏结牢固,厚薄均匀,不得漏涂;水泥砂浆、块材或细石混凝土保护层与防水层之间应设置隔离层;刚性保护层与女儿墙、山墙之间预留宽度为30 mm的缝隙,并用密封材料嵌填严密。

(14)主控项目的检验。

①卷材防水层所用卷材及其配套材料的质量应符合设计要求。检验方法:检查出厂合格证、质量检验报告和进场检验报告。

②卷材防水层不得有渗漏或积水现象。检验方法:雨后观察或淋水、蓄水试验。

③卷材防水层在天沟、檐沟、檐口、泛水、水落口、变形缝和伸出屋面管道的防水构造,应

符合设计要求。检验方法:观察检查。

(15)一般项目的检验。

①卷材的搭接缝应黏结或焊接牢固,密封应严密,不得皱折、扭曲和翘边。

②卷材防水层的收头应与基层黏结并固定牢固,缝口封严。检验方法:观察检查。

③屋面排汽构造的排汽道应纵横贯通,不得堵塞,排汽管应安装牢固,位置应正确,封闭应严密。检验方法:观察检查。

④卷材的铺贴方向应正确,卷材搭接宽度的允许偏差为 -10 mm。检验方法:观察和尺量检查。

对于卷材与涂料复合使用的复合防水层,涂膜宜设置在卷材下面,施工质量、主控和一般项目的规定应符合卷材和涂膜的有关规定 100 mm。

第四节 隔热屋面工程质量检验

一、隔热屋面的做法

(一)架空隔热屋面

架空隔热屋面是用烧结普通砖或混凝土的薄型制品,覆盖在屋面防水层上,并架设一定高度的空间,利用空气流动加快散热,起到隔热作用的屋面。

架空隔热屋面的设计要求:

(1)坡度不宜大于 5%。

(2)架空隔热层的高度应按屋面宽度或坡度大小确定。设计无要求时,高度宜为 180 mm、300 mm。

(3)当屋面宽度大于 10 m 时,架空屋面应设置通风屋脊,通风口应设置通风箅子。

(4)架空隔热层的进风口,宜设置在当地炎热季节最大频率风向的正压区,出风口宜设在负压区。

(5)架空隔热制品支座底面的卷材、涂膜防水层,应采取加强措施。架空隔热制品质量也应符合一定要求。

(二)蓄水屋面

蓄水屋面是在屋面上蓄一定高度的水,以降低室内温度的屋面。其原理是利用水的蓄热和蒸发作用,使照射到屋面上的辐射热大量消耗,从而减少室外热量通过屋面传入室内,以达到隔热的目的。

蓄水屋面的设计要求:

(1)坡度不宜大于 5%。

(2)蓄水屋面应划分为若干蓄水区,每区边长不宜大于 10 m,在变形缝的两侧应分成两个互不连通的蓄水区;长度超过 40 m 的蓄水屋面应设分仓缝,分仓隔墙可采用混凝土或砖砌体。每个蓄水区的防水混凝土应一次浇筑完毕,不得留施工缝。终凝后浇水养护不得少于 14 d,蓄水后不得断水。

(3)蓄水屋面应设排水管、溢水口和给水管,均应在蓄水池混凝土施工前安装完毕。排水管应与水落管或其他排水出口连通。

(4)蓄水屋面的蓄水深度宜为 150~200 mm。

(5)蓄水屋面泛水的防水层高度,应高出溢水口 100 mm。

(6)蓄水屋面应设置人行道。

(7)蓄水隔热层与屋面防水层之间应设隔离层。

(8)蓄水池的所有孔洞应预留,不得后凿。

(三)种植隔热屋面

种植屋面分为平屋面、坡屋面、地下顶板、既有建筑屋面改造四部分。

新建种植屋面工程的设计程序是:首先确定种植屋面基本构造层次,然后根据各层次的荷载进行结构计算。

既有建筑屋面改造成种植屋面时,由于结构承载力已经固定,只能根据承载力确定种植层次。

种植隔热层与防水层之间宜设细石混凝土保护层。屋面坡度大于 20% 时,其排水层、种植土层应采取防滑措施。排水层施工、过滤层土工布铺设均应符合一定要求。种植土的厚度及自重应符合设计要求,种植土表面应低于挡墙高度 100 mm。

二、隔热屋面的质量检验

(一)种植隔热层

1. 主控项目

(1)材料质量应符合设计要求。检验方法:检查出厂合格证和质量检验报告。

(2)排水层应与排水系统连通。检验方法:观察检查。

(3)挡墙或挡板泄水孔的留设应符合设计要求,并不得堵塞。检验方法:观察和尺量检查。

2. 一般项目

(1)陶粒应铺设平整、均匀,厚度应符合设计要求。

(2)排水板应铺设平整,接缝方法应符合国家现行有关标准的规定。检验方法:观察和尺量检查。

(3)过滤层土工布应铺设平整、接缝严密,其搭接宽度的允许偏差为 -10 mm。检验方法:观察和尺量检查。

(4)种植土应铺设铺设平整、均匀,其厚度的允许偏差为 5%,且不得大于 30 mm。检验方法:尺量检查。

(二)架空隔热层

1. 主控项目

(1)架空隔热制品的质量应符合设计要求。检验方法:检查材料或构件合格证和质量检验报告。

(2)架空隔热制品及铺设应平整、稳固,缝隙勾填应密实。检验方法:观察检查。

2. 一般项目

(1)架空隔热制品距山墙或女儿墙不得小于 250 mm。检验方法:观察和尺量检查。

(2)架空隔热制品的高度及通风屋脊、变形缝做法,应符合设计要求。检查方法:观察和尺量检查。

(3)架空隔热制品接缝高低差的允许偏差为3 mm。检验方法:直尺和塞尺检查。

(三)蓄水隔热层

1. 主控项目

(1)防水混凝土所用材料的质量及配合比、应符合设计要求。检验方法:检查出厂合格证、质量检验报告、进场检验报告和计量措施。

(2)防水混凝土的抗压强度和抗渗性能,应符合设计要求。检验方法:检查混凝土抗压和抗渗试验报告。

(3)蓄水池不得有渗漏现象。检验方法:蓄水池规定高度观察检查。

2. 一般项目

(1)防水混凝土表面观感及裂缝宽度应符合要求。防水混凝土表面应密实、平整,不得有蜂窝、麻面、露筋等缺陷。检验方法:观察检查。

(2)防水混凝土表面的裂缝宽度不应大于0.2 mm,并不得贯通。检验方法:刻度放大镜检查。

(3)蓄水池上所留设的溢水口、过水孔、排水管、溢水管等,其位置、标高和尺寸均应符合设计要求。检验方法:观察和尺量检查。

(4)蓄水池结构的允许偏差和检验方法应符合《屋面工程质量验收规范》(GB 50207—2012)中表5.8.11的规定。

第五节　屋面工程验收

屋面工程施工质量验收的程序和组织,应符合现行国家《建筑工程施工质量验收统一标准》(GB 50300—2001)的有关规定。

一、检验批质量验收

检验批质量验收合格应符合下列规定:

(1)主控项目的质量应经抽查检验合格。

(2)一般项目的质量应经抽查检验合格;有允许偏差值的项目,其抽查点应有80%及其以上在允许偏差范围内,且最大偏差值不得超过允许偏差值的1.5倍。

(3)应具有完整的施工操作依据和质量检查记录。

二、分项工程质量验收

分项工程质量验收合格应符合下列规定:

(1)分项工程所含检验批的质量均应验收合格。

(2)分项工程所含检验批的质量验收记录应完整。

三、分部(子分部)工程质量验收

分部(子分部)工程质量验收合格应符合下列规定:

(1)分部(子分部)所含分项工程的质量均应验收合格。

(2)质量控制资料应完整。

(3)安全与功能抽样检验应符合现行国家标准《建筑工程施工质量验收统一标准》(GB 50300—2001)的有关规定。

(4)观感质量检查应符合规范第9.1.7条的规定。

四、屋面工程验收资料和记录

屋面工程验收资料和记录应符合表8-1的规定。

表8-1 屋面工程验收资料和记录

资料项目	验收资料
防水设计	设计图纸及会审记录、设计变更通知单和材料代用核定单
施工方法	施工方法、技术措施、质量保证措施
技术交底记录	施工操作要求及注意事项
材料质量证明文件	出厂合格证、型式检验报告、出厂检验报告、进场验收记录和进场检验报告
施工日志	逐日施工情况
工程检验记录	工序交接检验记录、检验批质量验收记录、隐蔽工程验收记录、淋水或蓄水试验记录、观感质量检查记录、安全与功能抽样检验(检测)记录
其他技术资料	事故处理报告、技术总结

五、隐蔽工程验收

屋面工程应对下列部位进行隐蔽工程验收:

(1)卷材、涂膜防水层的基层。

(2)保温层的隔汽和排汽措施。

(3)保温层的铺设方式、厚度、板材缝隙填充质量及热桥部位的保温措施。

(4)接缝的密封处理。

(5)瓦材与基层的固定措施。

(6)檐沟、天沟、泛水、水落口和变形缝等细部做法。

(7)在屋面易开裂和渗水部位的附加层。

(8)保护层与卷材、涂膜水层之间的隔离层。

(9)金属板材与基层的固定和板缝间的密封处理。

(10)坡度较大时,防止卷材和保湿层下滑的措施。

六、屋面工程观感质量检查

屋面工程观感质量检查应符合下列要求:

(1)卷材铺贴方向应正确,搭接缝应黏结或焊接牢固,搭接宽度应符合设计要求,表面应平整,不得有扭曲、皱折和翘边等缺陷。

(2)涂膜防水层黏结应牢固,表面应平整,涂刷应均匀,不得有流淌、起泡和露胎体等缺陷。

(3)嵌填的密封材料应与接缝两侧黏结牢固,表面应平滑,缝边应顺直,不得有气泡、开裂和剥离等缺陷。

(4)檐口、檐沟、天沟、女儿墙、山墙、水落口、变形缝和伸出屋面管道等防水构造,应符合设计要求。

(5)烧结瓦、混凝土瓦铺装应平整、牢固,应行列整齐,搭接应紧密,檐口应顺直;脊瓦应搭盖正确,间距应均匀,整齐严密;正脊和斜脊应顺直,应无起伏现象;泛水应顺直整齐,结合严密。

(6)沥青瓦铺装应搭接正确,瓦片外露部分不得超过限度,钉帽不得外露;沥青瓦应与基层钉粘牢固,瓦面应平整,檐口应顺直;泛水应顺直整齐,结合应严密。

(7)金属板铺装应平整、顺滑;连接应正确,接缝应严密,屋脊、檐口、泛水直线段应顺直,曲线段应顺畅。

(8)玻璃采光顶铺装应平整、顺直,外露金属框或压条横平竖直,压条应安装牢固;玻璃密封胶缝应横平竖直,深浅一致,宽窄应均匀,应光滑顺直。

(9)上人屋面或其他使用功能屋面,其保护及铺面应符合设计要求。

七、屋面工程验收的其他要求

(1)检查屋面有无渗漏、积水和排水系统是否通畅,应在雨后或持续淋水 2 h 后进行,并应填写淋水试验记录。具备蓄水条件的檐沟、天沟应进行蓄水试验,蓄水时间不得少于 24 h,并应填写蓄水试验记录。

(2)对安全与功能有特殊要求的建筑屋面,工程质量验收除应符合规范的规定外,尚应按合同约定和设计要求进行专项检验(检测)和专项验收。

(3)屋面工程验收后,应填写分部工程质量验收记录,并应交建设单位和施工单位存档。

本章小结

本章主要介绍了涂膜防水屋面、刚性防水屋面、卷材防水屋面和隔热屋面的质量检验方法。

涂膜防水屋面是在屋面基层上涂刷防水涂料,经固化后形成一层有一定厚度和弹性的整体涂膜,从而达到防水目的的一种防水屋面形式。

卷材防水层屋面是指利用胶结材料采用各种形式粘贴卷材进行防水的屋面。

架空隔热屋面是用烧结普通砖或混凝土的薄型制品,覆盖在屋面防水层上,并架设一定高度的空间,利用空气流动加快散热,起到隔热作用的屋面。

蓄水屋面是在屋面上蓄一定高度的水,以降低室内温度的屋面。原理是利用水的蓄热和蒸发作用,使照射到屋面上的辐射热大量消耗,从而减少室外热量通过屋面传入室内,以达到隔热的目的。

思考题

8-1　如何进行涂膜防水屋面保温层和找平层的质量检验?

8-2　涂膜防水屋面涂膜防水层应符合哪些要求?

8-3 涂膜防水屋面涂膜防水层的质量如何检验？

8-4 热熔法铺贴卷材应符合哪些规定？

8-5 自粘法铺贴卷材应符合哪些规定？

8-6 卷材防水屋面的防水层应符合哪些要求？

8-7 刚性防水屋面的防水层应符合哪些要求？

8-8 隔热屋面有哪几种做法？各应符合什么设计要求？

8-9 如何进行隔热屋面的质量检验？

8-10 架空板隔热层的铺设应符合哪些规定？

第二篇　建筑工程安全管理

第九章　建筑工程项目安全管理概述

第一节　安全管理的基本常识

一、建筑工程项目安全管理的由来

安全是指生产系统中人员免遭不可承受危险的伤害，事故是指造成人员死亡、伤害、职业病、财产损失或者其他损失的意外事件。建筑业属于安全事故多发的高危险行业，其中高处坠落、触电事故、物体打击、机械伤害、坍塌事故等为建筑业最常发生的事故，占事故总数的95%以上，称为“五大伤害”。其他建筑施工易发生的安全事故还有火灾、中毒和窒息、火药爆炸、车辆伤害、起重伤害、淹溺、灼烫、锅炉爆炸、容器爆炸、其他爆炸、其他伤害等。因此，对建筑工程项目实施安全管理就显得十分重要。

项目管理是我国从西方国家引进的一套工程建设的管理办法，最初我国只是引进了“三大控制——质量、进度、成本控制”，用来改进我国原有的借鉴苏联的工程项目建设模式。后来发现，项目管理是一整套的工程项目建设管理模式，才完全引进了工程项目管理这套模式。随着我国在工程建设管理模式上向西方学习，逐渐发现其中也有不符合我国国情的地方，其中最突出的就是安全管理方面。在西方的项目管理活动中，安全管理被纳入到风险管理的范围内，并没有作为工程项目管理中一个独立的组成部分，只把与工程实体本身属性直接相关的控制过程作为工程施工阶段工程项目管理的控制重点。

我国在工程建设领域对直接影响经济效益的工程属性的管理比较受重视，对安全方面的管理并不重视。我国单独提出建筑工程安全管理的概念，并作为工程项目管理的一个组成部分，正是因为安全管理具有社会属性的特点，反映了一定时期的社会经济政治等的发展水平。安全管理的对象是各类危险源，后果是安全事故的发生，造成人身伤害事故，存在一个偶发性的特点。

二、安全生产基本术语

这里重点介绍建筑工程安全生产管理常用术语。

（一）安全

安全就是安稳，即人的平安无事、物的安稳可靠、环境的安定良好。

（二）安全生产

安全生产是指在劳动过程中，努力改善劳动条件，克服不安全因素，防止伤亡事故发生，使劳动在保护劳动者的安全、健康以及保证国家、人民财产安全的前提下进行。

（三）安全生产制度

安全生产制度是指建设施工单位为了保护劳动者在工程建设施工过程中的健康与安全，按照国家法律、法规、规章的要求，并根据本企业的实际情况，制定的具体有关安全生产的规章制度。

（四）安全生产管理

安全生产管理是指建设行政主管部门、建设工程安全监督机构、建筑施工企业及有关单位对建设工程生产过程中的安全，进行计划、组织、指挥、控制、监督等一系列的管理活动。

（五）安全检查

安全检查是指建设行政主管部门、施工企业安全生产管理部门或项目经理部对施工企业、工程项目经理部在贯彻国家安全生产法律法规的情况、安全生产情况、劳动条件、事故隐患等方面所进行的检查。

（六）安全隐患

安全隐患是在安全检查及数据分析时发现的，利用“安全隐患通知单”通知责任人来制定纠正和预防措施，并命其限期改正，安全员跟踪验证。

（七）安全事故

安全事故是人们在进行有目的的活动过程中，发生了违背人们意愿的不幸事件，使其有目的的行动暂时或永久停止。重大安全事故是指在施工过程中由于责任过失造成的工程倒塌或废弃，由于机械设备破坏和安全设施失稳造成的人身伤亡或者重大经济损失的事故。

（八）安全评价

安全评价是采用系统科学方法来辨别和分析系统中存在的危险，并根据其形成事故的风险大小采取相应的安全措施以达到系统安全的过程。安全评价的基本内容有识别危险源，评价风险，采取措施，直至达到安全指标。

（九）“安全第一、预防为主”

“安全第一、预防为主”是安全生产的方针。“安全第一”是从保障和发展生产力的角度表明在生产范围内安全与生产的关系，肯定安全在建筑生产活动中的首要位置和重要性。“预防为主”则是指在建筑生产活动中，针对建筑生产的特点对生产要素采取管理措施，有效地控制不安全因素的发展与扩大，把可能发生的事故消灭在萌芽状态，以保证生产活动中人的安全与健康。

“安全第一、预防为主”的方针，体现了国家在建设工程安全生产过程中“以人为本”和对保护劳动者权利、保护社会生产力、保护建设生产的高度重视。

三、安全管理基本术语

（一）安全生产责任制

安全生产责任制是指企业中各级领导、各个部门、各类人员所规定的在他们各自职责范围内对安全生产应负责任的制度，是施工安全技术措施计划实施的重要保证。

（二）安全目标管理

安全目标管理是根据建筑施工企业的总体规划要求，制定出在一定时期内安全生产方面所要达到的预期目标，并组织实现此目标。其基本内容有确定目标、分解目标、执行目标、检查总结。

（三）安全技术措施

安全技术措施是指为防止工伤事故和职业病的危害从技术上采取的措施，在工程施工中，则是针对工程环境、环境条件、劳力组织、作业方法、施工机械、供电设施等制定的确保安全施工的措施，包括防护装置、保险装置、信号装置和防爆炸装置等。安全技术措施也是建设工程项目管理中实施规划或施工组织设计的重要组成部分。

（四）安全技术交底

安全技术交底是落实安全技术措施及安全管理事项的重要手段之一。重大安全技术措施及重要部位的安全技术措施由公司技术负责人向项目经理部技术负责人进行书面的安全技术交底，一般安全技术措施及施工现场应注意的安全事项由项目经理部技术负责人向施工作业班组、作业人员作出详细说明，并由双方签字认可。

1.安全技术交底的主要内容

安全技术交底主要内容包括：对具体操作者讲明工程项目的施工作业特点和危险点，针对危险点的具体预防措施，应注意的安全事项，相应的安全操作规程和标准，发生事故后应及时采取的避难和急救措施等。

2.安全技术交底的基本要求

（1）项目经理部必须实行逐级安全技术交底制度，纵向延伸到班组全体作业人员；

（2）技术交底必须具体、明确，针对性强，应针对分部分项工程施工中给作业人员带来的潜在危害和存在问题；

（3）应优先采用新的安全技术措施；

（4）应将工程概况、施工方法、施工程序、安全技术措施等向工长、班组长进行详细交底；

（5）定期向由两个以上作业队和多工种进行交叉施工的作业队伍进行书面交底；

（6）安全技术交底工作在正式作业前进行，不但口头讲，而且应有书面文字材料，并履行签字手续，施工负责人、生产班组、现场安全员三方各留一份。

（7）安全技术交底是施工负责人向施工作业人员进行责任落实的法律要求，要严肃认真地进行，不能流于形式。交底内容不能过于简单，千篇一律，应按分部分项工程和针对具体的条件进行。

（五）安全教育

安全教育是实现安全生产的一项重要基础工作，它可以提高职工搞好安全生产的自觉性、积极性和创造性，使其增强安全意识，掌握安全知识，提高职工的自我防护能力，使安全规章制度得到贯彻执行。安全教育培训的主要内容有安全生产思想、安全知识、安全技能、安全规程标准、安全法规、劳动保护和典型事例分析。

（六）班前安全活动

班前安全活动是指在上班前由组长组织并主持，根据本班目前的工作内容，重点介绍安全注意事项、安全操作要点，使组员在上班前掌握安全操作要领，提高安全防范意识，减少事故发生的活动。

（七）定期安全检查制度

施工单位对生产中的安全工作，除进行经常的检查外，每年还应定期进行 2 ~ 4 次群众性的检查，并形成制度。这种检查包括普通检查、专业检查和季节性检查，这几种检查也可以结合进行。

（八）安全标志

安全标志由安全色、几何图形和图形符号构成，以此表达特定的安全信息，目的是引起人们对不安全因素的注意，预防发生事故。安全标志分为禁止标志、警告标志、指令标志、提示标志四类（见表 9-1 ~ 表 9-4）。

表 9-1　禁止标志

编号	图形标志	名称	编号	图形标志	名称
1		禁止吸烟	5		禁止烟火
2		禁止触摸	6		禁止攀登
3		禁止跨越	7		禁止跳下
4		禁止乘人	8		禁止启动

表 9-2　警告标志

编号	图形标志	名称	编号	图形标志	名称
1		当心火灾	5		当心吊物
2		当心触电	6		当心坠落
3		当心伤手	7		当心落物
4		当心扎脚	8		当心坑洞

表 9-3　指令标志

编号	图形标志	名称	编号	图形标志	名称
1		必须戴 安全帽	3		必须系 安全带
2		必须戴 防护手套	4		必须穿 防护鞋

表9-4　提示标志

编号	图形标志	名称	编号	图形标志	名称
1		紧急出口	3		避险处
2		可动火区	4		紧急出口

第二节　安全生产管理主要内容

一、建筑工程施工不安全的主要因素

（1）产品的固定性导致作业环境的局限性。

建设产品坐落在一个固定的位置上，故必须在有限的场地和空间上集中大量的人力、物资、机具来进行交叉作业，从而导致作业环境具有局限性，因而容易发生物体打击等伤亡事故。建筑现场环境也千差万别，决定了建筑施工的安全问题是不断变化的。

（2）露天作业导致作业条件的恶劣性。

建设工程施工大多是在露天空旷的场地上完成的，导致工作环境相当艰苦，以重体力劳动的手工作业为主，施工现场的噪声、热量、有害气体的尘土、高温和严寒，容易发生伤亡事故。

（3）体积庞大导致施工作业的高空性。

建设产品的体积十分庞大，操作工人大多在十几米甚至几百米高度上进行高处作业，因而容易发生高处坠落的伤亡事故。

（4）施工人员流动性大、素质低导致安全管理的难度性。

由于建设产品的固定性，当这一产品完成后，施工单位就必须转移到新的施工地点去，施工人员流动性大、素质较低，故要求安全管理举措必须及时、到位，从而带来了施工安全管理的难度性。

（5）手工操作多、体力消耗大、强度高导致个体劳动保护的艰巨性。

在恶劣的作业环境下，施工工人的手工操作多、体能消耗大，且劳动时间和劳动强度都比其他行业要大，其职业危害严重，从而带来了个人劳动保护的艰巨性。

（6）产品多样性、施工工艺多变性要求安全技术措施和安全管理的保证性。

建设产品多样化，施工生产工艺复杂多变，如一栋建筑从基础、主体至竣工验收，各道施工工序均有其不同的特性，其不安全的因素各不相同。同时，随着工程建设进度，施工现场的不安全因素也在随时变化，故要求施工单位必须针对工程进度和施工现场的实际情况，不断及时地采取安全技术措施和安全管理措施。

(7)施工场地窄小导致多工种立体交叉性。

近年来，建筑逐渐由低向高发展，施工现场却由宽向窄发展，使施工场地与施工条件要求的矛盾日益突出，多工种交叉作业增加，从而导致机械伤害、物体打击事故增多。

(8)公司(施工企业)与项目部的分离，使现场安全管理的责任更多的由项目部来承担，致使公司的安全措施并不能在项目部得到充分的落实。

(9)建筑施工过程存在多个安全责任主体，如建设、勘察、设计、监理及施工等单位，其关系的复杂性决定了建筑安全管理的难度较高。

(10)建筑业生产过程的低技术含量、非标准化作业，决定了作业人员的素质相对较低。而建筑业又需要大量的人力资源，属于劳动密集型行业，从业人员与施工单位间的短期雇用关系，造成了施工单位对从业人员的教育培训严重不足，使施工作业人员缺少基本的安全生产常识，违章作业、违章指挥的现象时有发生。

施工生产的上述特点，决定了施工生产的不安全隐患多存在于高处作业、交叉作业、垂直运输、个体劳动保护以及使用电气工具上，伤亡事故也多发生在高处坠落、物体打击、机械伤害、起重伤害、触电、坍塌等方面。同时，超高层及新、奇、个性化的建筑产品的出现，给建筑施工带来了新的挑战，也给建设工程安全管理和安全防护技术提出了新的要求。若施工过程中存在临时观念，不采取可靠的安全措施，偷工减料，重生产轻安全，存在侥幸心理，伤亡事故容易频繁发生。

二、建筑施工现场的不安全因素与安全管理

(一)施工现场的不安全因素

1. 人的不安全因素

人的不安全因素是指影响安全的人的因素，即能够使系统发生故障或发生性能不良事件的人员个人的不安全因素和违背设计和安全要求的错误行为。人的不安全因素可分为个人的不安全因素和人的不安全行为两大类。

(1)个人的不安全因素是指人员的心理、生理、能力中所具有的不能适应工作或作业岗位要求的影响安全的因素。

(2)人的不安全行为是指造成事故的人为错误，即人为地使系统发生故障或发生性能不良的事件，是违背设计和操作规程的错误行为。

不安全行为在施工现场的类型，按照《企业职工伤亡事故分类标准》(GB 6441—1986)，可分为以下13个大类：操作失误，忽视安全，忽视警告；造成安全装置失效；使用不安全设备；手代替工具操作；物体存放不当；冒险进入危险场所；攀坐不安全位置；在起吊物下作业、停留；在机器运转时进行检查、维修、保养等工作；有分散注意力行为；没有正确使用个人防护用品、用具；不安全装束；对易燃易爆等危险物品处理错误。

不安全行为产生的主要原因有：系统、组织的原因，思想责任性的原因和工作的原因。其中由工作的原因产生不安全行为的影响因素包括以下几点：工作知识的不足或工作方法不

适当;技能不熟练或经验不充分;作业的速度不适当;工作不当,但又不听或不注意管理提示。

分析事故原因可以发现,绝大多数事故不是技术解决不了而造成的,一般都是违章所导致的。没有或缺乏安全技术措施,不作安全技术交底,不落实安全生产责任制,违章指挥,违章作业,都可造成事故的发生,所以必须重视和防止产生人的不安全因素。

2. 物的不安全状态

物的不安全状态是指能导致事故发生的物质条件,包括机械设备等物质或环境所存在的不安全因素。

物的不安全状态的内容有:物(包括机器、设备、工具、物质等)本身存在的缺陷,防护保险方面的缺陷,物的放置放法的缺陷,作业环境场所的缺陷,外部的和自然界的不安全状态,作业方法导致的物的不安全状态,保护器具的信号、标志和个体防护用品的缺陷。

物的不安全状态的类型有:防护等装置缺乏或有缺陷,设备、设施、工具、附件有缺陷,个人防护用品用具缺少或有缺陷,施工生产场地环境不良。

3. 环境的不利因素

现场布置杂乱无序、视线不畅、沟渠纵横、交通阻塞、材料工器具乱堆乱放、机械无防护装置、电器无漏电保护、粉尘飞、噪声刺耳等使劳动者生理心理难以承受,则容易诱发安全事故。

4. 管理上的缺陷

对物的管理失误,包括技术、设计、结构上的缺陷、作业场所环境有缺陷、防护用品有缺陷等;对人的管理失误,包括教育、培训、指示和对作业人员的安排等方面的缺陷;管理工作的失误,包括对作业程序、操作规程、工艺过程的管理失误以及对采购、安全监控、事故防范措施的管理失误。

因此,要加强安全管理,预防事故机理,约束现场人员的不安全行为,消除工程现场物的不安全状态,消除环境的不安全隐患,采取隔离防护措施,使人的不安全行为与物的不安全状态不相遇。只有通过严格的安全管理,才能杜绝或减少安全事故的发生。

5. 案例分析

某建筑施工队在城市某街道旁的一个旅馆工地拆除钢管脚手架。钢管紧靠建筑物,临街面架设有 10 kV 的高压线,离建筑物只有 2 m。由于街道狭窄,暂无法解决距离过近的问题。上午下过雨,安全员向施工工人讲过操作方式,要求立杆不要往上拉,应该向下放。下午上班后,在工地二楼屋面"女儿墙"内继续工作的泥工马某和普工刘某在屋顶上往上拉已拆的一根钢管脚手架立杆。向上拉开一段距离后,马、刘以墙棱为支点,将管子压成斜向,欲将管子斜拉后置于屋顶上。由于斜度过大,钢管临街一端触及高压线,当时墙上比较湿,管与墙棱交点处发出火花,将靠墙的管子烧弯 25 度。马某身上穿着化纤衣服,胸口靠近管子烧弯处当即燃烧起来,人体被烧伤。刘某手触管子,手指也被烧伤。楼下工友及时跑上楼将火扑灭,将受害者送至医院。马某烧伤面积达 50%,由于呼吸循环衰竭,抢救无效,于当晚 12 时死于医院。刘某烧伤面积达 15%,三根手指残疾。经查,用人单位没有该种作业的作业指导书,作业时无现场监督;马某未接受足够的业务培训和安全培训,刘某从农村来到施工队仅仅 4 天。针对上述事故案例,分析直接原因、间接原因和责任者,并提出整改措施。

事故分析:

1) 直接原因

(1) 物的不安全状态

高压线距建筑物过近,工作场地间隔不足。

(2)人的不安全行为

①不按规定的方法操作:把立杆往斜上方拉。

②使用保护器具的缺陷:不穿安全服装。

2)间接原因(管理原因)

(1)作业前未切断高压线供电;

(2)不采取安全措施:钢管距高压线过近而未采取隔离措施;

(3)没有危险作业程序;

(4)作业组织不合理;

①作业人员安排不合理,工人不具备安全生产的知识和能力;

②从事危险作业任务而没有现场监督。

3)责任者

(1)直接责任者:马某、刘某;

(2)领导责任者:建筑施工队主要负责人、安全生产负责人;

(3)主要责任者:建筑施工队主要负责人和安全生产负责人;

4)纠正及预防措施

(1)制定危险作业的作业程序或指导书,规定狭小空间作业必须切断高压线供电或采取隔离措施,由专人负责现场监督;

(2)对工人进行严格的业务培训和安全培训。

(二)施工安全控制

1. 施工安全控制的程序

施工安全控制的程序如图 9-1 所示。

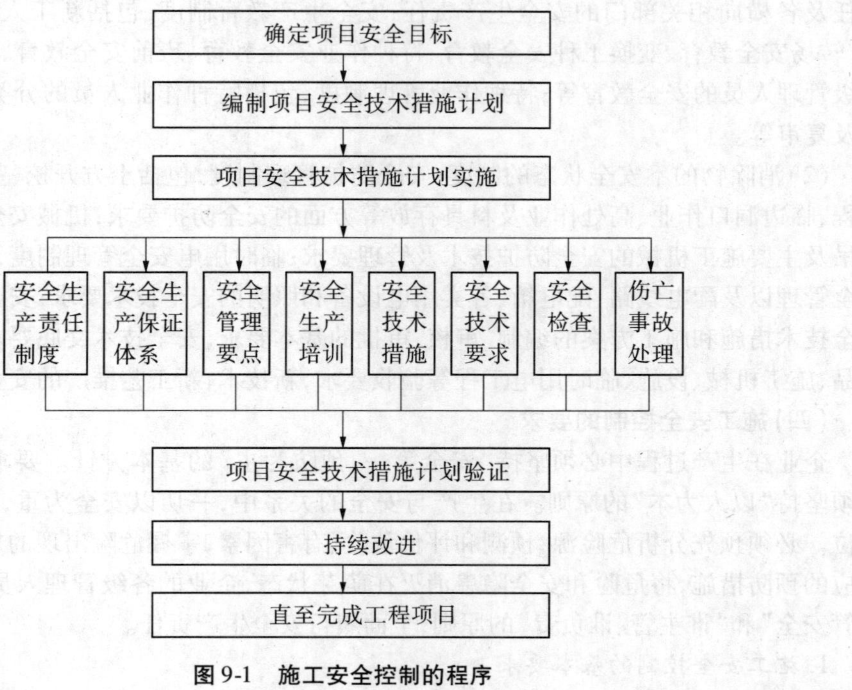

图 9-1　施工安全控制的程序

2. 确定项目的安全目标

按“目标管理”方法在以项目经理为首的项目管理系统内进行分解，从而确定每个岗位的安全目标，实现全员安全控制。

3. 编制项目安全技术措施计划

对生产过程中的不安全因素，用技术手段加以消除和控制，并用文件化的方式表示，这是落实“预防为主”方针的具体体现，是进行工程项目安全控制的指导性文件。

4. 安全技术措施计划的落实和实施

包括建立健全安全生产责任制、设置安全生产设施、进行安全教育和培训、沟通和交流信息、通过安全控制使生产作业的安全状况处于受控状态。

5. 安全技术措施计划的验证

包括安全检查、纠正不符合情况，并做好检查记录工作，根据实际情况补充和修改安全技术措施。

6. 持续改进，直至完成建筑工程项目的所有工作

(三)安全管理

1. 事故预防机理

人的不安全行为与物的不安全状态在同一时间和空间相遇就可能导致事故的发生。预防事故一般采用以下四种方式：约束人的不安全行为；消除物的不安全状态；同时约束人的不安全行为和消除物的不安全状态；采取隔离防护措施，使人的不安全行为与物的不安全状态不相遇。

2. 建立安全管理制度

(1)约束人的不安全行为的制度：安全生产责任制度，包括各级、各类人员的安全生产责任及各横向相关部门的安全生产责任；安全生产教育制度，包括新工人入场三级安全教育、转场安全教育、变换工种安全教育、特种作业安全教育、班前安全教育、周安全活动以及各级管理人员的安全教育等；特种作业管理制度，包括特种作业人员的分类、培训、考试、取证及复审等。

(2)消除物的不安全状态的制度：安全防护管理制度，包括土方开挖、基坑支护、脚手架工程、临边洞口作业、高处作业及料具存放等方面的安全防护要求；机械安全管理制度，包括塔吊及主要施工机械的安全防护技术及管理要求；临时用电安全管理制度，包括临时用电的安全管理以及配电线路、配电箱、各类用电设备和照明的安全技术要求；安全技术管理，包括安全技术措施和施工方案的编制、审核、审批的基本要求，安全技术交底要求，各类安全防护用品、施工机械、设施、临时用电工程等验收要求，新技术、新工艺推广的安全要求。

(四)施工安全控制的要求

企业在生产过程中必须坚持“安全第一、预防为主”的基本方针。要求在生产过程中，必须坚持“以人为本”的原则。在生产与安全的关系中，一切以安全为重，安全必须排在第一位。必须预先分析危险源，预测和评价危险、有害因素，掌握危险出现的规律和变化，采取相应的预防措施，将危险和安全隐患消灭在萌芽状态，企业的各级管理人员坚持“管生产必须管安全”和“谁主管、谁负责”的原则，全面履行安全生产责任。

1. 施工安全控制的基本要求

(1)必须取得安全行政主管部门颁发的《安全施工许可证》后才可开工。

(2)总承包单位和每一个分包单位都应持有《施工企业安全资格审查认可证》。

(3)各类人员必须具备相应的执业资格才能上岗。

(4)所有新员工必须经过三级安全教育,即:施工人员进场作业前进行公司、项目部、作业班组的安全教育。

(5)特种作业人员(指对操作者本人和其他工种作业人员以及对周围设施的安全有重大危险因素的作业),必须经过专门培训,并取得特种作业资格,并严格按规定定期进行复查。

(6)对查出的安全隐患要做到“五定”,即定整改责任人、定整改措施、定整改完成时间、定整改完成人、定整改验收人。

(7)必须把好安全生产“六关”,即措施关、交底关、教育关、防护关、检查关、改进关。

(8)施工现场安全设施齐全,并符合国家及地方有关规定。

(9)施工机械(特别是现场安设的起重设备等)必须经安全检查合格后方可使用。

2. 杜绝“三违”现象

1)违章指挥

企业负责人和有关管理人员法制观念淡薄,缺乏安全知识,思想上存有侥幸心理,对国家、集体的财产和人民群众的生命安全不负责任。明知不符合安全生产有关条件,仍指挥作业人员冒险作业。

2)违章作业

作业人员没有安全生产常识,不懂安全生产规章制度和操作规程,或者在知道基本安全知识的情况下,在作业过程中违反安全生产规章制度和操作规程,不顾国家、集体的财产和他人、自己的生命安全,擅自作业,冒险蛮干。

3)违反劳动纪律

上班时不知道劳动纪律,或者不遵守劳动纪律,违反劳动纪律进行冒险作业,造成不安全因素。

3. 做到“三不伤害”

“三不伤害”就是指不伤害自己、不伤害别人、不被别人伤害。先确保自己不违章,保证不伤害到自己,不去伤害别人。要做到不被别人伤害,这就要求要有良好的自我保护意识,要及时制止他人违章。制止他人违章既保护了自己,也保护了他人,同时也保护了别的许多人。

(五)施工人员进入施工现场的基本安全纪律

(1)进入施工现场必须戴好安全帽,系好帽带,并正确使用个人劳动防护用品。

(2)穿拖鞋、高跟鞋、赤脚或赤膊不准进入施工现场。

(3)未经安全教育培训合格不得上岗,非操作者严禁进入危险区域;特种作业必须持特种作业资格证上岗。

(4)凡2 m以上的高处作业无安全设施,必须系好安全带;安全带必须先挂牢后再作业。

(5)高处作业材料和工具等物件不得上抛下掷。

(6)穿硬底鞋不得进行登高作业。

(7)机械设备、机具使用,必须做到“定人、定机”制度;未经有关人员同意,非操作人员不得使用。

(8)电动机械设备必须有漏电保护装置和可靠保护接零,方可启动使用。

(9)未经有关人员批准,不得随意拆除安全设施和安全装置;因作业需要拆除的,作业完毕后,必须立即恢复。

(10)井字架吊篮、料斗不准乘人。

(11)酒后不准上班作业。

(六)建筑工程项目安全检查

建筑工程项目安全隐患的排除,主要是通过安全检查来实现。

1. 施工安全检查目的

工程项目安全检查的目的是消除隐患、防止事故,是改善劳动条件及提高员工安全生产意识的重要手段,是安全控制工作的一项重要内容。通过安全检查可以发现工程中的危险因素,以便有计划地采取措施,保证安全生产。施工项目的安全检查应由项目经理组织,定期进行。

2. 安全检查的类型

安全检查可分为全面安全检查、日常性检查、专业或专职安全管理人员的专业安全检查、季节性安全检查、节假日前后的检查和要害部门重点安全检查。

1)全面安全检查

全面检查应包括职业健康安全管理方针、管理组织机构及其安全管理的职责、安全设施、操作环境、防护用品、卫生条件、运输管理、火灾预防、安全教育和安全检查制度等项内容。对全面检查的结果必须进行汇总分析,详细探讨所出现的问题及相应对策。

2)日常性检查

日常性检查即经常的、普遍的检查。企业一般每年进行1~4次;工程项目组、车间、科室每月至少进行一次;班组每周、每班次都应进行检查。专职安全技术人员的日常检查应该有计划,针对重点部位周期性地进行。

3)专业或专职安全管理人员的专业安全检查

由于操作人员在进行设备检查时,往往是根据自身的安全知识和经验进行主观判断,因而有很大的局限性,不能反映出客观情况,流于形式。而专业或专职安全管理人员则有较丰富的安全知识和经验,通过其认真检查就能够得到较为理想的效果。专业或专职安全管理人员在进行安全检查时,必须不拘私情,按章检查,发现违章操作情况要立即纠正,发现隐患及时指出并提出相应防护措施,并及时上报检查结果。

4)季节性检查

季节性检查是指根据季节特点,为保障安全生产的特殊要求所进行的检查。如春季风大,要着重防火、防爆;夏季高温多雨、雷电,要着重防暑、降温、防汛、防雷击、防触电;冬季着重防寒、防冻等。

5)节假日前后的检查

节假日前后的检查是针对节假日期间容易产生麻痹思想的特点而进行的安全检查,包括节日前进行安全生产综合检查,节日后要进行遵章守纪的检查等。

6)要害部门重点检查

对于企业要害部门和重要设备必须进行重点检查。由于其重要性和特殊性,一旦发生意外，会造成大的伤害，给企业的经济效益和社会效益带来不良的影响。为了确保安全，对设备的运转和零件的状况要定时进行检查，发现损伤立刻更换，决不能“带病”作业；一到有效年限即使没有故障，也应该予以更新，不能因小失大。

3. 安全检查的注意事项

(1)安全检查要深入基层、紧紧依靠职工，坚持领导与群众相结合的原则，组织好检查工作。

(2)建立检查的组织领导机构，配备适当的检查力量，挑选具有较高技术业务水平的专业人员参加。

(3)做好检查的各项准备工作，包括思想、业务知识、法规政策和检查设备、奖金的准备。

(4)明确检查的目的和要求。既要严格要求，又要防止一刀切，要从实际出发，分清主、次矛盾，力求实效。

(5)把自查与互查有机结合起来，基层以自检为主，企业内相应部门间互相检查，取长补短，相互学习和借鉴。

(6)坚持查改结合。检查不是目的，只是一种手段，整改才是最终目的。发现问题，要及时采取切实有效的防范措施。

(7)建立检查档案。结合安全检查表的实施，逐步建立健全检查档案，收集基本的数据，掌握基本安全状况，为及时消除隐患提供数据，同时也为以后的职业健康安全检查奠定基础。

(8)在制定安全检查表时，应根据用途和目的具体确定安全检查表的种类。制定安全检查表要在安全技术部门的指导下，充分依靠职工来进行。初步制定出来的检查表，要经过群众的讨论，反复试行，再加以修订，最后由安全技术部门审定后方可正式实行。

4. 安全检查的主要内容

1)查思想

主要检查企业的领导和职工对安全生产工作的认识。

2)查管理

主要检查工程的安全生产管理是否有效。主要内容包括：安全生产责任制、安全技术措施计划、安全组织机构、安全保证措施、安全技术交底、安全教育、持证上岗、安全设施、安全标识、操作规程、违规行为、安全记录等。

3)查隐患

主要检查作业现场是否符合安全生产、文明生产的要求。

4)查整改

主要检查对过去提出问题的整改情况。

5)查事故处理

对安全事故的处理应达到查明事故原因、明确责任并对责任者作出处理、明确和落实整改措施等要求，同时还应检查对伤亡事故是否及时报告、认真调查、严肃处理。

安全检查的重点是违章指挥和违章作业。安全检查后应编制安全检查报告，说明已达标项目、未达标项目、存在问题、原因分析、纠正和预防措施。

5.项目经理部安全检查的主要规定

定期对安全控制计划的执行情况进行检查、记录、评价和考核,对作业中存在的不安全行为和隐患,签发安全整改通知,由相关部门制定整改方案,落实整改措施,实施整改后应予复查。

根据施工过程的特点和安全目标的要求确定安全检查的内容。

安全检查应配备必要的设备或器具,确定检查负责人和检查人员,并明确检查的方法和要求。

检查应采取随机抽样、现场观察和实地检测的方法,并记录检查结果,纠正违章指挥和违章作业。

对检查结果进行分析,找出安全隐患,确定危险程度。

编写安全检查报告并上报。

三、建立建设工程安全生产管理体系

(一)建立建设工程安全生产管理体系的原则

(1)贯彻“安全第一、预防为主”的方针,建立健全安全生产责任制和群防群治制度等,确保工程项目施工过程的人身和财产安全,减少一般事故的发生。

(2)依据《中华人民共和国建筑法》、《建设工程安全生产管理条例》、《中华人民共和国劳动保护法》、《中华人民共和国环境保护法》以及国家有关安全生产的法律和规程标准进行编制。

(3)必须包含安全生产管理体系的基本要求和内容,并结合工程项目的实际情况和特点加以充实,完善安全生产管理体系,确保工程项目的施工安全。

(4)具有针对性,且要适用于建设工程施工全过程的安全管理和安全控制。

(5)坚持持续改进的原则。施工企业应加强对建设工程施工的安全管理,指导、帮助项目经理部建立、实施并持续改进安全生产管理体系。

(二)安全生产管理体系的基本要求

1.安全管理目标

项目经理为工程项目安全生产第一责任人,对安全生产应负全面的领导责任,应努力实现重大伤亡事故为零的安全目标;应具有适合于工程项目规模、特点的应用安全技术;应符合国家安全生产法规和建设行业安全行政法规、规章、规程及实现对建设单位和社会要求的承诺;应形成全体员工所理解的文件,并实施保持。建设工程项目实施施工总承包的,由总承包单位负责制定工程项目的安全管理目标。

2.安全管理组织

工程项目对从事与安全有关的管理、操作和检查的人员,特别是需要独立行使权力来开展工作的人员,应规定其职责、权限和相互关系,并形成文件。

3.安全生产管理体系

安全生产管理体系应符合建筑业企业和工程项目施工生产管理的现状及特点,并使之符合安全生产法规的要求。

4.安全检查、检验和标识

项目经理部应定期对施工过程、行为及设施进行检查、检验或验证,确保符合安全要求,并对检查、检验或验证的状态进行记录和标识；对安全设施所需的材料、设备及防护用品进行进货检验。

5. 事故隐患控制

项目经理部应对存在隐患的安全设施、过程和行为进行控制，确保不合格的设施不使用、不合格的物资不放行、不合格的过程不通过、不安全的行为不放过。

6. 纠正和预防措施

项目经理部应对已经发生或潜在的安全事故隐患进行分析，并针对存在问题的原因采取纠正和预防措施。

7. 安全生产教育培训

安全生产教育培训应贯彻于施工生产的全过程，并覆盖工程项目的所有人员，确保未经过安全生产教育培训的员工不得上岗作业。安全生产教育培训的重点是管理人员的安全生产知识和安全管理水平以及操作者遵章守纪、自我保护和防范事故的能力。

四、工程案例分析：抢工程进度导致脚手架坍塌

西安某实验厅工程，由中铁某公司承包，建筑工程为54 m×45 m矩形厂房，屋面为球形节点网架结构。因中铁某公司不具备此网架施工能力，故建设单位将屋面网架工程分包给常州某网架厂，由中铁某公司配合搭设满堂脚手架，以提供高空组装网架操作平台，脚手架高度为26 m。为抢工程进度，未等脚手架交接验收确认，网架厂便于2010年4月25日晚将运至现场的网架部件（约40 t）全部成捆吊上脚手架，使脚手架严重超载。4月26日上班后，用撬杠解捆时产生的振动导致堆放部件处的脚手架坍塌，脚手架上的网架部件及施工人员同时坠落，造成7人死亡、1人重伤的重大事故。

事故分析：造成这起事故的原因很多，其中一个就是施工组织设计本身就存在安全隐患，给下一步工作提出了必须连带解决的部件摆放问题，然而这并没有引起建设单位与监理单位的重视，且中铁某公司未按规定搭设脚手架，随意连接连墙体和设置剪刀撑，从而影响了脚手架受力后的整体稳定性。

常州某网架厂未等脚手架验收确认合格，即将大量网架部件集中摆放，致使脚手架严重超载，且用撬杠解捆，导致脚手架坍塌。

建设单位及监理单位没有详细、认真研究高空作业的关键在于给组装人员提供一个安全可靠的平台，以及组装人员如何布料使荷载不过于集中，防止脚手架超载，而是一味追求工程进度，从而导致施工双方配合失误，一方集中大量摆放网架部件，使脚手架超载；另一方搭设脚手架又不规范，最终发生脚手架坍塌事故。

第三节　安全生产管理机构

凡从事土木工程、建筑工程、线路管道和设备安装工程及装修工程的新建、改建、扩建和拆除等活动的建筑施工企业均应设置安全生产管理机构及配备专职安全生产管理人员。

为进一步规范建筑施工企业安全生产管理机构设置及专职安全生产管理人员配备，全面落实建筑施工企业安全生产主体责任，根据《中华人民共和国安全生产法》、《建设工程安全生产管理条例》、《安全生产许可证条例》及《建筑施工企业安全生产许可证管理规定》，住

房和城乡建设部组织修订了《建筑施工企业安全生产管理机构设置及专职安全生产管理人员配备办法》。

一、建筑施工企业安全生产管理机构具有的职责

(1)宣传和贯彻国家有关安全生产法规和标准;

(2)编制并适时更新安全生产管理制度并监督实施;

(3)组织或参与企业生产安全事故应急救援预案的编制及演练;

(4)组织开展安全教育培训与交流;

(5)协调配备项目专职安全生产管理人员;

(6)制定企业安全生产检查计划并组织实施;

(7)监督在建项目安全生产费用的使用;

(8)参与危险性较大工程安全专项施工方案专家论证会;

(9)通报在建项目违规违章查处情况;

(10)组织开展安全生产评优评先表彰工作;

(11)建立企业在建项目安全生产管理档案;

(12)考核评价分包企业安全生产业绩及项目安全生产管理情况;

(13)参加生产安全事故的调查和处理工作;

(14)企业明确的其他安全生产管理职责。

二、建筑施工企业建设工程项目安全生产领导小组职责

建设工程实行施工总承包的,安全生产领导小组由总承包企业、专业承包企业和劳务分包企业项目经理、技术负责人和专职安全生产管理人员组成。

(一)安全生产领导小组的主要职责

(1)贯彻落实国家有关安全生产法规和标准;

(2)组织制定项目安全生产管理制度并监督实施;

(3)编制项目生产安全事故应急救援预案并组织演练;

(4)保证项目安全生产费用的有效使用;

(5)组织编制危险性较大工程的安全专项施工方案;

(6)开展项目安全教育培训;

(7)组织实施项目安全检查和隐患排查;

(8)建立项目安全生产管理档案;

(9)及时、如实报告安全生产事故。

(二)项目专职安全生产管理人员具有的主要职责

(1)负责施工现场安全生产日常检查并作好检查记录;

(2)现场监督危险性较大工程安全专项施工方案实施情况;

(3)对作业人员违规违章行为有权予以纠正或查处;

(4)对施工现场存在的安全隐患有权责令立即整改;

(5)对于发现的重大安全隐患,有权向企业安全生产管理机构报告;

(6)依法报告生产安全事故情况。

(三)总承包单位配备项目专职安全生产管理人员应当满足的要求

建筑工程、装修工程按照建筑面积配备:

(1)1 万 m^2 以下的工程不少于 1 人;

(2)1 万 ~5 万 m^2 的工程不少于 2 人;

(3)5 万 m^2 及以上的工程不少于 3 人,且按专业配备专职安全生产管理人员。

土木工程、线路管道、设备安装工程按照工程合同价配备:

(1)5 000 万元以下的工程不少于 1 人;

(2)5 000 万 ~1 亿元的工程不少于 2 人;

(3)1 亿元及其以上的工程不少于 3 人,且按专业配备专职安全生产管理人员。

(四)分包单位配备项目专职安全生产管理人员应当满足的要求

(1)专业承包单位应当配置至少 1 人,并根据所承担的分部分项工程的工程量和施工危险程度增加。

(2)劳务分包单位施工人员在 50 人以下的,应当配备 1 名专职安全生产管理人员;劳务分包单位施工人员在 50 ~200 人的,应当配备 2 名专职安全生产管理人员;劳务分包单位施工人员在 200 人以上的,应当配备 3 名及其以上专职安全生产管理人员,并根据所承担的分部分项工程施工危险实际情况增加,不得少于工程施工人员总人数的 5‰。

(3)采用新技术、新工艺、新材料或致害因素多、施工作业难度大的工程项目,项目专职安全生产管理人员的数量应当根据施工实际情况,在以上规定的配备标准上增加。施工作业班组可以设置兼职安全巡查员,对本班组的作业场所进行安全监督检查。建筑施工企业应当定期对兼职安全巡查员进行安全教育培训。

安全生产许可证颁发管理机关颁发安全生产许可证时,应当审查建筑施工企业安全生产管理机构设置及其专职安全生产管理人员的配备情况。建设主管部门核发施工许可证或者核准开工报告时,应当审查该工程项目专职安全生产管理人员的配备情况。

第四节　建筑工程安全生产相关法律法规

一、法律

这里所说的法律是指狭义的法律,即全国人民代表大会及其常务委员会制定的规范性文件,在全国范围内施行,其地位和效力仅次于《中华人民共和国宪法》。

《中华人民共和国建筑法》是我国第一部规范建筑活动的部门法律,它的颁布执行强化了建筑工程质量和安全的法律保障。《中华人民共和国建筑法》总计八十五条,通篇贯穿了质量安全问题,具有很强的针对性,对影响建筑工程质量和安全的各方面因素作了较为全面的规范。

《中华人民共和国安全生产法》是安全生产领域的综合性基本法,它是我国第一部全面规范安全生产的专门法律,是我国安全生产法律体系的主体法,是各类生产经营单位及其从业人员实现安全生产所必须遵循的行为准则,是各级人民政府及其有关部门进行监督管理和行政执法的法律依据,是制裁各种安全生产违法犯罪的有力武器。

(一)《中华人民共和国建筑法》的主要内容

《中华人民共和国建筑法》于1997年11月1日由第八届全国人民代表大会常务委员会第28次会议通过,1997年11月1日由中华人民共和国主席令第91号发布,自1998年3月1日起执行,2011年进行修正。

《中华人民共和国建筑法》主要规定了建筑许可、建筑工程发包承包、建筑工程监理、建筑安全生产管理、建筑工程质量管理及相应法律责任等方面的内容。

《中华人民共和国建筑法》确立了建筑安全生产责任制度、群防群治制度、安全生产教育培训制度、伤亡事故处理报告制度、安全责任追究制度等。

(二)《中华人民共和国安全生产法》的主要内容

《中华人民共和国安全生产法》于2002年6月29日由第九届全国人民代表大会常务委员会第28次会议通过,2002年6月29日由中华人民共和国主席令第70号发布,自2002年11月1日起执行,2011年进行修订。

《中华人民共和国安全生产法》提供了四种监督途径,即工会民主监督、社会舆论监督、公众举报监督和社区服务监督。《中华人民共和国安全生产法》明确了生产经营单位必须做好安全生产的保证工作,既要在安全生产条件上、技术上符合生产经营的要求,又要在组织管理上建立健全安全生产责任并进行有效落实;明确了从业人员为保证安全生产所应尽的义务以及从业人员进行安全生产所享有的权利;明确了生产经营单位负责人的安全生产责任;明确了对违法单位和个人的法律责任追究制度;明确了要建立事故应急救援制度和预案,并形成应急救援预案体系。

(三)其他有关建设工程安全生产的法律

除《中华人民共和国建筑法》和《中华人民共和国安全生产法》外,我国还有《中华人民共和国劳动法》、《中华人民共和国刑法》、《中华人民共和国消防法》、《中华人民共和国环境保护法》、《中华人民共和国大气污染防治法》、《中华人民共和国固体废物污染环境防治法》、《中华人民共和国环境噪声污染防治法》、《中华人民共和国行政处罚法》、《中华人民共和国行政复议法》、《中华人民共和国行政诉讼法》等与安全生产相关的法律。

二、行政法规

行政法规是由国务院制定的法律规范性文件,颁布后在全国范围内施行。《中华人民共和国立法法》第五十六条规定:国务院根据宪法和法律,制定行政法规。

在行政法规层面上,《安全生产许可证条例》和《建设工程安全生产管理条例》是建设工程安全生产法规体系中主要的行政法规。在《安全生产许可证条例》中,我国第一次以法律形式确立了企业安全生产的准入制度,是强化安全生产源头管理、全面落实"安全第一、预防为主"安全生产方针的重大举措。《建设工程安全生产管理条例》是根据《中华人民共和国建筑法》和《中华人民共和国安全生产法》制定的一部关于建筑工程安全生产的专项法规。

(一)《安全生产许可证条例》的主要内容

《安全生产许可证条例》于2004年1月7日经国务院第34次常务会议通过,自2004年1月13日起实施,2011年进行修订。

该条例的颁布实施标志着我国依法建立起了安全生产许可制度,其主要内容有:国家对矿山企业，建筑施工企业和危险化学品、烟花爆竹、民用爆破器材生产企业（以下统称企业）实行安全生产许可制度；企业取得安全生产许可证应当具备一定的安全生产条件；企业进行生产前，应当依照《安全生产许可证条例》的规定向安全生产许可证颁发管理机关申请领取安全生产许可证，并提供《安全生产许可证条例》规定的相关文件和资料；安全生产许可证颁发管理机关应当自收到申请之日起45日内审查完毕，经审查符合《安全生产许可证条例》规定的安全生产条件的，颁发安全生产许可证，不符合《安全生产许可证条例》规定的安全生产条件的，则不予颁发安全生产许可证，并书面通知企业同时说明理由；安全生产许可证的有效期为三年。

（二）《建设工程安全生产管理条例》的主要内容

《建设工程安全生产管理条例》于2003年11月12日经国务院第28次常务会议通过，自2004年2月1日起施行。

《建设工程安全生产管理条例》的颁布，是我国工程建设领域安全生产工作发展历史上具有里程碑意义的一件大事，也是工程建设领域贯彻落实《中华人民共和国建筑法》和《中华人民共和国安全生产法》的具体表现，标志着我国建设工程安全生产管理进入法制化、规范化发展的新时期。《建设工程安全生产管理条例》较为详细地规定了建设单位和勘察、设计、工程监理及其他有关单位的安全责任和施工单位的安全责任，以及政府部门对建设工程安全生产实施监督管理的责任等。

（三）《生产安全事故报告和调查处理条例》的主要内容

《生产安全事故报告和调查处理条例》于2007年3月28日由国务院令第493号发布，自2007年6月1日起施行。

《生产安全事故报告和调查处理条例》的主要内容包括事故报告、事故调查、事故处理。

（四）《特别重大事故调查程序暂行规定》的主要内容

《特别重大事故调查程序暂行规定》于1989年1月3日经国务院第31次常务会议通过，自1989年3月29日起施行。

该规定主要规定了特大事故的现场保护、报告与调查等内容。

（五）《国务院关于特大安全事故行政责任追究的规定》的主要内容

《国务院关于特大安全事故行政责任追究的规定》于2001年4月21日由国务院令第302号发布，自发布之日起施行。

该规定对各级政府部门对特大安全事故的预防及处理职责作了相应规定，并明确了对特大安全事故行政责任进行追究的有关规定。该规定主要内容有各级政府部门对特大安全事故预防的法律规定、各级政府部门对特大安全事故处理的法律规定、各级政府部门负责人对特大安全事故应承担的法律责任。

（六）《国务院关于进一步加强安全生产工作的决定》的主要内容

国务院于2004年1月9日发布了《国务院关于进一步加强安全生产工作的决定》（国发[2004]2号）。

该决定共23条，分为五部分，主要内容有：提高认识，明确指导思想和奋斗目标；完善政策，大力推进安全生产各项工作；强化管理，落实生产经营单位安全生产主体责任；完善制度，加强安全生产监督管理；加强领导，形成齐抓共管的合力。

三、部门规章

规章是行政性法律规范文件,根据其制定机关的不同可分为两类:一类是部门规章,即由国务院组成部门及直属机构在它们的职权范围内制定的规范性文件,部门规章规定的事项属于执行法律或国务院的行政法规、决定、命令的范畴;另一类是地方政府规章,即由省、自治区、直辖市人民政府以及省、自治区人民政府所在地的市和经国务院批准的较大的市的人民政府依照法定程序制定的规范性文件。规章在各自的权限范围内施行。

(一)《建设工程施工现场管理规定》的主要内容

《建设工程施工现场管理规定》于1991年12月5日由建设部第15号令发布,自1992年1月1日起实施。该规定共6章39条,其制定的目的是加强建设工程施工现场管理,保障建设工程施工顺利进行,主要明确了建设工程施工现场管理的一般性规定、施工单位文明施工的要求以及施工单位对建设工程现场的环境管理。

(二)《建设行政处罚程序暂行规定》的主要内容

《建设行政处罚程序暂行规定》于1999年2月3日由建设部第66号令发布,自发布之日起施行。该规定共6章40条,其制定的依据是《中华人民共和国行政处罚法》,制定的目的是保障和监督建设行政执法机关有效实施行政管理,保护公民、法人和其他组织的合法权益,促进建设行政执法工作的程序化、规范化。

(三)《实施工程建设强制性标准监督规定》的主要内容

《实施工程建设强制性标准监督规定》于2000年8月21日经建设部第27次常务会议通过,自2000年8月25日起施行。该规定共24条,主要规定了实施工程建设强制性标准的监督管理工作的政府部门、对工程建设各阶段执行强制性标准的情况、实施监督的机构以及强制性标准监督检查的内容。

四、工程建设标准

工程建设标准是做好安全生产工作的重要技术依据,对规范建设工程各方责任主体的行为和保障安全生产具有重要意义。根据《中华人民共和国标准化法》的规定,标准包括国家标准、行业标准、地方标准和企业标准。

国家标准是指由国务院标准化行政主管部门或者其他有关主管部门对需要在全国范围内统一的技术要求制定的技术规范。

行业标准是指国务院有关主管部门对没有国家标准而又需要在全国某个行业范围内统一的技术要求所制定的技术规范。

(一)《建筑施工安全检查标准》的主要内容

《建筑施工安全检查标准》(JGJ 59—2011)是强制性行业标准,于2011年施行。制定该标准的目的是科学地评价建筑施工安全生产情况,提高安全生产工作和文明施工的管理水平,预防伤亡事故的发生,确保职工的安全和健康,实现检查评价工作的标准化和规范化。

(二)《施工企业安全生产评价标准》的主要内容

《施工企业安全生产评价标准》(JGJ/T 77—2010)是一部推荐性行业标准,于2010年施行。制定该标准的目的是加强施工企业安全生产的监督管理,科学地评价施工企业安全生产业绩及相应的安全生产能力,实现施工企业安全生产评价工作的规范化和制度化,促进施工企业安全生产管理水平的提高。

本章小结

本章主要介绍了建筑工程安全管理的基本知识、安全生产管理的主要内容、安全生产管理机构和建筑工程安全生产的相关法律法规等。搞好安全生产工作的关键在于落实安全生产责任制。应根据建筑工程安全生产的特点,考虑施工现场的不安全因素,建立健全施工现场的管理体系,认真抓好安全教育和安全培训工作,努力贯彻建筑工程安全生产的方针。

通过本章的学习,要求了解安全管理的基本常识,熟悉安全管理的主要内容,了解我国现行的建筑工程安全生产的法律体系和建筑企业在施工过程中设立项目专职安全生产管理人员的必要性;熟悉建筑工程施工安全管理、安全责任,掌握建筑工程安全生产管理体系的基本要求。

思考题

9-1 目前我国建筑安全生产的法律体系是什么?

9-2 施工现场的不安全因素有哪些?

9-3 何谓人的不安全行为?不安全行为在施工现场的类型有哪些?

9-4 我国实行安全管理体制的核心是什么?

9-5 项目专职安全生产管理人员主要职责有哪些?

9-6 施工现场安全管理主要包括哪些方面的内容?

9-7 常用的安全标志有哪几类?各有哪些主要标志?在施工现场主要的作用有哪些?

9-8 《中华人民共和国安全生产法》、《安全生产许可证条例》、《建设工程安全生产管理条例》的主要内容各是什么?

9-9 项目经理对事故隐患如何控制?

9-10 建筑施工企业安全生产管理机构具有哪些职责?

9-11 建筑业最常发生的“五大伤害”是什么?

9-12 工程事故案例分析

2006 年 10 月 28 日 12 时 40 分,某工程分包队负责人聂某在新桥矿装车仓(装车仓距压滤车间施工点约 200 m)召开了班前会,对当班施工任务进行了安排,约 13 时作业人员进入压滤车间各岗位,当时上班人员共有 27 人。韩某和陈某 2 名从业人员被安排在二层平台(接料平台约 10 m^2,距一层地面垂直高度 5.65 m),聂某瓦工班组做接料工作。根据施工作业程序,采用 QT20 型塔吊上料(有专门的信号指挥者)。开始吊第一吊砂浆灰,接着吊红砖,韩某和陈某一起负责接料(红砖),当时砖笼距二层楼面约 3 m,韩某边看砖笼边往后退,在后退时被平台地面的一块砌块绊倒,从身后临边洞口坠落一层回填土地面,导致坠落事故发生。

针对上述事故案例,分析直接原因、间接原因、责任者和整改措施。

第十章　建筑工程安全生产管理体制

第一节　概　述

建筑工程是高风险的特殊工程，为了保证安全生产，需要严格的管理，建立自国家有关部门直至施工企业的安全生产管理体系就非常重要。国务院 2004 年 1 月 9 日颁发的《国务院关于进一步加强安全生产工作的决定》(国发[2004]2 号)中指出：要构建全社会齐抓共管的安全生产工作格局，努力构建"政府统一领导、部门依法监管、企业全面负责、群众参与监督、全社会广泛支持"的安全生产工作格局。

政府统一领导是指国务院以及县级以上地方人民政府有关部门对建设工程安全生产进行的综合和专业的管理。主要是监督有关国家法规和方针政策的执行情况，预防和纠正违反法规和方针政策的现象。

部门依法监管是指各级建设行政主管部门要组织贯彻国家的法规和方针政策，依法制定建设行业的规章制度和规范标准，对建设行业的安全生产工作进行计划、组织、监督检查和考核评价，指导企业搞好安全生产。

企业全面负责既是指施工单位主要负责人依法对本单位的安全生产工作全面负责，同时也包括建设单位、勘察单位、设计单位、工程监理单位等必须遵守安全生产法规的规定，保证建设工程安全生产，依法承担建设工程安全生产责任，建立和保持安全生产管理体系。

群众参与监督是指群众组织和劳动者个人对于建设工程安全生产应负的责任。工会是代表群众的主要组织，工会有权对危害职工健康安全的现象提出意见，进行抵制，也有权越级控告，工会也担负着教育劳动者遵章守纪的责任，群众监督是与行业管理、国家监察相辅相成的一种自下而上的监督。

全社会广泛支持是指提高全社会的安全意识，形成全社会广泛"关注安全、关爱生命"的良好氛围。

完善安全生产管理体制，建立健全安全生产管理制度、安全生产管理机构和安全生产责任制是安全管理的重要内容，也是实现安全生产目标管理的组织保证。

第二节　安全生产管理基本制度

一、我国现行建设工程安全生产管理体制

建设工程的安全生产问题直接涉及到施工企业的利益和发展，涉及到参与工程建设的各方利益。建设部关于建设工程安全生产工作的总体思路是：健全法规。纵观近年来发生的建设工程安全事故，除一些表层的原因外，其深层次的原因还与我国现行建设工程安全生产管理体制有关。

安全生产责任制是根据“管生产必须管安全”、“安全生产,人人有责”等原则,明确规定各级领导、各职能部门、各岗位、各工种人员在生产活动中应负的安全职责的管理制度,是安全第一,预防为主方针的具体体现。安全生产责任制是各项安全管理制度的核心,是企业安全管理中最基本的制度,是保障安全生产的重要组织措施,也是企业岗位责任制的一个重要组成部分。安全生产责任制的主要内容包括:一是从事建筑活动主体的负责人的责任制。例如,施工单位的法定代表人要对本企业的安全负主要安全责任。二是从事建筑活动主体的职能机构或职能处室负责人及其工作人员的安全生产责任制。例如,施工单位根据需要设置的安全处室或者专职安全人员要对安全负责。三是岗位人员的安全生产责任制。岗位人员必须对安全负责。从事特种作业的安全人员必须进行培训,经过考试合格后方能上岗作业。我国多年来实行“企业负责,行业管理,国家监察,群众监督和劳动者遵章守纪”的安全生产管理体制,这种管理体制对保障人民生命和社会财产安全,促进行业和国家建设事业的发展起到了重要作用。

(一)企业负责

企业是国民经济的基本单位,是从事生产和经营活动的实体。安全生产是企业自身的需要,是参与市场竞争、寻求发展的前提和保证。企业必须提高自己的安全管理水平,做好事故预防工作,否则,一旦发生重大伤亡事故,不仅给企业造成巨大的经济损失,而且直接威胁企业的生存和发展。

企业法人代表是企业安全生产的第一负责人,是企业事故预防工作的直接组织者和指挥者,要全面负责企业的事故预防工作,企业领导要牢固树立“安全第一”的观念,提高各级管理人员和全体职工的安全意识,正确处理安全与生产、安全与效益、安全与稳定的关系,把“安全第一、预防为主”的安全生产方针贯彻于企业一切生产经营活动的全过程。

企业必须遵守国家有关安全生产的法规、制度、规范,依法进行安全管理。企业要建立健全安全组织机构,完善内部激励机制和监督、约束机制,认真建立和执行安全生产责任制等安全生产管理制度。企业要在发展生产的同时,不断改善劳动生产条件,消除、控制生产过程中的各种不安全因素,提高企业预防事故的能力。

(二)行业管理

行业归口管理部门与企业主管部门必须根据“管生产必须管安全”的原则,在组织管理本行业、本部门工作中,加强对所属企业的安全管理。行业安全管理是对行业所属企业贯彻执行国家安全生产方针、政策、法规和标准,进行计划、组织、指挥、协调、宏观控制,以提高整个行业的安全管理水平,控制和防止伤亡事故的发生,保障职工安全健康和生产任务顺利完成。

行业安全管理的职责,主要有以下七个方面:

(1)贯彻执行国家安全生产方针、政策、法规和标准,制定本行业的具体规章制度和安全规范,并组织实施。

(2)实行安全目标管理,制定本行业安全生产的长期规划和年度计划,确定方针、目标、具体措施和实施办法,并严格执行。

(3)在重大经济、技术决策中提出有关安全生产的要求和内容,组织和指导企业制定和落实安全措施计划,督促企业改善劳动条件。

(4)在新建、改建、扩建工程和技术引进、技术改造中贯彻执行主体工程与安全卫生设施同时设计、同时施工、同时投产的“三同时”规定；在组织开发新材料、新产品、新技术、新工艺中，执行有关劳动保护规定。

(5)参与组织对本行业的职工进行安全教育和培训工作。

(6)对本行业所属企业安全生产工作进行督促检查，解决存在的问题和隐患；组织或参与伤亡事故的调查处理，并协助国家监察部门查处违章失职行为。

(7)组织本行业的安全检查、评比和考核，表彰先进，总结和交流安全生产经验。

(三)国家监察

国家监察是国家安全监察部门对安全生产工作进行的监察，具有权威性和相对的独立性、公正性。国家监察的对象主要是企事业单位，也包括国家法规中所确定的负有安全生产职责的有关政府机关、企事业主管部门、行业主管部门等。国家监察的任务主要是依法对上述被监察对象履行安全生产职责和执行安全法规、政策的情况进行监督检查，及时发现和揭露存在的问题和偏差，纠正和惩戒违章失职行为，以保证国家安全生产方针、政策和法规的贯彻执行，保护职工的安全与健康。

(四)群众监督

群众监督是广大职工通过工会、职工代表大会、社会团体、民主党派、新闻单位等监督和协助各级领导贯彻落实安全生产方针、政策、法规，做好事故预防工作。群众监督只是通过批评、建议、揭发、控告等手段来实现，因而通常不具有法律的权威性。

“劳动者遵章守纪”是安全工作中不可缺少的部分，是安全工作的基础。

二、我国安全生产管理体制存在的不足

我国多年来实行“企业负责，行业管理，国家监察，群众监督”的安全生产管理体制，这种管理体制对保障人民生命和社会财产安全，促进行业和国家建设事业的发展，一直起着十分重要的作用，但这种管理体制也存在不完善之处。

(1)“企业负责”意味着建设工程的安全生产和管理主要与施工方有关，安全风险由施工方单独承担。建设方在与施工方订立的施工合同里，不承担任何安全责任。要求“企业负责”，实际上是弱化了建设方在安全生产中的责任地位，替建设方规避了安全风险。实际上，不按基本建设程序进行的工程建设、政府投资的工程、政绩工程、形象工程以及强势投资方兴建的工程占一定比例，这无疑是安全生产的隐患。不少工程安全事故与建设方的违法、违规行为有关；有的事故中，建设方就是主要或直接责任者。

应重新界定建设工程各主体方在安全生产和管理上的责任，确立建设方与施工方共同对安全生产负主要责任的机制，设计、监理、安全生产所需设施、材料的生产厂家和供应商，视不同情况承担次要和连带责任。

(2)在某种程度上，现行建设工程安全生产管理体制中缺乏激励机制，对违法、违章行为缺乏处罚力度。施工方并非不知道发生安全事故的后果，他们担心事故发生，但出于生存、利润与发展的考虑，认为抓安全生产要投入，却没有直接的经济回报，不怎么抓也没有出什么大事(实际上只是一个短暂的时期，是一种侥幸心理)，往往不愿做必要的安全生产投入，不采取有力的措施预防安全事故，而是抱着侥幸的心理对待安全生产问题。对安全生产、文明施工，没有事故发生的施工企业，政府和建设行政主管部门缺乏有力度的奖励政策和激励措施，导致施工方抓安全生产的主动性和积极性下降或受挫。对于不遵守国家法规，

不按国家及行业安全技术规范、规程进行施工,但侥幸没出安全事故的企业,缺乏处罚或缺乏有力度的处罚,这在客观上助长了施工方对待安全生产问题的麻痹、马虎、漫不经心及侥幸心理,致使施工方在安全生产及管理上的精力、资金和设施投入不足,措施不力,甚至出现有法不依、有章不循的局面。

工程中,安全生产费用定额偏低,这也是施工方资金和设施投入不足的客观原因。行业主管部门应提高安全生产费用定额,应组织专家、技术人员,根据国家、行业安全技术规范、规程,通过对各地、各类有代表性的工程进行安全生产费用的核算,确定安全生产费用在建设工程总造价中的合理比例。

政府要出台使施工单位通过抓安全生产获得利益,获得更大市场份额的政策、措施。建议设立政府安全生产奖励基金,奖励安全生产的建设、设计、施工、监理等各方。建立建设工程安全生产专项补偿金制度,对建设各主体方作适当的、政府能承受的补偿。

应尽快实行建设工程安全生产押金或安全生产风险保证金制度,建设、设计、施工、监理等各方,视其在建设活动中的地位和角色,向建设行政主管部门缴纳安全生产押金或安全生产风险保证金,待工程安全竣工后返还。对施工中发生安全事故的,视情况不予返还或部分返还。用这笔不菲的押金或保证金提醒各方,必须安全生产,文明施工。

应积极稳妥地推进建设工程保险制度,除了已实行的意外伤害等保险外,还应设立与安全生产有关的新险种,如建设方责任险、职业责任险、工程质量保险、建筑工程一切险、安装工程一切险等,其中一些险种应强制推行,同时政府要有政策支持。

(3)我国实行的是建设项目申报制度,对于不按基本建设程序开工的工程,政府和行业管理部门无法对其实施安全监督和质量监控;即使是按建设程序开工的工程,由于人力、财力等诸多因素,也很难做到“行业管理,国家监察”真正到位。应成立在建设行政主管部门指导下的、社会化、专业化、具有监管和服务性质的建设工程安全生产监督机构,该机构接受主管部门的委托和指派,对建设工程安全生产实施强制性的监控,或强化工程监理公司对建设工程安全生产的监控、监督职能。

(4)从事施工作业的一线工人往往受教育程度不高、流动性大、素质参差不齐、建设专业知识缺乏、安全生产意识淡薄,自我保护意识差。他们身处企业的下层,一些工人尚达不到训练有素和职业化,很难对施工现场的安全生产情况实施有效“群众监督”。

三、群防群治制度

群防群治制度是职工群众进行预防和治理安全的一种制度,这一制度也是“安全第一,预防为主”的具体体现,同时也是群众路线在安全工作中的具体体现,是企业进行民主管理的重要内容。这一制度要求建筑企业职工在施工中应当遵守有关生产的法律、法规和建筑行业安全规章、规程,不得违章作业;对于危及生命安全和身体健康的行为有权提出批评、检举和控告。

四、安全生产教育培训制度

安全生产教育培训制度是对广大建筑干部职工进行安全教育培训,提高安全意识,增加安全知识和技能的制度。安全生产,人人有责。只有通过对广大职工进行安全教育、培训,才能使广大职工真正认识到安全生产的重要性、必要性,才能使广大职工掌握更多更有效的安全生产的科学技术知识，牢固树立“安全第一”的思想，自觉遵守各项安全生产和规章制度。分析许多建筑安全事故，一个重要的原因就是有关人员安全意识不强，安全技能不够，这些都是没有搞好安全教育培训工作的后果。

五、安全生产检查制度

安全生产检查制度是上级管理部门或企业自身对安全生产状况进行定期或不定期检查的制度。通过检查可以发现问题，查出隐患，从而采取有效措施，堵塞漏洞，把事故消灭在发生之前，做到防患于未然，是“预防为主”的具体体现。通过检查，还可总结出好的经验加以推广，为进一步搞好安全工作打下基础。安全检查制度是安全生产的保障。

六、伤亡事故处理报告制度

施工中发生事故时，建筑企业应当采取紧急措施减少人员伤亡和事故损失，并按照国家有关规定及时向有关部门报告。事故处理必须遵循一定的程序，做到“三不放过”（事故原因不清不放过、事故责任者和群众没有受到教育不放过、没有防范措施不放过）。

七、安全责任追究制度

法律责任中，规定建设单位、设计单位、施工单位、监理单位，由于没有履行职责造成人员伤亡和事故损失的，视情节给予相应处理；情节严重的，责令停业整顿，降低资质等级或吊销资质证书；构成犯罪的，依法追究刑事责任。

第三节　安全生产的责任管理

2003年11月12日国务院第393号令发布了《建设工程安全生产管理条例》，自2004年2月1日起施行。《建设工程安全生产管理条例》的立法目的是加强建设工程安全生产监督管理，保障人民群众的生命和财产安全。《中华人民共和国建筑法》、《建设工程安全生产管理条例》对于各级部门和建设工程有关单位的安全责任有了更为明确的规定。建设单位、勘察单位、设计单位、工程监理单位、施工单位及其他与建设工程安全生产有关的单位必须遵守安全生产法律、法规的规定，保证建设工程安全生产，依法承担建设工程安全生产责任。

一、建设单位安全责任

建设单位是建筑工程的投资主体，在建筑活动中居于主导地位。因建设单位的市场行为不规范所造成的事故较多，必须依法规范。有的建设单位为降低工程造价，不择手段地追求利润最大化，在招投标中压价，将工程发包价压低于成本价。为了降低成本，向勘察、设计和监理单位提出违法要求，强令改变勘察设计；对安全措施费不认可，拒付安全生产合理费用，安全投入低；强令施工单位压缩工期，偷工减料，搞豆腐渣工程；将工程交给不具备资质和安全条件的单位或者个人施工或者拆除。《建设工程安全生产管理条例》针对建设单位的不规范行为，从以下几个方面严格规定了建设单位的安全责任。

（一）向施工单位提供资料的责任

《建设工程安全生产管理条例》第六条规定，建设单位应当向施工单位提供施工现场及毗邻区域内供水、排水、供电、供气、供热、通信、广播电视等地下管线资料，气象和水文观测资料，相邻建筑物和构筑物、地下工程的有关资料，并保证资料的真实、准确、完整。这里强调了四个方面的内容：一是施工资料的真实性，不得伪造、篡改；二是施工资料的科学性，必须经过科学论证，数据准确；三是施工资料的完整性，必须齐全，能够满足施工需要；四是有关部门和单位应当及时协助提供施工资料，不得推诿。

（二）依法履行合同的责任

《建设工程安全生产管理条例》第七条规定，建设单位不得对勘察、设计、施工、工程监理等单位提出不符合建设工程安全生产法律、法规和强制性标准规定的要求，不得要求压缩合同的工期。建设单位要求勘察、设计、施工、工程监理等单位违法从事有关活动，必然会给建设工程带来重大结构性的安全隐患和施工中的安全隐患，容易造成事故。压缩合同工期是建设单位为了早发挥工程效益，迫使施工单位增加人力、物力，损害承包方利益，其结果是赶工期、简化工序和违规操作，诱发很多事故，或者留下了结构性安全隐患，因此必须禁止压缩合同工期。

（三）提供安全生产费用的责任

《建设工程安全生产管理条例》第八条规定，建设单位在编制工程概算时，应当确定建设工程安全作业环境及安全施工所需要的费用，这是对《中华人民共和国安全生产法》第十八条规定的具体落实。要保证建设施工安全，必须要有相应的资金投入。安全投入不足的直接结果，必然是降低工程造价，不具备安全生产条件，甚至导致建设施工事故的发生。工程建设中安全作业环境及施工措施所需费用应由建设单位承担，该费用应当符合《建筑施工安全检查标准》（JGJ 59—2011）的要求，建设单位不得随意降低取费标准。

（四）不得明示或者暗示施工单位购买不符合安全施工要求的设备、设施、器材和用具

《中华人民共和国安全生产法》第三十一条规定，国家对严重危及生产安全的工艺、设备实行淘汰制度。生产经营单位不得使用国家明令淘汰、禁止使用的危及生产安全的工艺、设备。《建设工程安全生产管理条例》第九条进一步规定，建设单位不得明示或者暗示施工单位购买、租赁、使用不符合安全施工要求的安全防护用具、机械设备、施工机具及配件、消防设施和器材。为了确保工程质量和施工安全，施工单位应当严格按照勘察设计文件、施工工艺和施工规范的要求选用符合国家质量标准、卫生标准和环保标准的安全防护用具、机械设备、施工机具及配件、消防设施和器材。

（五）开工前报送有关安全施工措施资料的责任

依照《建设工程安全生产管理条例》第十条的规定，建设单位在申请领取施工许可证时，应当提供建设工程有关安全施工措施的资料。依法批准开工报告的建设工程，建设单位应当自开工报告批准之日起15日内，将保证安全施工的措施报送建设工程所在地的县级以上人民政府建设行政主管部门或者其他有关部门备案。

建设单位在申请领取施工许可证前，应当提供以下安全施工措施的资料：

（1）施工现场总平面布置图；

（2）临时设施规划方案和已搭建情况；

（3）施工现场安全防护设施（防护网、棚）搭设（设置）计划；

(4)施工进度计划和安全措施费用计划；

(5)施工组织设计(方案、措施)；

(6)拟进入现场使用的起重机械设备(塔式起重机、物料提升机、外用电梯)的型号、数量；

(7)工程项目负责人、安全管理人员和特种作业人员持证上岗情况；

(8)建设单位安全监督人员和工程监理人员的花名册。

建设单位在申请领取施工许可证时,所报送的安全施工措施资料应当真实、有效,能够反映建设工程的安全生产准备情况、达到的条件和施工实施阶段的具体措施。必要时,建设行政主管部门收到资料后,应当尽快派员到现场进行实地勘察。

(六)应当将拆除工程发包给相应资质的施工单位

为了规范拆除工程安全,《建设工程安全生产管理条例》第十一条规定,建设单位应当将拆除工程发包给具有相应资质等级的施工单位。建设单位应当在拆除工程施工15日前,将下列资料报送建设工程所在地县级以上人民政府建设行政主管部门或者其他有关部门备案:

(1)施工单位资质等级证明；

(2)拟拆除建筑物、构筑物及可能危及毗邻建筑的说明；

(3)拆除施工组织方案；

(4)堆放、清除废弃物的措施。

实施爆破作业的,还应当遵守国家有关民用爆炸物品管理的规定。根据《民用爆炸物品管理条例》第27条的规定,使用爆破器材的建设单位,必须经上级主管部门审查同意,并说明使用爆破器材的地点、品名、数量、用途、四邻距离的文件和安全操作规程,向所在地县、市公安局申请领取爆炸物品使用许可证,方准使用。根据《民用爆炸物品管理条例》第30条的规定,进行大型爆破作业,或在城镇与其他居民聚居的地方、风景名胜区和重要工程设施附近进行控制爆破作业,施工单位必须事先将爆破作业方案,报县、市以上主管部门批准,并征得所在地县、市公安局同意,方准爆破作业。

二、勘察单位安全责任

建设工程勘察是指根据工程要求,查明、分析、评价建设场地的地质地理环境特征和岩土工程条件,编制建设工程勘察文件的活动。

(1)勘察单位的注册资本、专业技术人员、技术装备和业绩应当符合规定,取得相应等级资质证书后,在许可范围内从事勘察活动。

(2)勘察必须满足工程强制性标准的要求。工程建设强制性标准是指工程建设标准中,直接涉及人民生命财产安全、人身健康、环境保护和其他公共利益的,必须强制执行的条款。

(3)勘察单位提供的勘察文件应当真实、准确,满足安全生产的要求。

(4)勘察单位应当严格执行操作规程,采取措施保证各类管线、设施和周边建筑物、构筑物的安全。

(5)勘察单位应当按照国家有关规定,制定勘察操作规程和勘察钻机、精探车、经纬仪等设备和检测仪器的安全操作规程,并严格遵守,防止生产安全事故的发生。

三、设计单位安全责任

(1)设计单位必须取得相应的等级资质证书,在许可范围内承揽设计业务。

(2)设计单位必须按照法律、法规和工程建设强制性标准进行设计,保证设计质量,防止因设计不合理导致安全生产事故的发生。

(3)设计单位应当考虑施工安全和防护需要,对涉及施工安全的重点部位和环节,应在设计文件中注明,并对防范生产安全事故提出指导性意见。

(4)采用新结构、新材料、新工艺的建设工程以及特殊结构的工程,设计单位应当提出保障施工作业人员安全和预防生产安全事故的措施建议。

(5)设计单位和注册建筑师等注册执业人员应当对其设计负责。

四、工程监理单位安全责任

(1)工程监理单位和监理工程师应当按照法律、法规和工程建设强制性标准实施监理,对建设工程安全生产承担监理职责。

(2)《建设工程安全生产管理条例》第十四条规定,工程监理单位应当审查施工组织设计中的安全技术措施或者专项施工方案是否符合工程建设强制性标准。

(3)工程监理单位在实施监理过程中,发现存在安全事故隐患的,应当要求施工单位整改;情节严重的,应当要求施工单位停止施工,并及时报告建设单位。施工单位拒不整改或者不停止施工的,工程监理单位应当及时向有关主管部门报告。

五、施工单位安全责任

施工单位是工程建设活动中的重要主体之一,在施工安全中居于核心地位,是绝大部分生产安全事故的直接责任方。在建筑工程活动中发生的生产安全事故,大多会造成施工单位的人员伤亡及施工设施和在建工程的损坏,施工单位既是常见的直接责任主体,也是常见的直接受害主体。而在施工单位中,较为普遍存在的市场行为不规范(乃至不顾安全的恶性竞争)、安全生产观念淡薄(乃至不顾人身安危)、安全生产资金投入不足(乃至不投入或“能省就省”)、安全责任制不健全(乃至无责任制度)、安全教育培训不认真和不经常(乃至不进行安全教育培训)、安全管理工作不到位(乃至无正规的、严格有效的安全管理)以及不持证上岗、违章指挥、违章作业乃至冒险施工等,又使得施工安全事故屡发不断、居高不下。

《建设工程安全生产管理条例》对施工单位的市场准入,施工单位的安全生产行为规范和安全生产条件,以及施工单位主要负责人、项目负责人、安全管理人员和作业人员的安全责任,作出了明确的规定。

(一)施工单位应具备的安全生产资质

建设市场混乱,市场行为不规范,是导致建设施工事故多发的重要原因之一。大批不具备基本安全生产条件的施工单位无证施工、越级承包、非法转包、违法分包的现象相当普遍。要改变这种无序状态,必须建立严格的建设施工安全准入制度,规范建设活动。

《建设工程安全生产管理条例》第二十条规定,施工单位从事建设工程的新建、扩建、改建和拆除等活动,应当具备国家规定的注册资本、专业技术人员、技术装备和安全生产等条件,依法取得相应等级的资质证书,并在其资质等级许可的范围内承揽工程。施工单位的资质等级是由建设行政主管部门根据企业的建筑业绩、人员素质、管理水平、资金数量、技术装备和安全生产条件等基本条件来确定的，它是反映施工单位承揽工程的综合能力的必要条件。施工单位不符合这些必要条件，势必影响工程质量和施工安全，导致施工安全事故。

(二)施工单位的安全责任及施工现场的安全管理

1.施工单位的安全责任

(1)施工单位应当建立健全安全生产责任制度和安全生产教育培训制度，制定安全生产规章制度和操作规程，保证本单位安全生产条件所需资金的投入，对所承担的建设工程进行定期和专项安全检查，并做好安全检查记录。

(2)安全生产管理机构、管理人员、作业人员的责任。

《建设工程安全生产管理条例》第二十三条规定，施工单位应当设立安全生产管理机构，配备专职安全生产管理人员，专职安全生产管理人员负责对安全生产进行现场监督检查，发现安全事故隐患，应当及时向项目负责人和安全生产管理机构报告；对违章指挥、违章操作的，应当立即制止。

施工单位的主要负责人、项目负责人、专职安全生产管理人员应当经建设行政主管部门或者其他有关部门考核合格后方可任职。施工单位应当对管理人员和作业人员每年至少进行一次安全生产教育培训，将其教育培训情况记入个人工作档案。安全生产教育培训考核不合格的人员，不得上岗。

施工单位在采用新技术、新工艺、新设备、新材料时，应当对作业人员进行相应的安全生产教育培训。

施工单位应当向作业人员提供安全防护用具和安全防护服装，并书面告知危险岗位的操作规程和违章操作的危害。

垂直运输机械作业人员、安装拆卸工、爆破作业人员、起重信号工、登高架设作业人员等特种作业人员，必须按照国家有关规定经过专门的安全作业培训，并取得特种作业操作资格证书后，方可上岗作业。

作业人员进入新的岗位或者新的施工现场前，应当接受安全生产教育培训。未经教育培训或者教育培训考核不合格的人员，不得上岗作业。作业人员应当遵守安全施工的强制性标准、规章制度和操作规程，正确使用安全防护用具、机械设备等。作业人员有权对施工现场的作业条件、作业程序和作业方式中存在的安全问题提出批评、检举和控告，有权拒绝违章指挥和强令冒险作业。在施工中发生危及人身安全的紧急情况时，作业人员有权立即停止作业或者在采取必要的应急措施后撤离危险区域。

施工单位应当为施工现场从事危险作业的人员办理意外伤害保险。意外伤害保险费由施工单位支付，实行施工总承包的，由总承包单位支付意外伤害保险费。意外伤害保险期限自建设工程开工之日起至竣工验收合格止。

(3)《建设工程安全生产管理条例》第二十二条规定，施工单位对列入建设工程概算的安全作业环境及安全施工措施所需费用，应当用于施工安全防护用具及设施的采购和更新、安全施工措施的落实、安全生产条件的改善，不得挪作他用。

(4)施工总承包单位与分包单位的安全责任。

《建设工程安全生产管理条例》第二十四规定，建设工程实行施工总承包的，由总承包单位对施工现场的安全生产负总责。总承包单位应当自行完成建设工程主体结构的施工。

总承包单位依法将建设工程分包给其他单位的，分包合同中应当明确各自在安全生产方面的权利、义务，总承包单位和分包单位对分包工程的安全生产承担连带责任。分包单位应当服从总承包单位的安全生产管理，分包单位不服从管理导致生产安全事故的，由分包单位承担主要责任。

(5)安全技术措施和施工现场临时用电方案的编制。

施工单位应当在施工组织设计中编制安全技术措施和施工现场临时用电方案，对下列达到一定规模的、危险性较大的分部分项工程编制专项施工方案，并附安全验算结果，经施工单位技术负责人、总监理工程师签字后实施，由专职安全生产管理人员进行现场监督：

①基坑支护与降水工程；

②土方开挖工程；

③模板工程；

④起重吊装工程；

⑤脚手架工程；

⑥拆除、爆破工程；

⑦国务院建设行政主管部门或者其他有关部门规定的其他危险性较大的工程。

对以上所列工程中涉及深基坑、地下暗挖工程、高大模板工程的专项施工方案，施工单位还应当组织专家进行论证、审查。

2.施工现场的安全管理

施工现场的安全管理工作量大、涉及面广，需要全面加强。《建设工程安全生产管理条例》包括下列相关内容：

(1)建设工程施工前，施工单位负责项目管理的技术人员应当对有关安全施工的技术要求向施工作业班组、作业人员作出详细说明，并由双方签字确认。

(2)安全警示标志和危险部位的安全防护措施。施工单位应当在施工现场入口处、施工起重机械、临时用电设施、脚手架、出入通道口、楼梯口、电梯井口、孔洞口、桥梁口、隧道口、基坑边沿、爆破物及有害危险气体和液体存放处等危险部位，设置明显的安全警示标志。安全警示标志必须符合国家标准。

施工单位应当根据不同施工阶段和周围环境及季节、气候的变化，在施工现场采取相应的安全施工措施。施工现场暂时停止施工的，施工单位应当做好现场防护，所需费用由责任方承担，或者按照合同约定执行。

(3)对施工现场的生活区、作业环境的要求。施工单位应当将施工现场的办公、生活区与作业区分开设置，并保持安全距离；办公、生活区的选址应当符合安全性要求。职工的膳食、饮水、休息场所等应当符合卫生标准。施工单位不得在尚未竣工的建筑物内设置员工集体宿舍。

施工现场临时搭建的建筑物应当符合安全使用要求。施工现场使用的装配式活动房屋应当具有产品合格证。

(4)环境污染防护措施。

施工单位对因建设工程施工可能造成损害的毗邻建筑物、构筑物和地下管线等，应当采取专项防护措施。

施工单位应当遵守有关环境保护法规的规定，在施工现场采取措施，防止或者减少粉尘、废气、废水、固体废物、噪声、振动及施工照明对人和环境的危害与污染。

在城市市区内的建设工程,施工单位应当对施工现场实行封闭围挡。

(5)现场消防安全管理。消防安全是施工单位现场安全生产管理的工作重点之一。施工单位应当在施工现场建立消防安全责任制度,确定消防安全责任人,制定用火、用电、使用易燃易爆材料等各项消防安全管理制度和操作规程,设置消防通道、消防水源,配备消防设施和灭火器材,满足消防要求,并在施工现场入口处设置明显标志。

(6)安全防护用具、机械设备、施工机具及配件的管理。施工单位采购、租赁的安全防护用具、机械设备、施工机具及配件,应当具有生产(制造)许可证、产品合格证,并在进入施工现场前进行查验。

施工现场的安全防护用具、机械设备、施工机具及配件必须由专人管理,定期进行检查、维修和保养,建立相应的资料档案,并按照国家有关规定及时报废。

(7)起重机械、脚手架、模板等设施的验收、检验和备案。施工单位在使用施工起重机械和整体提升脚手架、模板等自升式架设设施前,应当组织有关单位进行验收,也可以委托具有相应资质的检验检测机构进行验收;使用承租的机械设备和施工机具及配件的,由施工总承包单位、分包单位、出租单位和安装单位共同进行验收,验收合格的方可使用。《特种设备安全监察条例》规定的施工起重机械,在验收前应当经有相应资质的检验检测机构监督检验合格。

施工单位应当自施工起重机械和整体提升脚手架、模板等自升式架设设施验收合格之日起 30 日内,向建设行政主管部门或者其他有关部门登记,登记标志应当置于或者附着于该设备的显著位置。

(8)劳动安全管理规定。

《建设工程安全生产管理条例》第 32 条规定,施工单位应当向作业人员提供安全防护用具和安全防护服装,并书面告知危险岗位的操作规程和违章操作的危害。

作业人员有权对施工现场的作业条件、作业程序和作业方式中存在的安全问题提出批评、检举和控告,有权拒绝违章指挥和强令冒险作业。

在施工中发生危及人身安全的紧急情况时,作业人员有权立即停止作业或者在采取必要的应急措施后撤离危险区域。

《建设工程安全生产管理条例》第 33 条规定,作业人员应当遵守安全施工的强制性标准、规章制度和操作规程,正确使用安全防护用具、机械设备等。

《建设工程安全生产管理条例》第 38 条规定,施工单位应当为施工现场从事危险作业的人员办理意外伤害保险。

意外伤害保险费由施工单位支付。实行施工总承包的,由总承包单位支付意外伤害保险费。意外伤害保险期限自建设工程开工之日起至竣工验收合格之日止。

(9)施工现场建立安全管理网络,严格执行安全三级交底制度,加强对施工人员的安全教育,增强安全意识和自我保护意识,遵守各项安全规章制度。

(10)指导思想上要贯彻“安全第一,预防为主”的方针,以项目经理为安全第一负责人,认真贯彻执行各建设主管单位颁发的安全条例。

(11)根据谁负责生产谁负责安全,明确安全工作网络。完善和健全安全管理各类台账,强化安全管理软件资料工作,必须建立安全生产责任制、安全教育、分部分项工程安全技术交底工作。

(12)进入现场的施工人员必须戴好安全帽,上高空必须系好安全带,机电设备必须专人操作,操作时必须遵守操作规程,特殊工种必须持证上岗。无条件服从安全监督员的监督。

(13)脚手架、临边防护等搭架必须按规定使用符合标准的全封闭密目式安全网,围护严密,整洁美观。

(14)食堂应符合《食品卫生法》的要求,冷热、生熟食品分开储藏,防蝇、防鼠等设施齐全有效,环境清洁。需办理卫生许可证、炊事人员健康证悬挂上墙。工地宿舍电线敷设要规范,不得任意拉线接电,室内禁止摆放化学品、易燃易爆物品等。厕所应设专人负责冲洗打扫,保持清洁、无异味,室内照明应设防潮灯具,并做到文明沐浴。

(15)门卫室内悬挂门卫制度,实行门卫值班;所有民工三证齐全;仓储间有材料收发制度,材料分类堆放,并标有名称、产地、规格等。建筑材料及周转材料严格按布置图分类堆放,并设标牌,堆放整齐,堆放不超标准。

(16)现场主要道路混凝土硬化,道路畅通、平坦、整洁,场内排水良好。

(17)现场消防以防为主,防消结合。防火工作做到四有:有消防组织、有消防责任制、有消防制度、有消防器材。

六、施工单位内部的安全生产责任制

(一)施工单位各类人员的安全生产职责

1.施工单位主要负责人的安全职责

施工单位主要负责人的安全素质直接关系到施工安全,必须将其应负的施工安全责任明确。

(1)施工单位主要负责人应当由取得相应执业资格的人员担任,依法对本单位的安全生产工作全面负责。

(2)贯彻执行国家有关安全生产的方针、政策和法规。

(3)建立健全并落实安全生产责任制度,组织制定安全生产规章制度和操作规程,确保安全生产费用的有效使用。

(4)根据工程的特点组织制定安全施工措施,督促检查安全生产工作,及时消除安全事故隐患,组织制定并实施安全生产事故应急救援预案,及时、如实报告安全事故。

2.技术负责人的安全职责

(1)贯彻执行国家和上级的安全生产方针、政策,并组织落实,协助法定代表人做好安全方面的技术领导工作,在本企业施工安全生产中负技术领导责任。

(2)组织编制和审批施工组织设计、特殊复杂工程项目或专业性工程项目施工方案时,应严格审查是否具备安全技术措施及其可行性,并提出决定性意见。

(3)领导安全技术攻关活动,确定劳动保护研究项目,并组织鉴定验收。

(4)对使用的新材料、新技术、新工艺从技术上负责,组织审查其使用和实施过程中的安全性,组织编制或审定相应的操作规程,重大项目应组织安全技术交底工作。

(5)参加特大、重大伤亡事故的调查,从技术上分析事故原因,提出纠正措施,并检查措施的落实,做到持续改进。

3. 财务负责人的安全职责

(1)根据企业章程,统筹落实安全生产材料、设备、技术经费。

(2)按财务制度对审定的经费列入年度预算,确定各类用途的需要并进行统一资金调度。

(3)设立专项资金课目,随时调查、监督安全经费的使用情况,杜绝各类占用经费的现象发生。

(4)年终进行安全经费使用情况的审计和总结。

(5)及时向企业负责人汇报安全经费使用情况,以利于领导正确决策。

4. 项目经理的安全职责

(1)项目经理是工程施工的安全生产第一负责人,全面负责工程施工全过程的安全生产、文明卫生、防火工作,遵守国家法令,执行上级安全生产规章制度,对劳动保护全面负责。

(2)组织落实各级安全生产责任制,贯彻上级部门的安全规章制度,并落实到施工过程管理中,把安全生产提到日常议事日程上。

(3)负责搞好职工安全教育,支持安全员工作,组织检查安全生产。

(4)发现事故隐患,及时按"定人、定时、定措施"的三定方针落实整改。

(5)发生安全事故,及时抢救,保护现场,上报上级主管部门。

5. 安全员的安全职责

(1)负责施工现场的安全生产、文明卫生、防火管理工作,遵守国家法令,认真学习熟悉安全生产规章制度,努力提高专业知识和管理水平。

(2)经常检查施工现场的安全生产工作,发现隐患及时采取措施进行整改,并及时汇报项目经理处理。

(3)坚持原则,对违章作业、违反安全操作规程的人和事,决不姑息,敢于阻止和教育。

(4)对安全设施的配置提出合理意见,提交项目经理解决,如得不到解决,应责令暂停施工,报企业处理。

(5)安全员有权根据企业有关制度进行监督,对违纪者进行处罚,对安全先进者上报企业奖励。

(6)发生工伤事故,及时保护现场,组织抢救并立即报告项目经理和上报企业。

(7)做好安全技术交底工作,强化安全生产、文明卫生、防火工作的管理。

6. 施工员的安全职责

(1)遵守国家法令,学习熟悉安全技术措施,在组织施工过程中同时安排落实安全生产技术措施。

(2)在施工过程中,检查各安全设施的规范要求和科学性,发现不符合规范要求和科学性的,及时调整,并汇报项目经理。

(3)在施工过程中,发现违章现象或冒险作业,协同安全员共同做好工作,阻止和纠正,必要时暂停施工,汇报项目经理。及时采取措施,防患于未然。

(4)在施工过程中,生产与安全发生矛盾时,必须服从安全,暂停施工,待安全整改和落实安全措施后,方准再施工。

(5)在施工过程中,发现安全隐患,及时告诉安全员和项目经理采取措施,协同整改,确保施工全过程的安全生产。

7. 质量员的安全职责

(1)遵守国家法令,执行上级有关安全生产规章制度,熟悉安全生产技术措施。

(2)在质量监控的同时,顾及安全设施的状况与使用功能和各部位洞边防护状况,发现不佳之处,及时通知安全员,落实整改。

(3)悬空结构的支撑应考虑安全系数,避免由于支撑质量不佳,引起坍塌,导致安全事故发生。

(4)在施工过程中,结构安装的预制构件的质量应严格控制与验收,避免因构件不合格造成断裂坍塌,导致安全事故的发生。

(5)在质量监控过程中,发现安全隐患,立即通知安全员或项目经理,同时有权责令暂停施工,待处理好安全隐患后,再行施工。

8. 资料员的安全职责

(1)遵守国家法令,学习熟悉安全生产技术操作规程和安全资料的编制要求。

(2)按时、按规定作好安全技术资料,使之真实完整。

(3)深入施工现场,配合安全员检查安全生产,作好记录,使安全资料符合施工现场实际。

9. 材料员的安全职责

(1)遵守国家法令,熟悉安全技术规范,执行上级部门关于安保方面的有关规定。

(2)在采购安全设施、材料物品、劳动保护用品时,应保证产品质量,决不能以疵充好和将伪劣产品采购入库。

(3)购买安全设施和劳保用品及防护材料时,应认准国家批准的设施和物品,同时取得合格品证件。

(4)对于上门销售的安全设施和劳保防护物品,除国家与有关部门认可的外一律不准采购,以防疵品与伪劣产品危害安全。

(5)应坚持原则,保证设施与物品的质量,有权拒绝购买疵品与伪劣物品,并报告上级处理。

(二)施工单位各部门的安全生产职责

1. 安全部门的安全职责

(1)贯彻执行"安全第一,预防为主"的安全生产方针和关于安全生产与劳动保护的法规及安全生产规章制度,贯彻落实安全生产操作规程,做好安全管理和监督工作。

(2)经常深入施工现场,定期组织进行安全生产和劳动纪律的检查监督和宣传教育工作,掌握安全生产工作状况,并提出建议。

(3)杜绝违章指挥和违章作业,发现险情及时处理并有权责令工地和个人暂停生产,迅速报告有关部门处理。

(4)经常对职工进行消防安全教育,会同有关部门对特种作业人员进行消防安全考核;组织消防安全检查,督促有关部门对火灾隐患进行解决;负责调查火灾事故的原因,提出处理意见。

(5)建立健全安全生产档案,定期进行统计分析,探索安全生产的规律。

2. 生产部门的安全职责

合理组织生产,遵守施工顺序,将安全生产所需的工序和资源列入计划。

3. 技术部门的安全职责

(1)认真学习、贯彻执行有关安全技术及安全操作规程规定,保障施工生产中安全技术措施的制定与实施。

(2)严格按照国家安全技术规定、规程、标准,组织编制施工现场的安全技术措施方案,编制适合本单位实际的安全生产技术规程,确保其具有针对性。

(3)检查施工组织设计和施工方案中安全措施的实施情况,对施工中涉及安全方面的技术性问题,提出解决办法。

(4)对施工现场的特殊设施进行技术鉴定和技术数据的换算,负责安全设施的技术改造和提高。

(5)对新技术、新材料、新工艺,必须制定相应的安全技术措施和安全操作规程。

(6)参加伤亡事故和重大已、未遂事故中技术性问题的调查,分析事故原因,从技术上提出防范措施。

4. 设备材料采购部门的安全职责

(1)凡购置的各种机、电设备和脚手架,新型建筑装饰,防水等料具或直接用于安全防护的料具及设备,必须执行国家、地方有关规定,必须有产品介绍或说明的资料,严格审查其产品合格证明材料,必要时做抽样试验,回收后必须检修。

(2)采购的劳动保护用品,必须符合国家标准及地方有关规定,并向主管部门提供情况,接受对劳动保护用品的质量监督检查。

(3)认真执行《建设工程施工现场管理标准》的规定及施工现场平面布置图要求,做好材料堆放和物品储存,对物品运输应加强管理,保证安全。

(4)对机、电、起重设备和锅炉,受压容器及自制机械设施的安全运行负责,按照安全技术规范经常进行检查,并监督各种设备维修、保养的进行。

(5)对设备的租赁,要建立安全管理制度,确保租赁设备完好、安全可靠。

(6)对新购进的机械、锅炉、受压容器及大修、维修、外租回厂后的设备必须严格检查和把关,新购进的要有出厂合格证及完整的技术资料,使用前制定安全操作规程,组织专业技术培训,向有关人员交底,并进行鉴定验收。

(7)对特种作业人员定期培训、考核。

(8)参加因工伤亡及重大已、未遂事故的调查,从事故设备方面,认真分析事故原因,提出处理意见,制定防范措施。

5. 财务部门的安全职责

(1)根据企业实际情况及企业安全技术措施经费的需要,按计划及时提取安全技术措施经费、劳动保护经费及其他安全生产所需经费,保证专款专用。

(2)按照国家及地方对劳动保护用品的有关标准和规定,负责审查购置劳动保护用品的合法性,保证其符合标准。

(3)按照安全生产设施需要,制定安全设施的经费预算。

(4)对审定的安全生产所需经费,列入年度预算,落实好资金并专项立账使用,督促、检查安全经费的使用情况。

(5)负责安全生产奖、罚款的收付工作,保证奖罚兑现。

6. 教育部门的安全职责

将安全生产教育列入培训计划，按工作需要组织各级员工的安全生产教育。

7. 劳务管理部门的安全职责

做好新员工上岗前培训、换岗培训，并考核培训的效果，组织特殊工种的取证工作。

8. 卫生部门的安全职责

定期对员工进行体格检查，发现有不适岗的员工要立即提出。要指导组织监测有毒有害作业场所的有害程度，提出职业病防治和改善卫生条件的措施。

七、其他有关单位安全责任

（一）施工机具设备供应、租赁单位安全责任

1. 提供施工机具设备、配件单位的安全责任

（1）为建设工程提供机械设备和配件的单位，应当按照安全施工的要求，向施工单位提供安全可靠的起重机、挖掘机械、土方铲运机械、凿岩机械、基础及凿井机械、钢筋加工机械、混凝土机械、筑路机械以及其他施工机械设备，并配备齐全有效的保险、限位等安全设施和装置。

（2）机械设备和配件的生产制造单位应当依照国家有关法律法规和安全技术规范进行有关机械设备和配件的生产经营活动，并保证产品的质量和安全。

2. 施工机具设备租赁单位的安全责任

（1）出租的机械设备、施工机具及配件，应当具有生产（制造）许可证、产品合格证。

（2）应当对出租的机械设备、施工机具及配件的安全性能进行检测，在签订租赁协议时，应当出具检测合格证明。

（3）禁止出租检测不合格的机械设备、施工机具及配件。

（二）施工机具设备安装单位的安全责任

（1）在施工现场安装、拆卸施工起重机械和整体提升脚手架、模板等自升式架设设施，必须由具有相应资质的单位承担。

（2）安装、拆卸施工起重机械、整体提升脚手架、模板等自升式架设设施，应当编制拆装方案，制定安全施工措施，并由专业技术人员现场监督。

（3）施工起重机械、整体提升脚手架、模板等自升式架设设施安装完毕后，安装单位应当自检，出具自检合格证明，并向施工单位进行安全使用说明，办理验收手续并签字。

（三）施工机具设备检测单位的安全责任

施工起重机械、整体提升脚手架、模板等自升式架设设备的使用达到国家规定的检验检测期限的，必须经具有专业资质的检验检测机构检测，经检测不合格的，不得继续使用。检验检测机构对检测合格的施工起重机械和整体提升脚手架、模板等自升式架设设备，应当出具安全合格证明文件，并对检测结果负责。

八、综合案例分析

案例1：某工程项目实行总承包，施工单位没有在电梯井口设置安全警示标志，导致劳务分包单位的一名农民工坠落井中，造成重伤。请讨论：此安全事故发生后，施工单位和监理单位是否应承担责任，为什么？

分析：施工单位和监理单位都要为此承担责任。原因如下：

《建设工程安全生产管理条例》第 28 条规定，施工单位应当在施工现场入口处、施工起重机械、临时用电设施、脚手架、出入通道口、楼梯口、电梯井口、孔洞口、桥梁口、隧道口、基坑边沿、爆破物及有害危险气体和液体存放处等危险部位，设置明显的安全警示标志。安全警示标志必须符合国家标准。施工单位没有在电梯井口设置安全警示标志，属于违法行为。《建设工程安全生产管理条例》第 14 条规定，工程监理单位应当审查施工组织设计中的安全技术措施或者专项施工方案是否符合工程建设强制性标准。

工程监理单位在实施监理过程中，发现存在安全事故隐患的，应当要求施工单位整改；情况严重的，应当要求施工单位暂时停止施工，并及时报告建设单位。施工单位拒不整改或者不停止施工的，工程监理单位应当及时向有关主管部门报告。

工程监理单位和监理工程师应当按照法律、法规和工程建设强制性标准实施监理，并对建设工程安全生产承担监理责任。

本案例中，如果监理单位未采取第 14 条中的措施，也要为此承担责任。

本章小结

完善安全生产管理体制，建立健全安全生产管理制度、安全生产管理机构和安全生产责任制是安全管理的重要内容，也是实现安全生产目标管理的组织保证。我国正努力构建“政府统一领导、部门依法监管、企业全面负责、群众参与监督、全社会广泛支持”的安全生产工作格局。安全生产责任制是各项安全管理制度的核心，是企业安全管理中最基本的制度，是保障安全生产的重要组织措施，也是企业岗位责任制的一个重要组成部分。我国多年来实行“企业负责，行业管理，国家监察，群众监督和劳动者遵章守纪”的安全生产管理体制。建设单位、勘察单位、设计单位、施工单位、工程监理单位及其他与建设工程安全生产有关的单位必须遵守安全生产法律、法规的规定，保证建设工程安全生产，依法承担建设工程安全生产责任。本章要求重点掌握建设单位、工程监理单位及施工单位的安全责任。

思考题

10-1　我国的安全生产工作格局是什么？其中的“企业全面负责”是指什么？

10-2　什么是安全生产责任制？有何重要性？

10-3　我国多年来实行的安全生产管理体制是什么？

10-4　《建设工程安全生产管理条例》针对建设单位的不规范行为，从哪些方面对建设单位的安全责任作出了严格的规定？

10-5　建设单位在申请领取施工许可证前，应当提供哪些安全施工措施的资料？

10-6　设计单位和工程监理单位各有哪些安全责任？

10-7　施工单位的安全资质有哪些要求？

10-8　施工单位的安全生产管理机构、管理人员、作业人员各有哪些安全责任？

10-9　施工总承包单位与分包单位的安全责任有何不同？

10-10　施工现场的安全管理有哪些方面的内容？

10-11　施工单位的项目经理、施工员、安全员、质量员、材料员、资料员各有哪些安全生产职责？施工单位的安全部门和技术部门各有哪些安全生产职责？

10-12　施工机具设备供应、租赁、安装单位的安全责任各有哪些？

10-13　案例分析：施工单位向下挖基坑的时候将地下的通信缆线挖断了，主要原因在于建设单位提供的图纸中没有标出这里有缆线，请分析相关单位所应承担的责任。

第十一章　建筑工程安全生产管理制度

建立和健全以安全生产责任制为中心的各项安全生产管理制度，是保障安全生产的重要组织手段，也是贯彻安全生产方针，实现安全管理目标的有效载体。《中华人民共和国建筑法》、《中华人民共和国安全生产法》、《安全生产许可证条例》等法律法规和部门规章，对政府部门、企业及相关人员的建设工程安全生产和管理行为进行了全面的规范，确立了一系列建筑工程安全生产管理制度，如建筑施工企业安全生产许可制度、三类人员考核任职制度、政府安全监督检查制度、安全生产教育培训制度、特种作业人员持证上岗制度、施工起重机械使用登记制度、专项施工方案专家认证审查制度、施工现场消防安全责任制度、生产安全事故报告制度及应急救援制度、意外伤害保险制度等。

安全管理离不开制度，制度是安全管理的保证。

第一节　建筑施工企业安全生产许可制度

为了严格规范建筑施工企业安全生产条件，进一步加强安全生产监督管理，防止和减少生产安全事故，2004 年 6 月 29 日建设部第 37 次常务会议讨论通过，根据《安全生产许可证条例》、《建设工程安全生产管理条例》等有关行政法规，2004 年 7 月 5 日建设部令第 128 号发布了《建筑施工企业安全生产许可证管理规定》，国家对建筑施工企业实行安全生产许可制度，建筑施工企业未取得安全生产许可证的，不得从事建筑施工活动。《建筑施工企业安全生产许可证管理规定》的主要内容如下所述。

一、安全生产许可证的申请条件

建筑施工企业取得安全生产许可证，应当具备下列安全生产条件：

(1)建立、健全安全生产责任制，制定完备的安全生产规章制度和操作规程。

(2)保证本单位安全生产条件所需资金的投入。

(3)设置安全生产管理机构，按照国家有关规定配备专职安全生产管理人员。

(4)主要负责人、项目负责人、专职安全生产管理人员经建设主管部门或者其他有关部门考核合格。

(5)特种作业人员经有关业务主管部门考核合格，取得特种作业操作资格证书。

(6)管理人员和作业人员每年至少进行一次安全生产教育培训并考核合格。

(7)依法参加工伤保险，依法为施工现场从事危险作业的人员办理意外伤害保险，为从业人员缴纳保险费。

(8)施工现场的办公、生活区及作业场所和安全防护用具、机械设备、施工机具及配件符合有关安全生产法律、法规、标准和规程的要求。

(9)有职业危害防治措施，并为作业人员配备符合国家标准或者行业标准的安全防护用具和安全防护服装。

(10)有对危险性较大的分部分项工程及施工现场易发生重大事故的部位和环节的预防、监控措施及应急预案。

(11)有生产安全事故应急救援预案、应急救援组织或者应急救援人员,配备必要的应急救援器材、设备。

(12)法规规定的其他条件。

二、安全生产许可证的申请与颁发

建筑施工企业从事建筑施工活动前,应当依照《建筑施工企业安全生产许可证管理规定》向省级以上建设行政主管部门申请领取安全生产许可证。中央管理的建筑施工企业(集团公司、总公司)应当向国务院建设行政主管部门申请领取安全生产许可证。其他建筑施工企业,包括中央管理的建筑施工企业(集团公司、总公司)下属的建筑施工企业,应当向企业注册所在地的省、自治区、直辖市人民政府建设行政主管部门申请领取安全生产许可证。

建筑施工企业申请安全生产许可证时,应当向建设行政主管部门提供下列材料:建筑施工企业安全生产许可证申请表,企业法人营业执照,相关文件、材料。建筑施工企业申请安全生产许可证,应当对申请材料实质内容的真实性负责,不得隐瞒有关情况或者提供虚假材料。

建设行政主管部门应当自受理建筑施工企业的申请之日起45日内审查完毕;经审查符合安全生产条件的,颁发安全生产许可证;不符合安全生产条件的,不予颁发安全生产许可证,书面通知企业并说明理由。企业自接到通知之日起应当进行整改,整改合格后方可再次提出申请。建设行政主管部门审查建筑施工企业安全生产许可证申请,涉及铁路、交通、水利等有关专业工程时,可以征求铁路、交通、水利等有关部门的意见。

安全生产许可证的有效期为3年。安全生产许可证有效期满需要延期的,企业应当于期满前3个月向原安全生产许可证颁发管理机关申请办理延期手续。企业在安全生产许可证有效期内,严格遵守有关安全生产的法律法规,未发生死亡事故的,安全生产许可证有效期届满时,经原安全生产许可证颁发管理机关同意,不再审查,安全生产许可证有效期延期3年。

建筑施工企业变更名称、地址、法定代表人等时,应当在变更后10日内,到原安全生产许可证颁发管理机关办理安全生产许可证变更手续。

建筑施工企业破产、倒闭、撤销的,应当将安全生产许可证交回原安全生产许可证颁发管理机关予以注销。

建筑施工企业若遗失安全生产许可证,应当立即向原安全生产许可证颁发管理机关报告,并在公众媒体上声明作废后,方可申请补办。

安全生产许可证申请表采用建设部规定的统一式样。安全生产许可证采用国务院安全生产监督管理部门规定的统一式样。安全生产许可证分正本和副本,正、副本具有同等法律效力。

三、安全生产许可证的监督管理

县级以上人民政府建设行政主管部门应当加强对建筑施工企业安全生产许可证的监督

管理。建设行政主管部门在审核发放施工许可证时,应当对已经确定的建筑施工企业是否有安全生产许可证进行审查,对没有取得安全生产许可证的,不得颁发施工许可证。

跨省从事建筑施工活动的建筑施工企业有违反本规定行为的,由工程所在地的省级人民政府建设主管部门将建筑施工企业在本地区的违法事实、处理结果和处理建议抄告原安全生产许可证颁发管理机关。

建筑施工企业取得安全生产许可证后,不得降低安全生产条件,并应当加强日常安全生产管理,接受建设主管部门的监督检查。安全生产许可证颁发管理机关发现企业不再具备安全生产条件的,应当暂扣或者吊销安全生产许可证。

安全生产许可证颁发管理机关或者其上级行政机关发现有下列情形之一的,可以撤销已经颁发的安全生产许可证:

(1)安全生产许可证颁发管理机关工作人员滥用职权、玩忽职守颁发安全生产许可证的;

(2)超越法定职权颁发安全生产许可证的;

(3)违反法定程序颁发安全生产许可证的;

(4)对不具备安全生产条件的建筑施工企业颁发安全生产许可证的;

(5)依法可以撤销已经颁发的安全生产许可证的其他情形。

依照以上规定撤销安全生产许可证,建筑施工企业的合法权益受到损害的,建设主管部门应当依法给予赔偿。

安全生产许可证颁发管理机关应当建立、健全安全生产许可证档案管理制度,定期向社会公布企业取得安全生产许可证的情况,每年向同级安全生产监督管理部门通报建筑施工企业安全生产许可证颁发和管理情况。

建筑施工企业不得转让、冒用安全生产许可证或者使用伪造的安全生产许可证。

建设主管部门工作人员在安全生产许可证颁发、管理和监督检查工作中,不得索取或者接受建筑施工企业的财物,不得谋取其他利益。

任何单位或者个人对违反《建筑施工企业安全生产许可证管理规定》的行为,有权向安全生产许可证颁发管理机关或者监察机关等有关部门举报。

四、法律责任

违反《建筑施工企业安全生产许可证管理规定》,建设主管部门工作人员有下列行为之一的,给予降级或者撤职的行政处分,构成犯罪的,依法追究刑事责任:

(1)向不符合安全生产条件的建筑施工企业颁发安全生产许可证的;

(2)发现建筑施工企业未依法取得安全生产许可证擅自从事建筑施工活动,不依法处理的;

(3)发现取得安全生产许可证的建筑施工企业不再具备安全生产条件,不依法处理的;

(4)接到对违反本规定行为的举报后,不及时处理的;

(5)在安全生产许可证颁发、管理和监督检查工作中,索取或者接受建筑施工企业的财物,或者谋取其他利益的。

由于建筑施工企业弄虚作假,造成以上第(1)项行为的,对建设行政主管部门工作人员不予处分。

取得安全生产许可证的建筑施工企业,发生重大安全事故的,暂扣安全生产许可证并限期整改。

建筑施工企业不再具备安全生产条件的,暂扣安全生产许可证并限期整改;情节严重的,吊销安全生产许可证。

违反《建筑施工企业安全生产许可证管理规定》,建筑施工企业未取得安全生产许可证擅自从事建筑施工活动的,责令其在建项目停止施工,没收违法所得,并处10万元以上50万元以下的罚款;造成重大安全事故或者其他严重后果,构成犯罪的,依法追究刑事责任。

违反《建筑施工企业安全生产许可证管理规定》,安全生产许可证有效期满未办理延期手续,继续从事建筑施工活动的,责令其在建项目停止施工,限期补办延期手续,没收违法所得,并处5万元以上10万元以下的罚款;逾期仍不办理延期手续,继续从事建筑施工活动的,依照"未取得安全生产许可证"的规定处罚。

违反《建筑施工企业安全生产许可证管理规定》,建筑施工企业转让安全生产许可证的,没收违法所得,处10万元以上50万元以下的罚款,并吊销安全生产许可证;构成犯罪的,依法追究刑事责任;接受转让的、冒用安全生产许可证或者使用伪造的安全生产许可证的,依照"未取得安全生产许可证"的规定处罚。

违反《建筑施工企业安全生产许可证管理规定》,建筑施工企业隐瞒有关情况或者提供虚假材料申请安全生产许可证的,不予受理或者不予颁发安全生产许可证,并给予警告,1年内不得申请安全生产许可证。

建筑施工企业以欺骗、贿赂等不正当手段取得安全生产许可证的,撤销安全生产许可证,3年内不得再次申请安全生产许可证;构成犯罪的,依法追究刑事责任。

上述《建筑施工企业安全生产许可证管理规定》的暂扣、吊销安全生产许可证的行政处罚,由安全生产许可证颁发管理机关决定;其他行政处罚,由县级以上地方人民政府建设主管部门决定。

《建筑施工企业安全生产许可证管理规定》施行前已依法从事建筑施工活动的建筑施工企业,应当自《安全生产许可证条例》施行之日起1年内向建设主管部门申请办理建筑施工企业安全生产许可证;逾期不办理安全生产许可证,或者经审查不符合规定的安全生产条件,未取得安全生产许可证,继续进行建筑施工活动的,依照"未取得安全生产许可证"的规定处罚。

第二节　政府安全监督检查制度

一、建筑安全生产监督管理的含义

依据《建筑安全生产监督管理规定》(中华人民共和国建设部1991年第13号文件)的内容,建筑安全生产监督管理是指各级人民政府、建设行政主管部门及其授权的建筑安全生产监督机构对建筑安全生产所实施的行业监督管理。凡从事房屋建筑、土木工程、设备安装、管线敷设等施工和构配件生产活动的单位及个人,都必须接受建设行政主管部门及其授权的建筑安全生产监督机构的行业监督管理,并依法接受国家安全监察。

建筑安全生产监督管理根据"管生产必须管安全"的原则,贯彻以"预防为主"的方针,依靠科学管理和技术进步,推动建筑安全生产工作的开展,控制人身伤亡事故的发生。

二、《建设工程安全生产管理条例》的规定

《建设工程安全生产管理条例》第五章“监督管理”对建设工程安全生产的监督管理又作了新的明确规定,其主要内容如下所述。

(一)政府安全监督检查的管理体制

(1)国务院负责安全生产监督管理的部门依照《中华人民共和国安全生产法》的规定,对全国建设工程安全生产工作实施综合监督管理。

(2)县级以上地方人民政府负责安全生产监督管理的部门依照《中华人民共和国安全生产法》的规定,对本行政区域内建设工程安全生产工作实施综合监督管理。

(3)国务院建设行政主管部门对全国的建设工程安全生产实施监督管理。国务院铁路、交通、水利等有关部门按照国务院规定的职责分工,负责有关专业建设工程安全生产的监督管理。

(4)县级以上地方人民政府建设行政主管部门对本行政区域内的建设工程安全生产实施监督管理。县级以上地方人民政府交通、水利等有关部门在各自的职责范围内,负责本行政区域内的专业建设工程安全生产的监督管理。

(二)政府安全监督检查的职责与权限

(1)建设行政主管部门和其他有关部门应当将依法批准开工报告的建设工程和拆除工程的有关备案资料主要内容抄送同级负责安全生产监督管理的部门。

(2)建设行政主管部门在审核发放施工许可证时,应当对建设工程是否有安全施工措施进行审查,对没有安全施工措施的,不得颁发施工许可证。

(3)建设行政主管部门或者其他有关部门对建设工程是否有安全施工措施进行审查时,不得收取费用。

(4)县级以上人民政府负有建设工程安全生产监督管理职责的部门在各自的职责范围内履行安全监督检查职责时,有权采取下列措施:

①要求被检查单位提供有关建设工程安全生产的文件和资料;

②进入被检查单位施工现场进行检查;

③纠正施工中违反安全生产要求的行为;

④对检查中发现的安全事故隐患,责令立即排除,重大安全事故隐患排除前或者排除过程中无法保证安全的,责令从危险区域内撤出作业人员或者暂时停止施工。

(5)建设行政主管部门或者其他有关部门可以将施工现场的监督检查委托给建设工程安全监督机构具体实施。

(6)国家对严重危及施工安全的工艺、设备、材料实行淘汰制度,具体目录由国务院建设行政主管部门会同国务院其他有关部门制定并公布。

(7)县级以上人民政府建设行政主管部门和其他有关部门应当及时受理对建设工程生产安全事故及安全事故隐患的检举、控告和投诉。

县级以上人民政府负有建设工程安全生产监督管理职责的部门在各自的职责范围内履行安全监督检查职责时,有权纠正施工中违反安全生产要求的行为,责令立即排除检查中发现的安全事故隐患,对重大隐患可以责令暂时停止施工。建设行政主管部门或者其他有关

部门可以将施工现场的安全监督检查委托给建设工程安全监督机构具体实施。

第三节　安全生产教育培训制度

安全生产教育培训既是施工企业安全管理工作的重要组成部分，也是施工现场安全生产的一个重要方面工作，必须引起足够的重视。

一、安全教育和培训的时间

根据建设部建教[1997]83号文件印发的《建筑业企业职工安全培训教育暂行规定》对安全教育和培训的时间要求如下：

（1）企业法人代表、项目经理每年不少于30学时；

（2）专职管理和技术人员每年不少于40学时；

（3）其他管理和技术人员每年不少于20学时；

（4）特殊工种每年不少于20学时；

（5）其他职工每年不少于15学时；

（6）待、转、换岗重新上岗前，接受一次不少于20学时的培训；

（7）新工人的公司、项目、班组三级培训教育时间分别不少于15学时、15学时、20学时。

二、安全教育和培训的形式及内容

安全教育和培训按等级、层次和工作性质分别进行，管理人员教育和培训的重点是安全生产意识和安全管理水平，操作者的重点是遵章守纪、自我保护和提高防范事故的能力。

（一）新工人三级安全教育

对新工人或调换工种的工人，作业人员进入新的岗位或新的施工现场前，必须按规定进行安全教育和技术培训，经考核合格，方准上岗。新工人（包括合同工、临时工、学徒工、实习和代培人员）必须进行三级安全教育（三级安全教育是指公司（即企业）、项目（或工程处、施工处、工区）、班组这三级），这是每个刚进企业的新工人必须接受的首次安全生产方面的基本教育，教育内容包括安全生产方针、政策、法规、标准及安全技术知识，设备性能，操作规程，安全制度，严禁事项及本工种的安全操作规程。

1. 公司级安全教育

新工人在分配到施工队之前，必须进行初步的安全教育，教育内容如下：

（1）劳动保护的意义和任务的一般教育；

（2）安全生产方针、政策、法规、标准、规范、规程和安全知识；

（3）企业安全规章制度等。

2. 项目（或工程处、施工处、工区）级安全教育

项目级教育是新工人被分配到项目以后进行的安全教育，教育内容如下：

（1）建安工人安全生产技术操作一般规定；

（2）施工现场安全管理规章制度；

（3）安全生产纪律和文明生产要求；

(4)在建工程基本情况，包括现场环境、施工特点、可能存在不安全因素的危险作业部位及必须遵守的事项。

3. 班组级安全教育

班组级教育是新工人分配到班组后，开始工作前的一级教育，教育内容如下：

(1)本人从事施工生产工作的性质，必要的安全知识，机具设备及安全防护设施的性能和作用；

(2)本工种安全操作规程；

(3)班组安全生产、文明施工基本要求和劳动纪律；

(4)本工种事故案例剖析、易发事故部位及劳防用品的使用要求。

4. 三级教育的要求

(1)三级教育一般由企业的安全、教育、劳动、技术等部门配合进行；

(2)受教育者必须经过考试合格后才准予进入生产岗位；

(3)给每一名职工建立职工劳动保护教育卡，记录三级教育、变换工种教育等教育考核情况，并由教育者与受教育者双方签字后入册。

(二)特种作业人员培训

《建设工程安全生产管理条例》第25条规定，垂直运输机械作业人员、安装拆卸工、爆破作业人员、起重信号工、登高架设作业人员等特种作业人员，必须按照国家有关规定经过专门的安全作业培训，并取得特种作业操作资格证书后，方可上岗作业。

(三)特定情况下的适时安全教育

(1)季节性，如冬季、夏季、雨雪天、汛期、台风期施工；

(2)节假日前后；

(3)节假日加班或突击赶任务；

(4)工作对象改变；

(5)工种交换；

(6)新工艺、新材料、新技术、新设备施工；

(7)发现事故隐患或发生事故后；

(8)新进入现场等。

(四)三类人员的安全培训教育

三类人员是指施工单位的主要负责人、项目负责人、专职安全生产管理人员，三类人员应当经建设行政主管部门或者其他有关部门考核合格后方可任职。施工单位应当对管理人员和作业人员每年至少进行一次安全生产教育培训，安全生产教育培训考核不合格的人员不得上岗。施工单位的主要负责人是安全生产的第一责任人，必须经过考核合格后，做到持证上岗。在施工现场，项目负责人是施工项目安全生产的第一责任者，也必须持证上岗。

(五)安全生产的经常性教育

企业在做好新工人入场教育，特种作业人员安全生产教育和各级领导干部、安全管理干部的安全生产培训工作的同时，还必须把经常性的安全教育贯穿于管理工作的全过程，并根据接受教育对象的不同特点，采用多层次、多渠道和多种方法进行。安全生产宣传教育多种多样，应贯彻及时性、严肃性、真实性，做到简明、醒目，具体形式如下：

(1)施工现场(车间)入口处的安全纪律牌；

(2)举办安全生产训练班、讲座、报告会、事故分析会；

(3)建立安全保护教育室，举办安全保护展览；

(4)举办安全保护广播，印发安全保护简报、通报等，办安全保护黑板报、宣传栏；

(5)张挂安全保护挂图或宣传画、安全标志和标语口号；

(6)举办安全保护文艺演出，放映安全保护音像制品；

(7)组织家属做好职工安全生产思想工作。

(六)班前安全活动

班组长在班前进行上岗交流、上岗教育，作好上岗记录。

(1)上岗交底。交当天的作业环境、气候情况、主要工作内容和各个环节的操作安全要求，以及特殊工种的配合情况等。

(2)上岗检查。查上岗人员的劳动防护情况，每个岗位周围作业环境是否安全无患，机械设备的安全保险装置是否完好有效，以及各类安全技术措施的落实情况等。

三、安全教育与培训的效果检查

对安全教育与培训效果的检查主要是以下几个方面：

(1)检查施工单位的安全教育制度。建筑施工企业要建立健全安全教育和培训考核制度，要广泛开展安全生产的宣传教育，使各级领导和广大职工真正认识到安全生产的重要性、必要性，懂得安全生产、文明施工的科学知识，牢固树立安全第一的思想，自觉地遵守各项安全生产法令和规章制度。

(2)检查新工人三级安全教育情况。现在临时劳务工多，发生伤亡事故也多在临时劳务工之中，因此在三级安全教育上，应把临时劳务工作为新工人对待。新工人(包括合同工、临时工、学徒工、实习和代培人员)都必须进行三级安全教育。

主要检查施工单位、工区、班组对新工人的三级教育考核记录。

(3)检查安全教育内容。安全教育要有具体内容，要把《建筑安装工人安全技术操作规程》作为安全教育的重要内容。此外，企业、工程处、项目经理部、班组都要有具体的安全教育内容。电工、焊工、架工、司炉工、爆破工、机械工及起重工、打桩机和各种机动车辆司机等特殊工种，经教育合格后，方准独立操作，每年还要复审。对从事有尘毒危害作业的工人，要进行尘毒危害和防治知识教育，也应有安全教育内容。

主要检查每个工人包括特殊工种工人是否有安全教育方面的资料，并检查企业、工程处、项目经理部、班组的安全教育资料。

(4)检查变换工种时是否进行安全教育。各工种工人及特殊工种工人除懂得一般安全生产知识外，尚要懂得各自的安全技术操作规程，当采用新技术、新工艺、新设备施工和调换工作岗位时，要对操作人员进行新技术操作和新岗位的安全教育，未经教育不得上岗操作。

主要检查变换工种的工人在调换工种时重新进行安全教育的记录；检查采用新技术、新工艺、新设备施工时，应有进行新技术操作安全教育的记录。

(5)检查工人对本工种安全技术操作规程的熟悉程度。该条是考核各工种工人掌握《建筑安装工人安全技术操作规程》的熟悉程度，也是施工单位对各工种工人安全教育效果的检验。

检查方式：按《建筑安装工人安全技术操作规程》的内容，到施工现场进行随机抽查各工种工人对本工种安全技术操作规程的问答,各工种工人宜抽 2 人以上进行问答。

(6)检查施工管理人员的年度培训。各级建设行政主管部门若行文规定施工单位的施工管理人员进行年度有关安全生产方面的培训,施工单位应按各级建设行政主管部门文件规定,安排施工管理人员去培训。施工单位内部也要规定施工管理人员每年进行一次有关安全生产工作的培训学习。

主要检查施工管理人员是否进行年度培训的记录。

(7)检查专职安全员的年度培训考核情况。建设部,各省、自治区、直辖市建设行政主管部门规定专职安全员要进行年度培训考核,具体由县级、地区(市)级建设行政主管部门经办。建筑企业应根据上级建设行政主管部门的规定,对本企业的专职安全员进行年度培训考核,提高专职安全员的专业技术水平和安全生产工作的管理水平。

检查方式:按上级建设行政管理部门和本企业有关安全生产管理文件,核查专职安全员是否进行年度培训考核及考核是否合格,未进行安全培训的或考核不合格的,是否仍在岗工作等。

四、综合案例分析

某施工现场发生了生产安全事故,工人郑某从拟建工程的三楼向下抛钳子,导致地面的工人黄某受重伤。经过调查,发现施工单位存在下列问题:

(1)郑某从未经过安全教育培训;

(2)该施工单位只设置了安全生产管理机构,而没有配备专职安全生产管理人员;

(3)现场的工人没有一个戴安全帽。

请根据《建设工程安全生产管理条例》分析上述情况所存在的安全管理问题。

分析:

对于(1),《建设工程安全生产管理条例》第 36 条规定,施工单位应当对管理人员和作业人员每年至少进行一次安全生产教育培训,其教育培训情况记入个人工作档案。安全生产教育培训考核不合格的人员,不得上岗。对于(2),《建设工程安全生产管理条例》第 23 条规定,施工单位应当设立安全生产管理机构,配备专职安全生产管理人员。对于(3)《建设工程安全生产管理条例》第 33 条规定,作业人员应当遵守安全施工的强制性标准、规章制度和操作规程,正确使用安全防护用具、机械设备等。

第四节　特种作业人员持证上岗制度

《建设工程安全生产管理条例》第二十五条规定:垂直运输机械作业人员、起重机械安装拆卸工、爆破作业人员、起重信号工、登高架设作业人员等特种作业人员,必须按照国家有关规定经过专门的安全作业培训,并取得特种作业操作资格证书后,方可上岗作业。

特种作业包括电工作业、金属焊接切割作业、起重机械作业、机动车辆驾驶、登高架设作业、锅炉作业(含水质化验)、压力容器操作、制冷作业、垂直运输机械作业、安装拆卸工、起重信号工等,以及由省、自治区、直辖市安全生产综合管理部门或国务院行业主管部门提出,并经前国家经济贸易委员会批准的其他作业。

专门的安全作业培训是指由有关主管部门组织的专门针对特种作业人员的培训，也就是特种作业人员在独立上岗作业前，必须进行与本工种相适应的、专门的安全技术理论学习和实际操作训练，经培训考核合格，取得特种作业操作资格证书后，才能上岗作业。

特种作业操作资格证书在全国范围内有效，离开特种作业岗位一定时间后，应当按照规定重新进行实际操作考核，经确认合格后方可上岗作业。对于未经培训考核，即从事特种作业的，《建设工程安全生产管理条例》第六十二条规定了行政处罚；造成重大安全事故，构成犯罪的，对直接责任人员，依照刑法的有关规定追究刑事责任。

一、特种作业的定义

根据《特种作业人员安全技术培训考核管理规定》(2010 年 4 月 26 日国家安全生产监督管理总局局长办公会议审议通过，2010 年 7 月 1 日起施行) 规定，特种作业是指容易发生人员伤亡事故，对操作者本人、他人及周围设施的安全有重大危害的作业。

二、特种作业人员需具备的条件

(1) 年龄满 18 岁。

(2) 身体健康、无妨碍从事相应工程的疾病。

(3) 初中以上文化程度，具备相应工程的安全技术知识，参加国家规定的安全技术理论和实际操作考核并成绩合格。

(4) 符合相应工种作业特点需要的其他条件。

三、特种作业的培训内容

(1) 安全技术理论。

(2) 实际操作技能。

四、特种作业的考核、发证

(1) 特种作业操作证由安全生产综合管理部门负责签发。

(2) 特种作业操作证每两年复审一次。连续从事本工种 10 年以上的，经用人单位进行知识更新教育后，复审时间可延长至每四年一次。

(3) 离开特种作业岗位达 6 个月以上的特种作业人员，应当重新进行实际操作考核，经确认合格后方可上岗作业。

第五节　施工起重机械使用登记制度

《建设工程安全生产管理条例》第三十五条规定：施工单位应当自施工起重机械和整体提升脚手架、模板等自升式架设设施验收合格之日起 30 日内，向建设行政主管部门或者其他有关部门登记，登记标志应当置于或者附着于该设备的显著位置。该条内容规定了施工起重机械使用时必须进行登记的管理制度。这是对施工起重机械的使用进行监督和管理的一项重要制度，能够有效防止非法设计、非法制造、非法安装的机械和设施投入使用；同时，还可以使建设行政主管部门或者其他有关部门及时、全面了解和掌握施工起重机械和整体提升脚手架、模板等自升式架设设施的使用情况，以利于监督管理。

进行登记时应当提交施工起重机械有关资料，包括以下方面：

(1)生产方面的资料，如设计文件、制造质量证明书、质量检验证书、使用说明书、安装证明等；

(2)使用的有关情况资料，如施工单位对于这些机械和设施的管理制度和措施、使用情况、作业人员的情况等。

建设行政主管部门或者其他有关部门应当对登记的施工起重机械建立相关档案，并及时更新，切实将施工起重机械的使用置于政府的监督之下，从而减少生产安全事故的发生。

施工单位应当将登记标志置于或者附着于该设备的显著位置。由于施工起重机械的情况不同，施工单位掌握的原则就是登记标志，它是证明该设备已经政府有关部门进行了登记，是合法使用的，所以将标志置于或者附着于设备上一般情况下都能够看到的地方，也便于使用者的监督，保证施工起重机械的安全使用。

第六节　施工现场消防安全责任制度

一、防火制度的建立

(1)施工现场都要建立、健全防火检查制度。

(2)建立义务消防队，人数不少于施工总人员的10%。

(3)建立动用明火审批制度，按规定划分级别，审批手续完善，并有监护措施。

二、消防器材的配备

(1)临时搭设的建筑物区域内，每100 m^2 配备2只10 L灭火器。

(2)大型临时设施总面积超过1 200 m^2 的，应备有专供消防用的积水桶(池)、黄砂池等设施，上述设施周围不得堆放物品。

(3)临时木工间，油漆间和木、机具间等每25 m^2 配备一只种类合适的灭火器，油库、危险品仓库应配备足够数量种类合适的灭火器。

(4)24 m高度以上高层建筑施工现场，应设置具有足够扬程的高压水泵或其他防火设备和设施。

三、施工现场的防火要求

(1)各单位在编制施工组织设计时，施工总平面图、施工方法和施工技术均要符合消防安全要求。

(2)施工现场应明确划分用火作业，易燃可燃材料堆场、仓库，易燃废品集中站和生活区等区域。

(3)施工现场夜间应有照明设备，保持消防车通道畅通无阻，并要安排力量加强值班巡逻。

(4)施工作业期间需搭设临时性建筑时,必须经施工企业技术负责人批准,施工结束应及时拆除,但不得在高压架空下面搭设临时性建筑物或堆放可燃物品。

(5)施工现场应配备足够的消防器材,指定专人维护、管理、定期更新,保证完整好用。

(6)在土建施工时,应先将消防器材和设施配备好,有条件的,应敷设好室外消防水管和消防栓。

(7)焊割作业点与氧气瓶、电石桶和乙炔发生器等危险物品的距离不得小于10 m,与易燃易爆物品的距离不得小于30 m。达不到上述要求的,应执行动火审批制度,并采取有效的安全隔离措施。

(8)乙炔发生器和氧气瓶存放之间的距离不得小于2 m,使用时,两者的距离不得小于5 m。

(9)氧气瓶、乙炔发生器等焊割设备上的安全附件应完整有效,否则不准使用。

(10)施工现场的焊割作用,必须符合防火要求,严格执行“十不烧”规定。

(11)冬期施工采取保温加热措施时,应符合以下要求:

①采用电热器加温,应设电压调整器控制电压,导线应绝缘良好,连接牢固,并在现场设置多处测量点。

②采用锯末生石灰蓄热,应选择安全配比,并经工程技术人员同意后方可使用。

③采取保温或加热措施前,应进行安全教育。在施工过程中,应安排专人巡逻检查,发现隐患及时处理。

(12)施工现场的动火作业,必须执行审批制度,具体要求如下:

①一级动火作业由所在单位行政负责人填写动火申请表,编制安全技术措施方案,报公司保卫部门及消防部门审查批准后,方可动火。

②二级动火作业由所在工地、车间的负责人填写动火申请表,编制安全技术措施方案,报本单位主管部门审查批准后,方可动火。

③三级动火作业由所在班组填写动火申请表,经工地、车间负责人及主管人员审查批准后,方可动火。

④古建筑和重要文物单位等场所动火作业,按一级动火手续上报审批。

第七节　生产安全事故报告制度

一、建筑工程安全事故的分类

(一)按照事故发生的原因分类

按照我国《企业伤亡事故分类标准》(GB 6441—86)标准规定,职业伤害事故分为20类,其中与建筑业有关的有以下12类:

(1)物体打击:指落物、滚石、锤击、碎裂、崩块、砸伤等造成的人身伤害,不包括因爆炸而引起的物体打击。

(2)车辆伤害:指被车辆挤、压、撞和车辆倾覆等造成的人身伤害。

(3)机械伤害:指被机械设备或工具绞、碾、碰、割、戳等造成的人身伤害,不包括车辆、起重设备引起的伤害。

(4)起重伤害：指从事各种起重作业时发生的机械伤害事故，不包括上下驾驶室时发生的坠落伤害，起重设备引起的触电及检修时制动失灵造成的伤害。

(5)触电：由于电流经过人体导致的生理伤害，包括雷击伤害。

(6)灼烫：指火焰引起的烧伤、高温物体引起的烫伤、强酸或强碱引起的灼伤、放射线引起的皮肤损伤，不包括电烧伤及火灾事故引起的烧伤。

(7)火灾：在火灾时造成的人体烧伤、窒息、中毒等。

(8)高处坠落：由于危险势能差引起的伤害，包括从架子、屋架上坠落以及平地坠入坑内等。

(9)坍塌：指建筑物、堆置物倒塌以及土石塌方等引起的事故伤害。

(10)火药爆炸：指在火药的生产、运输、储藏过程中发生的爆炸事故。

(11)中毒和窒息：指煤气、油气、沥青、化学、一氧化碳中毒等。

(12)其他伤害：包括扭伤、跌伤、冻伤、野兽咬伤等。

(二)按事故后果严重程度分类

(1)轻伤事故：造成职工肢体或某些器官功能性或器质性轻度损伤，表现为劳动能力轻度或暂时丧失的伤害，一般每个受伤人员休息1个工作日以上，105个工作日以下。

(2)重伤事故：一般指受伤人员肢体残缺或视觉、听觉等器官受到严重损伤，能引起人体长期存在功能障碍或劳动能力有重大损失的伤害，或者造成每个受伤人员损失105个工作日以上的失能伤害。

(3)死亡事故：一次事故中死亡职工1~2人的事故。

(4)重大伤亡事故：一次事故中死亡3人以上(含3人)的事故。

(5)特大伤亡事故：一次事故中死亡10人以上(含10人)的事故。

(6)特别重大伤亡事故。

按照对国务院第34号令《特别重大事故调查程序暂行规定》(简称《规定》)有关条文的解释，凡符合下列情况之一者即为《规定》所称特别重大伤亡事故：

①民航客机发生的机毁人亡(死亡40人及其以上)事故。

②专机和外国民航客机在中国境内发生的机毁人亡事故。

③铁路、水运、矿山、水利、电力事故造成一次死亡50人及其以上，或者一次造成直接经济损失一千万元及其以上的。

④公路和其他发生一次死亡30人及其以上或直接经济损失在500万元及其以上的事故(航空、航天科研过程中发生的事故除外)。

⑤一次造成职工和居民100人及其以上的急性中毒事故。

⑥其他性质特别严重产生重大影响的事故。

二、建筑工程安全事故的处理

(一)建筑工程安全事故的处理原则

对严重忽视安全生产的企业及其负责人或业主，要依法加大行政执法和经济处罚的力度。认真查处各类事故，坚持事故原因未查清不放过、责任人员未处理不放过、整改措施未落实不放过、有关人员未受到教育不放过的“四不放过”原则，不仅要追究事故直接责任人的责任，同时要追究有关责任人的领导责任。

（二）建筑工程安全事故的处理程序

依据国务院令第75号《企业职工伤亡事故报告和处理规定》及《建设工程安全生产管理条例》，安全事故应及时报告和处理。

1. 安全事故报告制度

《建设工程安全生产管理条例》第五十条对建设工程生产安全事故报告制度的规定为：施工单位发生生产安全事故，应当按照国家有关伤亡事故报告和调查处理的规定，及时、如实地向负责安全生产监督管理的部门、建设行政主管部门或者其他有关部门报告；特种设备发生事故的，还应当同时向特种设备安全监督管理部门报告。接到报告的部门应当按照国家有关规定，如实上报。

一旦发生安全事故，及时报告有关部门是及时组织抢救的基础，也是认真进行调查，分清责任的基础。因此，施工单位在发生安全事故时，不能隐瞒事故情况。

对于生产安全事故报告制度，我国《中华人民共和国安全生产法》、《中华人民共和国建筑法》、《安全生产事故报告和调查处理条例》等对生产安全事故报告作了相应的规定。同时，《特别重大事故调查程序暂行规定》（1989年国务院令第34号）也对生产安全事故作了相应的规定。比如《中华人民共和国安全生产法》第七十条规定：生产经营单位发生生产安全事故后，事故现场有关人员应当立即报告本单位负责人，单位负责人接到事故报告后，应当迅速采取有效措施，组织抢救，防止事故扩大，减少人员伤亡和财产损失，并按照国家有关规定立即如实报告当地负有安全生产监督管理职责的部门，不得隐瞒不报、谎报或者拖延不报，不得故意破坏事故现场、毁灭有关证据。《中华人民共和国建筑法》第五十一条规定：施工中发生事故时，建筑施工企业应当采取紧急措施减少人员伤亡和事故损失，并按照国家有关规定及时向有关部门报告。

负责安全生产监督管理的部门对全国的安全生产工作负有综合监督管理的职能，故必须了解企业事故的情况。同时，有关调查处理的工作也需要由其来组织，所以施工单位应当向负责安全生产监督管理的部门报告事故情况。建设行政主管部门是建设安全生产的监督管理部门，对建设安全生产实行的是统一的监督管理，因此各个行业的建设施工中出现了安全事故，都应当向建设行政主管部门报告。由于有关的专业主管部门也承担着对建设安全生产的监督管理职能，因此专业工程的施工中出现安全事故，还需要向有关行业主管部门报告。

根据《特种设备安全监察条例》规定：特种设备发生事故，事故发生单位应当迅速采取有效措施，组织抢救，防止事故扩大，减少人员伤亡和财产损失，并按照国家有关规定，及时、如实地向负有安全生产监督管理职责的部门和特种设备安全监督管理部门等有关部门报告，不得隐瞒不报、谎报或者拖延不报。《特种设备安全监察条例》规定在特种设备发生事故时，应当同时向特种设备安全监督管理部门报告，这是因为特种设备的事故救援和调查处理专业性、技术性更强，由特种设备安全监督部门组织有关救援和调查处理更方便一些。

《建设工程安全生产管理条例》还规定了实行施工总承包的施工单位发生安全事故时的报告义务主体。《建设工程安全生产管理条例》第二十四条规定：建设工程实行施工总承包的，由总承包单位对施工现场的安全生产负总责。因此，一旦发生安全事故，施工总承包单位应当负起及时报告的义务。

2. 生产安全事故报告程序

1)《安全生产事故报告和调查处理条例》的规定

依据《安全生产事故报告和调查处理条例》的规定,生产安全事故报告制度为:

(1)伤亡事故发生后,负伤者或者事故现场有关人员应当立即直接或者逐级报告企业负责人。

(2)企业负责人接到重伤、死亡、重大死亡事故报告后,应当立即报告企业主管部门和企业所在地劳动部门、公安部门、人民检察院、工会。

(3)企业主管部门和劳动部门接到死亡、重大死亡事故报告后,应当立即按系统逐级上报;死亡事故报至省、自治区、直辖市企业主管部门和劳动部门,重大死亡事故报至国务院有关主管部门、劳动部门。

(4)发生死亡、重大死亡事故的企业应当保护事故现场,并迅速采取必要措施抢救人员和财产,防止事故扩大。

2)《特别重大事故调查程序暂行规定》的规定

依据《特别重大事故调查程序暂行规定》的规定,对于建设工程特别重大事故的报告要求如下:

(1)特大事故发生单位在事故发生后,必须做到:

①立即将所发生特大事故的情况,报告上级归口管理部门和所在地地方人民政府,并报告所在地的省、自治区、直辖市人民政府和国务院归口管理部门。

②在 24 h 内写出事故报告,报本条①项所列部门。

(2)涉及军民两个方面的特大事故,特大事故发生单位在事故发生后,必须立即将所发生特大事故的情况报告当地警备司令部或最高军事机关,并应当在 24 h 内写出事故报告,报上述单位。

(3)省、自治区、直辖市人民政府和国务院归口管理部门,接到特大事故报告后,应当立即向国务院作出报告。

(4)特大事故报告应当包括的内容与重大事故书面报告应当包括的内容相同。

3. 安全事故调查

1)参加调查组的单位

(1)轻伤、重伤事故:由企业负责人或其指定人员组织生产、技术、安全等有关人员以及工会成员参加事故调查组,进行调查;

(2)死亡事故:由企业主管部门会同企业所在地设区的市(或者相当于设区的市一级)安全行政管理部门、劳动部门、公安部门、工会组成事故调查组,进行调查;

(3)重大伤亡事故:按照企业的隶属关系由省、自治区、直辖市企业主管部门或者国务院有关主管部门会同同级安全行政管理部门、劳动部门、公安部门、监察部门、工会组成事故调查组,进行调查;

(4)事故调查组应当邀请人民检察院派员参加,还可邀请其他部门的人员和有关专家参加。

2)事故调查组成员应当符合下列条件

(1)具有事故调查所需要的某一方面的专长;

(2)与所发生事故没有直接利害关系。

3)事故调查组的职责

(1)查明事故发生原因、过程和人员伤亡、经济损失情况;

(2)确定事故责任人;

(3)提出事故处理意见和防范措施的建议;

(4)写出事故调查报告。

事故调查组有权向发生事故的企业和有关单位、有关人员了解有关情况和索取有关资料,任何单位和个人不得拒绝。

事故调查组在查明事故情况以后,如果对事故的分析和事故责任者的处理不能取得一致意见,劳动部门有权提出结论性意见;如果仍有不同意见,应当报上级劳动部门及有关部门处理;仍不能达成一致意见的,报同级人民政府裁决。但不得超过事故处理工作的时限。

任何单位和个人不得阻碍、干涉事故调查组的正常工作。

4.安全事故处理

事故调查组提出的事故处理意见和防范措施建议,由发生事故的企业及其主管部门负责处理。

因忽视安全生产、违章指挥、违章作业、玩忽职守或者发现事故隐患、危害情况而不采取有效措施以致导致伤亡事故的,由企业主管部门或者企业按照国家有关规定,对企业负责人和直接责任人员给予行政处分;构成犯罪的,由司法机关依法追究刑事责任。

在伤亡事故发生后隐瞒不报、谎报、故意迟延不报、故意破坏事故现场,或者无正当理由,拒绝接受调查以及拒绝提供有关情况和资料的,由有关部门按照国家规定,对有关单位负责人和直接责任人员给予行政处分;构成犯罪的,由司法机关依法追究刑事责任。

在调查、处理伤亡事故中玩忽职守、徇私舞弊或者打击报复的,由其所在单位按照国家有关规定给予行政处分;构成犯罪的,由司法机关依法追究刑事责任。

伤亡事故处理工作应当在90日内结案,特殊情况不得超过180日。伤亡事故处理结案后,应当公开宣布处理结果。

5.安全事故统计规定

《中华人民共和国安全生产法》和国家安全生产监督管理局制定的《生产安全事故统计报表制度》(国统函[2003]253号)有如下规定:

(1)企业职工伤亡事故统计实行以地区考核为主的制度。各级隶属关系的企业和企业主管单位要按当地安全生产行政主管部门规定的时间报送报表。

(2)安全生产行政主管部门对各部门的企业职工伤亡事故情况实行分级考核。企业报送主管部门的数字要与报送当地安全生产行政主管部门的数字一致,各级主管部门应如实向同级安全生产行政主管部门报送。

(3)省级安全生产行政主管部门和国务院各有关部门及计划单列的企业集团的职工伤亡事故统计月报表、年报表应按时报到国家安全生产行政主管部门。

第八节　意外伤害保险制度

根据《中华人民共和国建筑法》第四十八条规定,建筑职工意外伤害保险是法定的强制性保险,也是保护建筑业从业人员合法权益、转移企业事故风险、增强企业预防和控制事故能力,促进企业安全生产的重要手段。建设部于2003年5月23日公布了《建设部关于加强建筑意外伤害保险工作的指导意见》(建质[2003]107号),从几个方面对加强和规范建筑意外伤害保险工作提出了较详尽的规定,明确了建筑施工企业应当为施工现场从事施工作业和管理的人员,在施工活动过程中发生的人身意外伤亡事故提供保障,办理建筑意外伤害保险,支付保险费,范围应当覆盖工程项目。同时,还对保险期限、保险金额、保险费用、投保方式、索赔、安全服务及行业自保等都提出了指导性意见,其内容如下所述。

一、建筑意外伤害保险的范围

建筑施工企业应当为施工现场从事施工作业和管理的人员,在施工活动过程中发生的人身意外伤亡事故提供保障,办理建筑意外伤害保险,支付保险费。已在企业所在地参加工伤保险的人员,从事现场施工时仍可参加建筑意外伤害保险。

各地建设行政主管部门可根据本地区实际情况,规定建筑意外伤害保险的附加险要求。

二、建筑意外伤害保险的保险期限

建筑意外伤害保险的保险期限应涵盖工程项目开工之日到工程竣工验收合格日。提前竣工的,保险责任自行终止。因故延长工期的,应当办理保险顺延手续。

三、建筑意外伤害保险的保险金额

各地建设行政主管部门应结合本地区实际情况,确定合理的最低保险金额。最低保险金额要能够保障施工伤亡人员得到有效的经济补偿。施工企业办理建筑意外伤害保险时,投保的保险金额不得低于此标准。

四、建筑意外伤害保险的保险费

保险费应当列入建筑安装工程费用。保险费由施工企业支付,施工企业不得向职工摊派。

施工企业和保险公司双方应本着平等协商的原则,根据各类风险因素商定建筑意外伤害保险费率,提倡差别费率和浮动费率。差别费率可与工程规模、类型,工程项目风险程度和施工现场环境等因素挂钩。浮动费率可与施工企业安全生产业绩、安全生产管理状况等因素挂钩。对重视安全生产管理、安全业绩好的企业可采用下浮费率,对安全生产业绩差、安全管理不善的企业可采用上浮费率。通过浮动费率机制,激励投保企业安全生产的积极性。

五、建筑意外伤害保险的投保

施工企业应在工程项目开工前,办理完投保手续。鉴于工程建设项目施工工艺流程中各工种调动频繁、用工流动性大,投保应实行不记名和不计人数的方式。工程项目中有分包单位的由总承包施工企业统一办理,分包单位合理承担投保费用。业主直接发包的工程项目由承包企业直接办理。

各级建设行政主管部门要强化监督管理，把在建工程项目开工前是否投保建筑意外伤害保险情况作为审查企业安全生产条件的重要内容之一。未投保的工程项目，不予发放施工许可证。

投保人办理投保手续后，应将投保的有关信息以布告形式张贴于施工现场，告之被保险人。

六、关于建筑意外伤害保险的索赔

建筑意外伤害保险应规范和简化索赔程序，搞好索赔服务。各地建设行政主管部门要积极创造条件，引导投保企业在发生意外事故后立即向保险公司提出索赔，使施工伤亡人员能够得到及时、足额的赔付。各级建设行政主管部门应设置专门电话接受举报，凡被保险人发生意外伤害事故，企业和工程项目负责人隐瞒不报、不索赔的，要严肃查处。

七、关于建筑意外伤害保险的安全服务

施工企业应当选择能提供建筑安全生产风险管理、事故防范等安全服务和有保险能力的保险公司，以保证事故后能及时赔偿，事故前能主动防范。目前还不能提供安全风险管理和事故预防的保险公司，应通过建筑安全服务中介组织向施工企业提供与建筑意外伤害保险相关的安全服务。建筑安全服务中介组织必须拥有一定数量、专业配套、具备建筑安全知识和管理经验的专业技术人员。

安全服务内容可包括施工现场风险评估、安全技术咨询、人员培训、防灾防损设备配置、安全技术研究等。施工企业在投保时可与保险机构商定具体服务内容。

各地建设行政主管部门应积极支持行业协会或者其他中介组织开展安全咨询服务工作，大力培育建筑安全中介服务市场。

八、关于建筑意外伤害保险行业自保

一些国家和地区结合建筑行业高风险特点，采用建筑意外伤害保险行业自保或企业联合自保形式，并取得一定成功经验。有条件的省（区、市）可根据本地的实际情况，研究探索建筑意外伤害保险行业自保。

本章小结

建立和健全以安全生产责任制为中心的各项安全管理制度，是保障安全生产的重要组织手段，也是贯彻安全生产方针、实现安全管理目标的有效载体。本章主要介绍了建筑施工企业安全生产许可制度、政府安全监督检查制度、安全生产教育培训制度、特种作业人员持证上岗制度、施工起重机械使用登记制度、施工现场消防安全责任制度、生产安全事故报告制度、意外伤害保险制度等，其中要求重点掌握建筑施工企业安全生产许可制度、安全生产教育培训制度、特种作业人员持证上岗制度和生产安全事故报告制度等。

思考题

11-1　我国常用的建筑工程安全生产管理制度有哪些?

11-2　建筑施工企业取得安全生产许可证,应当具备哪些安全生产条件?

11-3　建筑施工企业申请安全生产许可证时,应当向建设行政主管部门提供哪些材料?

11-4　安全生产许可证颁发管理机关或者其上级行政机关发现哪些情形,可以撤销已经颁发的安全生产许可证?

11-5　建设主管部门工作人员有哪些违反《建筑施工企业安全生产许可证管理规定》的行为,给予降级或者撤职的行政处分?

11-6　出现哪些情况,依照“未取得安全生产许可证”的规定处罚?

11-7　建筑安全生产监督管理的含义是什么?

11-8　政府安全监督检查的管理体制是什么?

11-9　县级以上人民政府负有建设工程安全生产监督管理职责的部门在各自的职责范围内履行安全监督检查职责时,有权采取哪些措施?

11-10　安全生产教育培训制度对建筑企业职工教育和培训的时间有何要求?

11-11　什么是新工人三级安全教育? 每级教育各有哪些教育内容?

11-12　三类人员是指哪些人员? 对三类人员的安全教育培训有哪些要求?

11-13　安全生产宣传教育的形式有哪些?

11-14　班前安全活动有哪些?

11-15　对安全教育与培训效果的检查主要有哪几个方面的内容?

11-16　特种作业是指什么? 特种作业人员是指哪些人员? 特种作业人员需具备哪些条件?

11-17　特种作业人员的安全作业培训有什么要求? 特种作业的培训内容是什么?

11-18　施工起重机械登记应当提交哪些资料?

11-19　施工现场消防器材如何配备?

11-20　施工现场的防火要求有哪些?

11-21　施工现场动火作业审批制度的内容是什么?

11-22　我国《中华人民共和国安全生产法》、《中华人民共和国建筑法》、《安全生产事故报告和调查处理条例》等对生产安全事故报告作了哪些相应的规定?

11-23　依据《特别重大事故调查程序暂行规定》的规定,对于建设工程特别重大事故的报告有何要求?

11-24　建筑意外伤害保险的范围、保险期限、保险金额、保险费是什么?

11-25　建筑意外伤害保险安全服务的内容是什么?

第十二章 建筑工程安全技术

第一节 地基与基础工程

一、土方工程

土方工程是建筑工程施工中的主要工程之一，施工中常见的土方工程有场地平整、基坑（槽）开挖、地坪填土、基坑（槽）回填及路基填筑等。

土方工程包括土方的挖掘、运输、填筑和压实等主要施工过程，以及所需的排水、降水和土壁支撑的设计施工准备等辅助过程。土方工程具有工程量大，施工条件复杂，受地质、水文、气象等条件影响较大的特点。土方工程根据其使用期限和施工要求，可分为永久性和临时性两种，在施工中都要遵守有关的技术规范和设计的各项要求，以保证工程的稳定和持久。建筑施工作业属于高危行业，近年来随着我国基本建设工程规模的逐年扩大，伤亡事故起数和死亡人数一直居高不下，部分地区建设工程领域安全生产形势十分严峻，其中土方工程施工中的群死群伤、重特大事故时有发生，土方工程施工安全技术问题越来越被人们所重视。因此，在土方工程施工前，应做好必要的准备工作，并根据现有条件，在确保施工安全的基础上，制定专项施工方案。

（一）土方开挖工程危险源识别与监控

1. 土方开挖工程事故的类型

（1）影响边坡附近建筑物的安全和稳定；

（2）引发机械事故；

（3）边坡土堆放材料倾落；

（4）土方塌落直接伤人。

2. 引发事故的主要原因

（1）开挖较深，放坡不够；或通过不同土层时，没有根据土的特性分别确定不同的放坡坡度，致使边坡失去稳定而造成塌方。

（2）在有地表水、地下水作用的土层开挖时，未采取有效的降、排水措施，土层受到地表水和地下水的影响而湿化，内聚力降低，在重力作用下失去稳定而引起塌方和滑坡。

（3）边坡顶部堆载过大，或受外力振动影响，使坡体内剪切应力增大，土体失去稳定而塌方。

（4）土质松软，开挖次序、方法不当而造成塌方。

3. 危险源的监控

（1）根据土的种类、力学性质确定适当的边坡坡度。

（2）当基坑深度较大时，放坡开挖不经济，或环境不允许放坡时，应采用直立放坡，并进行可靠的支护。

(3)做好地面排水和降低地下水位的工作。

(4)在基坑(槽)边坡上侧堆土或材料以及移动施工机械时,应与挖方边缘保持一定距离,以保证边坡和直立坑壁的稳定。当土质良好时,堆土或材料应位于距边坡边缘0.8 m以外,高度不超过1.5 m。

(二)特殊土开挖的一般安全要求

1.斜坡土挖方

土坡坡度要根据地质情况和土坡高度,结合当地同类土体的稳定坡度值来确定。土方开挖从上到下分层分段依次进行,并随时做成一定的坡度以利于泄水,且不应在影响边坡稳定的范围内积水。

在斜坡上方弃土时,应保证挖方边坡的稳定。弃土堆应连续设置,其顶面应向外倾斜,以防止山坡水流入挖方场地。但坡度大于1/5或在软土地区时,则禁止在挖方上侧弃土。在挖方下侧弃土时,要将弃土堆表面整平,并使其向外倾斜,弃土表面要低于挖方场地的设计标高,或在弃土堆与挖方场地间设置排水沟,防止地表水流入挖方场地。

2.滑坡地段挖方

(1)施工前应先了解工程地质勘察资料、地形、地貌及滑坡迹象等情况。

(2)不宜在雨季施工,同时不应破坏挖方土坡的自然植被,并要事先做好地面和地下排水设施。

(3)遵循先整治后开挖的施工顺序,在开挖时,还必须遵循由上到下的开挖顺序,严禁先切除坡脚。

(4)爆破施工时,严禁因爆破振动产生滑坡现象。

(5)抗滑挡土墙要尽量在旱季施工,基槽开挖应分段进行,并加设支撑,开挖一段就要做好这一段的挡土墙。

(6)开挖过程中若发现滑坡迹象(如裂缝、滑动等),应暂停施工,必要时所有人员和机械设备撤至安全地点。

3.基坑(槽)和管沟挖方

施工中应防止地面水流入坑、沟内,以防边坡塌方。

挖方边坡要随挖随撑,并支撑牢靠,且在施工过程中应经常检查,如有松动、变形等现象,要及时加固或更换。

4.湿土地区挖方

(1)施工前需要做好地面排水和降水工作,若采用人工降低地下水位,则要在降至坑底0.5~1.0 m时,方可开挖,采用明排水时可不受此限制。

(2)相邻基坑和管沟开挖时,要按先深后浅的顺序开挖,并要及时做好基础。

(3)挖出的土不应堆放在坡顶上,应立即转运至规定的距离以外。

5.膨胀土地区挖方

(1)开挖前要做好排水工作,防止地表水、施工用水和生活废水渗入施工现场或冲刷边坡。

(2)开挖后的基础土不应受烈日暴晒或受水浸泡。

(3)开挖、做垫层、基础施工和回填土等要连续进行。

（三）土方机械挖土的安全技术措施

（1）机械挖土起动前应检查离合器、钢丝绳、液压系统、电线路、燃料、润滑油等，经空车试运转正常后再开始作业。

（2）机械操作中进铲不应过深，提升不应过猛。工作时应处于水平位置，并将走行机构刹住。挖掘机应平稳回转，禁止急剧回转和紧急制动。发动机起动后，严禁有人站在铲斗内、臂杆上、履带和机棚上。

（3）机械不得在输电线路下工作，应在输电线路一侧工作，不论在任何情况下，机械的任何部位与架空输电线路的最近距离应符合安全操作规程要求。

（4）机械应停在坚实平坦的地基上，若地面泥泞、松软和有沉陷的危险，应采取走道板等加固措施，不得将挖掘机履带与挖空的基坑平行停放和行驶。运土汽车不宜靠近基坑平行行驶，防止塌方翻车。

（5）从汽车上卸料应在汽车停稳定后进行，禁止铲斗从汽车驾驶室上空跨越。驾驶员离开驾驶室后方可回转铲斗，向车上卸料。

（6）场内道路应及时整修，确保车辆安全畅通，各种车辆应有专人负责指挥引导。

（7）车辆进出门口的人行道下，如有地下管线（道）则必须铺设厚钢板，或浇捣混凝土加固。

（8）挖土机械不得在施工中碰撞支撑，以免引起支撑破坏失效或拉损。

（9）铲斗挖掘时，每次吃土不宜过深，提斗不要过猛，以免损坏机械或造成倾覆事故。

（四）土方工程开挖安全技术措施

（1）进入现场必须遵守安全生产纪律。

（2）挖土中发现管道、电缆及其他埋设物应及时报告，不得擅自处理。

（3）挖土时要注意土壁的稳定性，发现有裂缝及倾坍可能时，人员应立即离开并及时处理。

（4）人工挖土时，前后操作人员间距离不应小于 2～3 m，堆土要在 1 m 以外，并且高度不得超过 1.5 m。

（5）每日或雨后必须检查土壁及支撑稳定情况，在确保安全的情况下继续工作，并且不得将土和其他物件堆在支撑上，不得在支撑下行走或站立。

（6）电缆两侧 1 m 范围内应采用人工挖掘。

（7）配合拉铲的清坡、清底、平地、修坡的工人，不准在机械回转半径内工作，否则挖掘机必须停回转，并将回转机构刹住。

（8）基坑四周必须设置 1.5 m 高的护栏，要设置一定数量的临时上下施工楼梯。

（9）在开挖杯形基坑时，必须采取切实可行的排水措施，以免基坑积水，影响基坑土的承载力。

（10）基坑开挖前，必须摸清基坑下的管线排列和地质水文资料，以利考虑开挖过程中的意外应急措施（流砂等特殊情况）。

（11）清坡、清底人员必须根据设计标高做好清底工作，不得超挖。如果超挖，不得将松土回填，以免影响基础的质量。

（12）开挖出的土方应严格按照施工组织设计堆放，不得堆于基坑四边，以免引起地面堆载超荷引起土体位移、板桩位移或支撑破坏。

(13)开挖土方必须有挖土令。

(五)土方开挖工程事故案例分析

1. 案例分析:没有基坑支护开挖导致基坑边坡坍塌

西安市某工厂住宅楼工程为六层框架结构,在做开工前准备时,发现地下有废弃的长17 m、宽3.2 m、深7.5 m的防空洞。西安某建筑公司对基坑工程施工在没有详细勘察和制定方案的情况下,将拆除人防和土方工程转包给没有施工资质的四川南江县某私人包工队,并放弃监督管理,完全由农民工自行组织施工。2001年11月17日,包工队派人清理防空洞底部砖基础时,基坑边坡发生坍塌(塌方量约60 m^3),造成4人死亡、3人受伤的重大事故。

事故分析:本次事故技术上的原因是作业人员不懂施工技术,在没有基坑支护等安全措施的情况下,对深达7.5 m的基坑开挖施工,致使边坡坍塌导致事故发生,这是本次事故的直接原因。施工单位没有深基坑施工资质,不懂有关基坑支护技术规范的规定,在无任何安全措施的情况下违章作业导致事故发生。管理混乱也是导致此次事故发生的主要原因,承包单位违法转包,私人承包后既无资质,又用未经培训的农民工进行操作,原承包单位又放弃管理而导致事故发生,建设单位、监理公司及勘察单位也未尽到监督管理责任,建筑单位对施工作业人员的违章作业未加制止。

2. 案例分析:挖土时违规蛮干导致塌方

1976年1月13日,广东省某县建材厂会计程某乘厂领导外出之际,私招以黄某为包头的一批无资质人员,持某县公社证明,到该厂包工挖土。2月11日19时加班挖土时,由于光线不足,违章蛮干,偷岩取土使8 m的泥墙下塌,当即8人被泥土压住,该厂正准备上夜班的工人和其他人员30多人闻讯后赶往抢救,经过30分钟的奋战,救出4人,可是,正当他们全力抢救其余4人时,15 m高的泥墙发生第二次大塌方,在场人员全部被埋在深达2.3 m处的泥层下,造成了重大的伤亡事故。

事故分析:该厂在长不足5 m、宽5 m的两边泥墙既高(8~15 m)又陡的场地上施工,严重违反了《建筑工程土石方工程安全技术规范》(JGJ 180—2009)。在长时间的施工过程中,没有采取任何安全措施,还私招乱雇副业人员,这些人员为了多挖多捞钱,进行冒险作业,厂方对此违章行为不加以制止,以致酿成了重大事故。

3. 案例分析:软弱地基遇大雨导致大面积土方滑坡

2010年8月20日,上海市某建筑公司承包,某土方公司分包的上海某地铁车站工程工地上(监理单位为某工程咨询公司)正在进行深基坑土方挖掘专业,19时左右,11名工人下基坑(其中一名电工上去未再下去),开始在14轴至15轴线平台上施工,20时左右,16轴处土方突然滑坡,当即有2人被土方掩埋,另有2人被埋至腰部以上,其他6人迅速逃至基坑上。现场项目部接到报告后,立即组织抢险营救,20时10分,16轴至18轴处发生第二次土方大面积塌方,滑坡土方由18轴开始冲向12轴,将另外两人也淹没,并冲断了基坑内钢支撑16根。事故发生后,虽经项目部极力抢救,但经土方淹没的4人终因窒息死亡。

事故分析:该工程所处地基软,开挖范围内基本上均为淤泥质黏土,其中淤泥质黏土厚度达9.65 m,土体抗剪强度低,灵敏度高达5.9,这种饱和黏土受扰动后,极易发生触变现象,且施工期间受百年一遇的特大暴雨影响,使长度达171 m的基坑纵向留坡困难,而在执行小坡处理方案时未执行有关规定,造成小坡坡度过陡,这是造成本次事故的直接原因。在狭长形地铁车站深基坑地铁施工中，对纵向挖土和边坡留置的动态控制过程尚无比较成熟的量化控制标准，设计施工单位对复杂的地质底层情况和类似基坑情况估计不足，对地铁施工的风险意识不强和施工经验不足，尤其对采用纵向开挖横向支撑的方法，纵向留坡与支撑安装到位之间合理匹配的重要性认识不足，这也是造成此次事故的一个原因。

4. 案例分析：土方塌方

2007 年 10 月 16 日 13 时 34 分左右，某施工单位在某炼油工地菜油罐区南侧进行消防管线碰头焊接作业，开挖沟土方突然发生塌方，使正在沟内作业的电焊工被淹没，导致死亡。

事故分析：

(1)施工过程中没有进行放坡处理，也没有采取有效的支护措施，再加上开挖区域为回填土，上部为砂土，1.5 m 以下为粉煤灰，开挖后粉煤灰遇水流失，导致塌方，这是事故发生的直接原因。

(2)施工作业前没有执行安全技术交底，没有落实施工方案。现场封闭化管理存在漏洞，当事人没有进行安全教育，也没有办理入场手续等，这是事故发生的主要原因。

二、基坑工程

(一)基坑支护的类型

支护结构主要包括挡墙和支撑(拉锚)两大部分。挡墙的形式有钢板桩、钢筋混凝土板桩、钻孔灌注桩挡墙、深层搅拌桩支护、地下连续墙支护、土钉墙支护等。支撑(拉锚)系统有两大类，即基坑内支撑(钢结构支撑、钢筋混凝土结构支撑)和基坑外拉锚(顶部拉锚、土层锚杆拉锚)。支护结构的选型应考虑空间效应和基坑的特点，应根据不同的基坑深度、地质、环境与荷载情况采用不同的支护结构。当采用悬臂式结构支护时，基坑深度不宜大于 6 m；基坑深度超过 6 m 时，可选用单支点的结构。

(二)基坑支护的一般要求

支撑的安装必须按设计位置进行，施工过程中严禁随意变更，并应切实使围檩与挡土墙结合紧密。挡土板或板桩与坑壁间的回填应分层夯实。

支撑的安装和拆除顺序应与设计工况相符合，并与土方开挖和主体工程的施工顺序相配合。分层开挖时，应先支撑后开挖；同层开挖时，应边开挖边支撑。支撑拆除前，应采取换撑措施，以防止边坡卸载过快。

钢筋混凝土支撑的强度必须达到设计要求(或达到设计强度的 70%)后，方可开挖支撑以下的土方；钢结构支撑必须严格检查材料和保证节点的施工质量，严禁在负荷状态下进行焊接。

逆作法施工时，要求基坑外围结构必须有自防水功能。基坑上部机械挖土的深度，应按地下连续墙悬臂结构的应力值确定；基坑下部封闭式施工，应采取通风措施；当采用电梯间作垂直运输的井道时，对洞口楼板的加固方法应由工程设计确定。

(三)基坑工程挖土的一般规定

基坑开挖工程包括无围护结构的放坡基坑开挖和有围护结构的基坑开挖，以及与之相配合的地下水控制措施。

(1)基坑开挖前，应熟悉围护结构撑锚系统的设计图纸，包括支护挡墙的类型、撑锚位置、标高及设置方法等设计要求；应根据该工程结构形式、基坑深度、地质条件、气候条件、周围环境、施工方法、施工工期和地面荷载等有关资料，确定基坑开挖方案和地下水控制施工方案。

(2)基坑开挖应遵循时空效应原理，根据地质条件采取相应的开挖方式，一般应"分层开挖、先撑后挖"，撑锚与挖土配合，严禁超挖。在软土层及变形要求较严格时，应采用"分层、分区、分块、分段、抽槽开挖，留土护壁，快挖快撑，先形成中间支撑，限时对称平衡形成端头支撑、减少无支撑暴露时间"等方式开挖。

(3)在挖土和撑锚过程中，由专人作检查、观测，发生异常情况应立即查清原因，采取技术措施。

(4)限制坑顶周围振动荷载作用，并应做好机械上、下基坑坡道部位的支护。

(5)基坑挖土时，做好挖土机械、车辆的通道布置，挖土的顺序及周围堆土位置安排工作。不得在挖土过程中碰撞围护结构和工程桩，损坏截水帷幕。

(6)基坑开挖后对围护排桩的桩间土体，应根据不同情况采用砌砖、插板、挂网喷、抹豆石混凝土等处理方法进行保护，并应对工程桩进行保护，严禁碰撞损坏桩头。

(7)基础结构完成后，应及时在基础和坑壁之间进行回填。回填土通常用原挖出的土(不得用腐殖土、冻土及含水量大的土等作填土)，或按图纸要求的填料，分层回填夯实，满足设计密实度要求。

(8)人工开挖时，两个人的操作间距应保持为 2~3 m，并应自上而下逐层挖掘，严禁采用掏洞的挖掘方式。

(9)挖土时要随时注意土壁的变异情况，如发现裂纹或部分塌落现象，要及时进行支撑或改缓放坡，并注意支撑的稳固和边坡的变化。

(10)上下坑沟应先挖好阶梯或放置木梯，不应踩踏土壁及支撑。

(11)采用机械开挖土方时，在挖土机的作业范围内不得进行其他作业。应在基坑底及坑壁留 150~300 mm 厚土层，由人工挖掘修整至设计标高，以保持坑底土体原状结构。同时，要设集水坑，及时用泵排除坑底积水。

(12)基坑边缘位置堆放弃土和建筑材料，或沿挖方边缘移动运输工具和机械，应使其与坑边保持一定距离。当土质良好时，一般应距基坑上部边缘不少于 2 m，弃土堆置高度不应超过 1.5 m，并且不能超过设计荷载值，在垂直的坑壁边，此安全距离还应适当加大。软土地区不宜在基坑边堆置弃土。

(13)在靠近建筑物旁挖掘机槽或深基坑，且其深度超过原有建筑物基础的深度时，应分段进行开挖，每段不得超过 2 m。

(14)大中型施工机具距坑边距离应根据设备重量、基坑支撑情况、土质情况等，经计算确定。载货汽车与坑、沟边缘的距离不得小于 3 m，塔式起重机等振动较大的机械与坑、沟边缘的距离不得小于 6 m。

(15)挖掘土方时，发现不能辨认的物品，应立即停止工作，并应上报有关部门，禁止擅自处理。

(16)基坑周围地面应进行防水、排水处理，严防雨水等地面水浸入基坑周边土体。

(17)基坑开挖时，应对平面控制桩、水准点、基坑平面位置、水平标高、边坡坡度等经常复测检查。

(18)在开挖过程中，特别是在冬季、雨季、汛期施工时，注意气候、降雨、降温等预报，按施工方案的规定,采取必要的安全防护措施。

(19)基坑开挖完成后,应及时清底验槽,减少暴露时间,防止暴晒和雨水浸刷破坏地基土的原状结构。

(四)基坑开挖过程中的事故防范和处理

基坑围护结构的安全受基坑的开挖卸载、气象、环境等较多可变因素影响而改变,不可仅按某些特定的参数判断基坑工程的安全度,忽视基坑工程的实际动态变化。应对基坑工程的安全度进行随机分析,掌握可能引发病害事故的不利条件,提供有效的安全对策。

1. 基坑开挖过程中的事故防范措施

(1)对开挖中可能存在的隐患或引发的事故应预先制定抢救方案。

(2)应在基坑工程施工过程中进行监测,实行信息化施工。掌握基坑施工边坡、围护结构的变形值和变形速率,及时查明基坑周边地面的裂缝及其变化等。

(3)调查相邻基坑施工情况并协调双方的施工。

(4)了解本地区类似场地已发生过的事故经验、教训,做好事故的防范工作。

(5)严格控制基坑周边地面荷载,设计时不漏算荷载,施工时不乱加荷载。

(6)对基坑周边的地上建筑、地下工程以及道路工程等应进行监测,采取预防保护措施。

(7)基坑施工过程应随时密切注意气候(降雨、台风、地震、降温等)预报,以便采取相应的防灾措施。

2. 基坑开挖过程中的事故处理

(1)基坑工程发生病害事故时,应查明其确切原因及对基坑、相邻建筑物、道路及地下管线造成的危害程度,以便采取有效措施进行抢救处理。

(2)制定基坑病害事故处理方案时,不仅要对基坑事故能进行有效抢救,还要对周边建筑物、地下管线、道路及相邻基坑进行保护,不应产生不利影响。

(3)基坑工程发生病害事故时,应及时迅速组织抢救,避免丧失抢救时机,酿成更严重后果。

(4)事故处理后,应在事故发生部位及相邻部位增加监测点加强监测,及时进行预报工作,严防事故再度发生,并应抓紧进行诱发事故原因的整治工作,彻底清除事故隐患。

(5)基坑事故造成工程桩或地下结构损坏时,应根据损坏状况及其重要程度,采取有效加固措施进行处理,恢复正常使用功能。

(五)基坑变形控制

(1)一般规定。

在密集建筑群中间开挖基坑,围护结构设计除满足稳定性要求外,基坑变形还必须满足坑内和坑外周边环境两方面的控制要求。

(2)坑内变形控制的要求:

①围护体系向坑内位移不得影响地下室底板的平面尺寸和形状。

②围护体系向坑内位移不得影响工程桩的使用条件。

(3)坑外周边环境控制要求:

①基坑周边地面沉降不得影响相邻建筑物、构筑物的正常使用或超过差异沉降允许值。

②基坑周边土体变位不得影响相邻各类管线的正常使用或超过变形速率允许值。

③当有共同沟、合流污水管道、地铁等重要设施存在时，土体位移不得造成结构开裂，发生渗漏或影响地铁正常运行。

(4)当基坑变形不能满足坑内控制要求时，应采取土体加固、卸载等减少基坑变形的措施。

(5)当基坑变形不能满足坑外周边环境控制要求时，应对被影响的建筑物、构筑物和各类管线采取防范措施，如土体加固、结构托换、暴露或架空管线等。

(6)在软土地区，开挖深度大于6 m的基坑，除环境简单、基坑面积过大支撑有困难外，不宜采用重力式围护体系。

(7)在地下水位高的地区，围护体系必须有良好的截水系统，当有渗漏发生时，必须及时采取有效的堵漏措施，制止非正常变形发展。

(8)在地下水位低的地区，围护体系必须有良好的地表水泄水和排水系统。

(9)基坑内存在的水井、灌注桩预成孔、钻探取样孔等，必须用黏土等低透水材料回填，防止造成涌水或流砂。

(10)合理安排施工工期，基坑开挖应尽量避开雨季，寒冷地区还应避免越冬暴露。

(六)基坑工程现场监测

1. 现场监测的一般规定

现场监测是指在基坑开挖及地下工程施工过程中，对基坑岩土性状、支护结构变位和周围环境条件的变化，进行各种观测及分析工作，并将观测结果及时反馈，以指导设计与施工。

(1)支护结构设计图纸应根据工程具体情况(基坑周围地下管线和建(构)筑物的位置和状况)提出对现场监测的要求，包括观测项目、测点布置、观测精度、观测频度和临界状态报警值等。根据与工程相关的建筑物差异沉降的承受能力确定相应的控制标准。

(2)在基坑开挖前按设计提出的监测项目和具体要求，制定现场监测方案，主要内容包括监测目的、监测内容、测点布置、观测方法、监测项目报警值、监测结果处理要求和监测结果反馈制度等。

(3)严格实施现场监测方案，及时处理监测结果，监测工作应由有资质的勘察单位进行，并将监测结果及时向监理、设计和施工人员作信息反馈。必要时，应根据现场监测结果采取相应措施。

(4)基坑工程现场监测除应符合有关的规定外，还应符合现行国家标准《工程测量规范》(GB 50026—2007)的有关规定。

2. 监测内容

现场监测的对象包括自然环境、基坑底部及周围土体、支护结构、地下水位、周围建(构)筑物、周围地铁与基坑相邻的周围城市道路路面及水管、排污管、电缆、煤气管等重要地下设施，应根据基坑工程的安全等级和实际情况具体特点选择确定现场监测项目。必须对地下室相邻建(构)筑物的差异沉降进行观测，为施工提供参考依据。

3. 监测方法

(1)基坑工程的现场监测应以仪器观测为主，仪器观测和目测调查相结合。

(2)调查当地的气象情况，记录雨水、气温、台风、洪水等情况，并检查自然环境条件对基坑工程的影响程度。

(3)了解基坑工程的设计与施工情况、基坑周围的建(构)筑物、重要地下设施的布置情况和现状,密切检查基坑周围水管渗漏情况、煤气管道变形情况、基坑周围道路及地表开裂情况和建(构)筑物的开裂变位情况,并做好资料的记录与整理工作。

(4)检查支护结构的开裂变位情况,特别应重点检查支护桩体、支护墙面、主要支撑、连接点等关键部位的开裂变位情况及支护结构漏水的情况。

(5)边坡土体顶部和支护结构顶部的水平位移及垂直位移观测点应沿基坑周边布置,一般在每边的中部和端部均应布置观测点,且观测点间距不宜大于20 m。

(6)对于与基坑周边距离不超过3H(H为基坑开挖深度)的建(构)筑物,应观测其变位。必要时还应补测与基坑周边距离超过3H的建(构)筑物的变位。

(7)围护结构、支撑及锚杆的应力应变观测点和轴力观测点应布置在受力较大且有代表性的部位,观测点数量视具体情况而定。

(8)基坑周围地表沉降、地下水位、墙背土体深层位移、墙背土体的土压力和孔隙水压力的观测点宜设在基坑纵横轴线或其他有代表性的部位,观测点数量视具体情况而定。地下管线的沉降观测点宜设置于地下管线顶部,必要时可设置在管线底部地层内。

(9)基坑周围地表裂缝、建筑物裂缝和支护结构裂缝的观测应是全方位的,并选取其中裂缝宽度较大、有代表性的部位重点观测,记录其裂缝宽度、长度和走向。

(10)现场监测的观测仪器应满足观测精度和量程的要求。

(11)沉降观测基准点应设在基坑工程影响范围以外,一般距基坑周边应不少于5H,也不宜少于30~50 m,且数量不应少于2点。

(12)现场监测的准备工作应在基坑开挖前完成,从基坑开挖直至土回填完毕均应做观测工作。对主要监测项目的监测时间间隔应作出规定,如发现变位速率较大、支护结构开裂等情况,应进一步加强观测,缩短监测时间间隔,并及时向监理、设计和施工人员报告监测结果。

(13)观测数据应及时分析整理,沉降、位移等观测项目尚应绘制随时间变化的关系曲线,对变形和内力的发展趋势作出评价。当观测数据达到报警值时,必须立即通报有关单位和人员。

(14)监测记录和监测报告应采用监测记录表格,并应由监测、记录、校核人员签字。

(15)在监测工作完成后,由监测人员提交完整的基坑工程现场监测报告。

(16)在基坑及周边环境监测结果显示超出设计报警值,基坑及周边环境安全受到威胁时,根据不同情况按照应急预案有针对性地采取应急措施。

(七)基坑工程施工安全技术措施

(1)土方开挖前,应对周围环境进行普查,清除安全隐患;在施工中对邻近设施进行沉降和位移观测。

(2)基坑围护应设围栏,夜间设红色警示灯警示。

(3)设专人观察边坡变化情况,随时检查有无塌方现象,发现有塌方迹象及时通知坑内作业人员撤离至安全地带。

(4)基坑内设置临时木梯供作业人员上下,严禁从基坑上跳下。

(5)在挖掘机施工作业半径内不得站人或作业。

(6)夜间施工时,机上和工作地点必须设足够的照明设施,在危险地段设明显的警示标志和围栏。

(7)人工挖土严禁采用底部掏空的方法塌土施工,应由上而下分层按顺序分段施工。

(8)挖土操作人员前后相距最少 3 m 左右,间隔 2 m,不得两人对头刨土,以免镐头伤人。

(9)基坑土方开挖做到分层开挖,先支后挖,确保施工质量。在土方开挖过程中应检查基坑(槽)或管沟边坡的变化情况,如出现滑坡迹象(如裂缝、滑动等),应立即采取下列措施:

①暂停施工,必要时,所有人员和机械撤至安全地点;

②通知有关单位提出处理措施;

③根据滑动迹象设置观测点,观测沿坡体平面位移和沉降变化,并作好记录。

(10)在公共场所、居住区、交通道路等处挖掘时,应设置围栏,夜间应挂红灯警示。

(11)在土方开挖过程中,若监测数据显示局部围护结构变形异常,累计值接近报警值,则与基坑围护设计人员一起共同确定处理方案。

(12)严格按照基坑围护设计方案施工。

(八)案例分析:施工时间过长导致基坑坍塌

2005 年 7 月 21 日 12 时 10 分左右,某广场 B 区建筑施工工地发生一起基坑支护坍塌的重大安全事故,事故造成 3 人死亡、8 人受伤。该广场地处城市闹市区,该项目现定位为一商业主体大楼,由 A、B、C 三区组成,建设规模为地上 39 层,地下 5 层,建筑面积约为 140 000 m^2。

事故分析:(1)施工与设计不符,基坑施工时间过长,基坑支护受损失效,该基坑原设计深度只有 17 m,后变更为 19.6 m,而实际基坑局部开挖达 20.3 m,超深达 3.3 m,造成原支护桩(深度 20 m)变为吊脚桩;同时,该基坑施工时间长达 2 年 7 个月,基坑暴露时间大大超过临时支护期限一年的规定,致使开挖地层软化后水渗透,钢构件腐蚀,和锚杆(索)锚固力下降,致使基坑支护严重失效,构成重大事故的隐患。

(2)从地质勘察资料反映,在基坑开挖深度内的岩层中存在强风化软弱夹层,而且南侧岩层向基坑内倾斜,软弱强风化夹层中,又有渗水流泥现象,客观上存在不利的地质结构面,给该基坑工程留下了严重的安全隐患。

(3)基坑坡顶严重超载。7 月 17 日至事发当日,某土方运输队在南侧坑顶进行土方运输施工,在基坑坡顶边放置有汽车吊一台(自重 23 t),自卸车一辆(满载 25 t),致使基坑南侧支护平衡被打破,坡顶出现开裂。

(4)基坑变形监测资料表明,自 2005 年以来基坑南边出现过多次变形量明显增大,坑顶裂缝显著增大和裂缝长度明显增加的现象,这些资料说明基坑南侧在塌陷前已有明显征兆,检测方虽然提供了基坑水平位移监测数据,但未作分析提示,业主方没有及时对基坑做有效防护加固处理,当存在不利的外荷载作用时,就引发了失稳坍塌事故。

(5)其他原因还有未依法取得建筑工程施工许可证,基坑因长期施工已经存在基坑支护失效的安全问题而没有进行有效的安全验算,没有采取有效措施保证安全施工,在发现基坑变形存在重大安全隐患之后,虽然多次向某公司报告,但未能采取有效措施予以消除等。

三、桩基础工程

(一)桩基础的概念

桩基础是由承台和若干根基桩连成整体,共同承受建筑物荷载的一种深基础。桩基础通常作为上部荷载较大时的建筑物基础，具有承载力高、稳定性好、沉降量小而均匀、便于机械化施工、适应性强等突出特点。与其他深基础比较，桩基础的适用范围最广。在工程实践中，必须认真做好地质勘察工作，详细分析地质资料，综合考虑，精心设计施工。

下面主要介绍钢筋混凝土预制桩、钻孔灌注桩和人工挖孔灌注桩的施工安全技术。

(二)钢筋混凝土预制桩施工安全技术

(1)打桩作业区应有明显标志或围栏，作业区上方应无架空线路。

(2)打桩前，桩头的衬垫严禁用手拨正，不得在桩锤未落到桩顶就起锤，或过早刹车。

(3)登上机架高空作业时，应有防护措施，工具、零件严禁下抛。

(4)接桩所用硫磺胶泥的原料及制品在运输、储存和使用时应注意防火，熬制胶泥时，操作人员应穿戴防护用品，熬制场地应通风良好，胶泥浇注后，上节桩应缓缓下放，防止胶泥飞溅。

(5)定期检查钢丝绳的磨损情况和其他易损部件，当发现问题时应及时更换。

(6)预制桩施工桩机作业时，应严禁吊装、吊锤、回转、行走动作同时进行；桩机移动时，必须将桩锤落至最低位置；施打过程中，操作人员必须距离桩锤 5 m 以外监视。

(三)钻孔灌注桩施工安全技术

灌柱桩是指在工程现场通过机械钻孔、钢管挤土或人力挖掘等手段在地基土中形成桩孔，并在其内放置钢筋笼、灌注混凝土而做成的桩。依照成孔方法不同，灌注桩可分为沉管灌注桩、钻孔灌注桩和挖孔灌注桩等几类。钻孔灌注桩在工程建设中普遍应用，特别是工业与民用建筑、公路桥梁、水利工程中应用更为广泛。按成桩工艺，钻孔灌注桩可以分为干作业法钻孔灌注桩、泥浆护壁法钻孔灌注桩和套管护壁法钻孔灌注桩。钻孔灌注桩施工安全技术措施如下：

(1)注意现场文明施工，对不用的泥浆地沟应及时填平，对正在使用的泥浆地沟(管)加强管理，不得任泥浆溢流，捞取的沉渣应及时清走。各个排污通道必须有标志，夜间有照明设备，以防踩入泥浆，跌伤行人。

(2)施工机械底枕木要填实，保证施工时机械不倾斜、不倾倒。

(3)护筒周围不宜站人，防止不慎跌入孔中。

(4)起重机作业时，在吊臂转动范围内，不得有人走动或进行其他作业。

(5)钻孔机械钻进岩石或钻进地下障碍物时，要注意机械的震动和颠覆，必要时停机查明原因后方可继续施工。

(6)拆卸导管人员必须戴好安全帽，并注意防止扳手、螺钉等往下掉落。拆卸导管时，其上空不得进行其他作业。

(7)导管提升后继续浇筑混凝土前，必须检查其是否垫稳或挂牢。

(8)钻孔时孔口应加盖板，以防工具掉入孔内。

(四)人工挖孔灌注桩施工安全技术

1.人工挖孔灌注桩简介

人工挖孔灌注桩采用人工挖土成孔，在其内放置钢筋笼灌注混凝土浇捣成桩。在人工挖孔桩的底部扩大直径，称为人工挖孔扩底桩。这类桩由于其受力性能可靠，不需大型机具设备，施工操作工艺简单，可直接检查桩底岩土层情况，单桩承载力高，无环境污染，故在各地应用较为普遍。人工挖孔桩的缺点是挖孔中劳动强度较大，单桩施工速度较慢，尤其是安全性较差。

2.人工挖孔灌注桩常见安全事故及施工安全技术

1)人工挖孔灌注桩的常见安全事故

人工挖孔灌注桩的常见安全事故有:孔口石块或杂物掉入孔中砸伤正在孔中的施工人员,孔口操作人员被地下有害气体毒昏甚至死亡,孔壁支护不当而坍塌,砸伤甚至活埋操作工人,孔内电缆、电线磨损受潮导致工人触电伤亡,深孔中突然涌水淹没操作人员等。实践证明,只要施工人员树立安全意识,加强安全教育,做好安全技术交底,各种安全技术措施到位,人工挖孔桩的这些常见安全事故是完全可以避免的。

2)孔口围护措施

孔口四周必须浇筑混凝土护圈,并在护圈上设置围栏围护,应高出地面0.8 m。孔内作业时,孔口上面必须有人监护。挖出的土方应及时运离孔口,不得堆放在孔口四周1 m范围内,混凝土护圈上不得放置工具和站人。孔内作业人员必须头戴安全帽、身系安全带,特殊情况下还应戴上防毒防尘面具。利用吊桶运土时,必须采取相应的防范措施,以防落物伤人,电动葫芦运土应检验其安全起吊能力后方可投入运行。施工中应随时检查垂直运输设备的完好情况和孔壁情况。

3)孔中防中毒措施

地下特殊地层中往往含有CO、SO_2、H_2S或其他有毒气体,故每次下孔前,必须对桩孔内气体进行抽样检测(可用快速检测管),发现有害气体含量超过允许值时,应将有害气体清除至化学毒物最低允许浓度的卫生标准,并采取足够的安全卫生防范措施,如设置专门设备向孔内通风换气(通风量不少于15 L/s)等,以防止急性中毒事故的发生。严禁采用纯氧进行通风换气。人工挖孔作业一旦发生人员中毒、窒息等事故,必须在现场按应急措施规范要求实施抢救,根据情况及时送医院进一步抢救治疗,并报当地建设行政主管部门和劳动、卫生部门,以便采取相应措施。

4)防触电措施

施工现场的一切电源、电路的安装和拆除必须由持证电工操作。用电设备必须严格接地或接零保护且安装漏电保护器,各桩孔用电必须分闸,严禁一闸多用。孔上电缆必须架空1.0 m以上,严禁拖地和埋压土中,孔内电缆、电线必须采用护套等有防磨损、防潮、防断等的保护措施。孔内照明应采用安全矿灯或12 V以下的防爆灯具。孔中操作工应戴工作手套、穿绝缘胶鞋。

5)防止孔壁坍塌措施

在熟悉地质条件的基础上,开挖桩孔时原则上要设置混凝土护壁或钢护筒护壁,特别是直径在1.1 m以上的桩孔。混凝土护壁每节高1 m、厚约0.1 m,可加配适量钢筋,混凝土强度等级不低于C10。一般每天挖1 m深立即支模浇筑快硬混凝土,第二天继续施工。

扩底桩孔应做到:

(1)当孔底扩头可能会引起孔壁失稳时,必须采取相应的措施,经企业技术负责人审批签字后方可施工。

(2)已扩底的桩孔,要及时浇筑桩身混凝土或封底,不能尽快浇筑混凝土的桩应暂时不扩底,以防扩底部分塌方。

人工挖孔桩开挖应采用间隔挖孔方法,以减少水的渗透和防止土体滑移,防止在挖土或冲抓土成孔过程中因邻桩混凝土未初凝而发生窜孔现象。单桩挖孔应先中间后周边,并按设计桩径加 1 倍护壁厚度控制截面。

孔内一般不宜放炮,以防震塌土或震裂护壁造成事故,根据地质状况需爆破的,严格执行有关的爆破规程。

6)防止孔壁涌水措施

当相距 10 m 以内的邻桩正在浇筑混凝土或桩孔积水很深时,要考虑对正在挖孔桩的危险影响,一般应暂停施工,人不准下孔。随时加强对土壁涌水情况的观察,发现异常情况应及时采取处理措施。采用潜水泵抽水时,基本上抽干孔中积水后,作业人员才能下至孔中进行挖土。地下水丰富时,可将中间部位桩孔提前开挖,汇集附近的地下水,用 1 ~3 台潜水泵将水抽出,起到深井降水的作用。

7)其他安全措施

(1)当采用人工挖孔或人工扩孔时,必须经上级主管部门批准后方可施工。应由熟悉人工挖孔桩施工工艺、遵守操作规定和具有应急监测自防护能力的专业施工队伍施工。

(2)人工挖孔桩施工前,应针对现场工程地质、水文状况和设计要求编制切实可行而又安全合理的施工方案,配备必要的机具和电器设备,确保各种安全措施及时到位。

(3)孔内作业人员应勤轮换,连续作业时间不宜超过 1 h,以防止疲劳引发安全事故。

(4)孔内必须设置应急软爬梯,供人员上下孔洞。使用的电动葫芦、吊笼等应安全可靠并配有防坠落装置。上、下孔洞必须有可靠的联络设备和明确的联络信号。上下联系可通过对讲机等方式,地面上不得少于 2 名监护人员。

(5)开挖桩孔应从上自下逐层进行,挖一层土及时浇筑一节混凝土护壁。第一节护壁应高出地面 300 mm。

(6)距离孔口顶部周边 1 m 处应搭设围栏。孔口应设安全盖板,当盛土吊桶自孔内提出地面时,必须在将盖板关闭孔口后,再进行卸土。孔口顶部周边 1 m 范围内不得有堆土和其他堆积物。

(7)提升吊桶的机构的传动部分及地面扒杆必须牢靠,其制作、安装应符合施工设计要求。施工人员不得乘盛土桶上下,必须另配钢丝绳及滑轮,并配有断绳保护装置,或使用安全爬梯上下。

(8)应避免落物伤人,孔内应设半圆形防护板,并随着挖掘深度的增加逐层下移。吊运物料时,作业人员应在防护板下面工作。

(9)挖孔完成后应当天验收,并及时将桩身钢筋笼就位和浇筑混凝土。

(10)施工时发现文物、古化石、爆炸物、电缆等应暂停施工,保护好现场,并及时报告有关部门,按规定处理后,方可继续施工。

3.案例分析:人工挖孔桩施工违反设计方案导致桩孔坍塌

某广场综合楼(集商场、商务公寓、写字楼于一体)项目是该市西湖区的招商项目,按照设计方案要求,该工程地下部分采用逆作法施工,由人工挖地下桩成孔,混凝土护壁,采用定型钢模进行支护浇灌,强度等级为 C20,开挖工程中为确保安全,应用钢护筒进行开挖并减小支护高度,而施工方在施工组织时,违法设计方案的要求,对场地地质条件、交叉作业(开挖、取芯、爆破地下障碍物)的影响缺乏足够的思想准备和安全防范意识,为图省时、省工,采取了极其冒险的人工挖土时直接挖成的方法,每天开挖深度超过 1 m,并且采用竹篾护壁的方法。2003 年 3 月 2 日下午 2 时 40 分左右，当 K5 孔挖深至 7 m 左右时，突然发生塌方，致使孔下 3 人和孔顶 1 人（自然坠入）一并埋入孔中，被淤泥掩埋窒息而死。

事故分析：人工挖孔桩的施工单位违反设计方案的技术要求，擅自改变施工方案中关于使用混凝土护壁，采用定型钢模进行支护浇灌混凝土的明确要求，对施工现场的管理人员提出不能用竹篾做护壁，而应采用混凝土护壁的要求置若罔闻，这是导致此次事故发生的主要技术原因。在管理方面，全面负责现场施工安全管理的施工单位现场负责人，对施工中发现的问题未及时制止。施工单位技术负责人未按要求进行施工作业交底；现场施工员和安全员作为施工现场的直接管理人员，对作业人员不按要求进行作业的行为没有及时检查纠正，对监理方下达的隐患整改通知书没有高度重视，制止违章不力，是此次事故发生的主要管理原因。

（五）桩基础施工安全管理一般规定

（1）施工现场应全面规划，并有施工现场平面布置图；其现场道路应平坦、坚实、畅通；交叉点及危险地区，应设明显标志及围栏。

（2）施工现场必须设置施工围栏隔离设施和醒目警告标志，确保行人、车辆与施工互不干扰。夜间施工必须设置好照明设施。

（3）施工前，应对施工现场、机具设备及安全防护设施等，进行全面检查，确认符合安全要求后方可施工。

（4）在施工前对施工员及民工做好详细的安全交底，加强对现场人员的安全教育和督促检查。对施工用电等易发生安全事故的重点部位和工序，应安排专职安全员进行定期或不定期检查，并作好检查记录。

（5）施工用电应由有专业资格的从业人员操作和管理。施工现场用电及各种电器设备的安装使用，必须按供电部门的安全用电要求及有关规定执行，严禁违章用电。开关箱要安置防雨篷，严格采用一机一闸，并接零线，保险丝严禁用其他金属丝代替。机械设备都应有漏电保护装置和良好的接地接零。

（6）现场所有施工人员均须戴好安全帽，不得穿拖鞋。高空作业需系好安全带。

（7）凡患有高血压及视力不佳的人员不得进行机械操作作业，各种施工机械的操作人员必须持上岗证，严禁无证上岗，操作者应严格遵守安全操作规程。

（8）施工中所有机械操作人员和配合工种，必须听从指挥信号，不得随意离开岗位，并经常注意机械运转是否正常，发现异常应立即检查处理。

（9）在进行钢筋加工、焊接时，要采取防雨措施，并符合技术规范中有关规定。

（10）每天下班后，应有专人负责关闭、切断电源。

（11）施工时还应遵守施工现场的常规建筑安装工程安全操作规程和国家有关安全法规、规则、条例等。

（12）桩基础施工应按施工方案的要求进行。

第二节　脚手架工程

脚手架是建筑施工中必不可少的临时设施，浇筑混凝土、砌筑砖墙、墙面抹灰、装饰和粉刷、结构构件的安装等，都需要在其近旁搭设脚手架，以便在其上进行施工操作、堆放施工用料和必要时的短距离水平运输。

脚手架虽然是随着工程进度而搭设的,工程完毕就拆除,但它对建筑施工速度、工作效率、工程质量以及工人的人身安全有着直接的影响。如果脚手架搭设不及时,势必会拖延工程进度;脚手架搭设不符合施工需要,工人操作就不方便,质量得不到保证,工效也提不高;脚手架搭设不牢固、不稳定,就容易造成施工中的伤亡事故。因此,对脚手架的选型、构造、搭设质量等决不可疏忽大意,轻率处理。

一、脚手架种类

随着建筑施工技术的发展,脚手架的种类也愈来愈多。钢管脚手架可分为扣件式、碗扣式、承插式等;按搭设的用途,可分为砌筑架、装修架;按搭设的位置,可分为外脚手架和内脚手架。

(一)外脚手架

搭设在建筑物或构筑物外围的脚手架称为外脚手架。外脚手架应从地面搭起,也叫落地式脚手架。一般建筑物多高,其架子就要搭多高。其主要形式有多立杆式、框式、桥式等。多立杆式脚手架分单排式脚手架和双排式脚手架。

(1)单排式脚手架:它由落地的许多单排立杆与大横杆、小横杆、扫地杆等绑扎或扣接而成。

(2)双排式脚手架:它由落地的许多里、外两排立杆与大横杆、小横杆、扫地杆等绑扎或扣接而成。

(二)内脚手架

搭设在建筑物或构筑物内的脚手架称为内脚手架,主要有以下几种:

(1)折叠式内脚手架;

(2)支柱式内脚手架;

(3)门架式脚手架等。

二、扣件式钢管脚手架

(一)特点

扣件式钢管脚手架是目前使用最为广泛的一种脚手架。扣件式钢管脚手架由钢管和扣件组成,其具有以下特点。

1. 承载力大

当脚手架搭设的几何尺寸和构造符合扣件式钢管脚手架安全技术规范要求时,一般情况下,脚手架的单根立管承载力可达 15 ~ 35 kN。

2. 加工、装拆简便

钢管和扣件均有国家标准,加工简单,通用性好,且扣件连接简单,易于操作,装拆灵活,搬运方便。

3. 搭设灵活,适用范围广

钢管长度易于调整,扣件连接不受高度、角度和方向的限制,因此扣件式钢管脚手架适用于各种类型建筑物结构的施工。

4. 用材量较大，搭拆耗费人工较多

扣件式钢管脚手架用材量较大，搭拆耗费人工较多，材料和人工费用也消耗大，施工工效不高，安全保证性一般。

（二）适用范围

根据扣件式钢管脚手架的特点，其适用范围如下：

（1）工业与民用建筑施工用单排脚手架、双排脚手架及底撑式分段悬挑脚手架；

（2）水平混凝土结构工程施工用模板支撑脚手架；

（3）高耸建筑物，如烟囱、水塔等结构施工用脚手架；

（4）上料平台及安装施工用满堂脚手架；

（5）栈桥、码头、公路高架桥等工程施工用脚手架；

（6）其他临时建筑物的骨架等。

（三）主要组成构件及安全技术基本要求

1. 主要组成构件

扣件式钢管脚手架由钢管及扣件搭设而成，组成脚手架的主要构件及作用见表12-1。

表12-1　扣件式脚手架的主要组成构件及作用

序号	名称	安装位置及作用
1	扣件	采用螺栓紧固的连接件，是组成脚手架的主要构件
2	直角扣件	用于垂直交叉杆件的连接件，依靠扣件与钢管表面间的摩擦力传递施工荷载、风荷载的受力构件
3	对接扣件	用于杆件之间对接接长用的连接件，也是传递荷载的受力构件
4	旋转扣件	用于平行或斜交杆件之间的扣件
5	防滑扣件	根据抗滑要求增设的非连接用途扣件
6	底座	设于立杆底部的垫座，承受并传递立杆荷载给地基的构件
7	固定底座	不能调节支垫高度的底座
8	可调底座	能够调节支垫高度的底座
9	垫板	设于底座下的支撑板
10	立杆（立柱、站杆、冲天）	脚手架中垂直于水平面的竖向杆件，是传递脚手架结构重力荷载、施工荷载与风荷载的主要受力构件
11	外力杆	双排脚手架中离开墙体一侧的立杆，或单排脚手架立杆
12	纵向水平杆	沿脚手架纵向设置的水平杆
13	横向水平杆	沿脚手架横向设置的水平杆
14	连墙件	连接脚手架与建筑物的构件
15	横向斜撑	与双排脚手架内、外立杆或水平杆斜交呈之字形的斜杆
16	剪刀撑	在脚手架外侧面成对设置的交叉斜杆
17	抛撑	与脚手架外侧面斜交的杆件
18	作业层	上人作业的脚手架铺板层

2. 安全技术基本要求

(1)脚手架支搭及所用构件必须符合国家规范。

(2)钢管脚手架应用外径为 48 ~51 mm,壁厚 3 ~3.5 mm,无严重锈蚀、弯曲、压扁或裂纹的钢管。脚手杆件不得钢木混搭。不得使用有脆裂、变形、滑丝的扣钳。

(3)结构脚手架立杆间距不得大于 1.5 m,纵向水平杆(大横杆)间距不得大于 1.2 m,横向水平杆(小横杆)间距不得大于 1 m。

(4)装修脚手架立杆间距不得大于 1.5 m,纵向水平杆(大横杆)间距不得大于 1.8 m,横向水平杆(小横杆)间距不得大于 1.5 m。

(5)脚手架基础必须平整坚实,有排水措施,满足架体支搭要求,确保不沉陷、不积水。其架体必须支搭在底座(托)或通长脚手板上。

(6)脚手架施工操作面必须满铺脚手板,不得有空隙、探头板和飞跳板。操作面外侧应设一道护身栏杆和一道 18 cm 高的挡脚板。脚手架施工层操作面下方净空距离超过 3 m 时,必须设置一道水平安全网,双排架里口与结构外墙间水平网无法防护时可铺设脚手板。架体必须用密目安全网沿外架内侧进行封闭,安全网之间必须连接牢固,封闭严密,并与架体固定。安全网下口要满扎。

(7)脚手架的宽度应满足工人操作、材料堆置和运输的需要,一般为 1.5 ~2.0 m,并保证有足够的强度、刚度和稳定性,构造简单,装拆方便并能多次周转使用。

(8)在脚手架和建筑物之间必须按设计计算要求,设置足够数量、分布均匀的连墙件,以防止脚手架横向失稳和倾覆,并可靠传递风荷载。脚手架必须按楼层与结构拉接牢固,拉接点垂直距离不得超过 4 m,水平距离不得超过 6 m。拉接必须使用刚性材料。20 m 以上高大架子应有卸荷措施。脚手架与主体外墙距离不得大于 20 cm,且每三步一隔,封闭要严密。

(9)应设置纵向剪刀撑和横向斜撑,以使脚手架具有足够的纵向和横向整体刚度。脚手架必须设置连续剪刀撑(十字盖)保证整体结构不变形,宽度不得超过 7 根立杆,斜杆与水平面夹角应为 45° ~60°。

(10)人行马道宽度不小于 1 m,斜道的坡度不大于 1∶3;运料马道宽度不小于 1.5 m,斜道的坡度不大于 1∶6。拐弯处应设平台,按临边防护要求设置防护栏杆及挡脚板,防滑条间距不大于 30 cm,应绑扎牢固。

(11)结构用的里、外承重脚手架,使用时荷载不得超过 2 646 N/m^2(270 kg/m^2),装修用的里、外脚手架使用荷载不得超过 1 960 N/m^2(200 kg/m^2)。

(12)在建工程(含脚手架具)的外侧边缘与外电架空线的边线之间,应按规范保持安全操作距离。特殊情况下必须采取有效可靠的防护措施。护线架的支搭应采用非导电材质,其基础立杆的埋置深度为 30 ~50 cm,整体护线架要有可靠支顶拉接措施,保证架体稳固。

(13)避雷装置。

①脚手架顶部高于 2 m,四角设置避雷针(长度大于 35 m,应中间设几根)。

②接地装置的接地线应采用三根导体,在不同点与接地体作电气连接,垂直接地体应采用 5 ×50 角钢、ϕ48 mm 钢管或 ϕ22 mm 圆钢,长度 2.2 m,不得采用螺纹钢,接地电阻不大于 4 Ω。

(14)特殊脚手架和高度在 20 m 以上的高大脚手架必须有设计方案,并履行验收手续。

(四)案例分析:无脚手架搭设方案卸料平台坍塌

广东省惠州市某花园工程项目建设单位是惠州市某房地产开发公司(民营企业),施工单位是惠州市某住宅公司,该花园工程原是烂尾楼,由惠州市某房地产公司收购建设开发。6月份工程动工复建,6月底该工程项目的现场施工员根据公司的安排,通知搭棚队负责人搭设脚手架,搭设时无设计施工方案,搭设完成后没有经过验收便投入使用。12月底为了赶工期,工地施工员根据公司安排,在工程未完工的情况下通知搭棚队负责人,先行拆除部分脚手架,1月3日拆完外脚手架后,只剩下独立的平台架体,后工程队带班黄某在施工作业过程中,发现卸料平台架体不稳固遂向工地施工员作了报告,但施工员和搭棚队负责人及有关管理人员均未对平台架体进行认真安全检查和采取加固措施。1月7日下午13时,工程队带班黄某安排工人进行施工作业。13时10分,平台架体失稳发生坍塌,造成平台作业人员2人当场死亡、4人重伤、4人轻伤。其中一名重伤人员因伤势严重,于1月14日抢救无效死亡。

事故分析:缺少脚手架搭设方案是造成此次事故的技术原因。该工程搭设脚手架时,只是由现场施工员向搭棚队负责人安排了工作任务,而带班黄某在既无方案又无交底的情况下,完全根据自己经验和习惯,随意搭设脚手架,造成该工程脚手架缺少技术依据和论证。卸料平台未进行设计也没有施工图纸并违反规定与脚手架连接。在搭接的过程中还随意拆改卸料平台的结构架体,造成卸料平台整体受力结构改变,影响了稳定性。施工单位的管理人员安全意识差,未能认真履行职责,职责不明,未认真开展安全检查。施工单位明知存在事故隐患也没有及时纠正和采取防范措施,制度不健全,落实不到位。劳动组织不合理,人员集中,荷载集中,造成超载也是导致事故发生的原因。

三、模板支架

模板支架是用于支撑模板、采用脚手架材料搭设的架子。模板支架也广泛采用扣件式钢管搭设。

(一)模板支架立杆的构造要求

(1)每根立杆底部应设置底座,并必须按有关规定设置纵横扫地杆。

(2)高支模立杆步距不得大于1.5 m,并应设置纵横水平拉杆。

(3)立杆接长必须按有关规定采用对接扣件连接。

(4)支架立杆应竖直设置,2 m高度的垂直允许偏差为15 mm。

(5)当梁模板支架立杆采用单根立杆时,立杆应设在梁模板中心线处,其偏心距不应大于25 mm。

(二)满堂模板支架支撑的设置规定

(1)剪刀撑应纵横设置,且不少于两道,其间距不得超过6.5 m;支撑主梁的立杆必须设置剪刀撑。

(2)满堂模板支架四边与中间每隔四排支架立杆应设置一道纵向剪刀撑,由底至顶连续设置。

(3)高于4 m的模板支架,其两端与中间每隔4排立杆从顶层开始向下每隔两步设置一道水平剪刀撑。剪刀撑的构造应符合有关规定。

（三）模板支架的施工

（1）施工准备：进行技术交底，对构配件进行验收，清除搭设场地杂物，平整搭设场地，并使排水畅通。

（2）支架基础必须满足支模施工和计算要求，验收合格后按施工方案的要求放线定位，并确保放置底座面水平，保证立杆垂直。

（3）按施工方案和构造要求搭设模板支架，应满足《混凝土结构工程施工质量验收规范》（GB 50204—2002（2010 年版））的有关规定。

（四）模板支架的拆除

（1）支模的拆除必须经验算复核并符合《混凝土结构工程施工质量验收规范》（GB 50204—2002（2010 年版）及其他有关规定，严格控制拆模时间，拆模前必须有拆模申请并经审批。

（2）拆除时应遵循先上后下，先搭后拆，后搭先拆，一步一清的原则，部件拆除的顺序与安装顺序相反，严禁上下同时作业，拆除时应采取可靠的安全措施。卸料时应由作业人员将各配件逐次传递到地面，严禁抛掷。

（3）运至地面的构配件应及时检查、整修与保养，清除杆件及螺纹上的沾污物，变形严重的，送回仓库修整。配件经检查、修整后，按品种、规格分类存放，妥善保管。

（五）安全管理

（1）明确支模施工现场安全责任人，负责施工全过程的安全管理工作。在支模搭设、拆除和混凝土浇筑前向作业人员进行安全技术交底。

（2）支模施工应按经审批的施工方案进行，方案未经原审批部门同意，任何人不得修改变更。

（3）支模分段或整体搭设安装完毕，经技术和安全负责人验收合格后方能进行钢筋安装。

（4）支模施工现场应搭设工作梯，作业人员不得从支撑系统爬上爬下。

（5）支模搭设、拆除和混凝土浇筑期间，无关人员不得进入支模底下，并由安全员在现场监护。

（6）混凝土浇筑时，派安全员专职观察模板及其支撑系统的变形情况，发现异常现象时应立即暂停施工，迅速疏散人员，待排除险情并经施工现场安全负责人检查同意后方可复工。

（7）施工期间，要避免材料、机具与工具过于集中堆放。

（8）支架搭设人员必须持证上岗，并戴安全帽、系安全带、穿防滑鞋。

（9）恶劣天气时应停止模板支架的搭设与拆除，雨后上架作业应有防滑措施。

（六）案例分析：模板支架搭设不合要求导致倒塌

某中心小学主楼工程为框架结构，工程设计人为某中心小学校长（无设计资格证书），施工承包人为当地的村主任、党支部书记、副书记（均无企业资质、营业执照）。承包后，他们又将工程转包给当地的其他村民（均无资质证书、营业执照），施工期间该村民又雇佣村民 17 人浇筑混凝土。该工程于 2002 年 10 月 8 日搭设模板，10 月 13 日进行混凝土浇筑，该日下午 4 时左右现浇板整体塌陷，造成 5 人死亡，1 人重伤，2 人轻伤。

事故分析：从事故检查中发现，模板支架问题严重，模板支架搭设不合要求是造成这次事故的直接原因,模板立杆截面小,间距大,承载能力严重不足,且支撑不稳,接头也不符合要求,立杆接头在同一平面,且采用平接接口,用板条铁钉拉接,不能保证力的传递效果,无水平支撑及剪刀撑,业主私自发包工程,违反工程建设管理程序。

该工程项目业主未按工程项目管理程序办理报建,逃避监管,并非法承包给无从业资格人员承建,且有关部门管理失职,是造成此次事故的重要原因。

施工队伍从管理人员到各种作业人员均无证上岗,作业人员不懂操作规程,施工管理人员不懂相关规范标准,施工无资质,现场无管理,操作无要求,是造成此次事故的主要原因。

四、扣件式脚手架的搭设与使用

(一)扣件式脚手架的原材料要求

钢管应符合现行《碳素结构钢》(GB/T 700—2006)规范中Q235钢的标准,扣件应符合现行《钢管脚手架扣件》(GB 15831—2006)标准,并有质量合格证、质检报告、准用证等证明材料,对反复使用的钢管应检测其壁厚,壁厚不得小于公称壁厚的90%,不得使用不合格的产品。钢管表面平直光滑,壁厚均匀,不应有裂缝、分层、毛刺、硬弯、电锯结疤,其表面应有防锈处理,扣件不得有裂纹、变形和螺栓出现滑丝等缺陷,并有防锈处理。

钢管扣件应按规格、种类分类整齐堆放、堆稳。堆放的地方不得有积水。按照支撑系统专项施工方案,必须对地基的软松土、回填土进行平整、夯实,地基设有排水设施,支撑系统范围内的地基承载能力应满足支架施工时总荷载的要求。同时,在模板支撑系统的搭设区域应设置安全警戒线。

(二)扣件式脚手架的使用要求

(1)钢管上严禁打孔,钢管在使用前先涂刷防锈漆。

(2)扣件材质必须符合《钢管脚手架扣件》(GB 15831—2006)的规定。

(3)新扣件应具有生产许可证、法定检测单位的测试报告和产品质量合格证。对扣件质量有怀疑时,按现行国家标准《钢管脚手架扣件》(GB 15831—2006)的规定抽样检测。对不合格品禁止使用。

(4)旧扣件使用前,先进行质量检查,有裂缝、变形的严禁使用,对出现滑丝的螺栓进行更换处理。

(5)新、旧扣件均进行防锈处理。

(6)脚手片用毛竹脚手片,无发霉、腐蚀。

(7)密目式安全网必须是建设主管部门认证的产品。

(8)扣件式脚手架搭设后至拆除的使用全过程中,立杆底部不得松动,不得任意拆除任何一根杆件,不得松动扣件,不得用做起重缆风的拉结。严格控制扣件式脚手架的施工荷载,不得超过设计荷载,在施工中应有专人监控。

(三)扣件式脚手架对地基与基础的要求

根据脚手架搭设高度,原土或回填土必须事先进行夯实,脚手架立杆根部必须设底座,在底座下设垫板或垫木,以确保立杆荷载能均布地传给地基承受。当荷载较大时,应考虑采取加设灰土或混凝土垫层等措施,基础应能承受上部结构荷载。脚手架底面标高高于自然地坪50 mm,立杆基础外侧设置截面20 cm×20 cm的排水沟。

（四）脚手架搭设质量和安全要求

脚手架的搭设应将质量要求和安全要求有机统一起来，确保搭设过程以及以后的使用和拆除过程的安全与适用。

1. 搭设前的准备工作

（1）搭设前，单位工程负责人应按脚手架搭拆方案的要求，对架子工进行安全技术交底，交底双方履行签字手续。

（2）熟悉图纸和施工现场，掌握建筑平面和立面的构造特点及环境条件，按照《建筑施工扣件式钢管脚手架安全技术规范》（JGJ 130—2011）中的构造要求，决定脚手架步距等，具体实施搭设步骤。

（3）材料准备。对进场的钢管、扣件、脚手架、安全网等进行检查验收，对不合格产品一律不得使用。

（4）搭设场地准备。根据脚手架搭设高度、搭设场地土质情况与现行国家标准《建筑地基基础工程施工质量验收规范》（GB 50202—2002）做好脚手架地基与基础的施工，要求坚实平整，不积水，混凝土硬化。经验收合格后，按方案的要求放线定位。

（5）架子工应持有效的特种作业人员操作证上岗作业。必须戴好安全帽，佩安全带，必须穿鞋，严禁穿塑料底鞋、皮鞋等硬底易滑的鞋子登高作业；操作工具及小零件要放在工具袋内，扎紧衣袖口、领口以及裤腿口，以防钩挂发生危险。严禁有高血压、癫痫病、晕高、视力不好等不适合做高处作业的人员从事架子高空作业。

2. 搭设过程中的质量和安全要求

（1）脚手架必须配合施工进度搭设，一次搭设高度不应超过相邻连墙件以上 2 步，保证搭设和使用过程中的稳定性。一步脚手架完工后，应立即清理多余材料，做到工完、料清、场净。

（2）脚手架搭设中累计误差若超过允许偏差，难以纠正，因此每搭完一步脚手架后，应按规定校核步距、纵距、横距和立杆的垂直度。

（3）竖立杆时应由两人配合操作。大横杆、小横杆与立杆连接时，也必须两人配合。

（4）当有 6 级及 6 级以上大风和雾、雨或雨雪、雪天气时，应停止脚手架搭设作业。雨、雪后上架作业应注意防滑，并采取防滑措施。

（5）非操作层脚手架上严禁堆放材料，且必须保持清洁，操作层脚手架上材料堆放不能集中，不能超高，堆放要稳固，每平方米的堆放不得超过 300 kg，工作完成后应及时清除干净。

（6）脚手架搭设后由施工企业组织分段验收（一般不超过 3 步架），办理验收手续。验收表中应写明验收的部位，内容量化，验收人员履行验收签字手续。若验收不合格，应在整改完毕后重新填写验收表。脚手架验收合格并挂合格牌后方可使用。

3. 搭设要点

（1）扣件式双排钢管脚手架搭设的一般顺序是：里立杆→外立杆→小横杆→大横杆→扫地杆→脚手片→防护栏杆和踢脚杆→连墙杆→安全网。

（2）扣件式脚手架立杆间距应按施工方案进行设置，先在地平面放线确定立杆位置，将立杆与水平杆用扣件连接成第一层支撑架体，完成一层搭设后，应对立杆的垂直度进行初步校正，然后搭设扫地杆并再次对立杆的垂直度进行校正，扫地杆离地不大于 200 mm，逐层搭设支撑架体，每搭设一层纵向、横向水平杆时，应对立杆进行垂直度校正。

(3)扣件式脚手架水平杆位置应严格按施工方案的要求设置，应一层一层进行搭设，不得错层搭设。立杆在同一水平面内对接接长数量不得大于总数量的1/3，接长点应在层距端部的1/3距离范围内，接长杆应均匀分布在支撑架体平面范围内。严禁相邻两根立杆同步接长，立杆的接长应以满足支撑高度的最少节点为原则。立杆接长后仍不能满足所需高度且接长高度小于800 mm时可以在立杆顶部采用扣件接长，用于调节立杆标高，绑接扣件数量不得少于2只，且2只扣件的距离应为350～400 mm，扣件中心离立杆顶部距离不得小于100 mm，同一支撑架体上绑接扣件的距离应一致。

(4)搭设2层以上的扣件式脚手架应设置登高设施。按施工方案搭设水平杆的层高，且按照支撑架体要求设置水平加强层，搭设外立面剪刀撑和中间立面剪刀撑，设置支撑架体与墙体的附着连接。支架作为承重系统，一般不设置脚手板，不上人操作。剪刀撑的设置也比外脚手架复杂，包括水平剪刀撑和竖向剪刀撑。

(5)建筑物出入口处应进行脚手架加固。在开口处的两侧采用双立杆，悬空立杆下端增设安全扣件，此处连接要紧密，每步都须设置。出入口脚手架上方设双层防护棚，满铺竹笆，以保护出入人员的安全。要按规定设置安全网、安全防护栏杆及挡脚板，施工层必须满铺脚手板。

4. 拆除时的安全措施

(1)外脚手架拆除前应由单位工程负责人召集有关人员对架子工程进行全面检查与签证确认，建筑物施工完毕，且不需要使用时，脚手架方可拆除。拆除前应将脚手架留存材料、杂物清除干净。

(2)拆除脚手架设专人负责，统一指挥，划分作业区，应设置警戒，张挂醒目的警戒标志，禁止非操作人员和地面施工人员通行，并有专人负责警戒。对拆除作业人员进行安全技术交底及注意事项提醒，检查工具，安全防护用品是否齐全有效。

(3)长立杆、斜杆的拆除应由2人配合进行，上下呼应，动作协调，不宜单独作业，下班时应检查是否牢固，必要时应加设临时固定支撑，防止意外。当解开与另一人有关的结扣时，应先通知对方，以防坠落。

(4)拆除外脚手架前应将通道口上的存留材料杂物清除，按自上而下、先装后拆、后装先拆的顺序拆除。

(5)拆除顺序为：安全网→踢脚杆→防护栏杆→剪刀撑→脚手片→搁栅杆→连墙杆→大横杆→小横杆→立杆，应按自上而下，先搭后拆，后搭先拆的原则拆除，一步一清，不得采用踏步式拆除，不准上、下同时作业。

(6)如遇强风、雨、雪等天气，不能进行外脚手架拆除作业。

(7)拆卸的钢管与扣件应分类堆放，严禁高空抛掷。

(8)拆除时的高处作业人员必须戴安全帽，系安全带，扎裹腿，穿软底鞋。

(9)连墙点应随拆除进度逐层拆除，拆抛撑前应设置临时支撑，再拆抛撑。

(10)拆除时不得中途换人，若必须换人时，应将拆除情况交代清楚后方可离开。

(六)案例分析：钢管支架失稳，屋盖模板坍塌

南京市某演播厅舞台工程由某建筑集团上海分公司施工，大演播厅舞台屋盖梁底标高为+27.7，模板支架中使用了脚手架钢管及扣件，支架立杆最底部标高为-8.7，支架高度为

36.4 m。2000 年 10 月 25 日上午，在浇筑混凝土过程中模板支架倒塌，造成 6 人死亡 35 人受伤的重大事故。

事故分析：影响钢管支架整体稳定性的主要因素有：立杆间距、步距、立杆接长，连墙件的竖向距离以及扣件的紧固程度。从现场实测情况看以上诸因素完全失控。大演播厅屋盖混凝土浇筑工程支撑高度过高(已达 36 m 以上)，支撑质量大(主梁与次梁交点处最大荷载达每平方米达 6 t 以上)，模板支架中采用了脚手架钢管及扣件(一般脚手架施工荷载仅为 300 kN/m²)。如此高大的模板工程竟无计算，只凭经验随意搭设且无人过问，是造成此事故的主要原因。从施工管理人员到操作人员，都没认识到模板工程施工技术的关键，从而放松管理。

第三节 模板工程

随着高层建筑的增多，不管是公用建筑还是民用建筑，其设计多为框架、框剪等现浇结构。因此，模板工程成为结构施工中量大且周转频繁的重要分项工程，其技术要求和安全状况亦成为施工技术与安全监督的重点和难点。近年来，建筑施工倒塌、坍塌造成安全事故的比例呈逐渐上升趋势，而由于模板支撑失稳造成的坍塌事故不仅造成人员伤亡，也往往导致严重的工程事故，造成较大的损失。其主要原因有：模板工程施工无专项组织设计或方案；现浇混凝土模板支撑未经过设计计算，支撑系统强度、刚度不足，在浇筑混凝土过程中，造成整体失稳坍塌；楼板拆模时，混凝土未达到设计强度；在模板上堆物过多，使模板超过允许荷载；使用伪劣的钢管、扣件造成支撑系统的钢管变形或扣件崩裂以致发生坍塌事故。因此，我们必须了解模板施工的特点，掌握模板支撑施工的技术与安全控制方法，规范现场安全管理行为，防止施工安全事故发生。

建筑施工用模板根据其形式，可分为整体式模板、定型模板、工具式模板、翻转模板、滑动模板、胎模等。按材料不同又可分为木模板、钢模板、钢木模板、竹模板、铝合金模板、塑料模板、玻璃钢模板等。目前，在各大城市已大量推广组合式定型钢模板及钢木模板。

一、模板安装安全技术

(一)现浇整体式模板

(1)单片柱模吊装时，应采用卸扣和柱模连接，严禁用钢筋钩代替，以避免柱模翻转时脱钩造成事故，待模板立稳并拉好支撑后，方可摘除吊钩。

(2)支撑应按工序进行，模板没有固定前，不得进行下一道工序作业。

(3)支设 4 m 以上的立柱模板和梁模板时，应搭设工作台，不足 4 m 的，可使用马凳操作，不准站在柱模板上操作和在梁底模上行走，更不允许利用拉杆、支撑攀登上下。

(4)墙模板在未装对拉螺栓前，板面要向后倾斜一定角度并撑牢，以防倒塌。安装过程要随时拆换支撑或增加支撑，以保持墙模处于稳定状态。模板未支撑稳固前不得松动吊钩。

(5)安装墙模板时，应从内、外墙角开始，向相互垂直的两个方向拼装，连接模板的 U 形卡要正反交替安装，同一道墙(梁)的两侧模板应同时组合，以便确保模板安装时的稳定。当墙模板采用分层支模时，第一层模板拼装后，应立即将内外钢楞、扣件螺栓、斜撑等全部安设紧固稳定。当下层模板不能独立安设支撑件时，必须采取可靠的临时固定措施，否则严禁进行上一层模板的安装。

(6)用钢管和扣件搭设双排立柱承重支架时,扣件应拧紧,且应抽查扣件螺栓的扭力矩是否符合规定,不够时,可放两个扣件与原扣件挨紧。横杆步距应按设计规定,严禁随意增大。

(7)要在承重支撑架安设稳固和板下横楞与支架连接牢固后进行平板模板安装就位。U 形卡要按设计规定安装,以增强整体性,确保模板结构安全。

(8)遇 5 级以上大风,应停止模板的吊运作业。

(二)滑升模板(滑模)

(1)滑模施工设计时,必须注意施工过程中结构的稳定和安全。

(2)滑升模板在施工前,技术部门必须做好确实可行的施工方案及流程示意,操作人员必须严格遵照执行。

(3)滑模施工中,应严格按施工组织设计要求分散堆载,平台不得超载且不应出现不均匀堆载的现象。滑模施工工程操作人员的上下,应设置可靠楼梯或在建筑物内及时安装楼梯。

(4)施工现场应有足够的照明,操作平台上的照明采用 36 V 低电压电灯。夜间施工准备手电筒,以预防夜间停电。

(5)参加高空作业人员必须经体检合格,凡患有高血压、心脏病及医生认为不适于高空作业者,不得参加滑模施工。

(6)应遵守施工安全操作规程的有关规定。滑升模板在提升前应对全部设备装置进行检查,调试妥善后方可使用,重点放在检查平台的装配、节点、电气及液压系统上。

(7)平台内、外吊脚手架使用前,应一律安装好轻质牢固的安全网,并将安全网靠壁,经验收后方可使用。

(8)为了防止高空物体坠落伤人,筒身内底部,一般在 2.5 m 高外搭设保护棚,应十分可靠,并在上部铺一层 6~8 mm 钢板防护。

(9)设备应敷设接地线装置,平台上振动器、电机等应做接地或接零保护。

(10)通信设备除电铃和信号灯外,还应装备 3~4 台步话机。

(11)施工人员必须服从统一指挥,不得擅自操作液压设备和机械设备。滑升模板在提升时,应统一指挥,并有专人负责监测千斤顶,滑升中出现不正常情况时,立即停止滑升,找出原因并采取相应措施后方准继续滑升。

(三)大模扳

(1)平模存放时应有满足地区条件要求的自稳角,两块大模板应采取板面对板面的存放方法,长期存放模板。大模板存放在施工楼层上,必须有可靠的防倾倒措施。不得沿外墙周边放置,并垂直于外墙存放。没有支撑或自稳角不足的大模板,要存放在专用的堆放架上,或者平堆放,不得靠在其他模板或物件上,严防下脚滑移倾倒。

(2)模板起吊前,应检查吊装用绳索、卡具及每块模板上的吊环是否完整有效,并应先拆除一切临时支撑,经检查无误后方可起吊。模板起吊前,应将吊车的位置调整适当,做到稳起稳落,就位准确,禁止用人力搬动模板,严防模板大幅度摆动或碰倒其他模板。

(3)筒模可用拖车整体运输,也可拆成平模用拖车水平叠放运输。平模叠放时,垫木必须上下对齐,绑扎牢固。用拖车运输时,车上严禁坐人。

(4)在大模板拆装区域周围,应设置围栏,并挂明显的标志牌,禁止非作业人员入内。组装平模时,应及时用卡具或花篮螺丝将相邻模板连接好,防止倾倒。

(5)全现浇结构安装外模板时,必须将悬挑固定,位置调整准确后,方可摘钩;外模安装后,要立即穿好销杆,紧固螺栓。安装外楼板的操作人员必须系好安全带。

(6)在模板组装或拆除时,指挥、拆除和挂钩人员,必须站在安全可靠的地方方可操作,严禁人员随大模板起吊。

(7)大模板必须有操作平台、上下梯道、走桥和防护栏杆等附属设施,如有损坏,应及时修理。

(8)拆模起吊前,应复查穿墙销杆是否拆净,在确无遗漏且模板与墙体完全脱离后方可起吊。拆除外墙模板时,应先挂好吊钩,拉紧绳索,再行拆除销杆。吊钩应垂直模板,不得斜吊,以防碰撞相邻模板和摘钩时手不离钩,待吊钩吊起超过头部方可松手,超过障碍物以上的允许高度,才能行车或转臂。模板就位或拆除时,必须设置缆风绳,以利模板吊装过程中的稳定性。在大风情况下,根据安全规定,不得作高空运输,以免在拆除过程中发生模板间或与其他障碍物之间的碰撞。

(9)模板安装就位后,要采取防止触电的保护措施,要设专人将大模板串连起来,并同避雷网接通,防止漏电伤人。

(10)大模板拆除后,应及时清除模板上的残余混凝土,并涂刷脱模剂。在清扫和涂刷脱模剂时,模板要临时固定好,板面相对停放的模板间,应留出 50~60 cm 宽人行道,模板上方要用拉杆固定。

(四)台模(飞模)

(1)台模必须经过设计计算,确保其能承受全部施工荷载,并在反复周转使用时满足强度、刚度和稳定性的要求。

(2)堆放场地应平整坚实,严防地基下沉引起台模架扭曲变形。

(3)高而窄的台模架宜加设连杆互相牵牢,防止失稳倾倒。

(4)装车运输时,应将台模与车辆系牢,严防台模运输时互相碰撞和倾覆。

(5)组装后及每次安装前,应设专人检查和整修,不符合标准要求者,不得投入使用。

(6)模架拆下及移至下一施工段使用时,模架上不得浮搁板块、零配件及其他用具,以防坠落伤人。待就位后,模架后端与建筑物可靠固定后,方可上人。

(7)起飞台模用的临时平台,结构必须可靠,支搭坚固,平台上应设车轮的制动装置,平台外沿应设护栏,必要时还应设安全网。

(8)在运行起飞时,严禁有人搭乘。

(五)爬模

(1)爬模操作人员必须遵守工地的一般安全规定,并佩戴所规定的劳动保护用品。

(2)提升前应检查模板是否全部脱离墙面,内外模板的拉杆螺栓是否全部抽掉,爬杆螺栓是否全部达到要求。

(3)在液压千斤顶或倒链提升过程中,应保持模板平稳上升,模板顶面的高低差不得超过 100 mm。在提升过程中,应经常检查模板与脚手架之间是否有钩挂现象,油泵是否工作正常。

(4)模板提升好后,应立即校正与内模板固定,待有可靠的保证方可使油泵回油,松掉千斤顶或倒链。

(5)经常检查撑头是否有变形,如有变形应立即处理,以防爬模架护墙螺栓超荷发生事故。

(6)提升爬架时,应先把模板中的油泵爬杆换到爬架油泵中(拆除撑头防止落下伤人),拧紧爬杆螺栓,这时方允许拆除护墙螺栓,然后开始提升,提升过程中应注意爬架的高低差不超过 50 mm 和有无障碍物。

(7)爬架的提升必须在混凝土达到所规定的强度后方可进行,提升时应有专人指挥,且必须满足下列要求:

①大模板的穿墙螺栓全部未松动;

②每个爬架必须挂两个倒链(或一个千斤顶)提升;

③保险钢丝绳必须拴牢,并设专人检查无误;

④拆除爬架附墙螺栓前,倒链全部调整到工作状态,然后才能拆除附墙螺栓。

上述条件均已全部具备方可提升。

(8)提升到位后,安装附墙螺栓,并按规定垫好垫圈,拧紧螺帽,用测力扳手测定达到要求后,方可松掉倒链(或千斤顶)。严禁用塔吊提升爬架。

(9)提升大模板时,其对应模板只能单块提升,严禁两块大模板同时提升,且应注意下列事项:

①大模板必须在悬空的情况下,穿墙螺栓全部拆除;

②保险钢丝绳必须拴牢,并有专人检查;

③用多个倒链提升时,应先将各倒链调整到工作状态,方可拆除穿墙螺栓;

④大模板提升必须设专人指挥,各个倒链或千斤顶必须同步进行。

(六)模板工程安装安全技术

模板工程作业高度在 2 m 及以上时,应根据高空作业安全技术规范的要求进行操作和防护,要有可靠安全的操作架子。4 m 以上及二层以上周围应设安全网、防护栏杆,若设临街通道在施工区域内应设警示牌,避免伤及行人。平台上一般不宜堆放模板料,必须短时间堆放时一定要放平稳,不能堆放得过高,必须控制在架子或平台的允许荷载范围内。高处支模工人所用工具要放在工具袋内,不能随意将工具模板零件放在脚手架上,以免坠落伤人。

外架要高于操作层至少一步,以便在操作层周边安全作业,并在操作层已浇混凝土楼面与外架间做好隔离,在操作层有洞口的地方要把洞口封堵,保持操作人员站人或材料不往下掉,个别洞口过大时须在洞口边上做护栏。

安装模板时操作人员应有可靠的落脚点,并应站在安全地点进行操作,避免上下在同一垂直面工作,操作人员要主动避让吊物,增强自我保护和相互保护的安全意识。

支模过程中,若需途中停歇,应将支撑、搭头、柱头板等钉牢。

模板支撑不能直接固定在外脚手架上,避免发生倒塌或模板位移。模板及其支架在安装过程中,必须设置防倾覆的临时固定设施。支撑等不得搭在门窗框和脚手架上。通路中间的斜撑、拉杆等应设在 1.8 m 高度以上。

二人抬模板时要相互配合,协调工作。传递模板、工具应用索具系牢,采用垂直升降机机械运输,不得乱抛。

操作人员上下通行时,必须走室内楼梯或临时施工便道,不许攀登模板或脚手架,不许在墙顶、独立梁及其他狭窄而无防护栏的模板面上行走。

支模应按规定的作业程序进行，模板未固定前不得进行下一道工序。严禁在连接件和支撑件上攀登上下，严禁在无安全措施情况下安排工人立体操作。

(1)支设柱模时，须先搭好支模架，在柱四周放好立人板，并用铁丝绑牢(不得有探头板)。封柱子模板时不准从顶部往下套。柱模板支模时，四周必须设牢固支撑或用对拉螺杆、钢筋拉结牢固，避免柱模板炸模及整体倾倒。

(2)模板占预留洞时应在安装后将洞盖好。

(3)搭设支模架时，应根据方案要求设置步距，纵横间距，并应设置剪刀撑。支模架不得与外架及外架结点连接。

(4)在模板上施工时，堆物不宜过多，不宜集中堆在一处。

(5)做好一层必须及时清理模板上多余材料和杂物，以便下道工序施工。

(6)遇六级及以上大风或大雨时，应停止室外工作，并检查堆放材料是否稳定，不稳固时必须及时加固，盖好机械设备。

木工守模时要跟牢混凝土浇捣处，发现问题，立即通知上部人员停止浇捣，待修理好后再继续浇捣。守模人员上下联络要明确(须采用对讲机)。作业时要注意钉头扎脚。

浇筑梁板混凝土时，若发现有扣件松动或变形现象应立即停止混凝土浇捣，采取措施进行加固，或增加一个扣件保险；水平杆有弯曲现象时，应马上停止浇筑混凝土并增加斜撑；有局部沉降时应立即用千斤顶、钢管顶上，并随时注意检查梁板底模的水平度，对支模架进行加固，确保施工的有利进行。

二、拆模的安全技术

(1)拆除模板前应提出申请，经技术部门确认混凝土强度达到设计要求，并经监理单位签字同意，下达拆模令后，方可进行。拆除芯模或预留孔的内模，应在混凝土强度能保证不发生塌陷和裂缝时，方可进行。

(2)必须制定拆除方案，规定其拆除的顺序、方法和各级人员职责，以确保安全。拆除前应向全体操作人员进行详细的安全技术操作交底工作。

(3)拆除前必须对作业现场、垂直运输设备等进行检查，确认安全后方可作业。

(4)拆模时作业四周标出工作区，必须设置警戒区域，并派人监护。严禁非操作人员进入作业区。拆模必须拆除干净、彻底，不得保留悬空模板；拆下的模板、拉杆、支撑要及时清理，堆放整齐。

(5)拆模时应采用先搭后拆的施工顺序，应按顺序分段进行。按自上而下，从里到外，先拆掉水平支撑和斜支撑，后拆模板支撑，梁应先拆侧模后拆底模。先拆非承重的模板，后拆承重的模板。拆模人应站一侧，不得站在拆模下方或正在拆除的模板上，几人同时拆模时应注意相互间安全距离，保证安全操作。严禁猛撬、硬砸或大面积撬落和拉倒。

(6)拆除檐口、阳台等危险部位的模板时，底下应有架子、安全网或挂安全带操作，防止大片模板坠落伤人，并尽量做到模板少掉到架子、安全网上，少量掉落在架子、安全网上的模板应及时清理。

(7)拆除薄腹梁、吊车梁、桁架等预制构件模板，应随拆随加支撑顶牢，防止构件倒塌。

(8)混凝土板上拆模后形成的临边或洞口，应按规定进行防护。

(9)拆模高处作业必须遵守《建筑施工高处作业安全技术规范》(JGJ 80—1991),应配置登高用具或搭设支架。

(10)拆除必须在白天进行,当遇到雷雨、雾、雪和5级以上(含5级)大风天气时,不得进行拆除作业。

(11)拆模间隙时,应将已活动的模板、拉杆、支撑等固定牢固,严防突然摔落、倒塌伤人。每人应有足够工作面,数人同时操作时应科学分工、统一信号和行动。严禁在同一垂直面上操作,完工前不得留下松动和悬挂的模板。

(12)在拆除过程中,若发现实际结构混凝土强度并未达到要求,有影响结构安全的质量问题,应暂停拆模,经妥当处理,实际强度达到要求后,方可继续拆除。

(13)已拆除模板及其支架的混凝土结构,应在混凝土强度达到设计的混凝土强度标准值后,才允许承受全部设计的使用荷载。当承受施工荷载的效应比使用荷载更为不利时,必须经过核算,加设临时支撑。

(14)冬季施工模板的拆除应遵守冬季施工的有关规定,其中主要考虑混凝土模板拆除后的保温养护,若不能保温养护,必须暴露在大气中,要考虑混凝土受冻的临界强度。

(15)拆除的模板必须随拆随清理,以免钉子扎脚,伤及他人。拆除的模板向下运送传递,一定要上下呼应。用塔吊吊运拆除的模板时,模板应堆放整齐并捆牢,才可吊装。

三、模板工程安全事故工程案例分析

(一)拆除程序错误导致外檐板坍塌

武汉市某大厦要进行装修改造,2001年6月19日,作业人员要拆除大厦的17层外檐悬挑结构,但是在拆除之前,施工负责人没有讲明悬挑结构的承力部位,也没有说清楚拆除的顺序,作业人员错误地先凿除了与柱相连的悬挑梁处混凝土,由于悬挑梁钢筋尚未切断,另外尚有两处混凝土未拆除,虽已造成隐患,但没有导致坍塌事故,至下午4时左右,主楼工长和监理人员进行了查看,认为基本完好,未发现异常情况,因此错过了采取补救措施的机会。次日,作业人员继续凿除与柱相连的悬挑梁,并切断其相连钢筋,此时外檐板失去承载结构向外倾倒,砸坏外脚手架后坠落,造成裙房门厅支模人员伤亡。

事故分析:造成此次事故的主要原因是拆除程序错误,应该先拆除非承重结构,后拆除承重结构,该工程由于先拆除了悬挑梁,使外檐板失去了承重传力结构,剩余承力部分无法支撑外檐墙板的自重,将下面(距坠落处46 m)的支模人员砸伤致死,而拆除方案不清楚,现场指挥错误和总承包方分歧管理也是造成此次事故的重要原因。

(二)模板支撑立柱失稳,雨篷坍塌

某银行分行家属住宅区大门工程委托该市设计院设计,由某建筑公司一分公司承包施工,大门工程包括传达室、门厅雨篷,其中雨篷面积为60 m^2,雨篷采用钢筋混凝土结构,底面标高为5.1 m。2000年7月12日开工,7月20日浇筑完大门柱混凝土,8月2日支雨篷模板,8月10日下午开始浇筑雨篷混凝土,至8月11日凌晨混凝土浇筑接近完成时,由于雨篷模板支撑立柱失稳,雨篷整体倒塌,造成正在施工的作业人员4人死亡、4人受伤的重大事故。

事故分析:技术方面的原因主要有两点:一是没有制定施工方案,雨篷为一钢筋混凝土结构,再加上施工荷载,且支模高度达5 m以上,施工有难度,若不事先编制施工方案,采取

措施,确保模板支架的稳定性,施工中一旦发生意外,极易导致事故发生。二是本工程模板支架只设置立柱,未设置剪刀撑,施工中造成的水平力使支架产生位移变形,再加上立柱的加长做法不符合要求,立柱底座支撑在未经砌筑的砖块和 1.5 cm 厚的竹胶板上,因此,施工中造成模板支架的整体失稳,而管理方面的主要原因则是模板施工中无人检查验收,处于失控状态。

(三)模板胀模导致坍塌

2005 年 7 月 7 日某经贸中心工程施工现场,作业人员正在基坑浇最后一次约 1.5 m 厚的基坑胎模混凝土,约 21 时,浇筑即将完工时,突然发生胀模,尚未凝固的混凝土坍塌,振捣工夏某落入尚未凝固的混凝土内,约 20 min 后被救出,经抢救无效死亡。

事故分析:直接原因是模板支护及素混凝土施工未按施工方案进行,原设计模板背面四道横向肋只安装了三道,浇筑程序未遵守每层 50 cm 厚的规定,而是一次浇筑至 1.5 m 厚,局部模板受不了侧压力突然胀模坍塌。间接原因是项目部安全管理不到位,未按施工组织设计规定的程序浇筑混凝土;浇筑混凝土前,模板未按规定的程序进行验收。

(四)无施工方案导致工程模板坍塌

湖南省永州市某加油站是在一个已经停业的简易加油站原址上重建的。整个工程包括加油站营业房、地下油罐、硬化车道、院墙及厕所。加油站何某非法设计,由本县萧蒲镇农民、个体包工头周某非法承包。2002 年 2 月 25 日,施工方在取得施工图纸后,招聘农民开始工程基础施工和加油站营业房施工,3 月 25 日营业房土建主体结构完工后即开始加油棚挑檐施工。5 月 26 日 64 名作业人员进行加油棚混凝土板浇筑,并于当日 13 时完工,14 时下暴雨,雨后施工方没有检查模板支撑情况,即在 15 时 30 分开始浇筑加油棚混凝土反梁,17 时当混凝土浇筑到接近营业房顶部接口处时,尚未初凝的混凝土板由东西两面向中间整体坍塌,站在加油棚混凝土板上的 10 多名作业人员被掩埋,造成重大生产安全事故。

事故分析:雨篷混凝土模板工程没有经过设计计算,没有编制施工方案。支撑高度为 6 m,而立柱木杆梢径为 50 ~ 60 mm;撑木半数长度不足 6 m,采用 2 ~ 3 根短木搭接或对接,用铁丝绑扎或用马钉、木板固定;撑木材料不符合要求,撑木之间横向拉接不足,支撑体系稳定性差同时又缺少水平支撑和剪刀撑,因此,浇筑混凝土时造成整体失稳坍塌,这是导致此次事故发生的技术原因。工程施工人员无资质承包工程,施工中没有健全的安全生产管理制度,施工过程没有技术人员指导,混凝土浇筑过程也没有专人检查,造成雨篷在浇筑混凝土过程中坍塌,这是导致此次事故发生的管理原因。

第四节　钢筋混凝土工程

一、混凝土浇捣安全技术

用输送泵输送混凝土,管道接头、安全阀必须完好,管道的架子必须牢固,输送前必须试送。泵送混凝土时联络信号经统一明确,振捣时不得集中堆放混凝土。

浇筑框架梁、柱混凝土应设操作台,不得直接站在模板或支撑上操作。

使用振动棒应穿胶鞋,戴绝缘手套,湿手不得接触开关,混凝土振动棒和振动机应设单向开关,电源线不得有破皮触电。为防止浇捣时出现电线破损漏电现象,使用时电缆线需凌空，不得拖在楼面上浸在混凝土里，以确保施工顺利进行。使用前检查各部位连接是否牢固，旋转方向是否正确。振捣器应保持清洁，不得有混凝土黏结在电动机外壳上，妨碍散热。

作业转移时，电动机的导线应保持有足够的长度和松度，严禁用电源线拖拉振捣器，振动器不得直接放在混凝土上，应放在盒内。

泵送作业时，人严禁站在泵送管子上或泵送管口，接管子时，必须停泵，橡皮圈要先套上。要及时清理跌落下来的混凝土。

临边或周边作业时，必须采用整块模板挡在对牢泵送管口的最边的需浇楼面上，且泵送管离临边或周边处不得小于0.5 m。

夜间浇筑混凝土时，应有足够的照明设备。

二、钢筋加工安全技术

（一）钢筋拉直

展开盘圆钢筋时，要卡牢一头，防止回弹，切断时要先用脚踩紧。拉直钢筋时，卡头要卡牢，地锚要结实牢固，拉筋沿线2 m区域内禁止行人。

（二）钢筋断料

钢材加工台要稳固，照明灯具必须加网罩。人工断料和打锤要站成斜角，注意甩锤区域内的人和物体，切断小于30 cm的短钢筋，应用钳子夹住，禁止用手把扶。

断料时机械运转正常方可断料，手与刀口距离不得小于15 cm，活动刀片前进时禁止送料。

切长钢筋应有专人扶住，操作时动作一致。切断机旁应设放料台，机械运转中禁止用手直接清除刀口附近的短头和杂物，在钢筋摆动范围和刀口附近不得站有非操作人员。

（三）钢筋加工机械操作安全措施

各类钢筋加工机械必须做到三定（定人、定机、定措施）。

1. 钢筋电焊机

钢筋电焊机应按时进行保养，当发现有漏保失修或超载带病运转等情况时，应停止使用，严禁对处在作业时的电焊机进行维修保养或调整等。

电焊机操作人员必须身体健康，并经专业培训考试合格，持证上岗，并必须按规定穿戴好安全防护用品。作业时操作人员不得擅自离开工作岗或将工作岗位交给非本机操作人员操作。操作人员有权拒绝执行违反安全操作规程的命令。

2. 钢筋切断机

钢筋切断机必须由专人管理负责，并必须按清洁、坚固、润滑、调整、防腐的十字作业法对切断机进行认真的维护、保养。工作前必须检查电源接线是否正确，各电器部件的绝缘是否良好，机身是否有可靠的保护接零或保护接地。

使用前必须检查刀片等工作部位安装是否正确，有无裂纹，其固定螺丝是否紧固，各传动部分的防护罩是否齐全有效。使用前必须先空车试运转，确认确实无异常后，才能正式开始工作。在机械运转过程中，禁止进行调整、检修和清扫等工作。禁止切断超过规定规格的钢筋。操作时必须将钢筋握紧，应在活动刀片向后退时将钢筋送入刀口，要防止钢筋末端摆动式弹击伤人，如送料须用钳子夹住送料。

已切断的半成品应堆放整齐，防止个别新切口突出划伤皮肤，每天工作完毕后，对切下的碎头等必须清理干净,并拉闸断电,锁好电箱后方可离开。

3. 钢筋弯曲机

工作台和弯曲机台面要保持水平,并准备好各种芯轴及工具。

按加工钢筋的直径和弯曲半径的要求装好芯轴、成型轴、挡铁轴或可变挡架,芯轴直径应为钢筋直径的5倍。

芯轴、挡块、转盘应无损坏和裂纹,防护罩紧固可靠,经空运转确认正常后,方可作业。作业时,将钢筋需弯的一头插在转盘固定销的间隙内,另一端紧靠机身固定销,并用手压紧,确定固定销子安在挡住钢筋的一侧,方可开动。

作业中严禁更换芯轴、销子和变换角度以及调速等作业,也不得加油或清扫。

弯曲钢筋时,严禁超过本机规定的钢筋直径、根数及机械转速。弯曲高强度或低合金钢筋时,应按机械铭牌规定换算最大限制直径并调换相应的芯轴。

严禁在弯曲钢筋的作业半径内和机身不设固定销的一侧站人,弯曲好的半成品应堆放整齐,弯钩向内。

(四)钢筋绑扎

多人合运钢筋转停动作要一致,人工上下传送不得在同一垂直线上,钢筋堆放要分散、稳当。

在绑扎钢筋时,须搭设临时脚手架或马凳。绑扎台柱、墙体钢筋不得站在钢筋骨架上和攀登骨架上下。

不论钢筋骨架固定与否,严禁在上面行走或爬行,确需行走或爬行,须经加固好且经工地负责人同意后方可行走或爬行。

采用钢管扣钳做临时支架时,需搭设牢固,并要满足施工要求。

绑扎钢管骨架的扎丝头要朝骨架里面,以防止扎丝伤人。

第五节　高处作业

一、概述

所谓高处作业,就是指人在一定位置为基准的高处进行的作业。国家标准《高处作业分级》(GB/T 3608—2008)规定:凡在坠落高度基准面2 m以上(含2 m)有可能坠落的高处进行的作业,都称为高处作业。根据这一规定,在建筑业中涉及到高处作业的范围是相当广泛的。在建筑物内作业时,若在2 m以上的架子上进行操作,即为高处作业。

为便于操作过程中做好防范工作,有效地防止人与物从高处坠落的事故,根据建筑行业的特点,在建筑安装工程施工中,对建筑物和构筑物结构范围以内的各种形式的洞口与临边性质的作业、悬空与攀登作业、操作平台与立体交叉作业,以及在结构主体以外的场地上和通道旁的各类洞、坑、沟、槽等工程的施工作业,只要符合上述条件的,均作为高处作业对待,并加以防护。

施工用电梯和各种吊装机械设备在施工中使用时所形成的高处作业,其安全问题,都是各工程或设备的安全技术部门各自作出规定加以处理(见第十二章第七节)。

高处作业时的安全措施主要有:设置防护栏杆,孔洞加盖,安装安全防护门,满挂安全平立网，必要时设置安全防护棚等。

二、高处作业的安全防护技术措施

(1)施工前，应逐级进行安全技术教育及交底，落实所有安全技术措施和人身防护用品，未经落实不得进行施工。单位工程施工负责人应对工程的高处作业安全技术负责并建立相应的责任制。

(2)高处作业的安全技术措施及所需料具，必须列入工程的施工组织设计。高处作业中的安全标志、工具、仪表、电气设施和各种设备，必须在施工前加以检查，确认其完好，方能投入使用。

(3)悬空、攀登高处作业以及搭设高处安全设施的人员必须按照国家有关规定经过专门的安全作业培训，并取得特种作业操作资格证书后，方可上岗作业。

(4)从事高处作业的人员必须定期进行身体检查，诊断患有心脏病、贫血、高血压、癫痫病、恐高症及其他不适宜高处作业的疾病时，不得从事高处作业。

(5)进入施工现场，高处作业人员必须戴好安全帽，扣好帽带，身穿紧口工作服，脚穿防滑鞋，腰系安全带。

(6)高处作业场所有坠落可能的物体，应一律先行撤除或予以固定。所用物件均应堆放平稳，不妨碍通行和装卸。工具应随手放入工具袋，拆卸下的物件及余料、废料均应及时清理运走，清理时应采用传递或系绳提溜方式，禁止抛掷。

(7)对进行高处作业的高耸建筑物，应事先设置避雷装置。遇有6级以上强风、浓雾和大雨等恶劣天气，不得进行露天悬空与攀登高处作业。台风暴雨后，应对高处作业安全设施逐一检查，发现有松动、变形、损坏或脱落、漏雨、漏电等现象，应立即修理完善或重新设置。

(8)所有安全防护设施和安全标志等，任何人都不得损坏或擅自移动和拆除。因作业必须临时拆除或变动安全防护设施、安全标志时，必须经有关施工负责人同意，并采取相应的可靠措施，作业完毕后立即恢复。

(9)施工中对高处作业的安全技术设施发现有缺陷和隐患时，必须立即报告，及时解决。危及人身安全时，必须立即停止作业。

三、临边作业与洞口作业

(一)临边及其防护措施

1. 临边的含义

临边有以下几个方面的含义：①基坑周边；②尚未安装栏杆或栏板的阳台、料台、挑平台周边；③雨篷与挑檐边、分层施工的楼梯口和梯段边；④无脚手的屋面与楼层周边、水箱与水塔周边；⑤井架施工电梯和脚手架等与建筑物通道的侧边。

2. 临边的防护设施

(1)防护栏杆由上下两道横杆及栏杆柱组成，上杆离地高度为1.2 m，下杆离地高度为0.6 m。坡度大于1∶2.2的屋面防护栏杆应为高1.5 m。横杆长度大于2 m时，必须设置栏杆柱(见图12-1)。

(2)防护栏杆的钢管为$\phi 48$ mm×3.5 mm，以扣件或电焊固定；若采用钢筋上杆直径不应小于16 mm，下杆直径不应小于14 mm，栏杆柱直径不应小于18 mm，用电焊固定；采用角

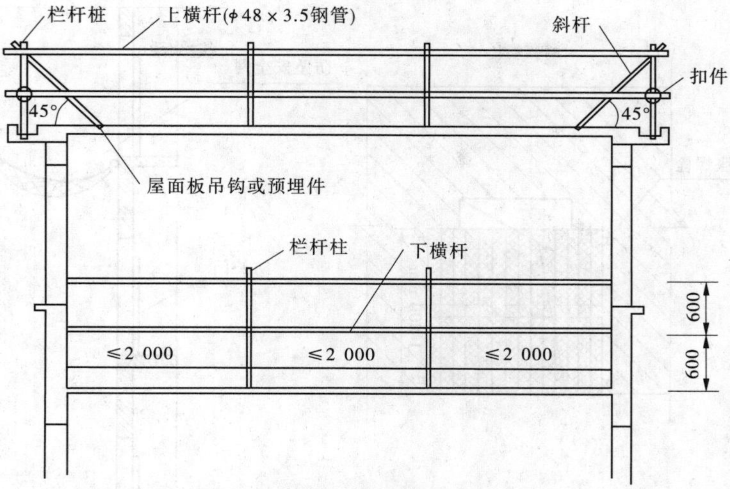

图 12-1　屋面、楼面临边防护栏杆　(单位:mm)

钢等型材作防护栏杆杆件时,应选用强度相当的规格,用电焊固定。

(3)防护栏杆必须自上而下用密目式安全网封闭,必要时亦可在底部横杆下沿设置严密固定的高度不低于 180 mm 的踢脚板。

(4)防护柱上杆任何处,能经受任何方向的 1 000 N 外力。

(5)防护栏杆制成后须用黑黄或红白油漆予以标识。

(6)沿街马路居民密集区,除防护栏杆外,敞口立面必须满挂安全网全封闭。

(二)洞口及其防护设施

1. 洞口的含义

洞口有以下几个方面的含义:①楼梯口;②电梯井口;③预留洞口(包括施工现场桩孔、坑槽、竖向孔洞等);④通道口。

2. 洞口的防护设施

(1)楼梯口必须设置防护栏杆进行防护。

(2)电梯井口的防护应设置固定栅门,栅门的高度为 1. 8 m,安装时离楼层面不得大于 50 mm,上下必须固定,门栅网格的间距不应大于 150 mm。同时,电梯井内应每隔两层并最多隔 10 m 设一道网眼不大于 2. 5 mm 的安全网(见图 12-2)。

(3)预留洞口防护。

①边长为 25 cm 以下的洞口,由坚实的木板盖住,盖板应能防止挪动移位,并应用黄色或红色油漆予以标识。

②边长为 25 ~ 50 cm 的洞口、安装预制构件时的洞口以及缺件临时形成的洞口,可用竹、木等做盖板,盖住洞口,盖板须能保持四周搁置均衡,并有固定其位置的措施。

③边长为 50 ~ 150 cm 的洞口,必须设置用钢管扣件形成的网格并用夹板或竹笆严密覆盖或用贯穿于混凝土板内的钢筋(间隔不大于 20 cm)构成防护网,并予以覆盖。

④边长大于 150 cm 的洞口,应根据第②条设置防护,亦可在洞口下方张设安全网。洞口四周必须设 1. 2 m 高的防护栏杆,用密目式安全网围挡,必要时亦可在底部横杆下缘设置严密固定的高度不低于 180 mm 的踢脚板。

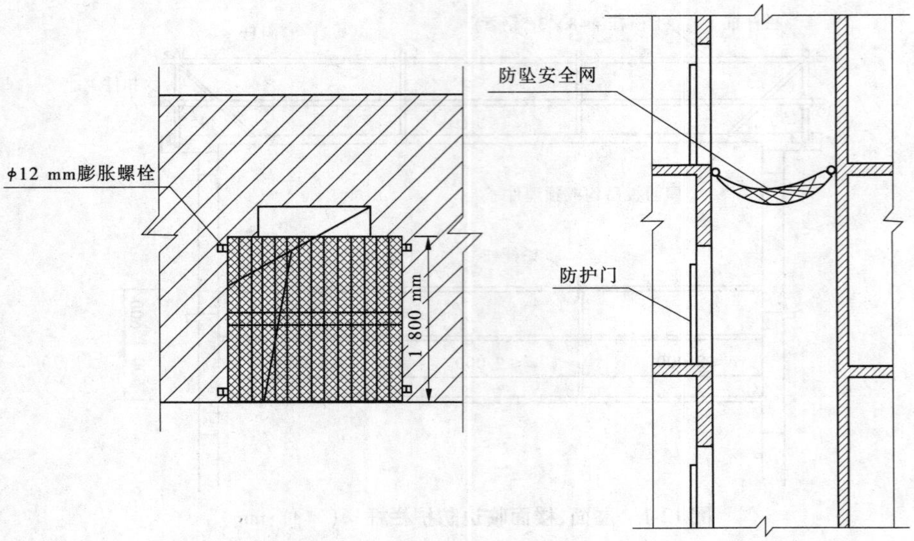

图 12-2　电梯井安全防护设施

⑤墙面等处的竖向洞口,参照第②、③条设置防护。

⑥位于车辆行驶道旁的洞口、深沟、坑槽,应用钢板或钢筋制成的盖板加以防护,并能承受额定卡车后轮有效承载力 2 倍的荷载。

⑦下边缘至楼板或底面低于 80 cm 的窗台等竖向洞口,若侧边落差大于 2 m,应加设 1.2 m 高的防护栏杆。

⑧垃圾井道和烟道,可参照预留洞口的防护进行设置。

⑨现场通道附近的各类洞口与坑槽等处,除设置防护设施与安全标志外,夜间还应设红灯示警。

(4)通道口防护。

①结构施工自二层起,凡人员进出建筑物的通道口,井架、施工电梯底层的进出通道口,均应搭设安全防护棚;高度超过 24 m 的层次,应搭设双层防护棚。另外,井架、施工电梯底层除通道出入口外,其余三面应采用型钢、钢丝网制成的可拼装的防护网片,并能经受水平方向的 1 000 N 冲击力。防护网片应做到定型化、工具化。

②井架、施工电梯楼层运料平台通道口应设安全防护门,并做到定型化、工具化。

③位于上方施工可能坠落物件或处于起重机把杆回转范围之内的主通道,必须设置双层防护棚。防护棚的宽度与长度,根据建筑物与围墙的距离、建筑物高度及其可能坠落范围半径而定。

四、攀登与悬空作业

(一)攀登作业的安全防护

1. 攀登作业的含义

攀登作业是指借助登高用具或登高设施,在攀登条件下进行的高处作业。

2. 攀登作业的安全防护

(1)攀登作业在施工组织设计中应确定用于现场施工的登高和攀登设施。

(2)柱、梁和行车梁等构件吊装所需的直爬梯及其他登高用拉攀件,应在构件施工图纸或说明内作出规定。

(3)移动式梯子应按现行的国家标准验收,合格后方可使用。

(4)使用梯子进行攀登作业时,梯脚底部应坚实,不得垫高使用。梯子的上端应固定使用,立梯工作角度以75°±5°为宜,踏板上下间距30 cm为宜,不得有缺档。

(5)梯子如需接长使用,必须有可靠的连接措施,并且接头不得超过1处,强度不得低于单梯的强度。

(6)折梯使用时上部夹角以35°~45°为宜,铰链必须牢固,应有可靠的拉撑措施。

(7)使用直梯进行攀登作业时,攀登高度以5 m为宜,超过2 m时应加设护笼,超过8 m时必须设置平台。

(8)作业人员应从规定的通道上下,不得在阳台之间等非规定过道进行攀登,也不得任意利用吊车臂架等施工设备进行攀登。上下梯子时必须面向梯子,且不得手持器物。

(9)钢柱安装登高时,应使用钢挂梯或设置在钢柱上的爬梯。

(10)钢屋架安装在屋架上下登高操作时,对于三角形屋架应在屋脊上,梯形屋架应在两端设置攀登时上下的梯架。材料可选用毛竹或原木,踏步间距不应大于40 cm,毛竹梢直径不应小于70 mm。

(二)悬空作业的安全防护

1. 悬空作业的含义

悬空作业是指在周边临空状态下进行的高处作业。

2. 悬空作业的安全防护

(1)悬空作业处应有牢靠的立足处并必须视具体情况配置防护网、栏杆或其他安全设施。

(2)悬空作业所用的索具、脚手板、吊篮、平台等设备,均需检查或技术鉴定后方可使用。

(3)悬空安装大模板、吊装第一块预制构件、吊装单独的大中型预制构件时,必须站在操作平台上操作,吊装中的大模板和预制构件,严禁站人和行走。

(4)安装管道时必须有已完结构或操作平台作为立足点,严禁在安装中的管道上站立和行走。

(5)浇筑离地2 m以上的框架、过梁、雨篷和小平台时,应设操作平台,不得直接站在模板或支撑件上操作。

(6)进行各项窗口作业时,必须系好安全带操作。

五、操作平台与交叉作业

(一)操作平台

1. 操作平台的含义

操作平台是指现场施工中用以站人、载物并可进行操作的平台。

2. 操作平台安全防护

1)移动式操作平台

移动式操作平台是指可以搬动的用于结构施工、室内装饰和水电安装等的操作平台(见图12-3)。移动式操作平台必须符合以下规定方可使用:

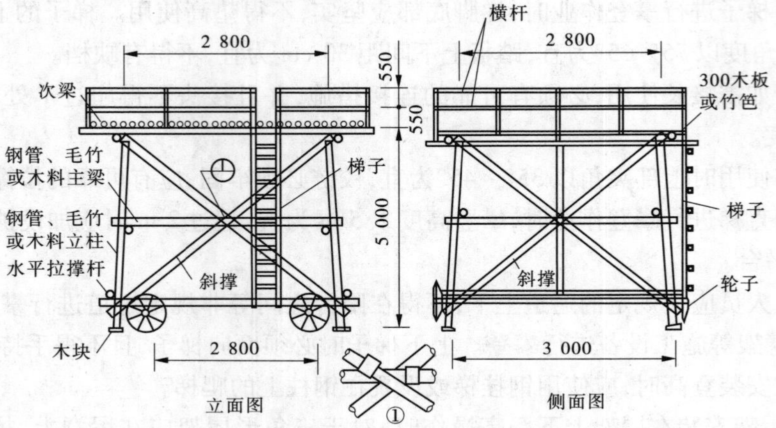

图12-3　移动式操作平台　(单位:mm)

(1)操作平台由专业技术人员按现行的相应规范进行设计,计算及图纸应编入施工组织设计。

(2)操作平台面积不应超过10 m^2,高度不应超过5 m;同时必须进行稳定计算,并采取措施减小立柱的长细比。

(3)装设轮子的移动式操作平台,连接应牢固可靠,立杆底端离地面不得大于80 mm。

(4)操作平台采用ϕ(48~51)mm×3.5 mm钢管扣件连接,亦可采用门架式部件,按产品要求进行组装。平台的次梁间距不应大于40 cm,台面应满铺5 cm厚的木板或竹笆。

(5)操作平台四周必须设置防护栏杆,并应设置登高扶梯。

(6)移动式操作平台在移动时,平台上的操作人员必须撤离,不准上面载人时移动平台。

2)悬挑式钢平台

可以吊运和搁置于楼层边的用于接送物料和转运模板等的悬挑式操作平台,通常采用钢构件制作。悬挑式钢平台必须符合以下规定方可使用:

(1)按现行规范进行设计,其结构构造应能防止左右晃动。计算书及图纸应编入施工组织设计或专项方案,并按规定进行审批。

(2)悬挑式钢平台的搁支点与上部拉结点必须位于建筑物上,不得设置在脚手架等施工设施上。

(3)斜拉杆或钢丝绳构造上宜两边各设置前后两道,两道中的每一道均应作单道受力计算。应设4只吊环(经验算),吊环用甲类3号沸腾钢(不得使用螺纹钢)。

(4)安装、吊运时应用卸扣。钢丝绳绳卡应按规定设置(最少不少于3只),钢丝绳与建筑物(柱、梁等)锐角利口处应加软垫物。钢平台外口略高于内口,周边设置固定的防护栏杆,并用结实的挡板进行围挡。钢平台底板不得有破损。

(5)钢平台搭设完毕后应组织专业人员进行验收,合格后挂牌方可使用,同时挂设限载重量牌以及操作规程牌。

(二)交叉作业的安全防护

1. 交叉作业的含义

交叉作业是指在施工现场的上下不同层次，于空间贯通状态下同时进行的高处作业。

2. 交叉作业的安全防护

(1)支模、粉刷、砌墙等各工种进行立体交叉作业时，不得在同一垂直方向上操作。可采取时间交叉、位置交叉，如时间交叉、位置交叉不能满足施工要求，必须采取隔离封闭措施后，方可施工。

(2)拆除钢模板、脚手架等时，下方不得有其他操作人员。

(3)钢模板部件拆除后，临时堆放处距楼层边缘不应小于1 m。楼层边口、通道口、脚手架边缘等处，严禁堆放任何拆下的物件。

六、"三宝"的防护检查

(一)什么是"三宝"?

在建筑施工中，为了防止作业人员高处坠落和物体打击事故发生，普遍采用安全帽、安全带、安全网等防护用品，挽救了大量坠落者和被物体打击头部的作业人员的生命。因此，在建筑行业称安全帽、安全带、安全网是保护建筑施工作业人员的"三宝"。

(二)"三宝"防护检查

1. 正确使用安全帽

安全帽既可防止物体击伤头部，也可以保护高处坠落者的头部，因此凡进入施工现场的人员(包括参观人员)，必须人人佩戴好安全帽。

每次戴安全帽之前，必须检查帽衬顶端至帽壳内面垂直距离为20~25 mm，帽衬至帽壳内侧面的水平间距为5~20 mm的缓冲空间。

佩戴安全帽时，必须系紧下额系带，防止发生坠落事故时，安全帽先脱落失去保护头部的作用，造成头部着地伤害事故。

每顶安全帽上应有制造厂名称、商标、型号，必须有国家安全生产监督管理总局监制的安全标志和工厂检验合格证，否则不能发给职工使用。

2. 正确使用安全带

安全带的带体上应缝有商标、合格证和检验合格证，合格证上应注明产品名称、生产日期、拉力试验、冲击试验、制造厂名、检验员姓名。安全带带体上必须有国家安全生产监督总局监制的安全标志。

电工有电工安全带，架子工有架子工安全带。架子工使用的安全带绳长限定为1.5~2 m，应高挂低用，减小坠落高度。

当水平位置悬挂使用时，要防止坠落时摆动碰撞。不要将安全绳打结使用，以防绳结受力后剪断。也不可以将金属钩直接挂在不牢固的物体或者直接挂在非金属绳上，防止强拉割断。

安全带一般使用5年应报废，使用2年后，应按批量抽样试验。试验方法：将安全带扎上80 kg重物体，抬高1 m高度自由坠落，不破断者为合格。经过冲击试验不合格的安全带和安全绳必须更换。

3. 正确使用安全网

在工程施工过程中,必须采用密目式安全立网对建筑物或外脚手架进行全封闭式施工,既防止人员坠落,又防止落物伤人,减少污染,达到文明施工。安全立网必须随建筑工程的升高而升高,立网要始终保持高出作业面 1.5 m。

密目式安全立网的网目密度不应少于 2 000 目/(100 cm^2)。安全网必须有国家安全生产监督管理总局监制的安全标志和检验部门的质量检验结果及工厂检验合格证。

凡施工工程无外架防护,无立网封闭防护时,应在 2 楼窗口下缘开始搭设第一层固定安全平网,每升高 4 个楼层再搭设一层固定安全平网。

安装后的安全平网的平面应形成外高里低,一般以 15°为宜,绝对禁止搭设成外低里高的形状,防止坠入网内人员从外网边缘滑落。

安全平网设置示意见图 12-4。

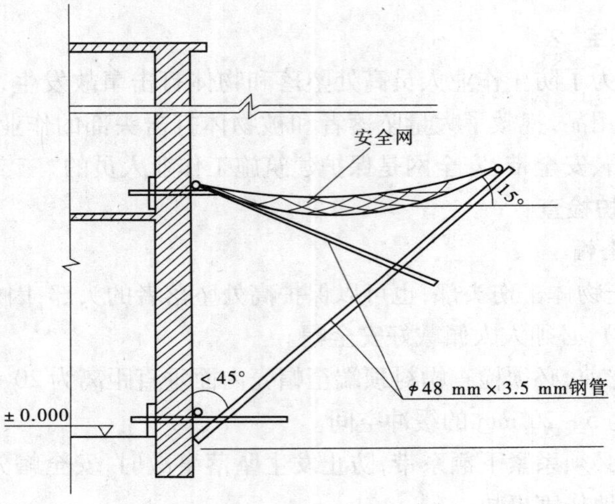

图 12-4 安全平网设置示意图

第六节 临时用电

随着现代建筑业的迅猛发展,建筑施工现场临时用电的范围日益广泛,规模不断扩大。尽管施工现场临时用电是工程建设的重要组成部分,但由于施工现场临时用电临时性强、现场情况复杂多变且使用期限短暂,所以施工过程中不如工程用电那样稳定,往往被建设施工单位所忽视,而临时用电设计和施工不规范造成的安全问题、使用问题以及经济问题日趋突出,造成临时用电安全隐患严重,安全事故频发。因此,必须加强施工现场用电的管理,建立临时用电施工组织设计和安全用电技术措施的编写、审批制度。严格执行施工临时用电各项规定和安全技术措施,保障施工现场用电安全,防止触电和电气火灾事故发生,确保工程建设的顺利进行。

一、临时用电管理

（一）临时用电施工组织设计

临时用电施工组织设计是施工现场临时用电安装、架设、使用、维修和管理的重要依据，指导和帮助供、用电人员准确按照用电施工组织设计的具体要求和措施执行，确保施工现场临时用电的安全性和科学性。

(1)施工现场临时用电应制定安全用电和电气防火措施，临时用电设备在5台及其以上或设备总容量在50 kW及其以上者，应编制临时施工用电组织设计。

(2)施工现场临时用电组织设计应包括下列内容：①现场勘测；②确定电源进线、变电所或配电室、配电装置、用电设备位置及线路走向；③进行负荷计算；④选择变压器；⑤设计配电线路、配电装置和接地装置，选择用电器、导线或电缆，并绘制临时用电工程图纸；⑥设计防雷装置；⑦确定防护措施；⑧制定安全用电措施和电气防火措施。

(3)临时用电工程图纸应单独绘制，临时用电工程应按图施工。

(4)临时用电组织设计及编制变更时，必须履行"编制、审核、批准"程序，由电气工程技术人员组织编制，经相关部门审核及具有法人资格企业的技术负责人批准后实施。变更用电组织设计时应补充有关图纸资料。

(5)临时用电工程必须经编制、审核、批准部门和使用单位共同验收，合格后方可投入使用。

(6)建筑施工现场临时用电工程专用的电源中性点直接接地的220/380 V三相四线制低压电力系统，必须符合下列规定：①采用三级配电系统；②采用TN－S接零保护系统；③采用二级漏电保护系统。

（二）电工及用电人员

为了保障人身安全和施工电气设备的正常运行，建筑电工和各类用电人员在安装和使用电气设备时，应遵守安全操作规程，掌握必要的安全常识，在工作中采取一定的安全措施。

(1)电工必须按国家现行标准考核合格后，持证上岗工作；其他用电人员必须通过相关安全教育培训和技术交底，考核合格后方可上岗工作。

(2)安装、巡检、维修或拆除临时用电设备和线路，必须由电工完成，并应有人监护。电工等级应同工程的难易程度和技术复杂性相适应。

(3)电工值班职责

值班电工持（电工操作）证上岗。监守岗位，履行职责，主动配合各工种、各施工队的施工，满足施工用电需要。

值班电工在值班期间负责施工现场范围内的所有生产用电，接、拆电源线路，临电电器安装的操作和管理。

值班电工应严格执行《施工现场临时用电安全技术规范》的规定，保证现场临时供电系统安全可靠运行。

值班电工应熟知施工现场线路的走向、配电箱安放位置和各型号开关的操作要领。规范操作、规范用线、规范接用电器具。

值班电工要在值班现场，经常巡视，及时发现并纠正一切不规范接线，及时消除一切不安全因素。

值班电工应按时检查、检修施工现场的临时供电线路,检查、检修、测试各类开关电器和用电器具,保证其时刻处于完好状态,以保证安全运行。

电工值班期间不得擅离职守。认真做好值班记录,电工换班应有交班记录。

(4)各类用电人员应掌握安全用电基本知识和所用设备的性能,并应符合下列规定:

①使用电气设备前必须按规定穿戴和配备好相应的劳动防护用品,并应检查电气装置和保护设施,严禁设备带“缺陷”运转;

②保管和维护所用设备,发现问题及时报告解决;

③暂时停用设备的开关箱必须断开电源隔离开关,并应关门上锁;

④移动电气设备时,必须经电工切断电源并妥善处理后进行。

(三)安全技术档案

施工现场临时用电必须建立安全技术档案,并应包括下列内容:

(1)用电组织设计的全部资料;

(2)修改用电组织设计的资料;

(3)用电技术交底资料;

(4)用电工程检查验收表;

(5)电气设备的试验、检验凭单和调试记录;

(6)接地电阻、绝缘电阻和漏电保护器漏电动作参数测定记录表;

(7)定期检(复)查表;

(8)电工安装、巡检、维修、拆除工作记录。

安全技术档案应由主管该现场的电气技术人员负责建立与管理,其中电工安装、巡检、维修、拆除工作记录可指定电工代管,每周由项目经理审核认可,并应在临时用电工程拆除后统一归档。

临时用电工程应定期检查。定期检查时,应复查接地电阻值和绝缘电阻值。

临时用电工程定期检查应按分部、分项工程进行,对安全隐患必须及时处理,并应履行复查验收手续。

(四)建立技术交底制度

给专业电工、各类用电人员介绍临时用电施工组织设计和安全用电技术措施的总体意图、技术内容和注意事项,并应在技术交底文字资料上履行交底人和被交底人的签字手续,注明交底日期。

(五)建立安全检测制度

从临时用电工程开始,定期对临时用电工程进行检测,主要内容是接地电阻值、电气设备绝缘电阻值,漏电保护器动作参数等,以监视临时用电工程是否可靠,并做好检测记录。

(六)建立电气维修制度

加强日常和定期维修工作,及时发现和消除隐患,并建立维修工作记录,记载维修时间、地点、设备、内容。

(七)现场临时用电保护措施

施工中不得在高低压变压器及线路下方搭建工作棚、宿舍,堆放杂物等。施工外侧边缘与外电架空线路交叉时,架空线路的最低弧度与路面的垂直距离不得小于6 m。转臂式起重机的任何部位或被吊物品边缘与架空线路边缘最小距离应大于2 m。

二、外电线路防护及接地、接零、防雷的一般要求

(一)外电线路防护

当前,一些在建工程大部分集中在城市市区,这些在建工程中又有相当一部分是临街建筑物,然而城市的供电线路大都沿道路边缘架设,虽然近几年大力推广城市供电采用电力电缆暗敷的供电方式,以美化市容,但由于采用电力电缆暗敷存在造价高、维修不方便等因素,因而现在城市供电采用裸导线架空敷设的仍然居多。正是由于这个原因,便产生了在建沿街工程与外电线路的安全距离及对外电线路进行防护的问题。

(1)在建工程不得在外电架空线路正下方施工、搭设作业棚、建造生活设施或堆放构件、架具、材料及其他杂物等。

(2)在建工程(含脚手架)的周边与外电架空线路的边线之间的最小安全操作距离应符合表 12-2 的规定。

表 12-2　在建工程(含脚手架)的周边与外电架空线路的边线之间的最小安全操作距离

外电线路电压等级(kV)	<1	1~10	35~110	220	330~500
最小安全操作距离(m)	4.0	6.0	8.0	10	15

注:上、下脚手架的斜道不宜设在有外电线路的一侧。

(3)施工现场的机动车道与外电架空线路交叉时,架空线路的最低点与路面的最小垂直距离应符合表 12-3 的规定。

表 12-3　施工现场的机动车道与架空线路交叉时的最小垂直距离

外电线路电压等级(kV)	<1	1~10	35
最小垂直距离(m)	6.0	7.0	7.0

(4)起重机严禁越过无防护设施的外电架空线路作业。在外电架空线路附近吊装时,起重机的任何部位或被吊物边缘在最大偏斜时与架空线路边线的最小安全距离应符合表 12-4的规定。

表 12-4　起重机的任何部位或被吊物边缘在最大偏斜时与架空线路边线的最小安全距离

(单位:m)

项目	电压(kV)						
	<1	10	35	110	220	330	500
沿垂直方向	1.5	3.0	4.0	5.0	6.0	7.0	8.5
沿水平方向	1.5	2.0	3.5	4.0	6.0	7.0	8.5

(5)施工现场开挖沟槽边缘与外电埋地电缆沟槽边缘之间的距离不得小于 0.5 m。

(6)当达不到最小安全距离的规定时,必须采取绝缘隔离防护措施,并应悬挂醒目的警告标志。

架设防护设施时,必须经有关部门批准,采用线路暂时停电或其他可靠的安全技术措施,并应有电气工程技术人员和专职安全人员监护。防护设施与外电线路之间的安全距离不

应小于表 12-5 所列数值。防护设施应坚固、稳定,且对外电线路的隔离防护应达到 IP30 级。

表 12-5　防护设施与外电线路之间的最小安全距离

外电线路电压等级(kV)	10	35	110	220	330	500
最小安全距离(m)	1.7	2.0	2.5	4.0	5.0	6.0

(7)当防护措施无法实现时,必须与有关部门协商,采取停电、迁移外电线路或改变工程位置等措施,未采取上述措施的严禁施工。

(8)在外电架空线路附近开挖沟槽时,必须会同有关部门采取加固措施,防止外电架空线路电杆倾斜、悬倒。

(9)电气设备现场周围不得存放易燃易爆物、污染源和腐蚀介质,否则应予清除或作防护处置,其防护等级必须与环境条件相适应。

(10)电气设备设置场所应能避免物体打击和机械损伤,否则应作防护处置。

(二)接地与防雷

接地和接零是电气防火安全技术的重要内容。在建筑施工生产过程中,为了电力系统的安全运行,保障人身安全和一些设备的正常工作,需要采取各种各样的接地或接零措施,如工作接地、保护接地、防雷接地、防静电接地、屏蔽接地和保护接零等。由于它是保证设备正常工作、防止触电伤亡和火灾爆炸事故发生的一种既简单又有效的方法,因此得到了广泛应用。以下主要介绍接地、接零原理与实际应用技术。

1. 一般规定

(1)在施工现场专用变压器的供电 TN－S 接零保护系统中(见图 12-5),电气设备的金属外壳必须与保护零线可靠连接。保护零线应由工作接地线、配电室(总配电箱)电源侧零线或总漏电保护器电源侧零线处引出。

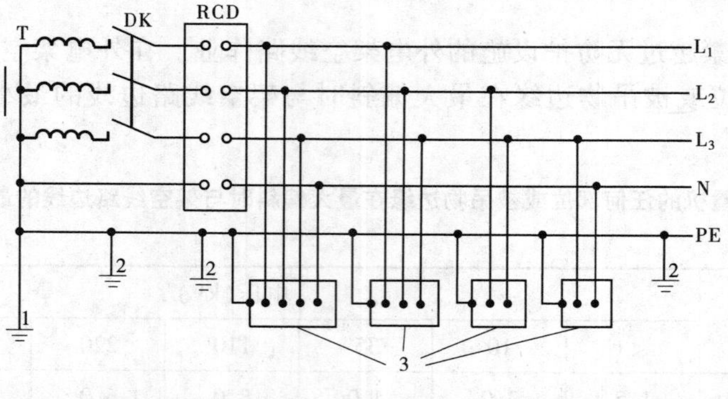

1—工作接地;2—PE 线重复接地;3—电气设备金属外壳(正常不带电的外露可导电部分);

L_1、L_2、L_3—相线;N—工作零线;PE—保护零线;DK—总电源隔离开关;

RCD—总漏电保护器(兼有短路、过载、漏电保护功能电断路器);T—变压器

图 12-5　专用变压器供电时 TN－S 接零保护系统示意图

(2)当施工现场与外电线路共用同一供电系统时,电气设备的接地、接零保护应与原系统保持一致。不得将一部分设备做保护接零,另一部分设备做保护接地。

采用 TN 系统做保护接零时,工作零线(N 线)通过总漏电保护器,保护零线(PE 线)必须由电源进线重复接地处或总漏电保护器电源侧零线处引出，形成局部 TN－S 接零保护系统（见图 12-6）。

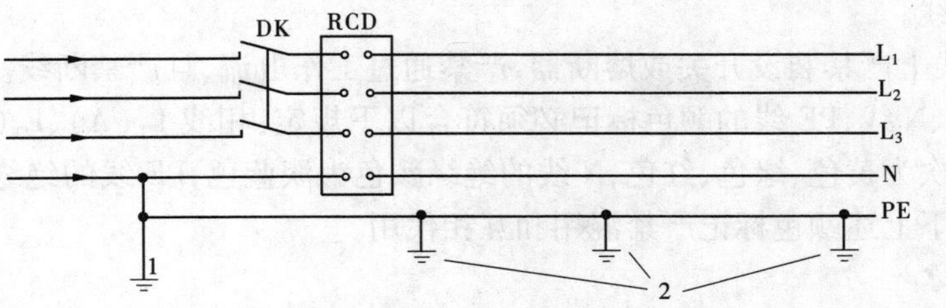

1—工作接地；2—PE 线重复接地；

L_1、L_2、L_3—相线；N—工作零线；PE—保护零线；DK—总电源隔离开关；

RCD—总漏电保护器（兼有短路、过载、漏电保护功能电断路器）；

图 12-6　三相四线制供电时局部 TN－S 接零保护系统保护零线引出示意图

（3）在 TN－S 接零保护系统中，通过总漏电保护器的工作零线与保护零线之间不得再做电气连接。

（4）在 TN－S 接零保护系统中，PE 零线应单独敷设。重复接地线必须与 PE 线相连接，严禁与 N 线相连接。

（5）使用一次侧由 50 V 以上电压的接零保护系统供电，二次侧为 50 V 及其以下电压的安全隔离变压器时，二次侧不得接地，应将二次线路用绝缘管保护或采用橡皮护套软线。

当采用普通隔离变压器时，其二次侧一端应接地，且变压器正常不带电的外露可导电部分应与一次回路保护零线相连接。

（6）施工现场的临时用电电力系统严禁利用大地作相线或零线。

（7）接地装置的设置应考虑土壤干燥或冻结等季节变化的影响，接地装置的季节系数 φ 值应符合表 12-6 的规定，接地电阻值在四季中均应符合规范规定的要求。但防雷装置的冲击接地电阻值只考虑在雷雨季节中土壤干燥状态的影响。

表 12-6　接地装置的季节系数 φ 值

埋深（m）	水平接地体	长 2～3 m 的垂直接地体
0.5	1.4～1.8	1.2～1.4
0.8～1.0	1.25～1.45	1.15～1.3
2.5～3.0	1.0～1.1	1.0～1.1

注：大地比较干燥时，取表中较小值；大地比较潮湿时，取表中较大值。

（8）PE 线所用材质与相线、工作零线（N 线）相同时，其最小截面应符合表 12-7 的规定。

表 12-7　PE 线截面与相线截面的关系

相线芯线截面面积 S（mm^2）	PE 线最小截面面积（mm^2）
$S \leqslant 16$	5
$16 < S \leqslant 35$	16
$S > 35$	$S/2$

(9)保护零线必须采用绝缘导线。配电装置和电动机械相连接的 PE 线应为截面面积不小于 2.5 mm^2 的绝缘多股铜线。手持式电动工具的 PE 线应为截面面积不小于 1.5 mm^2 的绝缘多股铜线。

(10)PE 线上严禁装设开关或熔断器,严禁通过工作电流,且严禁断线。

(11)相线、N 线、PE 线的颜色标记必须符合以下规定:相线 L_1(A)、L_2(B)、L_3(C)相序的绝缘颜色依次为黄色、绿色、红色,N 线的绝缘颜色为淡蓝色,PE 线的绝缘颜色为绿/黄双色。任何情况下上述颜色标记严禁混用和互相代用。

2. 保护接零

接零是电气设备与零线连接,接零又可分为工作接零和保护接零。电气设备因运行需要而与工作零线连接,称为工作接零;电气设备正常情况不带电的金属外壳和机械设备的金属构架与保护零线连接,称为保护接零。

在 TN 系统中,下列电气设备不带电的外露可导电部分应做保护接零:

(1)电机、变压器、电器、照明器具、手持式电动工具的金属外壳;

(2)电气设备传动装置的金属部件;

(3)配电柜与控制柜的金属框架;

(4)配电装置的金属箱体、杠架及靠近带电部分的金属围栏和金属门;

(5)电力线路的金属保护管、敷线的钢索、起重机的底座和轨道、滑升模板金属操作平台等;

(6)安装在电力线路杆(塔)上的开关、电容器等电气装置的金属外壳及支架。

城防、人防、隧道等潮湿或条件特别恶劣施工现场的电气设备必须采用保护接零。

在木质、沥青等不良导电地坪的干燥房间内,交流电压 380 V 及其以下的电气装置金属外壳,可不做保护接零。

安装在配电柜、控制柜金属框架和配电箱的金属箱体上,且与其可靠电气连接的电气测量仪表、电流互感器、电器的金属外壳,可不做保护接零。

3. 接地与接地电阻

接地是将电气设备的某一可导电部分与大地之间用导体做电气连接,简单地说,是设备与大地做金属性连接。

(1)单台容量超过 100 kVA 或使用同一接地装置并联运行且总容量超过 100 kVA 的电力变压器或发电机的工作接地电阻值不得大于 4 Ω;单台容量不超过 100 kVA 或使用同一接地装置并联运行且总容量不超过 100 kVA 的电力变压器或发电机的工作接地电阻值不得大于 10 Ω;在土壤电阻率大于 1 000 Ω · m 的地区,当达到上述接地电阻值有困难时,工作接地电阻值可提高到 30 Ω。

(2)TN 系统中的保护零线除必须在配电室或总配电箱处做重复接地外,还必须在配电系统的中间处和末端处做重复接地。

在 TN 系统中,保护零线每一处重复接地装置的接地电阻值不应大于 10 Ω。在工作接地电阻值允许达到 10 Ω 的电力系统中,所有重复接地的等效电阻值不应大于 10 Ω。

(3)在 TN 系统中,严禁将单独敷设的工作零线再做重复接地。

(4)每一接地装置的接地线应采用 2 根及其以上导体,在不同点与接地体做电气连接。不得采用铝导体做接地体或地下接地线。垂直接地体宜采用角钢、钢管或光面圆钢,不得采用螺纹钢；接地可利用自然接地体，但应保证其电气连接和热稳定。

(5)移动式发电机供电的用电设备，其金属外壳或底座应与发电机电源的接地装置有可靠的电气连接。

(6)移动式发电机和用电设备固定在同一金属支架上，且不供给其他设备用电时，可不另做保护接零。

(7)不超过2台的用电设备由专用的移动式发电机供电，供、用电设备间距不超过50 m，且供、用电设备的金属外壳之间有可靠的电气连接时，可不另做保护接零。

(8)在有静电的施工现场内，对集聚在机械设备上的静电应采取接地泄漏措施。每组专设的静电接地体的接地电阻值不应大于100 Ω，高土壤电阻率地区不应大于1 000 Ω。

4. 防雷

由于高层建筑物施工工地四周的起重机、脚手架等突出很高，木材堆积很多，万一遭受雷击，不但对施工人员的生命有危险，而且很容易引起火灾，造成事故，因此高大建筑物的施工工地的防雷问题必须引起各方面有关人员的注意，并掌握必要的防雷安全知识。施工期间，应该采取如下的防雷措施：

(1)在土壤电阻率低于200 Ω·m区域的电杆可不另设防雷接地装置，但在配电室的架空进线或出线处应将绝缘子铁脚与配电室的接地装置相连接。

(2)施工现场内的起重机、井字架、龙门架等机械设备，以及钢脚手架和正在施工的在建工程等的金属结构，当在相邻建筑物、构筑物等设施的防雷装置接闪器的保护范围以外时，应安装防雷装置。

当最高机械设备上避雷针(接闪器)的保护范围能覆盖其他设备，且又最后退出现场时，则其他设备可不设防雷装置。

(3)机械设备或设施的防雷引下线可利用该设备或设施的金属结构体，但应保证可靠的电气连接。

(4)机械设备上的避雷针(接闪器)长度应为1~2 m，塔式起重机可不另设避雷针(接闪器)。

(5)安装避雷针(接闪器)的机械设备，所有固定的动力、控制、照明、信号及通信线路，宜采用钢管敷设。钢管与该机械设备的金属结构体应做电气连接。

(6)施工现场内所有防雷装置的冲击接地电阻值不得大于30 Ω。

(7)防雷接地机械上的电气设备所连接的PE线必须同时做重复接地，同一台机械电气设备的重复接地和机械的防雷接地可共用同一接地体，但接地电阻值应符合重复接地电阻值的要求。

三、配电系统

施工工地中环境较恶劣，配电装置又需随时搬动，故对施工工地用配电装置的标准有专门规定。

(一)配电室

(1)配电室应靠近电源，并应设在灰尘少、潮气少、振动小、无腐蚀介质、无易燃易爆物及道路畅通的地方；配电室应保持整洁，不得堆放任何妨碍操作、维修的杂物；配电室和控制室应能自然通风，并应采取防止雨雪侵入和动物进入的措施；配电室的门应向外开，并配锁；

配电室的照明分别设置正常照明和事故照明。

(2)成列的配电柜和控制柜两端应与重复接地线及保护零线做电气连接。

(3)配电柜正面的操作通道宽度,单列布置或双列背对背布置不小于1.5 m,双列面对面布置不小于2 m;配电柜侧面的维护通道宽度不小于1 m。

(4)配电柜后面的维护通道宽度,单列布置或双列面对面布置不小于0.8 m,双列背对背布置不小于1.5 m,个别地点有建筑物结构凸出的地方,则此点通道宽度可减少0.2 m。

(5)配电室的顶棚与地面的距离不低于3 m,配电装置的上端距顶棚不小于0.5 m,配电室围栏上端与其正上方带电部分的净距不小于0.075 m。

(6)配电室内设置值班室或检修室时,该室边缘距配电柜的水平距离大于1 m,并采取屏障隔离。

(7)配电室内的裸母线与地面垂直距离小于2.5 m时,采用遮栏隔离,遮栏下面通道的高度不小于1.9 m。

(8)配电室内的母线涂刷有色油漆,以标志相序;以柜正面方向为基准,其涂色应符合表12-8的规定。

表12-8 母线涂色

相别	颜色	垂直排列	水平排列	引下排列
L_1(A)	黄	上	后	左
L_2(B)	绿	中	中	中
L_3(C)	红	下	前	右
N	淡蓝	—	—	—

(9)配电室的建筑物和构筑物的耐火等级不低于3级,室内应配置砂箱和可用于扑灭电气火灾的灭火器。

(10)配电柜应装设电度表,并应装设电流表、电压表。电流表与计费电度表不得共用一组电流互感器。

(11)配电柜应装设电源隔离开关及短路、过载、漏电保护电器(见图12-7)。电源隔离开关分断时应有明显可见分断点。

(12)配电柜应编号,并应有用途标记;配电柜或配电线路停电维修时,应挂接地线,并应悬挂"禁止合闸、有人工作"的停电标志牌。停送电必须由专人负责。

(二)自备电源

(1)发电机组及其控制室、配电室、修理室等可分开设置,在保证电气距离和满足防火要求的情况下也可合并设置。

(2)发电机组的排烟管道必须伸出室外;发电机组及其控制室、配电室内必须配置可用于扑灭电气火灾的灭火器,严禁存放储油桶。

(3)发电机组电源必须与外电线路电源连锁,严禁并列运行。

(4)发电机组应采用电源中性点直接接地的三相四线制供电系统和独立设置TN-S接零保护系统,其工作接地电阻值应符合规范要求。

(5)发电机控制屏宜装设交流电压表、交流电流表、有功功率表、电度表、功率因数表、

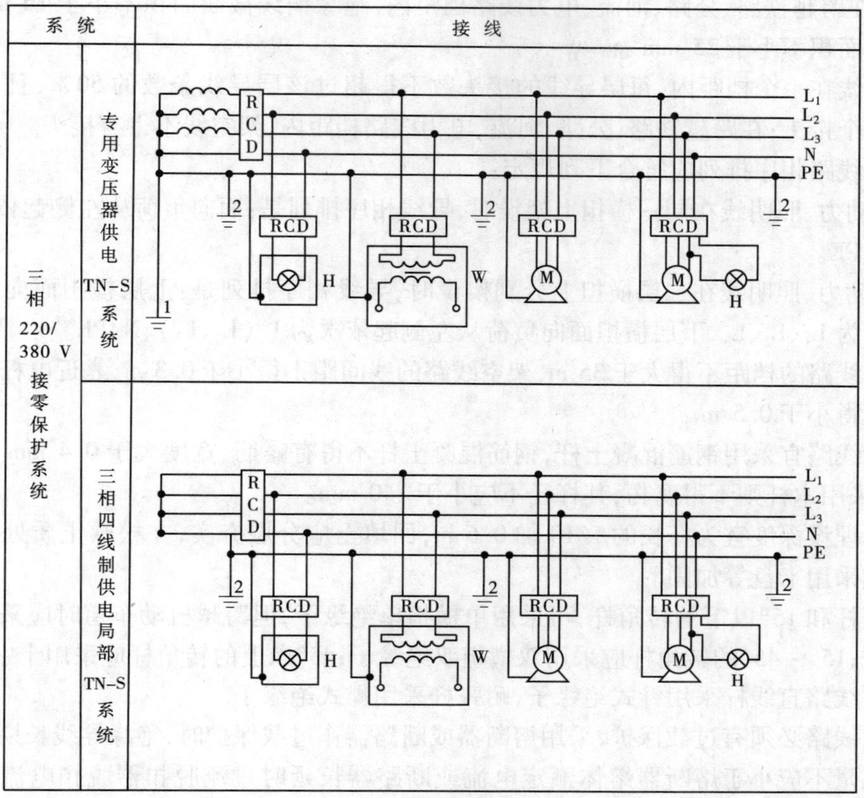

L_1、L_2、L_3—相线；N—工作零线；PE—保护零线、保护线；1—工作接地；2—重复接地；

RCD—漏电保护器；H—照明器；W—电焊机；M—电动机

图 12-7　漏电保护电器使用接线方法示意图

频率表、直流电流表等仪表。

(6)发电机供电系统应设置电源隔离开关及短路、过载、漏电保护电器，电源隔离开关分断时应有明显可见分断点。

(7)发电机组并列运行时，必须装设同期装置，并在机组同步运行后再向负载供电。

(三)架空线路

施工现场的配电线路一般可分为室外配电线路和室内配电线路，室外配电线路又可分为架空配电线路和电缆配电线路。

架空线必须架设在专用电杆上，严禁架设在树干、脚手架或其他设施上。架空线必须采用绝缘导线。架空线导线截面的选择应符合下列要求：

(1)导线中的计算负荷电流不大于其长期连续负荷允许载流量。

(2)线路末端电压偏移不大于其额定电压的5%。

(3)三相四线制线路的N线和PE线截面面积不小于相线截面面积的50%，单相线路的零线截面面积与相线截面面积相同。

(4)按机械强度要求，绝缘铜线截面面积不小于10 mm^2，绝缘铝线截面面积不小于16 mm^2。

(5)在跨越铁路、公路、河流、电力线路档距内,绝缘铜线截面面积不小于16 mm^2,绝缘铝线截面面积不小于25 mm^2。

架空线在一个档距内,每层导线的接头数不得超过该层导线条数的50%,且一条导线应只有一个接头;在跨越铁路、公路、河流、电力线路档距内,架空线不得有接头。

架空线路相序排列应符合下列规定:

(1)动力、照明线在同一横担上架设时,导线相序排列是:面向负荷从左侧起依次为L_1、N、L_2、L_3、PE。

(2)动力、照明线在二层横担上分别架设时,导线相序排列是:上层横担面向负荷从左侧起依次为L_1、L_2、L_3,下层横担面向负荷从左侧起依次为L_1(L_2、L_3)、N、PE。

架空线路的档距不得大于35 m,架空线路的线间距不得小于0.3 m,靠近电杆的两导线的间距不得小于0.5 m。

架空线路宜采用钢筋混凝土杆,钢筋混凝土杆不得有露筋、宽度大于0.4 mm的裂纹和扭曲;若采用木杆则不得腐朽,其杆径不应小于140 mm。

电杆埋设深度宜为杆长的1/10加0.6 m,回填土应分层夯实,在松软土质处宜加大埋入深度或采用卡盘等加固。

直线杆和15°以下的转角杆,可采用单横担单绝缘子,但跨越机动车道时应采用单横担双绝缘子;15°~45°的转角杆应采用双横担双绝缘子;45°以上的转角杆应采用十字横担。

架空线路直线杆采用针式绝缘子,耐张杆采用蝶式绝缘子。

架空线路必须有过载保护,采用熔断器或断路器作过载保护时,绝缘导线长期连续负荷允许载流量不应小于熔断器熔体额定电流或断路器长延时过流脱扣器脱扣电流整定值的1.25倍。

电杆的拉线宜采用不少于3根直径为4.0 mm的镀锌钢丝,拉线与电杆的夹角应为30°~45°,拉线埋设深度不得小于1 m。电杆拉线如从导线之间穿过,应在高于地面2.5 m处装设拉线绝缘子。

因受地形环境限制不能装设拉线时,可采用撑杆代替拉线,撑杆埋设深度不得小于0.8 m,其底部应垫底盘或石块,撑杆与电杆的夹角宜为30°。

接户线在档距内不得有接头,进线处离地高度不得小于2.5 m,接户线最小截面应符合规范规定。接户线间及与邻近线路间的距离应符合规范规定的要求。

架空线路必须有短路保护:采用熔断器作短路保护时,其熔体额定电流不应大于明敷绝缘导线长期连续负荷允许载流量的1.5倍;采用断路器做短路保护时,其瞬动过流脱扣器脱扣电流额定值应小于线路末端单相短路电流。

(四)电缆线路

(1)电缆中必须包含全部工作芯线和用作保护零线或保护线的芯线,需要三相四线制配电的电缆线路必须采用五芯电缆,五芯电缆必须包含淡蓝、绿/黄两种颜色绝缘芯线。淡蓝色芯线必须用做N线,绿/黄双色芯线必须用做PE线,严禁混用。

(2)电缆截面的选择应符合规范的规定,根据其长期连续负荷允许载流量和允许电压偏移确定。

(3)电缆线路应采用埋地或架空敷设,严禁沿地面明设,并应避免机械损伤和介质腐蚀。埋地电缆路径应设方位标志。

(4)电缆类型应根据敷设方式、环境条件选择。埋地敷设宜选用铠装电缆；当选用无铠装电缆时，应能防水、防腐；架空敷设宜选用无铠装电缆。

(5)电缆直接埋地敷设的深度不应小于0.8 m，并应在电缆紧邻上、下、左、右侧均匀敷设不小于100 mm厚的细砂，然后覆盖砖或混凝土板等硬质保护层。拐角处和沿电缆直线间距30 m设一个标志桩牌。

(6)埋地电缆在穿越建筑物，构筑物，道路，易受机械损伤、介质腐蚀场所及引出地面从2 m高到地下0.2 m处，必须加设防护套管，防护套管内径不应小于电缆外径的1.5倍。

(7)埋地电缆与其附近外电电缆和管沟的平行间距不得小于2 m，交叉间距不得小于1 m。

(8)埋地电缆的接头应设在地面上的接线盒内，接线盒应能防水、防尘、防机械损伤，并应远离易燃、易爆、易腐蚀场所。

(9)架空电缆应沿电杆、支架或墙壁敷设，并采用绝缘子固定，绑扎线必须采用绝缘线，固定点间距应保证电缆能承受自重所带来的荷载，敷设高度应符合规范规定的要求，但沿墙壁敷设时最大弧垂距地不得小于2.0 m。架空电缆严禁沿脚手架、树木或其他设施敷设。

(10)在建工程内的电缆线路必须采用电缆埋地引入，严禁穿越脚手架引入。电缆垂直敷设应充分利用在建工程的竖井、垂直孔洞等，并宜靠近用电负荷中心，固定点每楼层不得少于一处。电缆水平敷设宜沿墙或门口刚性固定，最大弧垂距地不得小于2.0 m。

(11)装饰装修工程或其他特殊阶段，应补充编制单项施工用电方案。

(12)电缆线路必须有短路保护和过载保护，短路保护和过载保护电器与电缆的选配应符合规范要求。现场使用的电缆线路在使用前需检查其绝缘性能，不符合要求者，严禁使用。

(五)室内配线

(1)室内配线必须采用绝缘导线或电缆，室内配线必须有短路保护和过载保护，短路保护和过载保护电器与绝缘导线、电缆的选配应符合规范要求。对穿管敷设的绝缘导线线路，其短路保护熔断器的熔体额定电流不应大于穿管绝缘导线长期连续负荷允许载流量的2.5倍。

(2)室内配线应根据配线类型采用瓷瓶、瓷(塑料)夹、嵌绝缘槽、穿管或钢索敷设；潮湿场所或埋地非电缆配线必须穿管敷设，管口和管接头应密封；当采用金属管敷设时，金属管必须做等电位连接，且必须与PE线相连接。

(3)架空进户线的室外端应采用绝缘子固定，过墙处应穿管保护，距地面高度不得小于2.5 m，并应采取防雨措施；室内非埋地明敷主干线距地面高度不得小于2.5 m。

(4)室内配线所用导线或电缆的截面应根据用电设备或线路的计算负荷确定，但铜线截面面积不应小于1.5 mm^2，铝线截面面积不应小于2.5 mm^2。

(5)钢索配线的吊架间距不宜大于12 m。采用瓷夹固定导线时，导线间距不应小于35 mm，瓷夹间距不应大于800 mm；采用瓷瓶固定导线时，导线间距不应小于100 mm，瓷瓶间距不应大于1.5 m；采用护套绝缘导线或电缆时，可直接敷设于钢索上。

(六)配电箱及开关箱的设置

(1)配电系统应设置配电柜或总配电箱、分配电箱、开关箱，实行三级配电。配电系统宜使三相负荷平衡，220 V或380 V单相用电设备宜接入220/380 V三相四线系统；当单相照明线路电流大于30 A时宜采用220/380 V三相四线制供电。

(2)总配电箱以下可设若干分配电箱,分配电箱以下可设若干开关箱,总配电箱应设在靠近电源的区域,分配电箱应设在用电设备或负荷相对集中的区域,分配电箱与开关箱的距离不得超过30 m,开关箱与其控制的固定式用电设备的水平距离不宜超过3 m。

(3)每台用电设备必须有各自专用的开关箱,严禁用同一个开关箱直接控制2台及其以上用电设备(含插座)。

(4)动力配电箱与照明配电箱宜分别设置,当合并设置为同一配电箱时,动力和照明应分路配电,动力开关箱与照明开关箱必须分设。

(5)配电箱、开关箱外形结构应能防雨、防尘;配电箱、开关箱应装设在干燥、通风及常温场所,不得装设在有严重损伤作用的瓦斯、烟气、潮气及其他有害介质中,亦不得装设在易受外来固体物撞击、强烈振动、液体浸溅及热源烘烤的场所。否则,应予清除或做防护处理。

(6)配电箱、开关箱周围应有足够2人同时工作的空间和通道,不得堆放任何妨碍操作、维修的物品,不得有灌木、杂草。配电箱的操作通道宽度不小于1.2 m,维护通道宽度不小于1 m。

(7)配电箱、开关箱应采用冷轧钢板或阻燃绝缘材料制作,钢板厚度应为1.2~2.0 mm,其中开关箱箱体钢板厚度不得小于1.2 mm,配电箱箱体钢板厚度不得小于1.5 mm,箱体表面应做防腐处理。金属电器安装板与金属箱体应做电气连接。

(8)配电箱、开关箱应装设端正、牢固。固定式配电箱、开关箱的中心点与地面的垂直距离应为1.4~1.6 m。移动式配电箱、开关箱应装设在坚固、稳定的支架上,其中心点与地面的垂直距离宜为0.8~1.6 m。

(9)配电箱、开关箱内的电器(含插座)应先安装在金属或非木质阻燃绝缘电器安装板上,然后方可整体紧固在配电箱、开关箱箱体内。

(10)配电箱的电器安装板上必须分设N线端子板和PE线端子板。N线端子板必须与金属电器安装板绝缘,PE线端子板必须与金属电器安装板做电气连接;进出线中的N线必须通过N线端子板连接,PE线必须通过PE线端子板连接。

(11)配电箱、开关箱内的连接线必须采用铜芯绝缘导线,导线绝缘的颜色标志应按规范要求配置并排列整齐;导线分支接头不得采用螺栓压接,应采用焊接并做绝缘包扎,不得有外露带电部分。

(12)配电箱、开关箱的金属箱体、金属电器安装板以及电器正常不带电的金属底座、外壳等必须通过PE线端子板与PE线做电气连接,金属箱门与金属箱体必须通过采用编织软铜线做电气连接。

(13)配电箱、开关箱的箱体尺寸应与箱内电器的数量和尺寸相适应,箱内电器安装板板面电器安装尺寸可按照表12-9选择。

(14)配电箱、开关箱中导线的进线口和出线口应设在箱体的下底面,并配置固定线卡,进出线应加绝缘护套并成束卡固在箱体上,不得与箱体直接接触。移动式配电箱、开关箱的进、出线应采用橡皮护套绝缘电缆,不得有接头。

(15)配电柜应装设短路、过负荷和漏电保护器,各种配电线路应编号,并标明用途。

(16)室外固定式配电箱应设在室外±0以上,设在不低于0.4 m的水泥抹面的砖基础上,基础内应留有存放余量电缆,且有装电缆的方便孔槽,配电箱底边距地面垂直距离应大于1.3 m,小于1.5 m。

表 12-9　配电箱、开关箱内电器安装尺寸选择表

间距名称	最小净距(mm)
并列电器(含单极熔断器)间	30
电器进、出线瓷管(塑胶管)孔与电器边沿间	15 A 时,30 20～30 A 时,50 60 A 及其以上时,80
上、下排电器进出线瓷管(塑胶管)孔间	25
电器进、出线瓷管(塑胶管)孔至板边	40
电器至板边	40

(17)室外固定式配电箱应设防砸、防雨棚和围栏,围栏不低于 1.7 m,格栅间距不大于 0.15m,围栏门往外开启,围栏明显位置悬挂用电警告牌。在达不到最小安全距离时,必须采取防护措施即增设屏障、遮栏、围栏,并悬挂醒目的警告牌,特殊情况下设专人看管。配电箱管理制度牌及负责人牌,箱、柜、围栏为金属体的均要明显接 PE 线。在架设防护设施时,应有电气工长和专职安全员负责监护。

(18)配电箱应配门锁,钥匙由值班电工管理,护栏内除值班电工,任何人不得入内,接完电后立即把门锁好。

(19)小型机械、手动电动工具及移动照明等必须使用移动式配电箱,随施工作业移动。

(七)电器装置的选择、使用与维护

配电箱、开关箱内的电器必须可靠、完好,严禁使用破损、不合格的电器。应设两级漏电保护,漏电动作电流应分级设置。

总配电箱的电器应具备电源隔离、正常接通与分断电路,以及短路、过载、漏电保护功能。电器设置应符合下列原则:

(1)当总路设置总漏电保护器时,应装设总隔离开关、分路隔离开关以及总断路器、分路断路器或总熔断器、分路熔断器。当所设总漏电保护器是同时具备短路、过载、漏电保护功能的漏电断路器时,可不设总断路器或总熔断器。

(2)当各分路设置分路漏电保护器时,还应装设总隔离开关、分路隔离开关以及总断路器、分路断路器或总熔断器、分路熔断器。当分路所设漏电保护器是同时具备短路、过载、漏电保护功能的漏电断路器时,可不设分路断路器或分路熔断器。

(3)隔离开关应设置于电源进线端,应采用分断时具有可见分断点,并能同时断开电源所有极的隔离电器。若采用分断时具有可见分断点的断路器,可不另设隔离开关。

(4)熔断器应选用具有可靠灭弧分断功能的产品。

(5)总开关电器的额定值、动作整定值应与分路开关电器的额定值、动作整定值相适应。

总配电箱应装设电压表、总电流表、电度表及其他需要的仪表。专用电能计量仪表的装设应符合当地供、用电管理部门的要求。装设电流互感器时,其二次回路必须与保护零线有一个连接点,且严禁断开电路。

分配电箱应装设总隔离开关、分路隔离开关以及总断路器、分路断路器或总熔断器、分

路熔断器。

开关箱必须装设隔离开关、断路器或熔断器，以及漏电保护器。当漏电保护器是同时具有短路、过载、漏电保护功能的漏电断路器时，可不装设断路器或熔断器。隔离开关应采用分断时具有可见分断点，能同时断开电源所有极的隔离电器，并应设置于电源进线端。当断路器具有可见分断点时，可不另设隔离开关。

开关箱中的隔离开关只可直接控制照明电路和容量不大于 3.0 kW 的动力电路，但不应频繁操作。容量大于 3.0 kW 的动力电路应采用断路器控制，操作频繁时还应附设接触器或其他启动控制装置。

开关箱中各种开关电器的额定值和动作整定值应与其控制用电设备的额定值和特性相适应。

漏电保护器应装设在总配电箱、开关箱靠近负荷的一侧，且不得用于启动电气设备的操作。

漏电保护器的选择应符合现行国家标准《剩余电流动作保护器的一般要求》(GB/Z 6829—2008)和《剩余电流动作保护装置的安装和运行》(GB 13955—2005)的规定。

开关箱中漏电保护器的额定漏电动作电流不应大于 30 mA，额定漏电动作时间不应大于 0.1 s；使用于潮湿或有腐蚀介质场所的漏电保护器应采用防溅型产品，其额定漏电动作电流不应大于 15 mA，额定漏电动作时间不应大于 0.1 s。

总配电箱中漏电保护器的额定漏电动作电流不应大于 30 mA，额定漏电动作时间不应大于 0.1 s，但其额定漏电动作电流与额定漏电动作时间的乘积不应大于 30 mA · s。

总配电箱和总开关箱中漏电保护器的极数和线数必须与负荷侧负荷的相数和线数一致。施工现场所有用电设备，除做保护接零外，必须在设备负荷首端装设漏电保护装置。

配电箱、开关箱中的漏电保护器宜选用无辅助电源型(电磁式)产品，或选用辅助电源故障时能自动断开的辅助电源型(电子式)产品。当选用辅助电源故障时不能自动断开的辅助电源型(电子式)产品时，应同时设置缺相保护。

漏电保护器应按产品说明书安装、使用。对搁置已久重新使用或连续使用的漏电保护器应逐月检测其性能，发现问题应及时修理或更换。

配电箱、开关箱的电源进线端严禁采用插头和插座作活动连接。

配电箱、开关箱应有名称、用途、分路标记及系统接线图。

配电箱、开关箱箱门应配锁，且应由专人负责并进行定期检查、维修。检查、维修人员必须是专业电工。检查、维修时必须按规定穿绝缘鞋、戴绝缘手套，必须使用电工绝缘工具，并应做检查、维修工作记录。施工现场停止作业 1 h 以上时，应将动力开关箱断电上锁。

对配电箱、开关箱进行定期维修、检查时，必须将其前一级相应的电源隔离开关分闸断电，并悬挂“禁止合闸、有人工作”停电标志牌，严禁带电作业。

配电箱、开关箱必须按照下列顺序操作：

(1)送电操作顺序为：总配电箱→分配电箱→开关箱；

(2)停电操作顺序为：开关箱→分配电箱→总配电箱。

但出现电气故障的紧急情况时可除外。

配电箱、开关箱内不得放置任何杂物，并应保持整洁，箱内的电器配置和接线严禁随意改动，不得随意挂接其他用电设备。

熔断器的熔体更换时，严禁采用不符合原规格的熔体代替。漏电保护器每天使用前应启动漏电试验按钮试跳一次，试跳不正常时严禁继续使用。

配电箱、开关箱的进线和出线严禁承受外力，严禁与金属尖锐断口、强腐蚀介质和易燃易爆物接触。

电气设备送电时，先合隔离开关，后合负荷开关，停电时顺序与此相反，严禁带负荷拉合隔离开关。变压器两侧开关的操作顺序：停电时，先停负荷侧开关，后停电源侧开关，送电时顺序与此相反。

四、电动建筑机械和手持式电动工具

施工现场的电动建筑机械和手持电动工具主要有起重机械、混凝土搅拌机、水泵、夯土机械、手电钻、振动器、水磨石机、钢筋加工机械、木工机械和盾构机械等，这些用电设备在使用过程中容易发生导致人体触电的事故。

（一）一般规定

(1)选购的电动建筑机械、手持式电动工具及其用电安全装置应符合相应的国家现行有关强制性标准的规定，且具有产品合格证和使用说明书。

(2)电动建筑机械、手持式电动工具的管理必须建立和执行专人专机负责制，并按使用说明书使用，定期检查和维修保养。

(3)电动建筑机械的接地、漏电保护应符合规范要求，运行时产生振动的设备的金属基座、外壳与地线的连接点不少于2处。手持电动工具的绝缘应完好无损，在一般场所使用Ⅰ类手持电动工具。

(4)塔式起重机、外用电梯、滑升模板的金属操作平台及需要设置避雷装置的物料提升机，除应连接PE线外，还应做重复接地。设备的金属结构构件之间应保证电气连接。

(5)手持式电动工具中的塑料外壳、Ⅱ类工具和一般场所手持式电动工具中的Ⅲ类工具可不连接PE线。

(6)电动建筑机械和手持式电动工具的负荷线应按其计算负荷选用无接头的橡皮护套铜芯软电缆，其性能应符合现行国家标准《额定电压450/750 V及以下橡皮绝缘电缆》(GB 5013—2008)的要求。

电缆芯线数应根据负荷及其控制电器的相数和线数确定：三相四线时，应选用五芯电缆；三相三线时，应选用四芯电缆；当三相用电设备中配置有单相用电器具时，应选用五芯电缆；单相二线时，应选用三芯电缆。PE线用绿/黄双色线。

(7)每一台电动建筑机械或手持式电动工具的开关箱内，除应装设过载、短路、漏电保护电器外，还应装设隔离开关或具有可见分断点的断路器和控制装置。正、反向运转控制装置中的控制电器应采用接触器、继电器等自动控制电器，不得采用手动双向转换开关作控制电器。

(8)移动、检修电动建筑机械必须先切断电源，严禁带电操作。现场施工人员不得随意操作与自己工作无关的电动建筑机械和其他电器设备。

(9)对现场用电线路、电器设备应进行定期检查，及时发现、消除事故隐患。

(10)在电气设备高峰使用时，应根据现场机械使用情况，先主后次，适当调整，防止过负荷运行。

(二)起重机械

(1)塔式起重机的电气设备应符合现行国家标准《塔式起重机安全规程》(GB 5144—2006)中的要求。

(2)塔式起重机应做重复接地和防雷接地。轨道式塔式起重机的轨道两端各设一组接地装置,较长轨道每隔不大于30 m加一组接地装置;轨道的接头处做电气连接,两条轨道端部做环形电气连接。

(3)塔式起重机与外电线路的安全距离应符合规范要求,轨道式塔式起重机的电缆不得拖地行走。

(4)塔身高于30 m的塔式起重机,应在塔顶和臂架端部设红色信号灯。需要夜间工作的塔式起重机,应设置正对工作面的投光灯。

(5)在强电磁波源附近工作的塔式起重机,操作人员应戴绝缘手套和穿绝缘鞋,并应在吊钩与机体间采取绝缘隔离措施,或在吊钩吊装地面物体时,在吊钩上挂接临时接地装置。

(6)外用电梯和物料提升机的上、下极限位置应设置限位开关,外用电梯梯笼内、外均应安装紧急停止开关。

(7)外用电梯和物料提升机在每日工作前必须对行程开关、限位开关、紧急停止开关、驱动机构和制动器等进行空载检查,正常后方可使用。检查时必须有防坠落措施。

(三)桩工机械

(1)潜水式钻孔机电机的密封性能应符合现行国家标准《外壳防护等级(IP代码)》(GB 4208—2008)中的IP68级的规定。

(2)潜水电机的负荷线应采用防水橡皮护套铜芯软电缆,长度不应小于1.5 m,且不得承受外力。

(3)潜水式钻孔机开关箱中的漏电保护器必须符合潮湿场所选用漏电保护器的要求。

(四)夯土机械

(1)夯土机械开关箱中的漏电保护器必须符合潮湿场所选用漏电保护器的要求。

(2)夯土机械PE线的连接点不得少于2处。

(3)夯土机械的负荷线应采用抗老化橡皮护套铜芯软电缆。

(4)使用夯土机械必须按规定穿戴绝缘用品,使用过程应有专人调整电缆,电缆长度不应大于50 m。电缆严禁缠绕、扭结和被夯土机械跨越。

(5)多台夯土机械并列工作时,其间距不得小于5 m;前后工作时,其间距不得小于10 m。

(6)夯土机械的操作扶手必须绝缘。

(五)焊接机械

(1)电焊机械应放置在防雨、防潮、防砸和通风良好的地方。焊接现场不得有易燃、易爆物品。从事电焊操作人员必须配符合规定的带绝缘防护用品。

(2)交流弧焊机变压器的一次侧电源线长度不应大于5 m,其电源进线处必须设置防护罩。发电机式直流电焊机的换向器应经常检查和维护,应消除可能产生的异常电火花。

(3)电焊机械开关箱中的漏电保护器必须符合要求,交流电焊机械应配装防二次侧触电保护器。

(4)电焊机械的一次线长度应小于5 m,二次线应采用防水橡皮护套铜芯软电缆,电缆长度不应大于 30 m，不得采用金属构件或结构钢筋代替二次线的地线。两侧接线应压接牢固，并安装可靠的防护罩。

(5)使用电焊机械焊接时必须穿戴防护用品，严禁露天冒雨从事电焊作业。

(6)电焊机械应装设带电保护器。

(六)手持式电动工具

(1)空气湿度小于 75% 的一般场所可选用Ⅰ类或Ⅱ类手持式电动工具，其金属外壳与 PE 线的连接点不得少于 2 处；除塑料外壳Ⅱ类工具外，相关开关箱中漏电保护器的额定漏电动作电流不应大于 15 mA，额定漏电动作时间不应大于 0.1 s，其负荷线插头应具备专用的保护触头。所用插座和插头在结构上应保持一致，避免导电触头和保护触头混用。

(2)在潮湿场所或金属构架上操作时，必须选用Ⅱ类或由安全隔离变压器供电的Ⅲ类手持式电动工具。金属外壳Ⅱ类手持式电动工具使用时，必须符合规范要求；其开关箱和控制箱应设置在作业场所外面。在潮湿场所或金属构架上严禁使用Ⅰ类手持式电动工具。

(3)狭窄场所必须选用由安全隔离变压器供电的Ⅲ类手持式电动工具，其开关箱和安全隔离变压器均应设置在狭窄场所外面，并连接 PE 线。漏电保护器的选择应符合使用于潮湿或有腐蚀介质场所漏电保护器的要求。操作过程中，应有人在外面监护。

(4)手持式电动工具的负荷线应采用抗老化的橡皮护套铜芯软电缆，且不得有接头。

(5)手持式电动工具的外壳、手柄、插头、开关、电源线、插座等必须完好无损，使用前必须做绝缘检查和空载检查，在绝缘合格、空载运转正常后方可使用。

(6)使用手持式电动工具时，必须按规定穿、戴绝缘防护用品。

(七)其他电动建筑机械

(1)混凝土搅拌机、插入式振动器、平板振动器、地面抹光机、水磨石机、钢筋加工机械、木工机械、盾构机械、水泵等设备的漏电保护应符合规范要求。

(2)混凝土搅拌机、插入式振动器、平板振动器、地面抹光机、水磨石机、钢筋加工机械、木工机械、盾构机械的负荷线必须采用耐气候型橡皮护套铜芯软电缆，且不得有任何破损和接头。

水泵的负荷线必须采用防水橡皮护套铜芯软电缆，严禁有任何破损和接头，且不得承受任何外力。盾构机械的负荷线必须固定牢固，距地高度不得小于 2.5 m。

(3)对混凝土搅拌机、钢筋加工机械、木工机械、盾构机械等设备进行清理、检查、维修时，必须首先将其开关箱分闸断电，呈现可见电源分断点，并关门上锁。

五、现场照明

所有施工现场及其生活区等都应装设电气照明，以保证夜间和白天天然采光不足条件下的亮度，以便正常进行生产和生活。实践证明，合理的电气照明是保证安全生产，提高劳动生产率和保护工作人员视力健康的必要条件。施工现场照明的合理设置对正常施工和安全是重要的技术条件。

(一)一般规定

在坑、洞、井内作业、夜间施工或厂房、道路、仓库、办公室、食堂、宿舍、料具堆放场及自然采光差的场所，应设一般照明、局部照明或混合照明。在一个工作场所内，不得只设局部照明。停电后，操作人员需及时撤离施工现场，必须装设自备电源的应急照明。

现场照明应采用高光效、长寿命的照明光源。对需大面积照明的场所,应采用高压汞灯、高压钠灯或混光用的卤钨灯等。

在漫水地点或易触及带电体场所,照明电源电压不得超过 24 V。各种电源应用绝缘线,且不允许直接固定在钢管架或模板上。

施工区、生活区的照明线路必须按规范架设。

照明器的选择必须按下列环境条件确定:

(1)正常湿度一般场所,选用开启式照明器;

(2)潮湿或特别潮湿场所,选用密闭型防水照明器或配有防水灯头的开启式照明器;

(3)含有大量尘埃但无爆炸和火灾危险的场所,选用防尘型照明器;

(4)有爆炸和火灾危险的场所,按危险场所等级选用防爆型照明器;

(5)存在较强振动的场所,选用防振型照明器;

(6)有酸碱等强腐蚀介质场所,选用耐酸碱型照明器。

照明器具和器材的质量应符合国家现行有关强制性标准的规定,不得使用绝缘老化或破损的器具和器材。现场照明必须按规定布线和装设灯具,并在电源一侧加装漏电保护器。

无自然采光的地下大空间施工场所,应编制单项照明用电方案。

(二)照明供电

(1)一般场所宜选用额定电压为 220 V 的照明器。

(2)隧道、人防工程、高温、有导电灰尘、比较潮湿或灯具离地面高度低于 2.5 m 等场所的照明,电源电压不应大于 36 V。

(3)潮湿和易触及带电体场所的照明,电源电压不得大于 24 V;特别潮湿场所、导电良好的地面、锅炉或金属容器内的照明,电源电压不得大于 12 V。

(4)使用行灯的电源电压不大于 36 V,灯头与灯体结合牢固,灯头无开关,灯体与手柄应坚固、绝缘良好并耐热耐潮湿;灯泡外部有金属保护网,金属网、反光罩、悬吊挂钩固定在灯具的绝缘部位上。

(5)远离电源的小面积工作场地、道路照明、警卫照明或额定电压为 12 ~ 36 V 照明的场所,其电压允许偏移值为额定电压值的 −10% ~ 5%;其余场所电压允许偏移值为额定电压值的 ±5%。

(6)照明变压器必须使用双绕组型安全隔离变压器,严禁使用自耦变压器。

(7)照明系统宜使三相负荷平衡,其中每一单相回路上,灯具和插座数量不宜超过 25 个,负荷电流不宜超过 15 A。

(8)携带式变压器的一次侧电源线应采用橡皮护套或塑料护套铜芯软电缆,中间不得有接头,长度不宜超过 3 m,其中绿/黄双色线只可作 PE 线使用,电源插销应有保护触头。

(9)单相二线及二相二线线路中,工作零线截面面积与相线截面面积相同;在逐相切断的三相照明电路中,工作零线截面面积与最大负载相相线截面面积相同。

(10)三相四线制线路中,当照明器为白炽灯时,工作零线截面不小于相线截面的 50%;当照明器为气体放电灯时,零线截面按最大负载相的电流选择。

(三)照明装置

(1)照明灯具的金属外壳必须与 PE 线相连接,照明开关箱内必须装设隔离开关、短路与过载保护电器和漏电保护器。

（2）室外 220 V 灯具距地面不得低于 3 m，室内 220 V 灯具距地面不得低于 2.5 m。普通灯具与易燃物距离不得小于 300 mm；聚光灯、碘钨灯等高热灯具与易燃物距离不宜小于 500 mm，且不得直接照射易燃物。达不到规定安全距离时，应采取隔热措施。

（3）路灯的每个灯具应单独装设熔断器保护，灯头线应做防水弯。

（4）荧光灯管应采用管座固定或用吊链悬挂，荧光灯的镇流器不得安装在易燃的结构物上。

（5）碘钨灯及钠、铊、铟等金属卤化物灯具的安装高度宜在 3 m 以上，灯线应固定在接线柱上，不得靠近灯具表面。

（6）投光灯的底座应安装牢固，应按需要的光轴方向将枢轴拧紧固定。

（7）螺口灯头的绝缘外壳无损伤、无漏电，相线接在与中心触头相连的一端，零线接在与螺纹口相连的一端。

（8）灯具内的接线必须牢固，灯具外的接线必须做可靠的防水绝缘包扎。

（9）暂设工程的照明灯具宜采用拉线开关控制，拉线开关距地面高度为 2～3 m，其他开关距地面高度为 1.3 m，与出入口的水平距离为 0.15～0.2 m，拉线的出口向下。

（10）灯具的相线必须经开关控制，不得将相线直接引入灯具。

（11）对夜间影响飞机或车辆通行的在建工程及机械设备，必须设置醒目的红色信号灯，其电源应设在施工现场总电源开关的前侧，并应设置外电线路停止供电时的应急自备电源。

第七节　起重吊装

起重吊装机械是现代建筑施工企业重要的生产工具，建筑起重机械的广泛使用，不但大大降低了体力劳动强度，提高了劳动生产率，而且能在生产过程中进行某些特殊的工艺操作，从而实现生产过程的机械化、自动化和智能化。

建筑起重机械是以间歇、重复的工作方式，通过起重吊钩或其他吊具的起升、下降、运转来升降与运移物料的机械设备。建筑起重机械在建筑施工中承担各种物料的起重、运输、装卸和人员输送等作业任务，已成为不可缺少的设备。它在搬运物料时，会经历上料、运送、卸料及返回原处的过程，工作范围较大，危险因素较多。近年来，随着城市建设的发展和高层建筑物的增加，塔式起重机、升降机的使用量不断增多，重大事故频频发生，起重事故一旦发生极易造成群死群伤。究其原因，主要是施工方案及施工过程中防护措施不到位。下面主要阐述起重吊装工程安全技术要求。

一、履带式起重机

履带式起重机是一种具有履带行走装置的全回转起重机，它利用两条面积较大的履带着地行走，由行走装置、回转机构、机身及起重臂等部分组成，如图 12-8 所示。

履带式起重机的安全操作规程如下：

（1）起重机应在平坦坚实的地面上作业、行走和停放。在正常作业时，坡度不得大于 3°，并应与沟渠、基坑保持安全距离。

（2）起重机启动前的重点检查项目应符合下列要求：①各安全防护装置及各指示仪表

齐全完好;②钢丝绳及连接部位符合规定;③燃油、润滑油、液压油、冷却水等添加充足;④各连接件无松动。

(3)起重机启动前应将主离合器分离,各操纵杆放在空档位置,并启动内燃机。

(4)内燃机启动后,应检查各仪表指示值,待运转正常后再接合主离合器,进行空载运转,顺序检查各工作机构及其制动器,确认正常后,方可作业。

(5)作业时,起重臂的最大仰角不得超过出厂规定,当无资料可查时,不得超过78°。

(6)起重机变幅应缓慢平稳,严禁在起重臂未停稳前变换档位;起重机荷载达到额定起重量的90%及其以上时,严禁下降起重臂。

(7)在起吊荷载达到额定起重量的90%及其以上时,升降动作应慢速进行,并严禁同时进行2种及以上动作。

图12-8 履带式起重机

(8)起吊重物时应先稍离地面试吊,当确认重物已挂牢,起重机的稳定性和制动器的可靠性均良好时,再继续起吊。在重物升起过程中,操作人员应把脚放在制动踏板上,密切注意起升重物,防止吊钩冒顶。当起重机停止运转而重物仍悬在空中时,即使制动踏板被固定,脚仍应踩在制动踏板上。

(9)采用双机抬吊作业时,应选用起重性能相似的起重机进行。抬吊时应统一指挥,动作应配合协调,荷载应分配合理,单机的起吊荷载不得超过允许荷载的80%。在吊装过程中,两台起重机的吊钩滑轮组应保持垂直状态。

(10)当起重机需带载行走时,荷载不得超过允许起重量的70%,行走道路应坚实平整,重物应在起重机正前方向,重物离地面不得大于500 mm,并应拴好拉绳,缓慢行驶。严禁长距离带载行驶。

(11)起重机行走时,转弯不应过急,当转弯半径过小时,应分次转弯;当路面凹凸不平时,不得转弯。

(12)起重机上下坡道时应空载行走,上坡时应将起重臂仰角适当放小,下坡时应将起重臂仰角适当放大。严禁下坡空挡滑行。

(13)作业后,起重臂应转至顺风方向,并降至40°~60°,吊钩应提升到接近顶端的位置,应关停内燃机,将各操纵杆放在空挡位置,各制动器加保险固定,操纵室和机棚应关门加锁。

(14)起重机转移工地,应采用平板拖车运送。特殊情况需自行转移时,应卸去配重,拆短起重臂,主动轮应在后面,机身、起重臂、吊钩等必须处于制动位置,并应加保险固定。每行驶500~1 000 m时,应对行走机构进行检查和润滑。

(15)起重机通过桥梁、水坝、排水沟等构筑物时,必须先查明允许荷载后再通过,必要时应对构筑物采取加固措施。通过铁路、地下水管、电缆等设施时,应铺设木板保护,并不得在上面转弯。

(16)用火车或平板拖车运输起重机时,所用跳板的坡度不得大于15°。起重机装上车后,应将回转、行走、变幅等机构制动,并采用三角木楔紧履带两端,再牢固绑扎。后部配重用枕木垫实,不得使吊钩悬空摆动。

二、汽车式、轮胎式起重机

汽车式起重机是把起重机构安装在普通载重汽车或专用汽车底盘上的一种自行式起重机。轮胎式起重机是把起重机构安装在加重型轮胎和轮轴组成的特制底盘上的一种全回转式起重机,其上部构造与履带式起重机基本相同,为了保证安装作业时机身的稳定性,起重机设有四个可伸缩的支腿(见图12-9)。

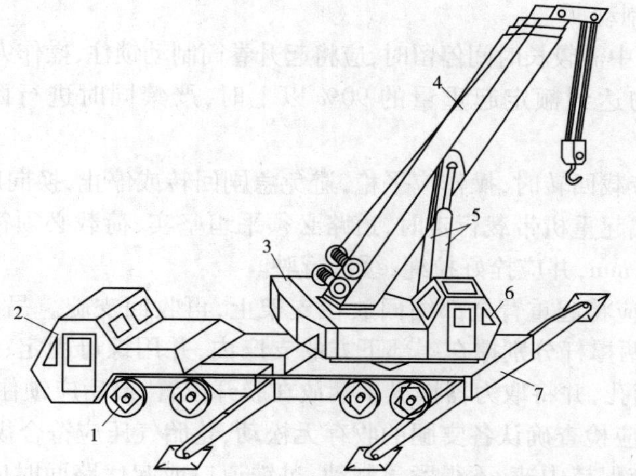

1—行走装置;2—驾驶室;3—转台;4—动臂;5—变幅油缸;6—司机室;7—支腿

图12-9 轮胎式起重机

汽车式、轮胎式起重机的施工安全技术要求主要有:

(1)起重机行驶和工作的场地应保持平坦坚实,并应与沟渠、基坑保持安全距离。

(2)为保证起重机的正常使用,在起重机作业前必须按照以下要求进行检查:①各安全保护装置和指示仪表齐全完好;②钢丝绳及连接部位符合规定;③燃油、润滑油、液压油及冷却水添加充足;④各连接件无松动;⑤轮胎气压符合规定。

(3)起重机启动前,应将各操纵杆放在空挡位置,手制动器应锁死,并启动内燃机。启动后,应怠速运转,检查各仪表指示值,运转正常后接合液压泵,待压力达到规定值,油温超过30 ℃时,方可开始作业。

(4)作业前,应全部伸出支腿,并在撑脚板下垫方木,调整机体使回转支撑面的倾斜度在无荷载时不大于1/1 000(水准泡居中)。支腿有定位销的必须插上。底盘为弹性悬挂的起重机,放支腿前应先收紧稳定器。

(5)作业中严禁扳动支腿操纵阀。调整支腿必须在无荷载时进行,并将起重臂转至正前或正后,方可再行调整。

(6)应根据所吊重物的重量和提升高度,调整起重臂长度和仰角,并应估计吊索和重物本身的高度,留出适当空间。

(7)起重臂伸缩时,应按规定程序进行,在伸臂的同时应相应下降吊钩。当限制器发出警报时,应立即停止伸臂。起重臂缩回时,仰角不宜太小。

(8)起重臂伸出后,出现前节臂杆的长度大于后节伸出长度时,必须进行调整,消除不正常情况后,方可作业。

(9)起重臂伸出后,或主副臂全部伸出后,变幅时不得小于各长度所规定的仰角。

(10)汽车式起重机起吊作业时,重物不得超越驾驶室上方,且不得在车的前方起吊。

(11)采用自由(重力)下降时,荷载不得超过该工况下额定起重量的20%,并应使重物有控制地下降,下降停止前应逐渐减速,不得使用紧急制动。

(12)起吊重物达到额定起重量的50%及其以上时,应使用低速挡。

(13)作业中发现起重机倾斜、支腿不稳等异常现象时,应立即使重物下降落在安全的地方,下降中严禁制动。

(14)重物在空中需较长时间停留时,应将起升卷筒制动锁住,操作人员不得离开操纵室。

(15)起吊重物达到额定起重量的90%以上时,严禁同时进行两种及其以上的操作动作。

(16)起重机带载回转时,操作应平稳,避免急剧回转或停止,换向应在停稳后进行。

(17)当轮胎式起重机带载行走时,道路必须平坦坚实,荷载必须符合出厂规定,重物离地面不得超过500 mm,并应拴好拉绳,缓慢行驶。

(18)作业后,应将起重臂全部缩回放在支架上,再收回支腿。吊钩应用专用钢丝绳挂牢,应将车架尾部两撑杆分别撑在尾部下方的支座内,并用螺母固定;应将阻止机身旋转的销式制动器插入销孔,并将取力器操纵手柄放在脱开位置,最后应锁住起重操纵室门。

(19)行驶前,应检查确认各支腿的收存无松动,轮胎气压应符合规定。

(20)行驶时应保持中速,不得紧急制动,过铁道口或起伏路面时应减速,下坡时严禁空挡滑行,倒车时应有人监护。

(21)行驶时,严禁人员在底盘走台上站立或蹲坐,且不得堆放物件。

三、塔式起重机

塔式起重机是一种动臂装在高耸塔身上部的旋转起重机,主要用于房屋建筑施工中物料的垂直和水平输送及建筑构件的安装。塔式起重机由金属结构、工作机构和电气系统三部分组成(见图12-10)。金属结构包括塔身、动臂和底座等,工作机构由起升、变幅、回转和行走等四部分组成,电气系统包括电动机、控制器、配电柜、连接线路、信号及照明装置等。塔式起重机具有适用范围广、起升高度高、回转半径大、工作效率高、操作方便、运行可靠等特点。

塔式起重机由于机身较高,其稳定性较差,并且拆装转移较频繁,技术要求较高,给施工安全带来一定的问题,若操作不当或违章装、拆,极有可能发生塔式起重机倾覆的机毁人亡事故,造成严重的经济损失和人身伤亡恶性事故。因此,机械操作、安装、拆除人员和机械管理人员必须全面掌握塔式起重机的技术性能,从思想上引起高度重视,从业务上掌握正确的安装、拆卸、操作技能,保证塔式起重机的正常运行,确保安全生产。

(一)塔式起重机基础和附着锚固的安全技术要求

1.起重机的轨道基础应符合的要求

(1)路基承载能力:轻型起重机(起重量30 kN以下)应为60~100 kPa;中型起重机(起重量30~150 kN)应为100~200 kPa;重型起重机(起重量150 kN以上)应为200 kPa以上。

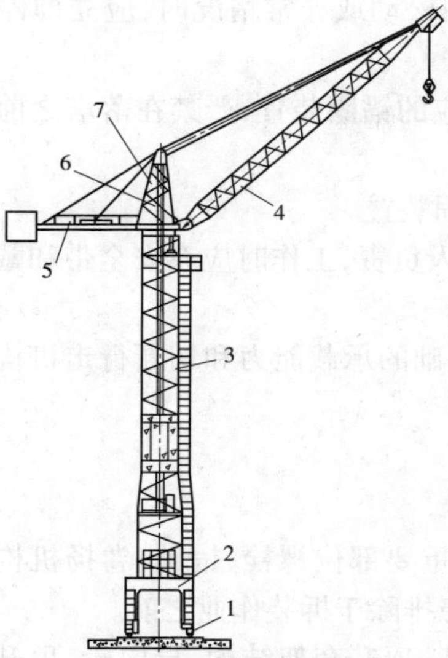

(a)上回转式塔式起重机

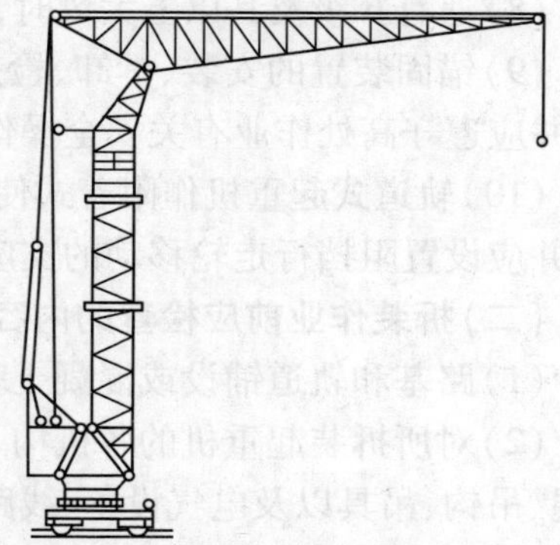
(b)下回转式塔式起重机

1—行走台车;2—门架;3—塔身;4—臂架;5—平衡臂架;6—塔顶;7—塔帽

图 12-10 塔式起重机

(2)每间隔 6 m 应设轨距拉杆一个,轨距允许偏差为公称值的 1/1 000,且不超过 ±3 mm。

(3)在纵横方向上,钢轨顶面的倾斜度不得大于 1/1 000。

(4)钢轨接头间隙不得大于 4 mm,并应与另一侧轨道接头错开,错开距离不得小于 1.5 m,接头处应架在轨枕上,两轨顶高度差不得大于 2 mm。

(5)距轨道终端 1 m 处必须设置缓冲止挡器,其高度不应小于行走轮的半径,在距轨道终端 2 m 处必须设置限位开关碰块。

(6)鱼尾板连接螺栓应紧固,垫板应固定牢靠。

2. 起重机的混凝土基础应符合的要求

(1)混凝土强度等级不低于 C35。

(2)基础表面平整度允许偏差为 1/1 000。

(3)埋设件的位置、标高和垂直度以及施工工艺应符合出厂说明书要求。

3. 起重机的附着锚固应符合的要求

(1)起重机附着的建筑物,其锚固点的受力强度应满足起重机的设计要求。附着杆系的布置方式、相互间距和附着距离等,应按出厂使用说明书规定执行。有变动时,应另行设计。

(2)装设附着框架和附着杆件,应采用经纬仪测量塔身垂直度,并应采用附着杆进行调整,在最高锚固点以下垂直度允许偏差为 2/1 000。

(3)在附着框架和附着支座布设时,附着杆倾斜角不得超过 10°。

(4)附着框架宜设置在塔身标准节连接处,箍紧塔身。塔架对角处在无斜撑时应加固。

(5)塔身顶升接高到规定锚固间距时,应及时增设与建筑物的锚固装置。塔身高出锚固装置的自由端高度,应符合出厂规定。

(6)起重机作业过程中,应经常检查锚固装置,发现松动或异常情况时,应立即停止作业,故障未排除,不得继续作业。

(7)拆卸起重机时,应随着降落塔身的进程拆卸相应的锚固装置,严禁在落塔之前先拆锚固装置。

(8)遇有6级及其以上大风时,严禁安装或拆卸锚固装置。

(9)锚固装置的安装、拆卸、检查和调整,均应有专人负责,工作时应系安全带和戴安全帽,并应遵守高处作业有关安全操作的规定。

(10)轨道式起重机作附着式使用时,应提高轨道基础的承载能力和切断行走机构的电源,并应设置阻挡行走轮移动的支座。

(二)拆装作业前应检查的内容

(1)路基和轨道铺设或混凝土基础应符合技术要求。

(2)对所拆装起重机的各机构、各部位、结构焊缝、重要部位螺栓、销轴、卷扬机构和钢丝绳、吊钩、吊具以及电气设备、线路等进行检查,使隐患排除于拆装作业之前。

(3)对自升塔式起重机顶升液压系统的液压和油管、顶升套架结构、导向轮、顶升撑脚(爬爪)等进行检查,及时处理存在的问题。

(4)对采用旋转塔身法所用的主副地锚架、起落塔身卷扬钢丝绳以及起升机构制动系统等进行检查,确认无误后方可使用。

(5)对拆装人员所使用的工具、安全带、安全帽等进行检查,不合格者立即更换。

(6)检查拆装作业中配备的起重机、运输汽车等辅助机械应状况良好,技术性能应保证拆装作业的需要。

(7)拆装现场电源电压、运输道路、作业场地等应具备拆装作业条件。

(8)安全监督岗的设置及安全技术措施的贯彻落实已达到要求。

(9)起重机的拆装必须由取得建设行政主管部门颁发的拆装资质证书的专业队伍进行,并应有技术和安全人员在场监护。

(10)起重机拆装前,应按照出厂有关规定,编制拆装作业方法、质量要求和安全技术措施,经企业技术负责人审批后,作为拆装作业技术方案,并向全体作业人员交底。

(三)塔式起重机安装拆卸的安全技术要求

(1)起重机的拆装作业应在白天进行,当遇大风、浓雾和雨雪等恶劣天气时,应停止作业。

(2)指挥人员应熟悉拆装作业方案,遵守拆装工艺和操作规程,使用明确的指挥信号进行指挥。所有参与拆装作业的人员,都应听从指挥,若发现指挥信号不清或有错误,应停止作业,待联系清楚后再进行。

(3)拆装人员在进入工作现场时,应穿戴安全保护用品,高处作业时应系好安全带,熟悉并认真执行拆装工艺和操作规程,当发现异常情况或疑难问题时,应及时向技术负责人反映,不得自行其是,应防止处理不当而造成事故。

(4)在拆装上回转、小车变幅的起重臂时,应根据出厂说明书的拆装要求进行,并应保持起重机的平衡。

(5)采用高强度螺栓连接的结构,应使用原厂制造的连接螺栓,自制螺栓应有质量合格的试验证明,否则不得使用。连接螺栓时,应采用扭矩扳手或专用扳手,并应按装配技术要求拧紧。

(6)在拆装作业过程中，当遇天气剧变、突然停电、机械故障等意外情况，短时间不能继续作业时，必须使已拆装的部位达到稳定状态并固定牢靠，经检查确认无隐患后，方可停止作业。

(7)安装起重机时，必须将大车行走缓冲止挡器和限位开关碰块安装牢固可靠，并应将各部位的栏杆、平台、扶杆、护圈等安全防护装置装齐。

(8)在拆除因损坏或其他原因而不能用正常方法拆卸的起重机时，必须按照技术部门批准的安全拆卸方案进行。

(9)起重机安装过程中，必须分阶段进行技术检验。整机安装完毕后，应进行整机技术检验和调整，各机构动作应正确、平稳、无异响、制动可靠，各安全装置应灵敏有效。在无荷载情况下，塔身和基础平面的垂直度允许偏差为4/1 000，经分阶段及整机检验合格后，应填写检验记录，经技术负责人审查签证后，方可交付使用。

(四)起重作业前的安全技术要求

起重机作业前，应检查轨道基础平直无沉陷，鱼尾板连接螺栓及道钉无松动，并应清除轨道上的障碍物，松开夹轨器并向上固定好。

起重前的重点检查项目应符合下列要求：

(1)金属结构和工作机构的外观情况正常；

(2)各安全装置和各指示仪表齐全完好；

(3)各齿轮箱、液压油箱的油位符合规定；

(4)主要部位连接螺栓无松动；

(5)钢丝绳磨损情况及各滑轮穿绕符合规定；

(6)供电电缆无破损。

送电前，各控制器手柄应在零位。当接通电源时，应采用试电笔检查金属结构部分，确认无漏电后，方可上机。

作业前，应进行空载运转，试验各工作机构是否运转正常，有无噪声及异响，各机构的制动器及安全防护装置是否有效，确认正常后方可作业。

(五)塔式起重机塔身升降时的安全要求

(1)升降作业过程，必须有专人指挥，专人照看电梯，专人操作液压系统，专人拆装螺栓。非作业人员不得登上顶升套架的操作平台。操纵室内应只准一人操作，必须听从指挥信号。

(2)升降应在白天进行，特殊情况需在夜间作业时，应有充分的照明。

(3)风力在4级及其以上时，不得进行升降作业。在作业中风力突然增大达到4级时，必须立即停止，并应紧固上、下塔身各连接螺栓。

(4)顶升前应预先放松电缆，其长度宜大于顶升总高度，并应紧固好电缆卷筒。下降时应适时收紧电缆。

(5)升降时，必须调整好顶升套架滚轮与塔身标准节的间隙，并应按规定使起重臂和平衡臂处于平衡状态，并将回转机构制动住，当回转台与塔身标准节之间的最后一处连接螺栓(销子)拆卸困难时，应将其对角方向的螺栓重新插入，再采取其他措施，不得以旋转起重臂动作来松动螺栓(销子)。

(6)升降时，顶升撑脚(爬爪)就位后，应插上安全销，方可继续下一动作。

(7)升降完毕后,各连接螺栓应按规定扭力紧固,液压操纵杆回到中间位置,并切断液压升降机构电源。

(六)塔式起重机内爬升时的安全技术要求

(1)内爬升作业应在白天进行,风力在5级及其以上时,应停止作业。

(2)内爬升时,应加强机上与机下之间的联系以及上部楼层与下部楼层之间的联系,遇有故障及异常情况时,应立即停机检查,故障未排除,不得继续爬升。

(3)内爬升过程中,严禁进行起重机的起升、回转、变幅等动作。

(4)起重机爬升到指定楼层后,应立即拔出塔身底座的支承梁或支腿,通过内爬升框架固定在楼板上,并应顶紧导向装置或用楔块塞紧。

(5)内爬升塔式起重机的固定间隔不宜小于3个楼层。

(6)对固定内爬升框架的楼层楼板,在楼板下面应增设支柱做临时加固。搁置起重机底座支承梁的楼层下方两层楼板,也应设置支柱做临时加固。

(7)每次内爬升完毕后,楼板上遗留下来的开孔,应立即采用钢筋混凝土封闭。

(8)起重机完成内爬升作业后,应检查内爬升框架的固定、底座支承梁的紧固以及楼板临时支撑的稳固等,确认可靠后,方可进行吊装作业。

(七)塔式起重机作业时的安全要求

(1)起吊重物时,重物和吊具的总重量不得超过起重机相应幅度下规定的起重量。

(2)应根据起吊重物和现场情况,选择适当的工作速度,操纵各控制器时应从停止点(零点)开始,依次逐级增加速度,严禁越挡操作。在变换运转方向时,应将控制器手柄扳到零位,待电动机停转后再转向另一方向,不得直接变换运转方向、突然变速或制动。

(3)在吊钩提升、起重小车或行走大车运行到限位装置前,均应减速缓行到停止位置,并应与限位装置保持一定距离(吊钩不得小于1 m,行走轮不得小于2 m)。严禁采用限位装置作为停止运行的控制开关。

(4)动臂式起重机的起升、回转、行走可同时进行,变幅应单独进行。每次变幅后应对变幅部位进行检查。允许带载变幅的,当荷载达到额定起重量的90%及其以上时,严禁变幅。

(5)提升重物,严禁自由下降。重物就位时,可采用慢就位机构或利用制动器使之缓慢下降。

(6)提升重物做水平移动时,应高出其跨越的障碍物0.5 m以上。

(7)对于无中央集电环及起升机构不安装在回转部分的起重机,在作业时,不得顺一个方向连续回转。

(8)装有上、下两套操纵系统的起重机,不得上、下同时使用。

(9)作业中,当停电或电压下降时,应立即将控制器扳到零位,并切断电源。若吊钩上挂有重物,应稍松稍紧反复使用制动器,使重物缓慢地下降到安全地带。

(10)采用涡流制动调速系统的起重机,不得长时间使用低速挡或慢就位速度作业。

(11)作业中如遇6级及以上大风或阵风,应立即停止作业,锁紧夹轨器,将回转机构的制动器完全松开,起重臂应能随风转动。对轻型俯仰变幅起重机,应将起重臂落下并与塔身结构锁紧在一起。

(12)在作业中,操作人员临时离开操纵室时,必须切断电源,锁紧夹轨器。

(13)起重机载人专用电梯严禁超员，其断绳保护装置必须可靠。当起重机作业时，严禁开动电梯。电梯停用时，应降至塔身底部位置，不得长时间悬在空中。

(14)动臂式和尚未附着的自升式塔式起重机，塔身上不得悬挂标语牌。

(八)作业完毕后的安全技术要求

(1)作业完毕后，起重机应停放在轨道中间位置，起重臂应转到顺风方向，并松开回转制动器，小车及平衡重应置于非工作状态，吊钩宜升到离起重臂顶端2~3 m处。

(2)停机时，应将每个控制器拨回零位，依次断开各开关，关闭操纵室门窗。下机后，应锁紧夹轨器，使起重机与轨道固定，断开电源总开关，打开高空指示灯。

(3)检修人员上塔身、起重臂、平衡臂等高空部位检查或修理时，必须系好安全带。

(4)在寒冷季节，对停用起重机的电动机、电器柜、变阻器箱、制动器等，应严密遮盖。

(九)塔式起重机安全技术要点

(1)起重机的轨道基础或混凝土基础应经验收合格后，方可使用。

(2)起重机的轨道基础两旁、混凝土基础周围应修筑边坡和排水设施，并应与基坑保持一定安全距离。

(3)每月或连续大雨后，应及时对轨道基础进行全面检查，检查内容包括轨距偏差、钢轨顶面的倾斜度、轨道基础的弹性沉陷、钢轨的不直度及轨道的通过性能等。对混凝土基础，应检查其是否有不均匀的沉降。

(4)应保持起重机上所有安全装置灵敏有效，如发现失灵的安全装置，应及时修复或更换。所有安全装置调整后，应加封(火漆或铅封)固定，严禁擅自调整。

(5)起重机的金属结构、轨道及所有电气设备的金属外壳，应有可靠的接地装置，接地电阻不应大于4 Ω。

(6)配电箱应设置在轨道中部，电源电路中应装设错相及断相保护装置及紧急断电开关，电缆卷筒应灵活有效，不得拖缆。

(7)起重机在无线电台、电视台或其他强电磁波发射天线附近施工时，与吊钩接触的作业人员，应戴绝缘手套和穿绝缘鞋，并应在吊钩上挂接临时放电装置。

(8)当同一施工地点有两台以上起重机时，应保持两机间任何接近部位(包括吊重物)距离不得小于2 m。

四、施工升降机

现代建筑物的高度在不断增加，每天有大量的施工人员和物料不断地运输到建筑物的各个楼层。为了节省工作时间，同时降低工人的体能消耗，有利于劳动者提高生产力，在中高层建筑施工中较多地采用了建筑施工升降机(又称施工电梯)。

建筑施工升降机是一种使工作笼(吊笼)沿导轨架做垂直(或倾斜)运动的机械，用来运送人员和物料，是高层建筑施工中运送施工人员上下及建筑材料和工具设备必备的和重要的垂直运输设施之一(见图12-11)。施工升降机按其传动形式分为齿轮齿条式、钢丝绳式和混合式三种。

为确保施工升降机在建筑施工中的安全使用，保证工程建设的顺利进行，搞好安全生产，防止安全事故的发生，必须遵从以下安全技术要求：

(1)施工升降机应为人货两用电梯，其安装和拆卸工作必须由取得建设行政主管部门颁发的拆装资质证书的专业队负责，并必须由经过专业培训，取得操作证的专业人员进行操作和维修。安装时要有专人负责，专人指挥，专人监护。安装过程中负责人必须将安全注意事项向作业人员交代清楚。

操作司机应做到"四懂三会"，即：懂性能、懂构造、懂原理、懂用途，会操作、会保养、会排除故障。作业人员身体不适时，应停止上岗作业，去医院检查治疗。操作司机必须经劳动部门培训考试合格，持证上岗。

(2)应采用混凝土基础，其承载能力应大于 150 kPa，地基上表面平整度允许偏差为 10 mm，并应有排水设施。

(3)应保证升降机的整体稳定性，升降机导轨架的纵向中心线至建筑物外墙面的距离宜选用较小的安装尺寸。

图 12-11　施工升降机

(4)导轨架安装时，应用经纬仪对升降机在两个方向进行测量校准，其垂直度允许偏差为其高度的 5/10 000。

(5)导轨架顶端自由高度、导轨架与附壁距离、导轨架的两附壁连接点间距离和最低附壁点高度均不得超过出厂规定。

(6)升降机的专用开关箱应设在底架附近便于操作的位置，馈电容量应满足升降机直接启动的要求，箱内必须设短路、过载、相序、断相及零位保护等装置。

(7)升降机梯笼周围 2.5 m 范围内应设置稳固的防护栏杆，各楼层平台通道应平整牢固，出入口应设防护栏杆和防护门，全行程四周不得有危害安全运行的障碍物。

(8)升降机安装在建筑物内部井道中间时，应在全行程范围井壁四周搭设封闭屏障。装设在阴暗处或夜班作业的升降机，应在全行程上装设足够的照明和明亮的楼层编号标志灯。

(9)施工升降机安装升级时，必须随时紧固所有的紧固件，并校正垂直度误差不大于 2%。安装(升级)完毕后，应认真检查各部位紧固良好与各限位保险装置齐全完好。施工升降机应单独安装接地装置，不得与其他设施的接地装置共同使用。安装时应设警戒区域，无关人员不得入内。凡 5 级以上强风时，必须停止安装作业。升降机安装后，应经企业技术负责人会同有关部门对基础和附壁支架以及升降机架设安装的质量、精度等进行全面检查，并应按规定程序进行技术试验(包括坠落试验)，经试验合格签证后，方可投入运行。

(10)升降机的防坠安全器在使用中不得任意拆检调整，需要拆检调整时或每用满 1 年后，均应由生产厂或指定的认可单位进行调整、检修或鉴定。

(11)新安装或转移工地重新安装以及经过大修后的升降机，在投入使用前，必须经过坠落试验。升降机在使用中每隔 3 个月，应进行一次坠落试验。试验程序应按说明书规定进行，当试验中梯笼坠落超过 1.2 m 制动距离时，应查明原因，并应调整防坠安全器，切实保证不超过 1.2 m 制动距离。试验后以及正常操作中每发生一次防坠动作，均必须对防坠安全器进行复位。

(12)作业前重点检查项目应符合下列要求：①各部分结构无变形，连接螺栓无松动；②齿条与齿轮、导向轮与导轨均接合正常；③各部分钢丝绳固定良好，无异常磨损；④运行范围内无障碍。

(13)启动前，应检查并确认电缆、接地线完整无损，控制开关在零位。电源接通后，应检查并确认电压正常，应测试无漏电现象，应试验并确认各限位装置、梯笼、围护门等处的电器联锁装置良好可靠，电器仪表灵敏有效。启动后，应进行空载升降试验，测定各传动机构制动器的效能，确认正常后，方可开始作业。作业中无论任何人在任何楼层发出紧急停车信号，司机都应当立即执行。

(14)升降机在每班首次载重运行时，当梯笼升离地面 1 ~ 2 m 时，应停机试验制动器的可靠性，当发现制动效果不良时，应调整或修复后方可运行。

(15)梯笼内乘人或载物时，应使荷载均匀分布，不得偏重。严禁超载运行。电梯运行范围和进出料平台严禁堆放材料。

各停靠层的运料通道两侧必须有良好的防护。楼层门应处于常闭状态，任何人不得擅自打开或将头伸出门外，当楼层门未关闭时，司机不得开动升降机。

(16)操作人员应根据指挥信号操作，作业前应鸣声示意，在升降机未切断总电源开关前，操作人员不得离开操作岗位。

(17)当升降机运行中发现异常情况时，应立即停机并采取有效措施将梯笼降到底层，排除故障后方可继续运行。在运行中发现电气失控时，应立即按下急停按钮；在未排除故障前，不得打开急停按钮。司机因故离开吊笼及下班时，应将吊笼降至地面，切断总电源，锁上电箱门，以防止其他无证人员擅自开动吊笼。

(18)升降机在大雨、大雾、6 级及以上大风以及导轨架、电缆等结冰时，必须停止运行，并将梯笼降到底层，切断电源。暴风雨后，应对升降机各有关安全装置进行一次检查，确认正常后，方可运行。

(19)升降机运行到最上层或最下层时，要使用操纵开关，严禁用行程限位开关作为停止运行的控制开关。

(20)当升降机在运行中由于断电或其他原因而中途停止时，可进行手动下降，将电动机尾端制动电磁铁手动释放拉手缓缓向外拉出，使梯笼缓慢地向下滑行。梯笼下滑时，不得超过额定运行速度，手动下降必须由专业维修人员进行操纵。

(21)作业后，应将梯笼降到底层，各控制开关拨到零位，切断电源，锁好开关箱，闭锁梯笼门和围护门。

(22)严禁升降机在运行状态下进行维修保养工作，若需维修，必须切断电源，并有标志牌和专人监护。

五、物料提升机

物料提升机是建筑施工中用于物料垂直运输的专用设备(见图 12-12)，在施工现场应用最广泛的是井架提升机和龙门架提升机等。

为了安全生产，防止安全事故的发生，物料提升机的使用必须遵从以下安全技术要求：

(1)物料提升机卷扬机部分应符合《龙门架及井架物料提升机安全技术规范》(JGJ 88—2010)和《建筑施工安全检查标准》(JGJ 59—2011)的要求，并遵守卷扬机安全操作规程。

(2)物料提升机的安装应符合说明书或设计计算书要求,并牢固可靠。

(3)使用前应对吊篮的安全门、钢丝绳、安全停靠、限位保险装置、联络信号进行检查,并齐全完好,灵敏可靠。

(4)缆风绳必须使用直径不小于 F9.3 的钢丝绳,禁止使用钢筋;缆风绳地锚必须牢固。

(5)与建筑结构连接的连墙杆应符合说明书或规范要求,连墙杆不得与脚手架连接。

(6)卷扬机钢丝绳必须有符合要求的过路保护。

(7)禁止任何人乘吊篮上下,不得超载,物料在吊篮内应均匀分布,不得超出吊篮。

图 12-12 物料提升机

(8)各施工层要设置牢固可靠的卸料平台及安全门。

(9)物料提升机发生故障或维修保养时必须停机,切断电源后方可进行。

(10)物料提升机必须经验收合格方可使用,验收内容应做到量化,参与验收人员应签名。

(11)作业司机应在班前作日常检查和作空载试运行。

(12)物料提升机电器控制部分应有接零保护、欠压保护功能。

(13)物料提升机必须安装断绳、停靠、超高限位装置,吊篮禁止使用单根钢丝绳。

(14)物料提升机基础应有良好的排水措施,并根据周边情况,采取避雷措施。

(15)操作人员离开岗位或下班时吊篮必须放在地面,不允许停在空中,并应切断电源,锁好开关箱。

(16)物料提升机在井架底部的对角做两组防雷接地装置,接地电阻要求小于 4 Ω,并在顶部必须装独立避雷针。

六、起重、吊装作业的安全技术

起重机械属于特种设备,起重吊装作业属于特种作业,因此起重机的安全性能及起重作业的安全性备受关注。起重、吊装作业应满足以下安全技术要求:

(1)参加起重吊装作业的人员,包括司机、起重机驾驶员、信号指挥员、电焊工等均属特种作业人员,必须是经专业培训、考核取得合格证,并经体检确认可进行高处作业的人员。高空作业的人员应按规定定期进行体检。

(2)大型起重吊装作业前应详细勘察现场,按照工程特点及作业环境编制专项方案,并经企业技术负责人审批,其内容包括现场环境及措施、工程概况及施工工艺、起重机械的选型依据、起重扒杆的设计计算、地锚设计、钢丝绳索具的设计选用、地耐力及道路的要求、构件堆放就位图以及吊装过程中的各种防护措施等。

(3)起重机械进入现场后经检查验收,重新组装的起重机械应按规定进行试运转,包括静载试验、动载试验,并对各种安全装置进行灵敏可靠度的测试。扒杆按方案组装后应经试吊检验,确认符合要求方可使用。

(4)汽车式起重机除按规定进行定期的维修保养外,还应每年定期进行运转试验,包括额定荷载、超载试验,检验其机械性能、结构变形及负荷能力,达不到规定时,应减载使用。

(5)起重吊装索具和吊具使用前,应按施工方案设计要求进行逐件检查验收。

(6)应对起重机运行道路进行检查,达不到地耐力要求时应采取路基箱等铺垫措施。

(7)起重吊装作业各种防护措施用料、脚手架的搭设以及危险作业区的围圈等准备工作应符合方案要求。

(8)起重吊装作业前应进行安全技术交底,内容包括吊装工艺、构件重量及注意事项。

(9)超载或物体重量不清时不应操作,如吊拔起重量或拉力不清的埋置物体及斜拉斜吊等;禁止起吊时歪拉斜拽;被吊物体上有人或浮置物时禁止操作;吊重物应绑扎平衡、牢固,重物棱角处与钢丝绳之间应加衬垫;吊运时,不得从人的上空通过,吊臂下不得有人;吊装气瓶等必须用专门吊篮。

(10)重物起升和下降速度应平稳、均匀,不得突然制动;左右加转应平衡,当回转未停稳前不得做反向动作;起吊在满负荷或接近满负荷时,严禁降落臂杆或同时进行两个动作。

(11)起吊物件应拉溜绳,速度要均匀,禁止突然制动和变换方向;操作控制器时,不得直接变换运转方向。

(12)当(履带)起重机需带载行走时,荷载不得超过允许起重量的70%,行走道路应坚实平整,重物应在起重机正前方向,重物离地面不得大于500 mm,并应拴好拉绳,缓慢行驶;严禁长距离带载行驶。起重机的地面松软不平时,起吊禁止同时进行两个动作。

(13)用两台或多台起重机吊运同一重物时,钢丝绳应保持垂直;各台起重机的升降、运行应保持同步;各台起重机所承受的荷载均不得超过各处的额定起重能力。若达不到上述要求,应降低额定起重能力至80%,也可由总工程师根据实际情况降低额定起重能力使用。吊运时,总工程师应在场指导。

(14)起重机在安全保护装置发生故障、失效或不准确时严禁带病作业;在作业中,严禁对传动部分、运动部分及运动件所及区域做维修、保养、调整等工作;传动部分应润滑良好。

(15)在露天有6级及其以上大风或大雨、大雪、大雾等恶劣天气时,应停止起重吊装作业。雨雪过后作业前,应先试吊,确认制动器灵敏可靠后方可进行作业。

(16)当进行高处吊装作业或司机不能清楚地看到作业地点或信号时,应设置信号传递人员。在天然光线不足的工作地点或者在夜间进行工作,都应该设置足够的照明设备。

第八节　焊接工程

焊接是采用局部加热、加压、填充金属等手段,使两块或多块分离的金属相互贴近、相互扩散、相互熔化并凝结成一个整体的金属加工方法。焊接方法有数十种,建筑行业中最常用的是电弧焊和气焊。

在建筑施工过程中,焊接是安装建造过程中的一个重要加工工艺。由于焊接作业过程中常需接触易燃易爆气体和不同等级的带电设备、压力容器、高温热源,以及要在高空、水下或锅炉、船舱、容器、管道内等受限空间内作业,同时焊接过程中还会产生焊割烟尘、有害气体、电弧辐射、高频电磁场等,因此焊接作业可能导致火灾、爆炸、触电、灼伤、中毒及其他各类伤害事故。在施工过程中,有时因为多工种交叉作业,就更加大了事故发生的可能性。为了确保施工人员的人身安全和设备财产的安全,在焊接施工中应贯彻“安全第一”的方针,保证工程项目顺利完成。

一、电焊机使用安全要点

焊接是施工中采用较多的方法。在焊接施工中普遍采用的有接触对焊、手工电弧焊和接触电焊三种焊接方法，电渣压力焊和气压焊接等新技术也得到推广。

电弧焊是利用电弧产生的高温，集中热量熔化钢筋端面和焊条末端，使焊条金属过渡到熔化的焊缝内，金属冷却凝固后，便形成焊接接头。电弧焊的主要设备是电焊机。

(一)电焊机存在的主要安全事故隐患

电焊机在使用过程中容易发生对人体的伤害事故，主要有以下三个方面：

(1)由于外界环境(工况条件)因素，如雨雪气候、潮湿、高温等，电焊机仍在使用，又未采取相应的安全防范措施，造成对人体的伤害(如触电等)。

(2)电焊机及相关设备本身存在安全隐患而造成对操作人员的伤害事故。

(3)因操作人员违章操作或未采取自我安全防护措施(如无证上岗，不戴防护手套、眼镜或面罩等)而造成对人体的伤害。

(二)电焊机使用的安全要求

(1)焊接设备上的电机、电器、空压机等应按有关规定执行，并有完整的防护外壳，一次、二次接柱处应有保护罩。

(2)现场使用的电焊机应设有可防雨、防潮、防晒的机棚，并备有消防用品。

(3)焊接时，焊接和配合人员必须采取防止触电、高空坠落、瓦斯中毒和火灾等事故的安全措施。

(4)严禁在运行中的压力管道、装有易燃易爆物品的容器和受力构件上进行焊接和切割。

(5)焊接铜、铝、锌、锡、铅等有色金属时，必须在通风良好的地方进行。焊接人员应戴防毒面具或呼吸滤清器。

(6)在容器内施焊时，必须采取以下措施：容器上必须有过风口、出风口并设置通风设备，容器内的照明电压不得超过 12 V。焊接时必须有专人在场监护，严禁在已喷涂过油漆或塑料的容器内焊接。

(7)焊接预热焊件时，应设挡板，隔离焊件发出的辐射热。

(8)高空焊接或切割时，必须系好安全带，焊件周围和下方应采取防火措施并有专人监护。

(9)电焊线通过道路时，必须架高或穿入防护管内埋设在地下。若通过轨道时，则必须从轨道下面穿过。

(10)接地线及手把线都不得搭在易燃、易爆和带有热源的物品上，接地线不得接在管道、机床设备和建筑物金属构件或轨道上，接地电阻不大于 4 Ω。

(11)雨天不得露天电焊。在潮湿地带作业时，操作人员应站在铺有绝缘物品的地方并穿好绝缘鞋。

(12)长期停用的电焊机在使用前，需检查其绝缘电阻不得低于 0.5 MΩ，接线部分不得有腐蚀和受潮现象。

(13)焊钳应与手把线连接牢固，不得用胳膊夹持焊钳。清除焊渣时，面部应避开被清的焊缝。

(14)在荷载运行中,焊接人员应经常检查电焊机的温升,当超过 A 级 60 ℃、B 级 80 ℃时,必须停止运转并降温。

(15)施焊现场的 10 m 范围内,不得堆放氧气瓶、乙炔发生器、木材等易燃、易爆物。

(16)作业后,清理场地,灭绝火种,切断电源,锁好电闸箱,消除焊料余热后,方可离开。

二、气焊与气割安全要点

在生产中,利用可燃气体与助燃气体混合燃烧所释放出的热量作为热源进行金属材料的焊接或切割,是金属材料热加工常用的工艺方法之一。气焊是利用可燃气与氧气混合燃烧所产生的热量,对金属进行局部加热的一种使金属连接的熔焊方法。气割是利用可燃气与氧气混合燃烧所产生的高温,使金属局部熔化,再以高速喷射的氧气流吹去熔融金属,使金属断开的方法。

气焊和气割时的危险性,主要是容易形成爆炸和火灾,以及焊接有色金属引起的中毒两大类危险事故。气焊与气割主要有以下安全技术要求:

(1)在氧气瓶嘴上安装减压器之前,应进行短时间吹除,以防瓶嘴堵塞。

(2)乙炔发生器内、氧气瓶嘴部和开氧气瓶的扳手上均不得沾有油脂。

(3)乙炔发生器(乙炔气瓶)和氧气瓶均应距明火 10 m 以上,乙炔发生器与氧气瓶之间的距离也应在 7 m 以上。

(4)乙炔发生器与焊炬之间均应有可靠的回火防止器。

(5)如果发生回火,要立即关闭乙炔发生器和氧气阀门,并将胶管从乙炔发生器或乙炔瓶上拔下,若乙炔瓶内部已燃烧(白漆皮变黄、起泡),要用自来水冲浇降温灭火。

(6)乙炔发生器和氧气瓶均应放置在空气流通的地方,不得在烈日下暴晒,不得靠近火源与其他热源。乙炔发生器不可放在室内,不得安置在空气压缩机、鼓风机和通风机的吸风口附近,也不得安置在高压线和起重机下。

(7)开启电石桶时,不得猛力敲打,以防止发生火花而引起爆炸。乙炔发生器启动后,应先排除发生器内空气,然后才能使用乙炔气。高处焊接时,应特别注意不使火花掉进发生器内。

(8)在使用焊枪和焊炬前,必须先检查吸射性能和气密性;点火时先打开乙炔阀并点燃,后开氧气调节火焰;关火时应先关乙炔,后关氧气,防止引起回火和产生烟尘。停止使用时严禁将焊炬、胶管和气源做永久性连接。

(9)在易燃易爆生产区域内动火,应按规定办理动火审批手续。在通风不良的地点或在容器内作业时,焊炬应先在外面点好火。

(10)气焊与电焊在同一点作业时,氧气瓶应垫有绝缘物,以防止气瓶带电。

(11)工作结束后,应将乙炔发生器内的电石渣取出,并将容器冲洗干净。

三、焊接安全管理

焊接发生人身伤害事故的原因很多,但总的来看,主要是安全技术措施不完善或安全管理措施不健全。许多经验与教训说明,由于安全管理水平低,工作现场混乱,缺乏安全规章制度或违章作业,以及缺乏必要的安全防护用品、器材、设备和安全装置,在这种情况下即使有完善的安全技术措施,也很难免不发生事故。因此,在焊接施工过程中必须采取严密的安全管理措施,才能防止焊接安全事故的发生。焊接施工安全管理主要采取以下措施:

(1)焊接操作人员属特殊工种人员,须经主管部门培训、考核合格,掌握操作技能和有关安全知识,发给操作证件,持证上岗作业。未经培训、考核不合格者,不准上岗作业。

(2)电焊作业人员必须戴绝缘手套,穿绝缘鞋和白色工作服,使用护目镜和面罩,高空危险处作业,须系安全带。施焊前检查焊把及线路是否绝缘良好,焊接完毕要拉闸断电。

(3)焊接作业时须配置灭火器材,应有专人监护。作业完毕,要留有充分的时间观察,确认无引火点后,方可离去。

(4)焊工在金属容器内、地下、地沟或狭窄、潮湿等处施焊时,要设监护人员。监护人员必须认真负责,坚守工作岗位,且熟知焊接操作规程和应急抢救方法,需要照明的其电源电压应不高于12 V。

(5)夜间工作或在黑暗处施焊应有足够的照明,在车间或容器内操作要有通风换气或消烟设备。

(6)焊接压力容器和管道,需持有压力容器焊接操作合格证。

(7)施工现场焊、割作业须执行"用火证制度",并要切实做到用火有措施,灭火有准备。施焊时有专人监护,施焊完毕后,要留有充分时间观察,确认无复燃的危险后,方可离去。

四、防火防爆

金属焊接切割作业时,要使用高温、明火,且经常与可燃、易爆物质接触。因此,在焊接操作中存在着发生火灾和爆炸的危险性。

(一)发生火灾的原因

在所有的焊割工艺中,气焊与气割的危险性最大,发生火灾爆炸事故的比例最高。发生焊割火灾的原因,主要有以下几种:

(1)气焊与气割所使用的乙炔、氢气、煤气、天然气、液化石油气等都是易燃易爆气体,容易发生燃烧和引起爆炸。

(2)气焊与气割所使用的设备、器具,如乙炔发生器、乙炔瓶、液化气罐、氧气钢瓶均属受压或高压容器,设备和器具本身就具有较大的危险因素。

(3)气割与气焊的火焰温度高,作业过程中熔融的金属火星到处飞溅,遇到可燃、易燃、易爆物质以及各种压力容器和管道,有可能引发火灾。。

(4)在焊接、切割金属容器时,由于残存的易燃、易爆气体和液体未清除彻底,未采取置换、冲洗、进行取样分析而盲目焊割,也容易引发火灾。

(二)焊接防火防爆措施

燃烧和化学性爆炸实质主要是氧化反应,两者关系是很密切的,发生火灾后容易引起爆炸,或者由于发生爆炸引起火灾。因此,对焊接防火防爆措施要引起高度重视。

(1)为防止火灾和爆炸类事故的发生,在作业前应仔细检查作业场所,在企业的禁火区内严禁动火焊接。

(2)作业场所周围10 m的范围内不得存在易燃易爆物品。

(3)在进行气焊或气割作业时,要仔细检查瓶阀、减压阀和胶管,不能有漏气现象,拧装和拆取阀门都要严格按操作规程进行。

(4)在进行电焊作业时,应注意若电流过大而导线包皮破损会产生大量热量,或者接头处接触不良均易引起火灾。因此,作业前应仔细检查,对不良设备予以更换。

(5)应该注意在焊接和切割管道、设备时,热传导能导致另一端易燃易爆物品发生火灾爆炸,所以在作业前要仔细检查,对另一端的危险物品予以清除。

(6)切割旧设备、废钢铁时,要注意清除其中夹杂的易燃易爆物品,防止发生火灾和爆炸类事故。

(7)当工作地点存在下列情况之一时,禁止进行焊接与切割作业:①堆存大量漆料、棉花、干草等易燃物品,而又无法采取有效的防护措施时;②焊接与切割可能形成易燃易爆蒸气或积聚爆炸性粉尘时;③新涂油漆而油漆尚未充分干燥的结构;④处于受压状态或者装载易燃易爆介质、有毒介质的容器、装置和管道。

(8)在作业现场,要配备足够数量的灭火器材,要检查灭火器材的有效期限,保证灭火器材有效可用。

(9)焊接、切割作业结束后,要仔细检查现场,消除遗留下的火种,避免后患。

(三)现场灭火措施

常用的灭火物质有水、化学液体泡沫、固体粉末、惰性气体等。一旦发生火灾,应立即报警,同时采取相应的灭火措施扑灭初期火灾。在灭火时,要合理选用灭火器材。

(1)当电石桶、电石库房着火时,只能用干砂、干粉、二氧化碳灭火器,不能使用水或含有水分的泡沫灭火器,也不能使用四氯化碳灭火器。

(2)当乙炔发生器着火时,要先停止供水,可用二氧化碳、干粉灭火器,不得使用水、泡沫灭火器或四氯化碳灭火器。

(3)乙炔瓶着火时,应立即关闭瓶阀,可用二氧化碳、干粉灭火器,不能使用四氯化碳灭火器,乙炔瓶内的丙酮流出着火时,可用泡沫灭火器、干粉灭火器或二氧化碳灭火器。

(4)氧气瓶着火时,应迅速关闭氧气瓶阀,停止供氧,使火自行熄灭。如邻近建筑物或可燃物失火,应尽快将氧气瓶搬走,放到安全地点,防止受火焰高热影响而发生爆炸。

(5)当油类物质着火时,可用泡沫灭火器,要沿容器壁喷射,让泡沫逐渐覆盖油面,使火熄灭,不要直接对着油面,以防油质溅出。也可用干粉灭火器、二氧化碳灭火器、“1211”灭火器灭火。

(6)当电焊机着火时,首先要拉闸断电,然后扑救,在未断电之前,不能用水或泡沫灭火器,可用干粉灭火器、二氧化碳灭火器、“1211”灭火器。

五、防触电事故的措施

焊接切割用电的特点是电压较高,超过安全电压必须采取防护措施,才能保证安全。另外,焊工更换焊条、调节焊接电流、清理工件等,常常带电进行,再加上电焊机和电缆室外工作受风吹、日晒、雨淋、粉尘的腐蚀等影响,绝缘易老化变质,容易出现漏电现象。因此,电焊操作中极易发生触电事故。

(一)焊接切割操作中发生触电事故的原因

国产焊机空载电压一般在50~90 V,等离子切割电源的电压为300~450 V,氢原子焊电压为300 V,电子束焊机电压为80~150 kV,国产电机的输入电压为220~380 V,频率为50 Hz的工频交流电,这些都大大超过安全电压。

焊接时的触电事故分为两种情况:一是直接电击,即接触电焊设备正常运行的带电体或靠近高压电网和电气设备所发生的触电事故;二是间接电击,即触及意外带电体所发生的电击。意外带电体是指正常不带电而由于绝缘损坏或电器设备发生故障而带电的导体。

1. 焊接时发生直接电击事故的原因

(1)手或身体的某部位接触到电焊条或焊钳的带电部分,而脚或身体的其他部位对地面又无绝缘,特别是在金属容器内、阴雨潮湿的地方或身上大量出汗时,容易发生这种电击事故。

(2)在接线或调节电焊设备时,手或身体某部位碰到接线柱、极板等带电体而触电。

(3)在登高焊接时,触及或靠近高压电网路引起的触电。

2. 焊接时发生间接触电事故的原因

(1)电焊设备漏电时,人体触及带电的壳体而触电。造成电焊机漏电的常见原因是潮湿而使绝缘损坏、长期超负荷运行或短路发热使绝缘损坏、电焊机安装的地点和方法不符合安全要求。

(2)电焊变压器的一次绕组与二次绕组之间绝缘损坏,错接变压器接线,将二次绕组接到电网上去,或将采用220 V的变压器接到380 V电源上,手或身体某一部分触及二次回路或裸导体。

(3)触及绝缘损坏的电缆、胶木闸合、破损的开关等。

(4)由于利用厂房的金属结构、管道、轨道、吊车吊钩或其他金属物搭接作焊接回路而发生触电。

(二)防范措施

焊接切割用电的特点是电压较高,超过了安全电压,必须采取防护措施,才能保证安全。

(1)做好对焊接切割作业人员的培训,做到持证上岗,杜绝无证人员进行焊接切割作业。

(2)焊接切割设备要有良好的隔离防护装置。伸出箱体外的接线端应用防护罩盖好,有插销孔接头的设备,插销孔的导体应隐蔽在绝缘板平面内。

(3)焊接切割设备应设有独立的电器控制箱,箱内应装有熔断器、过载保护开关、漏电保护装置和空载自动断电装置。

(4)焊接切割设备外壳、电器控制箱外壳等应设保护接地或保护接零装置。

(5)改变焊接切割设备接头、更换焊件需改变接二次回路时,转移工作地点、更换保险丝以及焊接切割设备发生故障需检修时,必须在切断电源后方可进行。推拉闸刀开关时,必须戴绝缘手套,同时头部需偏斜。

(6)更换焊条或焊丝时,焊工必须使用焊工手套,要求焊工手套应保持干燥、绝缘可靠。对于空载电压和焊接电压较高的焊接操作和在潮湿环境操作时,焊工应使用绝缘橡胶衬垫确保焊工与焊件绝缘。特别是在夏天天气炎热时,由于身体出汗后衣服潮湿,不得靠在焊件、工作台上。

(7)在金属容器内或狭小工作场地焊接金属结构时,必须采用专门防护,如采用绝缘橡胶衬垫、穿绝缘鞋、戴绝缘手套,以保障焊工身体与带电体绝缘。

(8)在光线不足的较暗环境工作,必须使用手提工作行灯。一般环境下,使用的照明灯电压不超过36 V;在潮湿、金属容器等危险环境,照明行灯电压不得超过12 V。

(9)焊工在操作时不应穿带有铁钉的鞋或布鞋。绝缘手套不得短于300 mm,制作材料应为柔软的皮革或帆布。焊条电弧焊工作服为帆布工作服,氩弧焊工作服为毛料或皮工作服。

(10)焊接切割设备的安装、检查和修理必须由持证电工来完成,焊工不得自行检查和修理焊接切割设备。

六、登高焊割作业安全措施

焊工在坠落高度基准面2 m以上(含2 m)有可能坠落的高处进行焊接与切割作业的称为高处(或称登高)焊接与切割作业。我国将高处作业列为危险作业,并分为四级,见表12-10。

表12-10 高处作业的级别

级别	一	二	三	特级
距基准面高度(m)	2~5	5~15	15~30	>30

高处作业存在的主要危险是坠落,而高处焊接与切割作业将高处作业和焊接与切割作业的危险因素叠加起来,增加了危险性,其安全问题主要是防坠落、防触电、防火防爆以及其他个人防护等。因此,高处焊接与切割作业除应严格遵守一般焊接与切割的安全要求外,还必须采取以下安全措施:

(1)登高焊割作业应避开高压线、裸导线及低压电源线,不可避开时,上述线路必须停电,并在电闸上挂上“有人工作,严禁合闸”的警告牌。

(2)电焊机及其他焊割设备与高处焊割作业点的下部地面保持10 m以上的距离,并应设监护人,以备在情况紧急时立即切断电源或采取其他抢救措施。

(3)登高进行焊割作业者,衣着要灵便,戴好安全帽,穿胶底鞋,禁止穿硬底鞋和带钉易滑的鞋。要使用标准的防火安全带,不能用耐热性差的尼龙安全带,而且安全带应牢固可靠,长度适宜。

(4)登高的梯子应符合安全要求,梯脚需防滑,上下端放置应牢靠,与地面夹角不应大于60°。使用人字梯时夹角以40°±5°为宜,并用限跨铁钩挂住。不准两人在一个梯子上(或人字梯的同一侧)同时作业。禁止使用盛装过易燃、易爆物质的容器(如油桶、电石桶等)作为登高的垫脚物。

(5)脚手板宽度单人道不得小于0.6 m,双行人道不得小于1.2 m,上下坡度不得大于1∶3,板面要钉防滑条并装扶手。板材需经过检查,强度足够,不能有机械损伤和腐蚀。使用安全网时要张挺,要层层翻高,不得留缺口。

(6)所使用的焊条、工具、小零件等必须装在牢固的无孔洞的工具袋内,防止落下伤人。焊条头不得乱扔,以免烫伤、砸伤地面人员,或引起火灾。

(7)在高处进行焊割作业时,为防止火花或火花飞溅引起燃烧和爆炸事故,应把动火点下部的易燃易爆物移至安全地点。对确实无法移动的可燃物品要采取可靠的防护措施,如用石棉板覆盖遮严;在允许的情况下,还可将可燃物喷水淋湿,增强耐火性能。高处焊割作业,火星飞得远,散落面大,应注意风向和风力,对下风向的安全距离应根据实际情况增大,以确保安全。焊割作业结束后,应检查是否留有火种,确认合格后方可离开现场。

(8)严禁将焊接电缆或气焊、气割的橡皮软管缠绕在身上操作，以防触电或燃爆。登高焊割作业不得使用带有高频振荡器的焊接设备。

(9)患有高血压、心脏病、精神病以及不适合登高作业的人员不得登高焊割作业。登高作业人员必须经过健康检查。

(10)恶劣天气，如6级以上大风、下雨、下雪或雾天，不得登高焊割作业。

七、防止中毒事故的措施

焊接过程中产生的污染种类多、危害大，能导致多种职业病的发生，如焊工硅肺、锰中毒、电光性眼炎等，已成为建筑施工中的环境公害，严重威胁焊工及其他生产人员的安全与健康。

焊接过程中的有害因素可分为金属烟尘、有毒气体、高频电磁场、射线、电弧辐射和噪声等。

熔焊过程中会产生大量的电焊烟尘，电焊烟尘主要来源于焊接过程金属的蒸发，在电弧高温作用下分解的氧气与弧区内的液体金属发生氧化反应也会产生金属氧化物，其主要是氧化铁、氧化锰、氟化物及二氧化硅等组成的混合性粉尘。焊工长期接触这样的金属烟尘，如果防护不良，吸进过多的烟尘，将引起头痛、恶心、气管炎、肺炎，甚至有形成焊工尘肺、金属热和锰中毒的危险。

在电弧高温和强烈紫外线作用下，弧区周围可形成多种有毒气体，其中主要有臭氧、氮氧化物、一氧化碳和氟化氢等。有毒气体成分及其量的多少与焊接方法、焊接材料、保护气体和焊接规范有关。各种有毒气体被吸入人体内，将影响操作者的健康。

烟尘与有毒气体存在着一定的内在联系：电弧辐射越弱，则烟尘越多，有毒气体浓度越低；反之，电弧辐射越强，有毒气体浓度就越高。

气焊气割中也会遇到各种不同的有毒气体、蒸气和烟尘。

焊接作业污染种类多、危害大，为了防止中毒事故发生，在保证焊接质量的前提下，应从污染源、传播途径、个人防护等多方面进行综合治理，结合实际情况制定切实可行的防治对策，加强焊接与切割作业的劳动保护措施，防止有害因素的影响，创造安全、卫生和舒适的劳动环境，确保安全生产顺利进行。焊割工作场地主要采取以下防护措施。

(一)采取机械通风措施

焊接切割过程中只要采取完善的防护措施，就能保证焊工只会吸入微量的烟尘和有毒气体，通过人体的解毒作用，把毒害降低到最小程度，从而避免发生焊接烟尘和有毒气体中毒现象。通风是消除焊接粉尘和有毒气体、改善劳动条件的有力措施。

按通风范围，可分为全面通风和局部通风。在专门的焊接车间或焊接量大、焊机集中的工作地点，应考虑全面机械通风，可集中安装数台轴流式风机向外排风，使车间内经常更换新鲜空气。局部通风分为局部送风和局部排气两种，局部送风只是暂时将焊接区域附近作业地带的有害物质吹走，虽对作业地带的空气起到一定的稀释作用，但可能污染整个车间，起不到排除粉尘与有毒气体的作用。局部排气是目前采用的通风措施中使用效果良好、方便灵活、设备费用较少的有效措施。

(二)采取个人防护措施

在一些特定的场所(如水下、高空、罐中或地下室中)进行焊接工作时，由于受到场所的限制，整体防护难以实现，这时，个人防护成为主要的防护措施。个人防护措施主要是指对头、脸、眼睛、耳、呼吸道、手、脚和身躯等的人身防护，主要有防尘、防毒、防噪声、防高温辐射、防放射性、防机械外伤等。个人防护用品根据各种危害因素的特点设计，针对性强、种类多，如面罩、头盔、防护眼镜、安全帽、耳罩、口罩等。

焊接作业除穿戴一般防护用品（如工作服、手套、眼镜和口罩）外，针对特殊作业场合，还可以佩戴通风焊帽，防止烟尘危害。焊工应穿浅色或白色帆布工作服，并将袖口扎紧，领口扣好，皮肤不外露，以防止皮肤受到伤害。

对于剧毒场所紧急情况下的抢修焊接作业，可佩戴隔绝式氧气呼吸器，防止急性职业中毒事故的发生。长时间在噪声环境下工作的人员应戴上护耳器，以降低噪声对人的危害程度。

为保护焊工眼睛不受弧光伤害，焊接时必须使用镶有特制防护镜片的面罩，并根据焊接电流的强度不同来选用不同型号的滤光镜片。

（三）优化选择生产工艺和技术

不同的焊接工艺产生的污染物种类和数量有很大的区别，在生产工艺确定的前提下，应选用机械化、自动化程度高的设备。氩弧焊尽量采用脉冲装置，而不用高频振荡装置。在条件允许的情况下，应选用成熟的隐弧焊代替明弧焊，可大大降低污染物的污染程度。

（四）提高操作者技术水平

高水平的焊接工人在焊接过程中能够熟练、灵活地执行操作规章，并根据具体情况做出相应的技术调整。与非熟练工相比，发尘量可减少 20% 以上，焊接速度快 10%，且焊接质量好。

（五）采用安全卫生性能好的焊接材料

采用低锰、低氢、低尘焊条，用氩弧焊和等离子弧焊接切割时，改用放射性较低的铈钨或钇钨电极代替钍钨棒。

第九节　拆除工程

随着我国经济的快速发展和科学技术的进步，城市化进程不断加快，城市建设规模不断扩大。因此，伴随而来的便是各类旧建（构）筑物和生产设施的更新、改造和扩建，相应地产生了旧工程的拆除问题。拆除物的结构也从砖木结构物发展到混合结构、框架结构等，从房屋拆除发展到烟囱、水塔、桥梁、码头等建（构）筑物的拆除，因而建（构）筑物的拆除施工近年来已形成一个社会行业。在从事拆除工程的施工过程中，由于缺乏经验，安全技术措施不力和安全技术知识不足而造成事故的教训是不少的。因此，分析拆除工程的安全技术问题，了解拆除安全技术知识，掌握拆除安全技术措施，对预防事故是十分必要的。

一、拆除工程的特点和施工方法

（一）拆除工程的施工方法

拆除是指对经过有关部门批准的工业与民用建筑物或桥梁、地下工程等构筑物，人为进行拆毁和清除的活动。按照拆除范围，可分为大面积拆除、整栋房屋拆除或一栋房屋的局部拆除三种。目前，常见的拆除工程有旧厂房的拆除、民用房屋的拆除、地基基础的拆除、机械设备的拆除、工业管道的拆除、施工设施(如脚手架、井字架、塔吊、桅杆等设施)的拆除、电气线路(包括施工临时用电线路)的拆除等。建筑物拆除的施工方法需视拆除范围大小、施工现场条件及将拆房屋状况而定,一般有人工拆除、机械拆除、爆破拆除、静力破碎拆除等方法。

1. 人工拆除

人工拆除是最原始、最常见的施工方法,是依靠手工加上一些简单的工具(如钢钎、锤子、风钻、手扳葫芦、钢丝绳等),主要靠锤敲、棍撬,凭工人用体力对建(构)筑物实施解体、破碎来达到拆除的目的。这种方法是许多城市在建(构)筑物拆除中主要的施工方法,适宜拆除砖木结构、混合结构以及上述结构的分离和部分保留拆除项目。人工拆除可以精心作业,易于保留部分建筑物。

人工拆除过程中施工人员必须亲临拆除点操作,劳动强度大,受天气影响大,拆除速度慢。人工拆除通常需要进行高空作业,危险性大,因此人工拆除是拆除施工方法中最不安全的一种方法。

2. 机械拆除

机械拆除是依靠大型机械(如镐头机、挖掘机等)对建(构)筑物实施破碎。它最早用于市政工程对混凝土路面的破碎、桥梁拆除和地面除障,近年来,才用于对房屋的拆除。机械拆除适用于混合结构、框架结构、板式结构等高度不超过 30 m 的建筑物及各类基础和地下构筑物的拆除。

机械拆除无需人员直接接触作业点,故安全性好。机械施工速度快,可以缩短工期,但它进行作业时扬尘较大,必须采用湿式作业法。需要部分保留的建筑物也不可直接拆除,必须人工分离后方可拆除。

3. 爆破拆除

爆破拆除是利用炸药在爆炸瞬间产生的高温、高压气体对介质做功,对建(构)筑物进行破碎性或倾覆性拆毁。爆破拆除的主要目的是拆毁建(构)筑物,如烟囱的定向爆破拆除;爆破拆除也可以用于清除障碍物,如地下残留建筑物基础的清除。爆破清障多采用无声爆破,也叫松动爆破,在对周围环境没有影响的情况下,使被清除物体破碎,达到便于清理运输的目的。爆破拆除适用于混合结构、框架结构、各类超高建筑物及各类基础和地下构筑物的拆除。尽管现在机械拆除能力很强,但很多高层建筑物的拆除仍以爆破拆除为主。

由于爆破前施工人员不进行有损建筑物整体结构和稳定性的操作,所以人身安全最有保障。由于爆破拆除是一次性解体,所以扬尘、扰民较少。

4. 静力破碎拆除

静力破碎拆除是在需要拆除的构件上打孔,装入胀裂剂,待胀裂剂发挥作用后将混凝土胀开,再使用风镐或人工剔凿的方法剥离胀裂的混凝土。用于静力破碎的胀裂剂通过水化反应产生静压,使物体胀破,以达到拆除结构的目的,这是近年来开始应用的一项新技术。这种方法技术操作简单,使用安全,可以减少对周围结构扰动,降低施工噪声,但它的成本较高、威力较小、施工周期长。值得注意的是,粉碎剂是弱碱性混合物,具有一定腐蚀性,对人体也会产生危害。

拆除旧的建筑物和构筑物,是建造新的建筑工程的首要环节,只有破旧才能立新。拆除工程是建筑工程中安全事故多发的工程项目,必须引起高度重视。

(二)拆除工程的特点

建(构)筑物的拆除施工程序从某种角度来说是建筑施工、安装的逆程序,然而从拆除物的对象、拆除工期、人员的素质等方面来看,却有它自己的特点。

拆除工程与新建工程相比,施工难度大、技术性强,具体有以下几个特点。

1.拆除作业人员的素质较差

拆除施工企业的施工工人通常是由农民工临时组成的,安全基础工作薄弱,作业人员未经培训,安全意识和安全素质不高,无安全技术素质和自我防护能力,不了解房屋的基本结构,不懂得拆除的规范顺序,为了加快拆除施工进度,违章甚至野蛮作业,采用自下而上的方式拆除楼板,大片拉倒墙体等违章拆除,不顾周围建筑物和人员的安全,更忘记了自身的生命价值。此外,施工管理人员及作业人员缺乏拆除工程施工经验,往往在制定拆除方案及实际拆除中,在安全工作上出现很多漏洞。因此,近年来频繁发生房屋拆除施工事故,造成了不同程度的生命财产损失。

2.作业流动性大,施工管理难度大

由于拆除施工作业面不是很大,拆除的速度要比新建快得多,使用的机械也要比施工建筑机械少得多。如果采用爆破拆除,一幢大楼可在顷刻之间化为平地,因而对一个拆除施工企业来说,只要有任务,拆除作业可以在短期内从第一个工地转移到第二个、第三个工地。这样给拆除施工管理,尤其是拆除施工的现场安全管理带来了困难。

3.缺少拆除物的原始技术资料

由于拆除物往往是旧建(构)筑物,缺少工程原始技术资料,特别是有些工程历史较长,资料已部分散失,拆除委托方(甲方)往往很难交出原建(构)筑物结构图纸和设备安装图纸,这样就为拆除人员全面掌握工程概况及有关技术参数造成了很大的困难。因而,对建筑物、构筑物及其他附属设施的老化程度和材料性能等有关技术参数难以评价和检测,这些都给确定拆除施工方案带来很大困难,甚至由于判断错误而酿成事故。

4.拆除作业场地条件差

拆除工程的作业场地大多数都比较狭窄,因而给确定影响区域和危险区,以及采取隔离措施带来不利。在拆除工程中,难以掌握工程的静力体系及平衡稳定状态,危险程度难以辨认。

二、拆除工程的安全施工管理

(一)拆除工程的一般规定

(1)项目经理必须对拆除工程的安全生产负全面领导责任,项目经理部应按有关规定设专职安全员,检查落实各项安全技术措施。施工单位应依据《中华人民共和国建筑法》为从事拆除作业的人员办理意外伤害保险。依据《中华人民共和国安全生产法》的有关规定,拆除工程必须制定生产安全事故应急救援预案,成立组织机构,配备抢险救援器材。

(2)施工单位应全面了解拆除工程的图纸和资料,进行现场勘察,编制施工组织设计或安全专项施工方案。

(3)拆除工程施工区域应设置硬质封闭围挡及醒目警示标志,围挡高度不应低于1.8 m,非施工人员不得进入施工区。当临街的被拆除建筑与交通道路的安全跨度不能满足要求时,必须采取相应的安全隔离措施。楼层内的施工垃圾应采用封闭的垃圾道或垃圾袋运送，不得向下抛掷。

(4)拆除施工严禁立体交叉作业。作业人员使用手持机具时，严禁超负荷或带故障运转。

(5)根据拆除工程施工现场作业环境，应制定相应的消防安全措施。施工现场应设置消防车通道，保证充足的消防水源，配备足够的灭火器材。

(二)拆除工程施工前的准备工作

拆除工程的建设单位与施工单位在签订施工合同时，应签订安全生产管理协议，明确建设单位与施工单位在拆除工程施工中所承担的安全生产管理责任。根据《建设工程安全生产管理条例》的规定，建设单位、监理单位应对拆除工程施工安全检查负督促责任，施工单位应对拆除工程的安全技术管理负直接责任。

建设单位应将拆除工程发包给具有相应资质等级的施工单位，严禁将建筑拆除工程转包。建设单位应在拆除工程开工前 15 日，将下列资料报送建设工程所在地的县级以上地方人民政府建设行政主管部门备案：

(1)施工单位资质等级证明；

(2)拟拆除建筑物、构筑物及可能危及毗邻建筑物的说明；

(3)拆除施工组织方案或安全专项施工方案；

(4)堆放、清除废弃物的措施。

拆除工程的建设单位应向施工单位提供下列资料：

(1)拆除工程的有关图纸和资料；

(2)拆除工程涉及区域的地上、地下建筑物及设施分布情况资料。

建设单位应负责做好影响拆除工程安全施工的各种管线的切断、迁移工作。当建筑外侧有架空线路或电缆线路时，应与有关部门取得联系，采取防护措施，确认安全后方可施工。

当拆除工程对周围相邻建筑安全可能产生危险时，必须采取相应保护措施，对建筑内的人员进行撤离安置。

在拆除作业前，施工单位应检查建筑内各类管线情况，确认全部切断后方可施工。在拆除工程作业中，发现不明物体，应停止施工，采取相应的应急措施，保护现场，及时向有关部门报告。

(三)拆除工程安全施工措施

1. 人工拆除

进行人工拆除作业时，楼板上严禁人员聚集或堆放材料，作业人员应站在稳定的结构或脚手架上操作，被拆除的构件应有安全的放置场所。

人工拆除施工应从上至下、逐层分段进行，不得垂直交叉作业。作业面的孔洞应封闭。人工拆除建筑墙体时，严禁采用掏掘或推倒的方法。

拆除建筑的栏杆、楼梯、楼板等构件，应与建筑结构整体拆除进度相配合，不得先行拆除。建筑的承重梁、柱，应在其所承载的全部构件拆除后，再进行拆除；拆除梁或悬挑构件时，应采取有效的下落控制措施，方可切断两端的支撑；拆除柱子时，应沿柱子底部剔凿出钢筋，使用手动倒链定向牵引，再采用气焊切割柱子三面钢筋，保留牵引方向正面的钢筋；拆除管道及容器时，必须在查清残留物的性质，并采取相应措施确保安全后，方可进行拆除施工。

2. 机械拆除

施工中必须由专人负责监测被拆除建筑的结构状态，作好记录。当发现有不稳定状态的趋势时，必须停止作业，采取有效措施，消除隐患。

当采用机械拆除建筑时，应从上至下、逐层分段进行；应先拆除非承重结构，再拆除承重结构。拆除框架结构建筑，必须按楼板、次梁、主梁、柱的顺序进行施工。对只进行部分拆除的建筑，必须先将保留部分加固，再进行分离拆除。

拆除施工时，应按照施工组织设计选定的机械设备及吊装方案进行施工，严禁超载作业或任意扩大使用范围。供机械设备使用的场地必须保证有足够的承载力。作业中机械不得同时回转、行走。

进行高处拆除作业时，对较大尺寸的构件或沉重的材料，必须采用起重机具及时吊下。拆卸下来的各种材料应及时清理，分类堆放在指定场所，严禁向下抛掷。

拆除吊装作业的起重机司机，必须严格执行操作规程。信号指挥人员必须按照现行国家标准《起重吊运指挥信号》(GB 5082—85)的规定作业；采用双机抬吊作业时，每台起重机荷载不得超过允许荷载的80%，且应对第一吊进行试吊作业，施工中必须保持两台起重机同步作业。

拆除钢屋架时，必须采用绳索将其拴牢，待起重机吊稳后，方可进行气焊切割作业。吊运过程中，应采取辅助措施使被吊物处于稳定状态；拆除桥梁时应先拆除桥面的附属设施及挂件、护栏等。

3. 爆破拆除

爆破拆除工程的实施必须按照现行国家标准《爆破安全规程》(GB 6722—2003)的规定执行。爆破拆除工程的实施应在工程所在地有关部门领导下成立爆破指挥部，应按照施工组织设计确定的安全距离设置警戒。

爆破拆除工程应根据周围环境作业条件、拆除对象、建筑类别、爆破规模，按照现行国家标准《爆破安全规程》(GB 6722—2003)将工程分为A、B、C三级，并采取相应的安全技术措施。爆破拆除工程应作出安全评估并经当地有关部门审核批准后方可实施。

从事爆破拆除工程的施工单位，必须持有工程所在地法定部门核发的爆炸物品使用许可证，承担相应等级的爆破拆除工程。爆破拆除设计人员应具有承担爆炸拆除作业范围和相应级别的爆破工程技术人员作业证。从事爆破拆除施工的作业人员应持证上岗。

爆破器材必须向工程所在地法定部门申请爆炸物品购买许可证，到指定的供应点购买，爆破器材严禁赠送、转让、转卖、转借；运输爆破器材时，必须向工程所在地法定部门申请领取爆炸物品运输许可证，派专职押运员押送，按照规定路线运输。

爆破器材临时保管地点，必须经当地法定部门批准，严禁同室保管与爆破器材无关的物品。装药前，应对爆破器材进行性能检测。试验爆破和起爆网路模拟试验应在安全场所进行。

爆破拆除的预拆除施工应确保建筑安全和稳定。预拆除施工可采用机械和人工方法拆除非承重的墙体或不影响结构稳定的构件；对烟囱、水塔类构筑物采用定向爆破拆除工程时，爆破拆除设计应控制建筑倒塌时的触地震动，必要时应在倒塌范围铺设缓冲材料或开挖防振沟。

为保护邻近建筑和设施的安全，爆破震动强度应符合现行国家标准《爆破安全规程》

(GB 6722—2003)的有关规定。建筑基础爆破拆除时,应限制一次同时使用的药量。

爆破拆除施工时,应对爆破部位进行覆盖和遮挡,覆盖材料和遮挡设施应牢固可靠;爆破拆除应采用电力起爆网路和非电导爆管起爆网路。电力起爆网路的电阻和起爆电源功率,应满足设计要求;非电导爆管起爆应采用复式交叉封闭网路。爆破拆除不得采用导爆索网路或导火索起爆方法。

4. 静力破碎

进行建筑基础或局部块体拆除时,宜采用静力破碎的方法。静力破碎剂严禁与其他材料混放。

采用具有腐蚀性的静力破碎剂作业时,灌浆人员必须戴防护手套和防护眼镜。孔内注入破碎剂后,作业人员应保持安全距离,严禁在注孔区域行走。在相邻的两孔之间,严禁钻孔与注入破碎剂同步进行施工。静力破碎时,发生异常情况,必须停止作业。查清原因并采取相应措施确保安全后,方可继续施工。

5. 安全防护措施

作业人员必须配备相应的劳动保护用品,并正确使用。拆除施工采用的脚手架、安全网,必须由专业人员按设计方案搭设,由有关人员验收合格后方可使用。水平作业时,操作人员应保持安全距离。

施工单位必须依据拆除工程安全施工组织设计或安全专项施工方案,在拆除施工现场划定危险区域,并设置警戒线和相关的安全标志,应派专人监管。

施工单位必须落实防火安全责任制,建立义务消防组织,明确责任人,负责施工现场的日常防火安全管理工作;安全防护设施验收时,应按类别逐项查验,并有验收记录。

(四)拆除工程安全技术管理

(1)拆除工程开工前,施工单位必须全面了解拆除工程的图纸和资料,并应根据建筑拆除工程的特点、构造情况、工程量等编制有针对性、安全性及可行性的施工组织设计或方案以及各项安全技术措施。爆破拆除和被拆除建筑面积大于 1 000 m^2 的拆除工程,应编制安全施工组织设计;被拆除建筑面积小于等于 1 000 m^2 的拆除工程,应编制安全技术方案。

(2)拆除工程的安全施工组织设计或方案,应由专业工程技术人员编制,经技术负责人和总监理工程师签字批准后实施。施工过程中,如需变更,应经原审批人批准,方可实施。

(3)拆除工程项目负责人是拆除工程施工现场的安全生产第一责任人。项目经理部应设专职安全员,检查落实各项安全技术措施。

(4)拆除施工采用的脚手架、安全网,必须由专业人员搭设。由项目经理(工地负责人)组织技术、安全部门的有关人员验收合格后,方可投入使用。安全防护设施验收时,应按类别逐项查验,并应有验收记录。

(5)拆除施工严禁立体交叉作业,水平作业时,各工位间应有一定的安全距离。作业人员必须配备相应的劳动保护用品(如安全帽、安全带、防护眼镜、防护手套、防护工作服等),并应正确使用。在爆破拆除作业施工现场周边,应按照现行国家标准《安全标志及其使用导则》(GB 2894—2008)的规定,设置相关的安全标志,并设专人巡查。

(6)进入施工现场的人员,必须佩戴安全帽。凡在 2 m 及其以上高处作业无可靠防护设施时,必须正确使用安全带。大雨、大雪、6 级(含)以上大风等恶劣气候条件严重影响安全施工时,必须按照《建筑施工高处作业安全技术规范》(JGJ 80—91)执行,严禁拆除作业。

(7)拆除工程施工现场的安全管理由施工单位负责。从业人员应办理相关手续,签订劳动合同,进行安全培训,考试合格后,方可上岗作业。拆除工程施工前,必须对施工作业人员进行书面安全技术交底,并履行签字手续。特种作业人员必须持有效证件上岗作业。

(8)拆除工程施工必须建立安全技术档案,并应包括下列内容:拆除工程施工合同及安全管理协议书、拆除工程安全施工组织设计或安全专项施工方案、安全技术交底、脚手架及安全防护设施检查验收记录、劳务用工合同及安全管理协议书、机械租赁合同及安全管理协议书。

(9)施工现场临时用电必须按照《施工现场临时用电安全技术规范》(JGJ 46—2005)的有关规定执行。夜间施工必须有足够照明。电动机械和电动工具必须装设漏电保护器,其保护零线的电气连接应符合要求。对产生振动的设备,其保护零线的连接点不应少于2处。

(10)拆除工程施工过程中,当发生重大险情或生产安全事故时,应及时启动应急预案排除险情,组织抢救,保护事故现场,并向有关部门报告。

(11)施工单位必须依据拆除工程安全施工组织设计或方案,划定危险区域。施工前应通报施工注意事项。当日拆除施工结束后,所有机械设备应远离被拆除建筑。施工期间的临时设施,应与被拆除建筑保持安全距离。

(五)拆除工程文明施工管理

(1)施工前应通报施工注意事项,拆除工程有可能影响公共安全和周围居民的正常生活时,应在施工前发出告示,做好宣传工作,并采取可靠的安全防护措施。

(2)拆除工程施工时,应有防止扬尘和降低噪声的措施;清运渣土的车辆应封闭或覆盖,出入现场时应有专人指挥,清运渣土的作业时间应遵守工程所在地的有关规定;拆除建筑时,当遇有易燃、可燃物及保温材料时,严禁明火作业;拆除工程完工后,应及时将渣土清运出场。

(3)拆除工程施工现场区域内地下的各类管线,施工单位应在地面上设置明显标志,对检查井、污水井应采取相应的保护措施。

(4)施工单位必须落实防火安全责任制,建立义务消防组织,明确责任人,负责施工现场的日常防火安全管理工作。根据拆除工程施工现场作业环境,应制定相应的消防安全措施,并应保证充足的消防水源,现场消火栓控制范围不宜大于50 m。配备足够的灭火器材,每个设置点的灭火器数量以2~5个为宜。

(5)施工现场应建立健全动火管理制度。施工作业动火时,必须履行动火审批手续,领取动火证后,方可在指定时间、地点作业。作业时应配备专人监护,作业后必须确认无火源危险后方可离开作业地点。

(6)拆除建筑物时,当遇有易燃、可燃物及保温材料时,严禁明火作业。施工现场应设置不小于3.5 m宽的消防车道并保持畅通。

第十节　施工现场防火

随着我国城市化进程的加快,建筑业、房地产业发展的如火如荼。建筑业取得了快速的发展,建筑工程的大量兴建,大量新型建筑材料的应用,给施工防火工作增加了难度,提出了新的要求。因此,做好建筑施工现场的防火工作十分重要。

一、施工现场防火要求

（一）施工现场防火的一般要求

(1)在编制施工组织设计时，施工总平面图、施工方法和施工技术均要符合消防安全要求。

(2)建筑工地必须制定防火安全措施及应急响应方案，项目组、班组建立防火责任制，并及时向有关人员、作业班组交底落实。施工现场应做好生产、生活用火的管理。施工现场值勤人员昼夜值班。

(3)临时工、合同工等各类新工人进入施工现场，都要进行防火安全教育和防火知识的学习，经考试合格后方能上岗工作。

(4)施工现场应明确划分用火作业、易燃可燃材料堆场、仓库、易燃废品集中站和生活区等区域。重点部位(如仓库、木工间等)配置相应消防器材，由专人负责管理，保持完整和应有的使用效果。

(5)施工现场夜间应有照明设备，保持消防车通道畅通无阻，并要安排力量加强值班巡逻。现场照明灯周围不应有易燃物，行灯及临时灯应有支架，并应采取措施。

(6)施工作业期间需搭设临时性建筑物，必须经施工企业技术负责人批准，施工结束应及时拆除，但不得在高压架空线下面搭设临时性建筑物或堆放可燃物品。

(7)在土建施工时，应先将消防器材和设施配备好，有条件的，应敷设好室外消防水管和消防栓，并指定专人维护、管理、定期更新，保证完整好用。

(8)焊、割作业点与氧气瓶、电石桶和乙炔发生器等危险物品的距离不得小于10 m，与易燃易爆物品的距离不得小于30 m。若达不到上述要求，应执行动火审批制度，并采取有效的安全隔离措施。电焊机周围及下面不应有易燃物。不经有关部门批准施工现场不得使用电炉。

(9)氧气瓶、乙炔发生器等焊割设备的安全附件应完整有效，否则不准使用。乙炔发生器和氧气瓶之间的空间距离不得小于2 m，使用时两者的距离不得小于5 m。

(10)施工现场的焊、割作业，必须符合防火要求，严格执行“十不烧”规定。

(11)施工现场用电应加强管理，防止发生电气火灾。电气设备的安装使用和管理符合现场防火要求。

(12)对施工现场及周边情况进行调研，了解当地的消防要求，严格遵守有关消防、保卫方面的法令、法规。

（二）雨季和高温季节施工的防火安全要求

雨季来临时，因气候潮湿，还会发生雷击事故，所以在雨季前应检查高大机械设备(如塔吊、外用电梯)的防雷设施；对外露的电气设备及线路，应加强绝缘破损及遮雨设施的检查，如防漏电起火。对石灰、电石等常用的遇水燃烧物品，应防漏、防潮，垫高存放。高温季节则应重点做好对易燃易爆物品(如汽油、香蕉水)的安全保管及发放使用工作。

（三）火灾险情的处置

因意外情况发生火灾事故，千万不要惊慌，应一方面迅速电话报警，另一方面组织人力积极扑救。火警电话拨通后，要讲清起火的单位和详细地址，还要讲清起火的部位、燃烧的物质、火灾的程度、着火的周边环境等情况，以便消防部门根据情况派出相应的灭火力量。

二、施工现场仓库防火

施工现场仓库(包括库房和露天货场)是建筑材料和施工器具高度集中的场所,一旦发生火灾,就会导致大量的物资被烧毁,造成重大的经济损失。因此,施工现场仓库是防火安全工作的重点,搞好仓库防火具有重要的意义。

(一)易燃易爆物品仓库的设置

对易引起火灾的仓库,应将库房内、外按500 m^2 的区域分段设立防火墙,把建筑平面划分为若干个防火单元,以便考虑失火后能阻止火势的扩散。仓库应设在水源充足、消防车能驶到的地方,同时根据季节风向的变化,应设在下风方向。

储量大的易燃仓库,应将生活区、生活辅助区和堆场分开布置。仓库应设两个以上的大门,大门应向外开启。固体易燃物品应当与易燃易爆的液体分间存放,不得在一个仓库内混合储存不同性质的物品。

(二)易燃易爆物品储存注意事项

(1)易燃仓库堆料场与其他建筑物、铁路、道路、高压线的防火间距,应按《建筑设计防火规范》(GB 50016—2006)的有关规定执行。

(2)易燃仓库堆料场物品应当分类、分堆、分组和分垛存放,每个堆垛面积为:木材(板材)不得大于300 m^2,稻草不得大于150 m^2,锯末不得大于200 m^2。堆垛与堆垛之间应留3 m宽的消防通道。

(3)易燃露天仓库的四周应有不小于6 m的平坦空地作消防通道,通道上禁止堆放障碍物。

(4)有明火的生产辅助区和生活用房与易燃堆垛之间,至少应保持30 m的防火间距。有飞火的烟囱应布置在仓库的下风地带。

(5)储存的稻草、锯末、煤炭等物品的堆垛,应保持良好通风,注意堆垛内的温度、湿度变化,发现温度超过38 ℃或水分过低时,应及时采取措施,防止其自燃起火。

(6)在建的建筑物内不得存放易燃易爆物品,尤其是不得将木工加工区设在建筑物内。

(7)仓库保管员应当熟悉储存物品的分类、性质,保管业务知识和防火安全制度,掌握消防器材的操作使用和维护保养方法,做好本岗位的防火工作。

(三)易燃物品的装卸管理

(1)物品入库前应当有专人负责检查,确定无火种等隐患后,方可装卸物品。

(2)拖拉机不准进入仓库、堆料场进行装卸作业,其他车辆进入仓库或露天堆料场装卸时,应安装符合要求的火星熄灭防火罩。

(3)在仓库或堆料场内进行吊装作业时,其机械设备必须符合防火要求,严防产生火星,引起火灾。

(4)装过化学危险物品的车,必须清洗干净后方准装运易燃品和可燃物品。

(5)装卸作业结束后,应当对库区、库房进行检查,确认安全后,方可离人。

(四)易燃仓库的用电管理

(1)仓库或堆料室内一般应使用地下电缆,若有困难需设置架空电力线路,架空电力线与露天易燃物堆垛的最小水平距离不应小于电线杆高度的1.5倍。库房内设的配电线路,需穿金属管或用非燃硬塑料管保护。

(2)仓库或堆料场所严禁使用碘钨灯和超过60 W以上的白炽灯等高温照明灯具,当使用日光灯等低温照明灯具和其他防燃型照明灯具时,应当对镇流器采取隔热、散热等防火保护措施。照明灯具与易燃堆垛间至少保持1 m的距离,安装的开关箱、接线盒应距离堆垛外缘不小于1.5 m,不准乱拉临时电气线路。储存大量易燃物品的仓库场地应设置独立的避雷装置。

(3)库房内不准设置移动式照明灯具,照明灯具下方不准堆放物品,其垂点下方与储存物品水平间距离不得小于0.5 m。

(4)库房内不准使用电炉、电烙铁、电烫斗等电热器具和电视机、电冰箱等家用电器。

(5)库区的每个库房应当在库房外单独安装开关箱,保管人员离库时,必须拉闸断电。禁止使用不合规格的电器保险装置。

三、地下工程消防

地下工程是指施工作业地面低于室外地面高度的工程。地下工程大都附设在工业与民用建筑内,多为无窗建筑。近年来,随着我国经济的发展,地下工程越来越多地被用作娱乐场所,一旦发生火灾不仅疏散扑救困难,而且烟火还威胁地上建筑的安全。

地下工程施工中除应遵守正常施工中的各项防火安全管理制度和要求外,还应遵守以下防火安全要求:

(1)施工现场的临时电源线不宜直接敷设在墙壁或土墙上,应用绝缘材料架空安装。配电箱应采取防水措施,潮湿地段或渗水部位照明灯具应采取相应措施或安装防潮灯具。

(2)施工现场应有不少于两个的出入口或坡道,施工距离长,应适当增加出入口的数量。施工区面积不超过50 m^2,且施工人员不超过20人时,可只设一个直通地上的安全出口。

(3)安全出入口、疏散走道和楼梯的宽度应按其通过人数每100人不小于1 m的净宽计算。每个出入口的疏散人数不宜超过250人,安全出入口、疏散走道和楼梯的最小净宽不应小于1 m。

(4)疏散走道、楼梯及坡道内,不宜设置突出物或堆放施工材料等机具。

(5)疏散走道、安全出入口、疏散马道(楼梯)、操作区域等部位,应设置火灾事故照明灯,火灾事故照明灯在上述部位的最低照度应不低于5 000 Lux。

(6)疏散走道及其交叉口、拐弯处,安全出口处应设置疏散指示标志灯,疏散指示标志灯的间距不易过大,距地面高度应为1~1.2 m,标志灯正前方0.5 m处的地面照度不应低于1 000 Lux。

(7)火灾事故照明灯和疏散指示灯工作电源断电后,应能自动投合。

(8)地下工程施工区域应设置消防给水管道和消火栓,消防给水管道可以与施工用水管道合用。特殊地下工程不能设置消防用水时,应配备足够数量的轻便消防器材。

(9)大面积油漆粉刷和喷漆应在地面施工,局部的粉刷可在地下工程内部进行,但一次粉刷的量不宜过多,同时在粉刷区域内禁止一切火源,加强通风。

(10)禁止中压式乙炔发生器在地下工程内部使用及存放。

(11)应制定应急的疏散计划。

四、高层建筑消防

由于城市现代化的发展,高层建筑也越来越多。由于高层建筑都有建筑高度高、建筑面积大、用电设备多、供电要求高、人员集中等特点,给建筑的防火提出了很高的要求。此外,高层建筑发生火灾时具有火势蔓延迅速、人员疏散困难、扑救难度大、火灾隐患多等特点,因此高层建筑的防火安全就成为一个十分重要的问题。近年来,高层火灾事故呈明显上升趋势,给国家和人民生命财产造成了极大的损失。因此,必须贯彻"预防为主,防消结合"的消防工作方针,加强高层建筑工地防火安全工作,从严管理,防患于未然。

(一)高层建筑工地火灾的特点

综观城市高层建筑工地的火灾,一般具有以下特点:

(1)火源多数是电焊。现代城市高层建筑档次高、设备多、技术复杂,施工现场通常布满大量的金属骨架、框架、支架、吊架以及各种管道、线管,而它们之间的连接一般都靠电焊施工。由于高层建筑中的框骨架施工和设备安装及工程装修中的电焊火花四处飞溅、散落,加上有的电焊施工时在一个部位施焊持续时间长,电焊火花很容易引燃施工现场的可燃物,从而酿成火灾。

(2)火灾扑救难度大。高层建筑施工一般工程作业量大,施工周期长,通常在底层施工时发生火灾的概率小,有时即使发生火灾也比较容易组织扑救,而在中、高层特别是在施工扫尾时建筑工地发生火灾,灭火就更为困难。

(3)紧急应变能力差。①我国对高层建筑工地火灾的紧急应变能力普遍比较差,因为火灾大部分都发生在装修和设备安装施工阶段。高层建筑施工现场火灾的潜在危险长时间、大范围存在,发生现场火灾的频度高,而且常常接二连三地发生,加之许多高层建筑的建设管理者还不了解、不熟悉现代化高层建筑的自身特点和规律,当施工现场发生火灾后,指挥扑救混乱,缺乏救治紧急措施,即使扑灭了一场现场火灾,但由于忙于处理善后事宜,没有精力及时修订预防火灾的措施,如果再次发生火灾,也很难应变。②一般高层建筑施工现场,只是在地面上设有少量的消火栓,在某些重要临时设施附近放置几个手提式灭火器,不可能设置有计划的与之相适应的比较完善的施工现场消防设施,很难及时将发生的火灾遏制在初起阶段。③施工组织设计还不适应现代高层建筑特点的要求。据了解,目前一般施工组织设计中的消防设计,大多还停留在适应以前一般建筑的水平上,缺乏与高层建筑的特点相适应的消防设计,当高层建筑施工现场发生火灾时,从施工管理者到施工操作人员都没有思想和组织准备,更谈不上与之相适应的灭火计划,一旦真的发生火灾,手忙脚乱,束手无策。

(二)预防高层建筑工地火灾的对策

根据国家有关部门关于现代高层建筑的消防规范和有关规定,针对当前高层建筑施工现场的实际情况,预防高层建筑工地火灾应做到以下几点:

(1)必须搞好防火设计。进行高层建筑施工组织设计时,要针对现代化建筑装修、安装各阶段的特点,提出与之相适应的防火设计方案,力求做到"三有",即有计划、有措施、有准备。

(2)必须落实规章制度。"没有规矩不成方圆",对于高层建筑工地防火一定要建立健全各项行之有效的规章制度,把防火责任切实落实到施工单位的具体责任人,可设总的专职现场防火巡查人员，加强监督、检查，力求“三早”，即隐患早发现、措施早制定、设施早到位，保证已有的各种防火措施真正落到实处。

(3)必须使用隔火挡板。在高层建筑施工中，对某些位置实施电焊前，在欲施焊点近处的一侧或两侧应使用隔火挡板，阻止电焊飞溅火花点燃可燃材料。隔火挡板的尺寸大小、形状及安装位置，应以保证安全、方便操作的需要而定。有时还可视情况使用接火斗，从而较好地接住施焊时落下或飞溅的电焊火花。

(4)必须严禁擅用明火。高层建筑施工现场要严禁吸烟，严格禁止擅自运用各种形式的明火。因施工必要时，必须事先向现场主管部门申请并办理必要的动火手续，在确保安全的前提下方可进行明火作业。同时，要加强临时用电管理，严禁乱接乱拉用电，避免电气起火。

(5)必须配齐灭火器材。高层建筑施工现场的各个楼层和重点防火部位，要配备齐全的灭火器材，可配置适当数量的临时手提式灭火器、消防水桶、消防沙袋等。各种消防器材一定要放在明显和方便提取的位置并有“消防用品，不得挪用”的明显标志。在设备安装施工阶段，宜最先安装消防水管及其相关设备，必要时提前验收，提前供水。还可在每个楼层储备适当的消防用水，以便发生火灾时能及时就近取水灭火。

(6)必须确保通道畅通。要在高层建筑工地内设置标明楼梯间和出入口的临时醒目标志，视情况安装楼梯间和出入通道口的临时照明，及时清理建筑垃圾和障碍物，特别是那些可燃、易燃场所的更要坚持每天清扫，保证发生火灾时，现场施工人员和消防人员下行、上行畅通快捷。

五、消防器材的配置和使用

(一)灭火器材的配备

1. 现场仓库消防灭火设施

(1)应有足够的消防水源，其进水口一般不应少于两处。仓库的室外消防用水量，应按照《建筑设计防火规范》(GB 50016—2006)的有关规定执行。

(2)消防管道的口径应根据所需最大消防用水量确定，一般不应小于 150 mm，消防管道的设置应呈环状。

(3)室外消防栓应沿消防车道或堆料场内交通道路的边缘设置，消防栓之间的距离不应大于 50 m。

(4)采用低压给水系统，管道内的压力在消防用水量达到最大时，不低于 0.1 MPa；采用高压给水系统，管道内的压力应满足两支水枪同时布置在堆场内最远和最高处的要求，水枪充实水柱不小于 13 m，每支水枪的流量不应小于 5 L/s。

(5)仓库或堆场内，应分组布置酸碱、泡沫、二氧化碳等灭火器，每组灭火器不应少于 4 个，每组灭火器的间距不应大于 30 m。

2. 施工现场灭火器材的配备

(1)大型临时设施总平面面积超过 1 200 m^2 的，应当按照消防要求配备灭火器，并根据防火的对象、部位，设置一定数量、一定容积的消防水池，并配备不少于 4 套的取水桶、消防铣、消防钩。同时，要备有一定数量的黄沙池等器材、设施，并留有消防车道。

(2)一般临时设施区域，每 100 m^2 的配电室、动火处、食堂、宿舍等重点防火部位，应当配备两个 10 L 灭火器。

(3)临时木工间、油漆间、机具间等,每 25 m^2 应配备一个种类合适的灭火器;油库、危险品仓库、易燃堆料场应配备足够数量、足够种类的大灭火器。

(二)消防器材使用方法

(1)手提式“1211”灭火器。手提式“1211”灭火器使用时,应手提压把,拔出保险销,然后握紧压把,灭火剂即可喷出。当松开压把时,压把在弹簧作用下恢复原位,阀门关闭,停止喷射。使用时应垂直操作,不可平放或倒置,喷嘴要对准火源要部,并向火源边缘左右扫射,快速向前推进,要防止回火、复燃;如遇零星小火,可作点射灭火。

(2)手提式储压干粉灭火器。手提式储压干粉灭火器使用方法与“1211”灭火器基本相同。使用前先将其上下颠倒 10 次,使筒内干粉松动,然后拔下保险销,一手握喷嘴,另一手用力握紧压把,干粉便会喷出。

(3)二氧化碳灭火器。使用时若是鸭嘴开关的,只要拔出保险销,将鸭嘴压下,二氧化碳即可喷出;若是手轮开关的,将其逆时针旋转即可喷出灭火。

(4)消防水池。消防水池与建筑物之间的距离一般不得小于 10 m,在水池的周围留有消防车道。在冬季或者寒冷地区,消防水池应有可靠的防冻措施。

六、消防管理制度

(1)在防火要害部位设置的消防器材,由该部位的消防职能人员负责维修及保管。

(2)对故意损坏消防器材的,按照处罚办法进行处理。

(3)消防器材保管人员应懂得消防知识,正确使用器材,工作认真负责。

(4)定期检查消防器材,发现超期、缺损的,及时向消防负责人汇报,及时更新。

七、案例分析

2012 年 12 月 23 日下午,陕西省延安市相关部门通报了国贸大厦火灾事故最新情况,事故共造成 3 人死亡、21 人受伤。初步调查,火灾原因是某公司对国贸大厦外墙进行混凝土加固立柱浇筑加温时,值班民工擅离职守,无烟煤炉引燃包裹混凝土加固立柱的棉被和围挡彩条布,引发国贸大厦二楼起火。公安机关已控制施工单位有关人员 10 人,将对责任人进一步立案审查。

第十一节 季节性施工

我国北方地区每年冬季有长达 3 ~ 6 个月的寒冷期,南方许多省市又处于多雨地区,每年有长达 1 ~ 3 个月的雨期,长江中下游流域的梅雨期间,长达 1 个多月的时间阴雨连绵不断,并伴有多云、多雾、多雷、暴雨天气。东南沿海地区受海洋暖湿气流影响,春夏之交雨水频繁,并伴有台风、暴雨和潮汛,某些地区雷暴季节,雷电活动频繁。这些季节的不良天气现象,给工程的建设进度和质量带来了一系列的问题,也是生产安全事故多发时期。因此,施工企业应在施工现场针对季节性施工的特点,制定出相应的施工安全技术措施,确保工程施工的顺利进行和作业人员的人身安全。

季节性施工前,季节性施工领导小组及有关人员应对所有机电设备进行全面技术、质量检查,对不符合质量、安全要求的,严禁使用。各种机械、运输车辆进入季节性施工后要对其进行全面检查,不得带病工作,对于各种管件,下班时要将其内部的水放净,以防冻坏。

动力及照明线路在季节性施工前要进行检查加固,有损坏、老化的绝缘器材坚决更换,并做好线路的防风加固,以确保安全。现场严禁吸烟,如吸烟必须到专设吸烟室。

现场用火必须实行用火申请审批制度,设专人看火。加强易燃易爆物品的管理,易燃易爆物品应分类堆放整齐,配备足够的消防器材。消防器材要按平面图布置存放,数量充足,操作开关灵活,并应提前检查调试。宿舍内严禁使用电热毯及其他取暖器具。

一、夏季施工的安全保障

夏季高温时间持续较长,施工企业要牢固树立以人为本的思想,把加强防暑降温工作作为维护建筑工人合法权益的重要内容抓实抓好。要始终坚持"安全第一、预防为主、综合治理"的安全生产方针,进一步增强责任意识,加强安全生产监督检查,制定防火防暑降温安全措施,防止因高温天气引发工人中暑和各类生产安全事故。

当日平均气温高于 30 ℃时,应按夏季施工有关规定编制安全专项施工方案。

(1)施工单位要加强对作业人员夏季施工安全培训,做好防暑降温工作,在施工现场配备足够的防暑设施、防护用品、盐水、冷饮和防暑药品,落实防暑降温措施和防中暑用品的供应。

(2)对高温作业工人应进行体格检查,凡有心血管器质性疾病者不宜从事高温作业。炎热季节医务人员要到现场巡回医疗,发现中暑,要立即抢救。

(3)要妥善安排高温期间施工生产工作,严格控制工人加班加点,适当调整工作班次和工作时间,夏季施工作业时间尽量向两端压缩,避开中午的高温,工人的工作时间要适当缩短,保证工人有充足的休息和睡眠时间。尽量避免高温时段进行露天室外在阳光直射下作业;对容器内和高温条件下的作业场所应有通风降温措施。温度超过 35 ~37 ℃时应停止长时间露天作业(作业时间不得超过 6 h),温度超过 37 ~40 ℃时应停止露天作业,并做好防暑降温工作,温度超过 40 ℃停止一切露天作业。如遇有人中暑应立即组织人员抢救,将人员移至阴凉通风处,情况严重时,应立即送医院救治。班组长应不间断巡查,及时发现问题并解决。

(4)要进一步贯彻落实《建筑施工现场环境与卫生标准》(JGJ 146—2004),改善作业区、生活区的通风和降温条件,确保作业人员宿舍、食堂、厕所、淋浴间等临时设施符合标准要求和满足防暑降温工作需要。

(5)要切实做好施工现场的卫生防疫工作,做好现场的垃圾清扫、灭蚊、灭蝇、灭鼠工作;加强对饮用水、食品的卫生管理,严格执行食品卫生制度,避免食品变质引发中毒事件。要加强对夏季易发疾病的监控,现场作业人员发生传染病、食物中毒时,应及时向有关主管部门报告。

(6)施工现场的宿舍应保护通风、干燥,有防蚊蝇措施,统一使用安全电压。生活办公设施要有专人管理,定期清扫、消毒,保持室内整齐清洁。加强对易燃易爆物品的管理工作,专库存放;氧气、乙炔等禁止露天存放,防雷防日晒;电石等应防止受潮、雨淋、发热;一些草垛不宜过高,防止发生自燃。

二、雨季施工安全技术

由于雨季施工持续时间较长，施工过程受雨多、风大等恶劣天气的影响，并直接危及生产安全，给企业带来无法估量的损失。因此，科学合理地组织施工，采取安全技术措施，积极应对雨季施工面临的各种危险状况，做好雨季施工的各项安全工作，对提高抗风险能力，保障企业生产安全，具有重大意义。

雨季施工应当采取措施防雨、防雷击，组织好排水。同时，注意采取可靠的防止触电、防沉陷、防坍塌和防大风措施，沿河流域的工地做好防洪准备，傍山的施工现场采取可靠的防滑防塌方措施，脚手架、塔机等应采取可靠的防强风措施。应对施工人员进行雨季安全教育，提高操作人员的雨季施工安全意识，确保雨季期间安全作业。暴雨及台风暴风后，应对高处作业安全设施逐一检查，发现松动、损坏或脱落等现象，应立即修理完善。

（一）雨季防触电安全措施

（1）雨季施工到来之前，应对现场每个配电箱，用电设备，外敷电线、电缆进行一次彻底的检查，采取相应的防雨、防潮保护。

（2）配电箱必须防雨、防水，电器布置符合规定，电器元件不应破损，严禁带电明露。机电设备的金属外壳，必须采取可靠的接地或接零保护。

（3）外敷电线、电缆不得有破损，电源线不得使用裸导线和塑料线，也不得沿地面敷设，防止因短路造成起火事故。

（4）雨季到来之前，应检查手持电动工具漏电保护装置是否灵敏。工地临时照明灯、标志灯的电压不超过36 V。特别潮湿的场所以及金属管道和容器内的照明灯的电压不超过12 V。

（5）阴雨天气，电气作业人员应尽量避免露天作业。雨季或在潮湿环境下不宜带电作业，一般作业应穿绝缘靴，照明临时电路不得接触潮湿地面或直接绑在金属构架上。

（6）室外施工现场供用电设施除经常维护外，遇有恶劣天气时，应加强对电器设备的巡视和检查，必须穿绝缘靴且不得靠近避雷针和避雷器。

（二）雨季防雷安全措施

（1）雨季到来之前，塔式起重机、外用电梯、钢管脚手架、井字架、龙门架等高大设施，以及在施工的高层建筑工程等应安装可靠的避雷设施。

（2）塔式起重机的轨道，一般应设两组接地装置，对较长的轨道应每隔20 m补做一组接地装置。各种机械设备的金属外壳和办公区及宿舍屋顶处必须做防雷接地装置保护。

（3）高度在20 m及其以上的井字架、门式架等垂直运输的机具金属构架上，应将一侧的中间立杆接高，高出顶端2 m做接闪器，在该立杆的下部设置接地线与接地极相连，同时应将卷扬机的金属外壳可靠接地。

（4）在施工的高大建筑工程的脚手架，沿建筑物四角及四边利用钢脚手架本身加高2～3 m做接闪器，下端与接地极相连，接闪器间距不应超过24 m。若施工的建筑物中有突出高点，也应做类似接闪器。随着脚手架的升高，接闪器也应及时加高。防雷引下线不应少于两处。

（5）雷雨季节拆除烟囱、水塔等高大建（构）筑物脚手架时，应待正式工程防雷装置安装完毕并已接地之后，再行拆除。

(6)塔式起重机等施工机具的接地电阻应不大于 4 Ω,其他防雷接地电阻一般不大于 10 Ω。

(7)当因气候、季节等原因停工后,在下次开工和雷雨季节到来之前,都应对防雷装置进行全面检查,检查合格后方准继续施工。

(8)施工期间,应经常对防雷装置进行检查,发现问题及时维修,并向有关负责人报告,雷雨时所有高空作业人员应下至地面,人体不得接触防雷装置。

(三)雨季防坍塌安全措施

(1)暴雨、台风前后,应检查工地临时设施、脚手架、机电设施有无倾斜,基土有无变形、下沉等现象,发现问题及时修理加固,有严重危险的,应立即排除。

(2)雨季中,应尽量避免挖土方、管沟等作业,已挖好的基坑和沟边应采取挡水措施和排水措施。

(3)雨后施工前,应检查沟槽边有无积水,坑槽有无裂纹或土质松动现象,防止积水渗漏,造成塌方。

(四)雨季吊装工程安全技术

(1)构件堆放地点要平整坚实,周围要做好排水工作,严禁构件堆放区积水、浸泡,防止泥土粘到预埋件上。

(2)塔式起重机路基必须高出自然地面 15 cm,严禁雨水浸泡路基。

(3)雨后吊装时,应首先检查吊车本身的稳定性,确认吊车本身安全未受到雨水破坏时再做试吊,将构件吊至 1 m 左右,往返上下数次稳定后再进行吊装工作。

(4)雨天可能会影响起重机司机的视线,若司机没有在雨天进行吊装的经验,应停止吊装工作或请有经验的司机来进行。

(5)停止施工时,应将塔吊的吊钩收回靠拢塔身,不得在吊钩上遗留吊索、建筑构件等任何物体,以防止这些重物被风吹动导致塔吊摇晃,严重的会引发塔吊倒塌事故发生。

(6)构件表面及吊装绳索被淋湿,导致绳索与构件之间摩擦系数降低,可能发生构件滑落等严重安全事故,此时进行吊装工作应加倍注意,必要时可采取增加绳索与构件表面粗糙度等措施来保护吊装工作的安全进行。

(7)雨天吊装应扩大地面的禁行范围,必要时增派人手进行警戒。

(8)6 级以上风力或暴雨等恶劣天气停止一切吊装作业。

(五)雨季脚手架安全技术

脚手架的安全与稳固性直接影响到工人的生命安全与建筑物的安全。在雨季施工中,任何麻痹大意和疏忽都可能导致事故发生。因此,雨期施工的脚手架应采取如下措施:

(1)加固脚手架基础。很多脚手架都是直接立于土石基础之上的,雨期如遇大雨浸泡就会沉陷,导致脚手架的支撑悬空或脚手架倾覆。为防止此类事故发生,可在脚手架底部加垫钢板或以条石为基础。

(2)适当添加与建筑物的连接杆件,这样可增加脚手架的整体性与抗倾覆的能力,增加稳固性。

(3)脚手架上的马道等供人通行的地方应采取可靠的防滑与防跌落措施,如及时更换表面过于光滑的踏板、在通道两边加装防护网等。

(4)经常性检查脚手架连接处的连接件,若发现松动或位移要及时加固和恢复。

(5)雨季不宜在脚手架上进行过多施工,工作面不能铺得过大,要控制脚手架上的人员、构件及其他建筑材料的数量,在脚手架上的动作不宜过于激烈。

(6)金属脚手架要做好防漏电工作。脚手架与现场施工电缆(线)的交接处应采用良好的绝缘介质隔离,并配以必要的漏电保护装置,或者重新布置现场施工电缆(线),避免与金属脚手架的交接。

(7)在脚手架上安装临时照明时,在脚手架上应加绝缘子,在金属脚手架上应设木模担和绝缘子。

(六)雨季塔吊、物料提升机和施工升降电梯的安全技术

(1)塔吊、物料提升机和施工升降电梯也是雨季施工的重点控制项目,其基础要按要求高于地面,及时检查,观测有无变化。

(2)安装避雷装置,接地电阻值不得大于10 Ω。

(3)所有机身上不得悬挂标志牌,附着装置应采取加强措施。

(4)停止作业前应使塔吊吊钩升上最高处的前臂根,物料提升机、升降电梯应使吊笼下放到地面,并切断电源。

(七)汛期、台风期间安全措施

(1)汛期、台风期间应停止一切施工作业和活动。

①塔吊司机应立即将吊钩升起,并将小跑车打回到回转台边,切断电源,并锁上驾驶室,下来后切断总电源。施工升降机司机停止作业,锁上驾驶室并切断电源。

②待大风、雨水过后,应对塔吊、施工升降机进行检查,无问题后方可操作。

(2)汛期、台风来临前,对钢筋加工棚要进行防水、防潮、加固处理。

(3)汛期、台风来临前,对工地仓库、料场进行全面检查,了解水情和排水情况,查看有无水害隐患,限期解决。

(4)汛期、台风来临前由电工对施工现场、生活区、办公区的临时用电线路进行检查,切断施工用电,并将施工现场所有配电箱关好。

(5)汛期施工时所用机具、材料、设备等放在不易水淹处,洪水来临之前提前撤出低洼地区的人员和机械、设备,确保人身安全和财产不受损失,并随时备足编织袋等抢险材料机具,以防不测。

(6)汛期、台风来临前应对活动板房、外脚手架、塔吊、围挡等防强风安全加强措施到位。

(7)汛期、台风来临前应清理外架、楼屋面上易吹落的脚手片、模板等材料。

(8)汛期、台风来临前根据实际情况予以停工或者暂停施工,启动防汛抗台预案,项目部安排有专职人员值班,并公布值班表和联系方式。

(9)汛期、台风来临前应明确、落实临时避险应急场所。

三、冬季施工安全技术

在我国北方寒冷地区的施工中,由于长时间的持续低温、温差大、强风、降雪和冰冻,施工条件较其他季节艰难得多,加之在严寒环境中作业人员穿戴较多、手脚亦不灵活,对施工进度、质量和施工安全产生严重的不良影响,必须采取附加或特殊的措施组织施工,才能保证工程建设顺利进行。

根据当地多年气象资料统计,当室外日平均气温连续5天稳定低于5 ℃即进入冬季施工,当室外日平均气温连续5天稳定高于5 ℃时解除冬季施工。冬季施工应制定防火、防寒、防冻、防滑、防中毒措施。冬季施工应注意以下安全技术要求:

(1)生活和办公场所应当采取措施,防止煤气中毒和亚硝酸盐中毒。

(2)脚手架、斜道要有防滑措施,及时清理积雪,外脚手架要经常检查加固。

(3)大雪、结冰和6级以上大风等恶劣天气,应当停止垂直运输作业,并将吊笼降到底层(地面),切断电源;风雪过后作业,应当检查安全保险装置并先试吊,确认无异常后方可作业。

(4)井字架、龙门架、塔机等缆风绳地锚应当埋置在冻土层以下,防止春季冻土融化,地锚锚固作用降低,地锚拔出,造成架体倒塌事故。

(5)塔机路轨不得铺设在冻胀性土层上,防止土壤冻胀或春季融化,造成路基起伏不平,影响塔机的作用,甚至发生安全事故。

(一)冬季施工的防火要求

1.冬季施工防火的特点

由于冬季施工中各种火源增多,防寒保温的各种易燃物也大量增加,加之冬季气候干燥、风力大,操作人员的手脚不像正常气温时灵活等,若疏于防范,就很容易引起火灾。因此,冬季施工是防火工作的重点时期。建筑施工企业必须加强冬季建筑施工管理,认真落实工地消防责任制,强化各项消防措施,做好冬季建筑施工安全生产和防火工作,确保施工安全生产。

2.加强安全教育

对施工人员进行冬季施工的防火安全教育是做好冬季施工防火安全工作的关键。只有人人重视防火工作,处处想着防火工作,做每一件工作都与防火工作相联系,才能提高全体人员的防火意识,变领导重视为每一个人重视,冬季施工防火工作就有了保证。

3.防火要求

(1)加强冬季防火安全教育,提高全体人员的防火意识。普遍教育与特殊防火工种的教育相结合,根据冬季施工防火工作的特点,入冬前对电气焊工、司炉工、木工、涂装工、电工、炉火安装和管理人员及警卫巡逻人员进行有针对性的教育和考试。

(2)冬季施工中,国家级重点工程、地区级重点工程、高层建筑工程及起火后不易扑救的工程,禁止使用可燃材料作保温材料,应采用不燃或难燃材料进行保温。

(3)一般工程可采用可燃材料进行保温,但必须严格进行管理。使用可燃材料进行保温的工程,必须设专人进行监护、巡逻检查。人员的数量应根据使用可燃材料的数量、保温的面积而定。

(4)冬季施工中,保温材料定位以后,禁止一切用火、用电作业,且照明线路、照明灯具应远离可燃的保温材料。

(5)冬季施工中,保温材料使用完以后,要随时进行清理,集中进行存放保管。

(6)冬季现场供暖锅炉房宜建造在施工现场的下风方向,远离在建工程、易燃及可燃建筑、露天可燃材料堆场、料库等,锅炉房应不低于二级耐火等级。

(7)烧蒸汽锅炉的人员必须要经过专门培训,取得司炉证后才能独立作业。烧热水锅炉的人员也要经过培训合格后方能上岗。

(8)冬季施工的加热采暖方法，应尽量使用暖气，如果用火炉，必须事先提出方案和防火措施，经消防保卫部门同意后方能开火。但在涂装调料间、木工房、料库、使用高分子装修材料的装修阶段，禁止用火炉采暖。

(9)各种金属与砖砌火炉，必须完整良好，不得有裂纹；各种金属火炉与模板支柱、斜撑、拉杆等可燃物和易燃保温材料的距离不得小于1 m，已做保护层的火炉距可燃物的距离不得小于70 cm。各种砖砌火炉壁厚不得小于30 cm。在没有烟囱的火炉上方不得有拉杆、斜撑等可燃物，必要时须架设铁板等非燃材料隔热，其隔热板厚度应比炉顶外围的每一边都多出15 cm以上。

(10)在木地板上安装火炉，必须设置炉盘，有脚的火炉炉盘厚度不得小于12 cm，无脚的火炉炉盘厚度不得小于18 cm。炉盘应伸出炉门前50 cm，伸出炉后左右各15 cm。

(11)各种火炉应根据需要设置高出炉身的火挡。各种火炉的炉身、烟囱和烟囱出口等部分与电源线和电气设备应保持50 cm以上的距离。

(12)炉火必须由受过安全消防常识教育的专人看守，每人看管火炉的数量不应过多。

(13)火炉看火人员应严格执行检查值班制度和操作程序。火炉着火后，不准离开工作岗位，值班时间不允许睡觉或做无关的事情。

(14)移动各种加热火炉时，必须先将火熄灭后方准移动。掏出的炉灰必须随时用水浇灭后倒在指定地点。禁止用易燃、可燃液体点火。填的煤不应过多，以不超出炉口上缘为宜，防止热煤掉出引起可燃物起火。不准在火炉上熬炼油料、烘烤易燃物品。

(15)工程的每层都应配备灭火器材。

(16)用电热法施工，要加强检查和维修，防止触电和火灾。

(二)冬季施工的防滑要求

(1)冬季施工中，在施工作业前，对斜道、通行道、爬梯、架子等作业面上的霜冻、冰块、积雪要及时清除，加设防滑条等措施，避免人员滑倒摔伤。夜间施工，必须有足够的照明，照明电源电压不得超过36 V。

(2)冬季施工中，现场脚手架搭设接高前必须将钢管上的积雪清除，等到霜冻、冰块融化后再施工。

(3)冬季施工中，若通道防滑条有损坏要及时修补。

(三)冬季施工的防冻要求

(1)入冬前，按照冬季施工方案材料要求提前备好保温材料，对施工现场怕受冻材料和现浇混凝土施工作业面按技术要求采取保温措施。

(2)冬季施工工地，应尽量安装地下消火栓，在入冬前应进行一次试水，加少量润滑油。

(3)消火栓用草帘、锯末等覆盖，做好保温工作，以防冻结。

(4)冬季下雪时，应及时扫除消火栓上的积雪，以免雪融化后将消火栓井盖冻住。

(5)高层临时消防竖管应进行保温或将水放空，消防水泵内应采取采暖措施，以免冻结。

(6)入冬前，应做好消防水池的保温工作，随时进行检查，发现冻结时应进行破冻处理。一般方法是在水池上盖上木板，木板上再盖上不小于40～50 cm厚的稻草、锯末等。

(7)入冬前应将泡沫灭火器、清水灭火器等放入有采暖的地方，并套上保温套。

(8)施工期间各种材料的合格证、质量认证书等资料必须齐全，所选用的防冻剂必须是经过认证同意在本地区使用的，搅拌站必须提供防冻剂的合格材质证书。

(9)严格控制温度，做好拌合物的温度和组成材料及混凝土入模温度的测量工作，做好记录并整理归入单位工程技术资料档案。

(10)确定混凝土的拆模时间，混凝土冷却前是否达到临界强度，除应按理论计算，还应以同体强度为准。

(11)严格检查混凝土表面是否受冻，若有受冻现象应立即将受冻区剔除加热到2 ℃后修补，节点处加强保温。

(四)冬季施工的防中毒要求

(1)冬季取暖炉的防煤气中毒设施必须齐全、有效，建立验收合格证制度，经验收合格发证后，方准使用。

(2)冬季施工现场加热采暖和宿舍取暖用火炉时，注意经常通风换气。

(3)对亚硝酸钠要加强管理，严格发放制度，要按定量改为小包装并加上水泥、细砂、粉煤灰等，将其改变颜色，以防止误食中毒。

本章小结

为了保证《中华人民共和国建筑法》、《中华人民共和国安全生产法》及有关建设工程安全技术标准、规范的切实落实，加强建筑工程项目的安全生产监督管理，保障人民群众生命财产的安全，熟悉建筑工程中各项安全技术和安全管理措施是非常必要的。本章主要介绍了以下内容：

(1)介绍了地基与基础工程中土方工程、基坑工程和桩基础工程安全技术和安全管理的具体要求，脚手架工程具体讲述了扣件式钢管脚手架的基本构成、搭设质量、应用范围及安全技术要求。介绍了模板工程的安装、拆除及安全注意事项。

(2)介绍了钢筋混凝土工程施工安全技术。

(3)分析了高处作业事故的类型和原因，介绍了高处作业的防护措施，阐述了高处作业必须严格按照安全规范操作。

(4)分析了建筑施工现场临时用电的特点，重点介绍了临时用电的电气安全、施工临时用电安全管理措施，对建筑施工现场外电线路及电气设备安全防护、施工临时用电接地与防雷、低压终端配电设备的选型与应用、低压配电箱与开关箱、低压配电线路等内容进行了详尽阐述，最后介绍了电动建筑机械和手持式电动工具的安全操作，现场照明等内容。

(5)介绍了在建筑施工中应用最多的履带式起重机、汽车式(轮胎式)起重机、塔式起重机、施工升降机、物料提升机等起重吊装机械的工作原理，着重阐述了在操作使用起重吊装设备过程中应该遵守的安装维修、检验验收、吊装作业的操作规程等安全技术措施。

(6)介绍了焊接安全用电和防火防爆基础知识，分析了在气焊、电焊、气割和登高焊割作业等焊接工艺过程中，存在的各种危险因素和有害因素；对爆炸、火灾、触电、尘毒等的发生原因、危害程度和防护措施进行了详细的分析和论述。

(7)分析了拆除工程的特点，介绍了人工拆除、机械拆除、爆破拆除、静力破碎拆除等施工方法，介绍了拆除工程的安全施工管理。

(8)介绍了施工现场防火和仓库防火的基本要求，重点阐述了地下工程和高层建筑的防火安全要求，对常用的消防设施和消防器材的使用方法进行了介绍。

(9)介绍了建筑工程在夏季、冬季和雨季时的季节性施工方法，分析了季节性施工的特点与要求，详细阐述了季节性施工安全技术措施。

思考题

12-1 土方工程开挖的控制内容有哪些？

12-2 基坑滑坡地段挖方的注意事项有哪些？

12-3 土方工程深基坑开挖的安全注意事项有哪些？

12-4 钢筋混凝土预制桩施工的安全技术措施是什么？

12-5 人工挖孔桩施工应遵守哪些具体安全规定？

12-6 脚手架安装的安全技术措施有哪些？

12-7 模板支架的支撑设置安全技术措施有哪些？

12-8 在施工现场管理人员必须抓好哪些安全工作？

12-9 文明施工对施工场地有哪些要求？

12-10 怎样安全使用起重机械？设备吊装要注意什么？

12-11 塔式起重机在建筑施工中有什么用途？塔吊按工作方法分为几种类型？如何拆除塔吊？

12-12 塔吊操作有哪些安全要求？塔吊操作前、操作中、操作后分别有什么要求？

12-13 安装与拆除外用电梯时需要满足哪些要求？使用时要注意什么？

12-14 拆除工程有什么施工方法？施工现场拆除作业中，要严格按照什么顺序逐层拆除？

12-15 大型施工机械的装、拆主要有哪些要求？

12-16 起重机械的主要安全装置有哪些？发生塔机事故的原因有哪些？

12-17 电焊作业应注意哪些事项？焊接作业要防止哪些事故隐患？

12-18 使用手持式电动工具应注意哪些事项？在潮湿的场所使用手持式电动工具有什么安全要求？

12-19 在狭窄场所如锅炉、金属容器、管道内等工作时使用手持式电动工具应采取哪些安全措施？

12-20 施工现场临时用电设备在安装前，应编写哪类技术文件？施工现场临时用电管理中必须建立那些安全技术档案？

12-21 为什么要编制临时用电施工组织设计？施工现场临时用电施工组织设计的内容应包括哪几个方面？

12-22 什么叫安全电压？我国安全电压的等级标准是如何规定的？

12-23 架空线路档距、线间距离是怎样规定的？架空线路与地面的垂直距离、机动车道和一般现场的垂直距离是多少？

12-24 电气事故包括哪些事故？漏电保护装置的作用是什么？

12-25 井字架、龙门架、塔吊在什么情况下应设防雷装置？

12-26 什么是接地电阻？施工现场临时用电工具对接地电阻值有何要求？

12-27 施工现场停电、送电时，应遵从什么样的操作顺序？为什么？

12-28　施工现场的漏电保护系统应如何设置？漏电保护器的安装应注意哪些问题？

12-29　施工现场高大建筑机械防护设置有何要求？塔吊轨道接地有何意义？

12-30　施工现场应设置哪些照明？照明装置应采取哪些保护技术？

12-31　如何根据环境条件选择照明供电电压？

12-32　电气防火的主要技术措施是什么？电气防火的组织管理措施是什么？

12-33　施工现场防火工作有哪些要求？

12-34　变配电室应配备哪些灭火工具？

12-35　如何预防高层建筑工地火灾？

12-36　施工现场灭火器材如何配置？

12-37　夏季施工应有哪些安全保障？

12-38　雨季防触电、防雷安全措施有哪些？

12-39　冬季施工有哪些安全技术要求？

12-40　冬季施工有哪些防火、防冻要求？

附录一
《中华人民共和国安全生产法》
(2011 年修订)(摘录)

《中华人民共和国安全生产法》2002 年 6 月 29 日第九届全国人民代表大会常务委员会第二十八次会议通过,2002 年 6 月 29 日中华人民共和国主席令第七十号公布,自 2002 年 11 月 1 日起施行,于 2011 年修订。

第一章　总则

第二章　生产经营单位的安全生产保障

第三章　从业人员的权利和义务

第四章　安全生产的监督管理

第五章　生产安全事故的应急救援与调查处理

第六章　法律责任

第七章　附则

第四十条　生产经营单位进行爆破、吊装、悬吊、挖掘、建筑物和构筑物拆除、船舶修造等危险作业,临近高压输电线路作业,以及在有限空间内作业,应当执行有关危险作业管理制度,安排专门人员负责现场安全管理,确保操作规程的遵守和安全措施的落实。

第四十一条　矿山、冶金、城市轨道交通、建筑施工单位和危险物品的生产、经营、储存单位负责人应当按照国家有关规定轮流现场带班。带班负责人应当掌握现场安全生产情况,及时发现和处置事故隐患。

矿山负责人现场带班,应当与从业人员同时下井、同时升井。

第四十二条　国家推行安全生产标准化建设。生产经营单位应当开展以岗位达标、专业达标和企业达标为内容的安全生产标准化建设,加强安全生产基础工作,提高本单位的安全生产水平和事故防范能力。

第四十三条　生产经营单位应当教育和督促从业人员严格执行本单位的安全生产规章制度和安全操作规程;并向从业人员如实告知作业场所和工作岗位存在的危险因素、防范措施以及事故应急措施。

第四十四条　生产经营单位必须建立劳动防护用品管理制度,为从业人员提供符合国家标准或者行业标准的劳动防护用品,并监督、教育从业人员按照使用规则佩戴、使用。

第四十五条　生产经营单位应当建立事故隐患排查、治理和报告制度,并按照规定定期向县级以上人民政府安全生产监督管理部门和有关部门报告事故隐患排查治理情况。

生产经营单位应当建立安全生产动态监控和预警预报体系,每月进行一次安全生产风险分析。发现事故征兆,应当立即发布预警信息,落实防范和应急处置措施。

第四十六条　生产经营单位按照保障安全生产要求,用于隐患排查治理、配备劳动防护用品、进行安全生产教育培训和应急演练等费用，按照国家有关规定，在生产成本中据实列支。

第四十七条 两个以上生产经营单位在同一作业区域内进行生产经营活动，可能危及对方生产安全的，应当签订安全生产管理协议，明确各自的安全生产管理职责和应当采取的安全措施，并指定专职安全生产管理人员进行安全检查与协调。

第四十八条 生产经营单位不得将生产经营项目、场所、设备发包或者出租给不具备安全生产条件或者相应资质的单位或者个人。

生产经营单位应当与承包单位、承租单位签订专门的安全生产管理协议，或者在承包合同、租赁合同中约定各自的安全生产管理职责；生产经营项目、场所有多个承包单位、承租单位的，生产经营单位对承包单位、承租单位的安全生产工作统一协调、管理。

按照前款规定承包、承租生产经营项目、场所的，承包单位、承租单位不得将其承包、承租的生产经营项目、场所再次转包、转租给其他单位。

生产经营项目、场所有多个承包单位、承租单位的，生产经营单位应当与承包单位、承租单位签订专门的安全生产管理协议，或者在承包合同、租赁合同中约定各自的安全生产管理职责；生产经营单位对承包单位、承租单位的安全生产工作统一协调、管理。

第四十九条 非生产经营性建筑物改变用途用于生产经营活动，或者低安全保障设计建筑物改变用途用于高安全保障要求的生产经营经营活动，所有权人或者使用权人应当依法办理有关手续，并委托具有相应资质的专业技术单位对改变用途的建筑物进行安全评估；符合安全生产要求的，方可用于生产经营活动。安全评估报告应当报所在地县级人民政府安全生产监督管理部门和有关部门备案。

第五十条 生产经营单位应当建立安全生产报告制度，按照国家有关规定定期向安全生产监督管理部门和有关部门报告本单位安全生产情况，并对报告情况的真实性负责。

第五十一条 生产经营单位发生生产安全事故时，单位的主要负责人应当立即组织抢救，并不得在事故调查处理期间擅离职守。

第五十二条 生产经营单位必须依法参加工伤社会保险，为从业人员缴纳保险费。

矿山、冶金、轨道交通、建筑施工单位和用于生产、储存危险物品的单位应当参加安全生产责任保险。

第三章 从业人员的权利和义务

第五十三条 生产经营单位与从业人员订立或者变更的劳动合同，应当载明有关保障从业人员劳动安全、防止职业危害的事项，以及依法为从业人员办理工伤社会保险的事项。

生产经营单位不得以任何形式与从业人员订立协议，免除或者减轻其对从业人员因生产安全事故伤亡依法应承担的责任。

第五十四条 生产经营单位的从业人员有权了解其作业场所和工作岗位存在的危险因素、防范措施及事故应急措施，有权对本单位的安全生产工作提出建议。

第五十五条 从业人员有权对本单位安全生产工作中存在的问题提出批评、检举、控告；有权拒绝违章指挥和强令冒险作业。

生产经营单位不得因从业人员对本单位安全生产工作提出批评、检举、控告或者拒绝违章指挥、强令冒险作业而降低其工资、福利等待遇或者解除与其订立的劳动合同。

第五十六条 从业人员发现直接危及人身安全的紧急情况时，有权停止作业或者在采取可能的应急措施后撤离作业场所，并及时报告生产经营单位负责人。

生产经营单位不得因从业人员在前款紧急情况下停止作业或者采取紧急撤离措施而降低其工资、福利等待遇或者解除与其订立的劳动合同。

第五十七条 因生产安全事故受到损害的从业人员，除依法享有工伤社会保险外，依照有关民事法律尚有获得赔偿的权利的，有权向本单位提出赔偿要求。

第五十八条 从业人员在作业过程中，应当严格遵守本单位的安全生产规章制度和操作规程，服从管理，正确佩戴和使用劳动防护用品。

第五十九条 从业人员应当接受安全生产教育和培训，掌握本职工作所需的安全生产知识，提高安全生产技能，增强事故预防和应急处置能力。

第六十条 从业人员发现事故隐患或者其他不安全因素，应当立即向现场安全生产管理人员或者本单位负责人报告；接到报告的人员应当及时予以处理。

第六十一条 工会有权对建设项目的安全设施与主体工程同时设计、同时施工、同时投入生产和使用进行监督，提出意见。

工会对生产经营单位违反安全生产法律、法规，侵犯从业人员合法权益的行为，有权要求纠正；发现生产经营单位违章指挥、强令冒险作业或者发现事故隐患时，有权提出解决的建议，生产经营单位应当及时研究答复；发现危及从业人员生命安全的情况时，有权向生产经营单位建议组织从业人员撤离危险场所，生产经营单位必须立即作出处理。

工会有权依法参加事故调查，向有关部门提出处理意见，并要求追究有关人员的责任。

第四章 安全生产的监督管理

第六十二条 国务院和县级以上地方各级人民政府应当建立安全生产监督管理工作协调机制和分工负责制度，明确安全生产监督管理部门和有关部门的安全生产职责。

乡镇人民政府和街道办事处应当根据本地区安全生产工作的需要，设立负责安全生产工作的机构，配备人员和必要的装备，监督检查本地区安全生产工作，并根据县级人民政府安全监督管理部门的授权依法实施行政处罚。

第六十三条 地方各级人民政府应当根据本行政区域内的安全生产状况，组织有关部门按照职责分工，对本行政区域内容易发生生产安全事故的生产经营单位进行严格检查；发现事故隐患，应当及时处理。

县级以上地方各级人民政府安全生产监督管理部门或者有关部门应当建立重大事故隐患治理督办制度，督促生产经营单位重大隐患治理措施的落实。

第六十四条 安全生产监督管理部门应当综合分析本地区安全生产形势，定期向本级人民政府报告安全生产工作，提出安全生产工作的意见和建议。

安全生产监督管理部门应当对有关部门履行安全生产监督管理职责的情况进行监督，并进行综合考核；发现其他有关部门未依法履行安全生产监督管理职责，以及应当由其他有关部门处理的事故隐患和其他不安全事项时，应当提出意见，要求其他有关部门及时改正或者做出处理。

第六十五条 依照本法第九条规定对安全生产负有监督管理职责的部门(以下统称负有安全生产监督管理职责的部门)依照有关法律、法规的规定,对涉及安全生产的事项需要审查批准(包括批准、核准、许可、注册、认证、颁发证照等,下同)或者验收的,必须严格依照有关法律、法规和国家标准或者行业标准规定的安全生产条件和程序进行审查;不符合有关法律、法规和国家标准或者行业标准规定的安全生产条件的,不得批准或者验收通过。对未依法取得批准或者验收合格的单位擅自从事有关活动的,负责行政审批的部门发现或者接到举报后应当立即予以取缔,并依法予以处理。对已经依法取得批准的单位,负责行政审批的部门发现其不再具备安全生产条件的,应当吊销原批准。

第六十六条 负有安全生产监督管理职责的部门对涉及安全生产的事项进行审查、验收,不得收取费用;不得要求接受审查、验收的单位购买其指定品牌或者指定生产、销售单位的安全设备、器材或者其他产品。

第六十七条 负有安全生产监督管理职责的部门依法对生产经营单位执行有关安全生产的法律、法规和国家标准或者行业标准的情况进行监督检查,行使以下职权:

(一)进入生产经营单位进行检查,调阅有关资料,向有关单位和人员了解情况。

(二)对检查中发现的安全生产违法行为,当场予以纠正或者要求限期改正;对依法应当给予行政处罚的行为,依照本法和其他有关法律、行政法规的规定作出行政处罚决定。

(三)对检查中发现的事故隐患,应当责令立即排除;重大事故隐患排除前或者排除过程中无法保证安全的,应当责令从危险区域内撤出作业人员,责令暂时停产停业或者停止使用;重大事故隐患排除后,经审查同意,方可恢复生产经营和使用。

(四)对不符合安全生产法律、法规、国家标准或者行业标准的场所、设施、设备、器材予以查封或者扣押,并应当在三十日内依法作出处理决定。

监督检查不得影响被检查单位的正常生产经营活动。

第六十八条 生产经营单位对负有安全生产监督管理职责的部门的监督检查人员(以下统称安全生产监督检查人员)依法履行监督检查职责,应当予以配合,不得拒绝、阻挠。

第六十九条 安全生产监督检查人员应当忠于职守,坚持原则,秉公执法。

安全生产监督检查人员执行监督检查任务时,必须统一标识并出示有效的监督执法证件;对涉及被检查单位的技术秘密和业务秘密,应当为其保密。

第七十条 安全生产监督检查人员应当将检查的时间、地点、内容、发现的问题及其处理情况,作出书面记录,并由检查人员和被检查单位的负责人签字;被检查单位的负责人拒绝签字的,检查人员应当将情况记录在案,留置送达被检查单位,并向负有安全生产监督管理职责的部门报告。

第七十一条 负有安全生产监督管理职责的部门应当制定安全生产监督检查计划,并按照计划实施监督检查;在监督检查中,应当互相配合,实行联合检查;确需分别进行检查的,应当互通情况,发现存在的安全问题应当由其他有关部门进行处理的,应当及时移送其他有关部门并形成记录备查,接受移送的部门应当及时进行处理。

第七十二条 对于生产经营单位拒绝执行停产停业、停止建设、停产停业整顿等行政处罚决定的,为防止发生生产安全事故,负有安全生产监督管理职责的部门可以通知有关部门或者单位采取断电、停供火工用品等临时措施,有关部门或者单位应当予以配合。

第七十三条 监察机关依照行政监察法的规定,对负有安全生产监督管理职责的部门及其工作人员履行安全生产监督管理职责实施监察。

第七十四条 承担安全评价、认证、检测、检验、咨询、培训的社会服务机构应当具备国家规定的资质条件，并对其作出的安全评价、认证、检测、检验、咨询、培训的结果负责。

第七十五条 负有安全生产监督管理职责的部门应当建立举报制度，公开举报电话、信箱或者电子邮件地址，受理有关安全生产的举报；受理的举报事项经调查核实后，应当形成书面材料；需要落实整改措施的，报经有关负责人签字并督促落实。

第七十六条 任何单位或者个人对事故隐患或者安全生产违法行为，均有权向负有安全生产监督管理职责的部门报告或者举报。

第七十七条 居民委员会、村民委员会发现其所在区域内的生产经营单位存在事故隐患或者安全生产违法行为时，必须及时向当地人民政府或者有关部门报告。

第七十八条 县级以上各级人民政府及其有关部门对报告重大事故隐患或者举报安全生产违法行为的有功人员，给予奖励。具体奖励办法由国务院负责安全生产监督管理的部门会同国务院财政部门制定。

第七十九条 国家推进安全生产诚信体系建设。县级以上人民政府安全生产监督管理部门和有关部门组织对生产经营单位安全生产状况进行安全生产标准化分级考核评价，评价结果向社会公开，并通报银行、证券、保险、担保等金融主管部门，作为信用评级的依据。

第八十条 新闻、出版、广播、电影、电视、网络等单位有进行安全生产公益宣传教育的义务，有对违反安全生产法律、法规的行为进行舆论监督的权利。

第五章　生产安全事故的应急救援与调查处理

第八十一条 县级以上地方各级人民政府应当组织有关部门制定本行政区域内生产安全事故应急救援预案，建立应急救援体系。

第八十二条 危险物品的生产、经营、储存单位以及矿山、冶金、城市轨道交通、建筑施工单位应当建立应急救援组织；生产经营规模较小，可以不建立应急救援组织的，应当指定兼职的应急救援人员，并与邻近的应急救援组织签订救援协议。

危险物品的生产、经营、储存单位以及矿山、冶金、城市轨道交通、建筑施工单位应当配备必要的应急救援器材、设备，并进行经常性维护、保养，保证正常运转。

第八十三条 生产经营单位应当按照有关规定制定生产安全事故应急预案，报安全生产监督管理部门和有关部门备案，并定期进行演练。

生产经营单位承办大型群众性活动的，应当制定符合规定要求的活动方案和相应的突发事故应急预案，并按照有关规定履行审批手续。

第八十四条 生产经营单位发生生产安全事故后，事故现场有关人员应当立即报告本单位负责人。单位负责人接到事故报告后，应当立即启动相应应急预案，或者迅速采取有效措施，组织抢救，防止事故扩大，减少人员伤亡和财产损失，并按照国家有关规定立即如实报告当地负有安全生产监督管理职责的部门，不得隐瞒不报、谎报或者拖延不报，不得故意破坏事故现场、毁灭有关证据。

第八十五条 负有安全生产监督管理职责的部门接到事故报告后，应当立即按照国家有关规定上报事故情况。负有安全生产监督管理职责的部门和有关地方人民政府对事故情况不得隐瞒不报、谎报或者拖延不报。

第八十六条 有关地方人民政府和负有安全生产监督管理职责的部门的负责人接到生产安全事故报告后，应当立即赶到事故现场，组织事故抢救。

任何单位和个人都应当支持、配合事故抢救，并提供一切便利条件。

第八十七条 事故调查处理应当按照依法依规、实事求是、尊重科学、注重实效的原则，及时、准确地查清事故原因，查明事故性质和责任，总结事故教训，提出整改措施，并对事故责任者提出处理意见。发生重特大事故，必要时，应当召开听证会；事故处理的过程应当及时、准确向社会公开。事故调查和处理的具体办法由国务院制定。

第八十八条 生产经营单位发生生产安全事故，经调查确定为责任事故的，除了应当查明事故单位的责任并依法予以追究外，还应当查明对安全生产的有关事项负有审查批准和监督职责的行政部门的责任，对有失职、渎职行为的，依照本法第七十七条的规定追究法律责任。

第八十九条 任何单位和个人不得阻挠和干涉对事故的依法调查处理。

第九十条 国家建立生产安全事故查处挂牌督办和约谈制度。发生重大、较大、一般生产安全事故，除按照有关规定进行调查处理外，国务院、省级人民政府、设区的市级人民政府的安全生产委员会分别对其查处情况实行挂牌督办；安全生产监督管理部门将采取约谈、训诫、通报和召开现场会等措施，加强警示问责和督导整改工作。

第九十一条 县级以上地方各级人民政府负责安全生产监督管理的部门应当定期统计分析本行政区域内发生生产安全事故的情况，并定期向社会公布。

第六章 法律责任

第九十二条 负有安全生产监督管理职责的部门的工作人员，有下列行为之一的，给予降级或者撤职的行政处分；构成犯罪的，依照刑法有关规定追究刑事责任：

（一）对不符合法定安全生产条件的涉及安全生产的事项予以批准或者验收通过的；

（二）发现未依法取得批准、验收的单位擅自从事有关活动或者接到举报后不予取缔或者不依法予以处理的；

（三）对已经依法取得批准的单位不履行监督管理职责，发现其不再具备安全生产条件而不撤销原批准或者发现安全生产违法行为不予查处的。

第九十三条 负有安全生产监督管理职责的部门，要求被审查、验收的单位购买其指定的安全设备、器材或者其他产品的，在对安全生产事项的审查、验收中收取费用的，由其上级机关或者监察机关责令改正，责令退还收取的费用；情节严重的，对直接负责的主管人员和其他直接责任人员依法给予行政处分。

第九十四条 承担安全评价、认证、检测、检验、培训工作的机构，出具虚假证明或者严重不符合事实，构成犯罪的，依照刑法有关规定追究刑事责任；尚不够刑事处罚的，没收违法所得，违法所得在五千元以上的，并处违法所得二倍以上五倍以下的罚款，没有违法所得或者违法所得不足五千元的，单处或者并处五千元以上二万元以下的罚款，对其直接负责的主管人员和其他直接责任人员处五千元以上五万元以下的罚款；给他人造成损害的，与生产经营单位承担连带赔偿责任。

对有前款违法行为的机构，吊销其相应资质。

第九十五条 生产经营单位的主要负责人不依照本法规定保证安全生产所必需的资金投入，致使生产经营单位不具备安全生产条件的，责令限期改正，提供必需的资金，对主要负责人处五千元以上二万元以下的罚款；逾期未改正的，责令生产经营单位停产停业整顿，对主要负责人处二万元以上五万元以下的罚款。

有前款违法行为，导致发生生产安全事故，构成犯罪的，依照刑法有关规定追究刑事责任；尚不够刑事处罚的，对生产经营单位的主要负责人给予撤职处分并依照生产安全事故报告和调查处理条例的规定给予罚款。

第九十六条 生产经营单位的主要负责人未履行本法规定的安全生产管理职责的，责令限期改正，对主要负责人处五千元以上二万元以下的罚款；逾期未改正的，责令生产经营单位局部或者全部停产停业整顿，对主要负责人处五千元以上二万元以下的罚款。

生产经营单位的主要负责人有前款违法行为，导致发生生产安全事故，构成犯罪的，依照刑法有关规定追究刑事责任；尚不够刑事处罚的，给予撤职处分并依照生产安全事故报告和调查处理条例的规定给予罚款。

生产经营单位的主要负责人依照前款规定受刑事处罚或者撤职处分的，自刑罚执行完毕或者受处分之日起，五年内不得担任任何生产经营单位的主要负责人。

第九十七条 生产经营单位有下列行为之一的，责令限期改正，可以并处五万元以下的罚款；逾期未改正的，责令局部或者全部停产停业整顿：

（一）未按照规定设立安全生产管理机构或者配备安全生产管理人员的；

（二）危险物品的生产、经营、储存单位以及矿山、冶金、城市轨道交通、建筑施工单位的主要负责人和安全生产管理人员未按照规定经考核合格的；

（三）未按照本法第二十一条、第二十二条的规定对从业人员进行安全生产教育和培训，或者未按照本法第三十六条的规定如实告知从业人员有关的安全生产事项的；

（四）特种作业人员未按照规定经专门的安全作业培训并取得特种作业操作资格证书，上岗作业的。

第九十八条 劳务派遣单位未对劳务派遣人员进行必要的安全生产教育和培训，或者用工单位未对劳务派遣人员进行岗位安全操作规程和安全操作技能的教育和培训的，责令限期改正，可以并处五万元以下的罚款。

用工单位与劳务派遣单位未在劳务派遣协议中明确各自承担的教育和培训的职责和具体内容的，按照前款规定处罚。

第九十九条 矿山、冶金、城市轨道交通建设项目和用于生产、储存危险物品的建设项目，以及国家和省级重点建设项目，未按照国家有关规定进行安全条件论证和安全评价的，责令限期改正，可以并处五万元以下的罚款。

第一百条 生产经营单位有下列行为之一的，责令限期改正，可以并处五万元以上二十万元以下的罚款；逾期未改正的，责令局部或者全部停止建设或者停产停业整顿；造成严重后果，构成犯罪的，依照刑法有关规定追究刑事责任：

（一）高危建设项目没有安全设施设计或者安全设施设计未按照规定报经有关部门审查同意的；

（二）高危建设项目的施工单位未按照批准的安全设施设计施工的；

（三）高危建设项目竣工投入生产或者使用前，安全设施未经验收合格的；

（四）国家和省级重点建设项目安全设施设计未按照规定备案，或者安全设施设计抽查不合格继续施工的；

（五）国家和省级重点建设项目竣后，其安全设施未按照规定备案，或者安全设施抽查不合格继续投入生产或者使用的；

（六）未在有较大危险因素的生产经营场所和有关设施、设备上设置明显的安全警示标志和警示说明的；

（七）安全设备的安装、使用、检测、改造和报废不符合国家标准或者行业标准的；

（八）未对安全设备进行经常性维护、保养和定期检测的；

（九）未建立劳动防护用品管理制度，为从业人员提供符合国家标准或者行业标准的劳动防护用品的；

（十）特种设备以及危险物品的容器、运输工具未经取得专业资质的机构检测、检验合格，取得安全使用证或者安全标志，投入使用的；

（十一）使用国家明令淘汰、禁止使用的危及生产安全的落后技术、工艺、设备的。

第一百零一条 矿山、冶金、建筑施工单位和危险物品的生产、经营、储存单位负责人未轮流现场带班的，责令限期改正，可以并处五万元以下的罚款；逾期未改正的，责令局部或者全部停产停业整顿。

第一百零二条 生产经营单位有下列情形之一的，责令限期改正，可以并处五万元以下的罚款；逾期未改正的，责令局部或者全部停产停业整顿：

（一）未建立事故隐患排查、治理和报告制度的；

（二）未定期向县级以上人民政府安全生产监督管理部门和有关部门报告事故隐患排查治理情况；

（三）未建立安全生产动态监控和预警预报体系的；

（四）未每月进行一次安全生产风险分析的；

（五）发现事故征兆，未立即发布预警信息，落实防范和应急处置措施；

（六）未按照规定如实报告安全生产情况的。

第一百零三条 未经依法批准，擅自生产、经营、储存危险物品的，责令停止违法行为或者予以关闭，没收违法所得，违法所得二十万元以上的，并处违法所得一倍以上五倍以下的罚款，没有违法所得或者违法所得不足二十万元的，单处或者并处二十万元以上一百万元以下的罚款；造成严重后果，构成犯罪的，依照刑法有关规定追究刑事责任。

第一百零四条 生产经营单位有下列行为之一的，责令限期改正，可以并处五万元以上二十万元以下的罚款；逾期未改正的，责令局部或者全部停产停业整顿；造成严重后果，构成犯罪的，依照刑法有关规定追究刑事责任：

（一）生产、经营、储存、使用危险物品，未建立专门安全管理制度、未采取可靠的安全措施或者不接受有关主管部门依法实施的监督管理的；

（二）对重大危险源未登记建档，或者未进行评估、监控，或者未制定应急预案的；

（三）进行爆破、吊装、悬吊、挖掘、建筑物和构筑物拆除等危险作业，临近高压输电线路作业，以及在有限空间内作业，未安排专门管理人员进行现场安全管理的。

第一百零五条 生产经营单位将生产经营项目、场所、设备发包或者出租给不具备安全生产条件或者相应资质的单位或者个人的，责令限期改正，没收违法所得；违法所得十万元以上的，并处违法所得一倍以上五倍以下的罚款；没有违法所得或者违法所得不足十万元的，单处或者并处十万元以上五十万元以下的罚款；导致发生生产安全事故给他人造成损害的，与承包方、承租方承担连带赔偿责任。

生产经营单位既未与承包单位、承租单位签订专门的安全生产管理协议又未在承包合同、租赁合同中明确各自的安全生产管理职责，或者未对承包单位、承租单位的安全生产统一协调、管理的，责令限期改正；逾期未改正的，责令停产停业整顿。

第一百零六条 非生产经营性建筑物改变用途用于生产经营活动，或者低安全保障设计建筑物改变用途用于高安全保障要求的生产经营经营活动，所有权人或者使用权人未依法办理有关手续，并委托具有相应资质的专业技术单位对改变用途的建筑物进行安全评估，或者安全评估报告未按照规定报所在地县级人民政府安全生产监督管理部门和有关部门备案的，责令限期改正，并可以对所有权人或者使用权人处以五万元以下的罚款；逾期未改正的，责令停止使用。

第一百零七条 两个以上生产经营单位在同一作业区域内进行可能危及对方安全生产的生产经营活动，未签订安全生产管理协议或者未指定专职安全生产管理人员进行安全检查与协调的，责令限期改正；逾期未改正的，责令局部或者全部停产停业。

第一百零八条 生产经营单位有下列行为之一的，责令限期改正，并处十万元以上五十万元以下的罚款；逾期未改正的，责令局部或者全部停产停业整顿；造成严重后果，构成犯罪的，依照刑法有关规定追究刑事责任：

（一）生产、经营、储存、使用危险物品的车间、商店、仓库与员工宿舍在同一座建筑内，或者与员工宿舍的距离不符合安全要求的；

（二）生产经营场所和员工宿舍未设有符合紧急疏散需要、标志明显、保持畅通的出口，或者封闭、堵塞生产经营场所或者员工宿舍出口的。

第一百零九条 生产经营单位与从业人员订立协议，免除或者减轻其对从业人员因生产安全事故伤亡依法应承担的责任的，该协议无效；对生产经营单位的主要负责人处十万元以上五十万元以下的罚款。

第一百一十条 生产经营单位的从业人员不服从管理，违反安全生产规章制度或者操作规程的，由生产经营单位给予批评教育，依照有关规章制度给予处分；造成重大事故，构成犯罪的，依照刑法有关规定追究刑事责任。

第一百一十一条 生产经营单位主要负责人在本单位发生重大生产安全事故时，不立即组织抢救或者在事故调查处理期间擅离职守或者逃匿的，给予降职、撤职的处分，对逃匿的处十五日以下拘留，并依照生产安全事故报告和调查处理条例的规定给予罚款；构成犯罪的，依照刑法有关规定追究刑事责任。

生产经营单位主要负责人对生产安全事故隐瞒不报、谎报或者拖延不报的，依照前款规定处罚。

第一百一十二条 生产经营单位发生重大、特别重大生产安全责任事故或一年内发生 2 次以上较大生产安全责任事故并负主要责任，以及存在重大隐患整改不力的，依照国家有关规定限制新增的项目核准、用地审批、证券融资和银行贷款。

第一百一十三条 有关地方人民政府、负有安全生产监督管理职责的部门，对生产安全事故隐瞒不报、谎报或者拖延不报的，对直接负责的主管人员和其他直接责任人员依法给予行政处分；构成犯罪的，依照刑法有关规定追究刑事责任。

第一百一十四条 生产经营单位不具备本法和其他有关法律、行政法规和强制性国家标准或者行业标准规定的安全生产条件，经停产停业整顿仍不具备安全生产条件的，予以关闭；对决定关闭的生产经营单位，有关部门应当依法吊销其有关证照。

第一百一十五条 生产经营单位拒绝、阻挠负有安全生产监督管理职责的部门及其监督检查人员依法实施的监督检查的，责令改正，可以并处2万元以下的罚款；逾期未改正的，责令停产停业整顿，处5万元以上10万元以下罚款；构成犯罪的，依照刑法关于妨害公务罪或者其他罪的规定追究刑事责任。

第一百一十六条 本法规定的行政处罚，由安全生产监督管理部门决定；予以关闭的行政处罚由负责安全生产监督管理的部门报请县级以上人民政府按照国务院规定的权限决定；给予拘留的行政处罚由公安机关依照治安管理处罚法的规定决定。有关法律、行政法规对行政处罚的决定机关另有规定的，依照其规定。

第一百一十七条 生产经营单位发生生产安全事故造成人员伤亡、他人财产损失的，应当依法承担赔偿责任；拒不承担或者其负责人逃匿的，由人民法院依法强制执行。

生产安全事故的责任人未依法承担赔偿责任，经人民法院依法采取执行措施后，仍不能对受害人给予足额赔偿的，应当继续履行赔偿义务；受害人发现责任人有其他财产的，可以随时请求人民法院执行。

附录二
《安全生产许可证条例》

第一条 为了严格规范安全生产条件，进一步加强安全生产监督管理，防止和减少生产安全事故，根据《中华人民共和国安全生产法》的有关规定，制定本条例。

第二条 国家对矿山企业、建筑施工企业和危险化学品、烟花爆竹、民用爆破器材生产企业（以下统称企业）实行安全生产许可制度。

企业未取得安全生产许可证的，不得从事生产活动。

第三条 国务院安全生产监督管理部门负责中央管理的非煤矿矿山企业和危险化学品、烟花爆竹生产企业安全生产许可证的颁发和管理。省、自治区、直辖市人民政府安全生产监督管理部门负责前款规定以外的非煤矿矿山企业和危险化学品、烟花爆竹生产企业安全生产许可证的颁发和管理，并接受国务院安全生产监督管理部门的指导和监督。国家煤矿安全监察机构负责中央管理的煤矿企业安全生产许可证的颁发和管理。

在省、自治区、直辖市设立的煤矿安全监察机构负责前款规定以外的其他煤矿企业安全生产许可证的颁发和管理，并接受国家煤矿安全监察机构的指导和监督。

第四条 国务院建设主管部门负责中央管理的建筑施工企业安全生产许可证的颁发和管理。省、自治区、直辖市人民政府建设主管部门负责前款规定以外的建筑施工企业安全生产许可证的颁发和管理，并接受国务院建设主管部门的指导和监督。

第五条 国务院国防科技工业主管部门负责民用爆破器材生产企业安全生产许可证的颁发和管理。

第六条 企业取得安全生产许可证，应当具备下列安全生产条件：

（一）建立、健全安全生产责任制，制定完备的安全生产规章制度和操作规程；

（二）安全投入符合安全生产要求；

（三）设置安全生产管理机构，配备专职安全生产管理人员；

（四）主要负责人和安全生产管理人员经考核合格；

（五）特种作业人员经有关业务主管部门考核合格，取得特种作业操作资格证书；

（六）从业人员经安全生产教育和培训合格；

（七）依法参加工伤保险，为从业人员缴纳保险费；

（八）厂房、作业场所和安全设施、设备、工艺符合有关安全生产法律、法规、标准和规程的要求；

（九）有职业危害防治措施，并为从业人员配备符合国家标准或者行业标准的劳动防护用品；

（十）依法进行安全评价；

（十一）有重大危险源检测、评估、监控措施和应急预案；

（十二）有生产安全事故应急救援预案、应急救援组织或者应急救援人员，配备必要的应急救援器材、设备；

(十三)法律、法规规定的其他条件。

第七条 企业进行生产前,应当依照本条例的规定向安全生产许可证颁发管理机关申请领取安全生产许可证,并提供本条例第六条规定的相关文件、资料。安全生产许可证颁发管理机关应当自收到申请之日起45日内审查完毕,经审查符合本条例规定的安全生产条件的,颁发安全生产许可证;不符合本条例规定的安全生产条件的,不予颁发安全生产许可证,书面通知企业并说明理由。

第八条 安全生产许可证由国务院安全生产监督管理部门规定统一的式样。

第九条 安全生产许可证的有效期为3年。安全生产许可证有效期满需要延期的,企业应当于期满前3个月向原安全生产许可证颁发管理机关办理延期手续。

企业在安全生产许可证有效期内,严格遵守有关安全生产的法律法规,未发生死亡事故的,安全生产许可证有效期届满时,经原安全生产许可证颁发管理机关同意,不再审查,安全生产许可证有效期延期3年。

第十条 安全生产许可证颁发管理机关应当建立、健全安全生产许可证档案管理制度,并定期向社会公布企业取得安全生产许可证的情况。

第十一条 煤矿企业安全生产许可证颁发管理机关、建筑施工企业安全生产许可证颁发管理机关、民用爆破器材生产企业安全生产许可证颁发管理机关,应当每年向同级安全生产监督管理部门通报其安全生产许可证颁发和管理情况。

第十二条 国务院安全生产监督管理部门和省、自治区、直辖市人民政府安全生产监督管理部门对建筑施工企业、民用爆破器材生产企业、煤矿企业取得安全生产许可证的情况进行监督。

第十三条 企业不得转让、冒用安全生产许可证或者使用伪造的安全生产许可证。

第十四条 企业取得安全生产许可证后,不得降低安全生产条件,并应当加强日常安全生产管理,接受安全生产许可证颁发管理机关的监督检查。

安全生产许可证颁发管理机关应当加强对取得安全生产许可证的企业的监督检查,发现其不再具备本条例规定的安全生产条件的,应当暂扣或者吊销安全生产许可证。

第十五条 安全生产许可证颁发管理机关工作人员在安全生产许可证颁发、管理和监督检查工作中,不得索取或者接受企业的财物,不得谋取其他利益。

第十六条 监察机关依照《中华人民共和国行政监察法》的规定,对安全生产许可证颁发管理机关及其工作人员履行本条例规定的职责实施监察。

第十七条 任何单位或者个人对违反本条例规定的行为,有权向安全生产许可证颁发管理机关或者监察机关等有关部门举报。

第十八条 安全生产许可证颁发管理机关工作人员有下列行为之一的,给予降级或者撤职的行政处分;构成犯罪的,依法追究刑事责任:

(一)向不符合本条例规定的安全生产条件的企业颁发安全生产许可证的;

(二)发现企业未依法取得安全生产许可证擅自从事生产活动,不依法处理的;

(三)发现取得安全生产许可证的企业不再具备本条例规定的安全生产条件,不依法处理的;

(四)接到对违反本条例规定行为的举报后,不及时处理的;

(五)在安全生产许可证颁发、管理和监督检查工作中,索取或者接受企业的财物,或者谋取其他利益的。

第十九条 违反本条例规定，未取得安全生产许可证擅自进行生产的，责令停止生产，没收违法所得，并处10万元以上50万元以下的罚款；造成重大事故或者其他严重后果，构成犯罪的，依法追究刑事责任。

第二十条 违反本条例规定，安全生产许可证有效期满未办理延期手续，继续进行生产的，责令停止生产，限期补办延期手续，没收违法所得，并处5万元以上10万元以下的罚款；逾期仍不办理延期手续，继续进行生产的，依照本条例第十九条的规定处罚。

第二十一条 违反本条例规定，转让安全生产许可证的，没收违法所得，处10万元以上50万元以下的罚款，并吊销其安全生产许可证；构成犯罪的，依法追究刑事责任；接受转让的，依照本条例第十九条的规定处罚。

冒用安全生产许可证或者使用伪造的安全生产许可证的，依照本条例第十九条的规定处罚。

第二十二条 本条例施行前已经进行生产的企业，应当自本条例施行之日起1年内，依照本条例的规定向安全生产许可证颁发管理机关申请办理安全生产许可证；逾期不办理安全生产许可证，或者经审查不符合本条例规定的安全生产条件，未取得安全生产许可证，继续进行生产的，依照本条例第十九条的规定处罚。

第二十三条 本条例规定的行政处罚，由安全生产许可证颁发管理机关决定。

第二十四条 本条例自公布之日起施行。

附录三
《建设工程安全生产管理条例》

中华人民共和国国务院令(第 393 号)

《建设工程安全生产管理条例》已经 2003 年 11 月 12 日国务院第 28 次常务会议通过,现予公布,自 2004 年 2 月 2 日起施行。

总理　温家宝

二〇〇三年十一月二十四日

第一章　总　则

第一条　为了加强建设工程安全生产监督管理,保障人民群众生命和财产安全,根据《中华人民共和国建筑法》、《中华人民共和国安全生产法》,制定本条例。

第二条　在中华人民共和国境内从事建设工程的新建、扩建、改建和拆除等有关活动及实施对建设工程安全生产的监督管理,必须遵守本条例。

本条例所称建设工程,是指土木工程、建筑工程、线路管道和设备安装工程及装修工程。

第三条　建设工程安全生产管理,坚持安全第一、预防为主的方针。

第四条　建设单位、勘察单位、设计单位、施工单位、工程监理单位及其他与建设工程安全生产有关的单位,必须遵守安全生产法律、法规的规定,保证建设工程安全生产,依法承担建设工程安全生产责任。

第五条　国家鼓励建设工程安全生产的科学技术研究和先进技术的推广应用,推进建设工程安全生产的科学管理。

第二章　建设单位的安全责任

第六条　建设单位应当向施工单位提供施工现场及毗邻区域内供水、排水、供电、供气、供热、通信、广播电视等地下管线资料,气象和水文观测资料,相邻建筑物和构筑物、地下工程的有关资料,并保证资料的真实、准确、完整。

建设单位因建设工程需要,向有关部门或者单位查询前款规定的资料时,有关部门或者单位应当及时提供。

第七条　建设单位不得对勘察、设计、施工、工程监理等单位提出不符合建设工程安全生产法律、法规和强制性标准规定的要求,不得压缩合同约定的工期。

第八条　建设单位在编制工程概算时,应当确定建设工程安全作业环境及安全施工措施所需费用。

第九条　建设单位不得明示或者暗示施工单位购买、租赁、使用不符合安全施工要求的安全防护用具、机械设备、施工机具及配件、消防设施和器材。

第十条 建设单位在申请领取施工许可证时,应当提供建设工程有关安全施工措施的资料。

依法批准开工报告的建设工程,建设单位应当自开工报告批准之日起 15 日内,将保证安全施工的措施报送建设工程所在地的县级以上地方人民政府建设行政主管部门或者其他有关部门备案。

第十一条 建设单位应当将拆除工程发包给具有相应资质等级的施工单位。

建设单位应当在拆除工程施工 15 日前,将下列资料报送建设工程所在地的县级以上地方人民政府建设行政主管部门或者其他有关部门备案:

(一)施工单位资质等级证明;

(二)拟拆除建筑物、构筑物及可能危及毗邻建筑的说明;

(三)拆除施工组织方案;

(四)堆放、清除废弃物的措施。

实施爆破作业的,应当遵守国家有关民用爆炸物品管理的规定。

第三章 勘察、设计、工程监理及其他有关单位的安全责任

第十二条 勘察单位应当按照法律、法规和工程建设强制性标准进行勘察,提供的勘察文件应当真实、准确,满足建设工程安全生产的需要。

勘察单位在勘察作业时,应当严格执行操作规程,采取措施保证各类管线、设施和周边建筑物、构筑物的安全。

第十三条 设计单位应当按照法律、法规和工程建设强制性标准进行设计,防止因设计不合理导致生产安全事故的发生。

设计单位应当考虑施工安全操作和防护的需要,对涉及施工安全的重点部位和环节在设计文件中注明,并对防范生产安全事故提出指导意见。

采用新结构、新材料、新工艺的建设工程和特殊结构的建设工程,设计单位应当在设计中提出保障施工作业人员安全和预防生产安全事故的措施建议。

设计单位和注册建筑师等注册执业人员应当对其设计负责。

第十四条 工程监理单位应当审查施工组织设计中的安全技术措施或者专项施工方案是否符合工程建设强制性标准。

工程监理单位在实施监理过程中,发现存在安全事故隐患的,应当要求施工单位整改;情况严重的,应当要求施工单位暂时停止施工,并及时报告建设单位。施工单位拒不整改或者不停止施工的,工程监理单位应当及时向有关主管部门报告。

工程监理单位和监理工程师应当按照法律、法规和工程建设强制性标准实施监理,并对建设工程安全生产承担监理责任。

第十五条 为建设工程提供机械设备和配件的单位,应当按照安全施工的要求配备齐全有效的保险、限位等安全设施和装置。

第十六条 出租的机械设备和施工机具及配件,应当具有生产(制造)许可证、产品合格证。

出租单位应当对出租的机械设备和施工机具及配件的安全性能进行检测,在签订租赁

协议时，应当出具检测合格证明。

禁止出租检测不合格的机械设备和施工机具及配件。

第十七条 在施工现场安装、拆卸施工起重机械和整体提升脚手架、模板等自升式架设设施，必须由具有相应资质的单位承担。

安装、拆卸施工起重机械和整体提升脚手架、模板等自升式架设设施，应当编制拆装方案、制定安全施工措施，并由专业技术人员现场监督。

施工起重机械和整体提升脚手架、模板等自升式架设设施安装完毕后，安装单位应当自检，出具自检合格证明，并向施工单位进行安全使用说明，办理验收手续并签字。

第十八条 施工起重机械和整体提升脚手架、模板等自升式架设设施的使用达到国家规定的检验检测期限的，必须经具有专业资质的检验检测机构检测。经检测不合格的，不得继续使用。

第十九条 检验检测机构对检测合格的施工起重机械和整体提升脚手架、模板等自升式架设设施，应当出具安全合格证明文件，并对检测结果负责。

第四章 施工单位的安全责任

第二十条 施工单位从事建设工程的新建、扩建、改建和拆除等活动，应当具备国家规定的注册资本、专业技术人员、技术装备和安全生产等条件，依法取得相应等级的资质证书，并在其资质等级许可的范围内承揽工程。

第二十一条 施工单位主要负责人依法对本单位的安全生产工作全面负责。施工单位应当建立健全安全生产责任制度和安全生产教育培训制度，制定安全生产规章制度和操作规程，保证本单位安全生产条件所需资金的投入，对所承担的建设工程进行定期和专项安全检查，并做好安全检查记录。

施工单位的项目负责人应当由取得相应执业资格的人员担任，对建设工程项目的安全施工负责，落实安全生产责任制度、安全生产规章制度和操作规程，确保安全生产费用的有效使用，并根据工程的特点组织制定安全施工措施，消除安全事故隐患，及时、如实报告生产安全事故。

第二十二条 施工单位对列入建设工程概算的安全作业环境及安全施工措施所需费用，应当用于施工安全防护用具及设施的采购和更新、安全施工措施的落实、安全生产条件的改善，不得挪作他用。

第二十三条 施工单位应当设立安全生产管理机构，配备专职安全生产管理人员。

专职安全生产管理人员负责对安全生产进行现场监督检查。发现安全事故隐患，应当及时向项目负责人和安全生产管理机构报告；对违章指挥、违章操作的，应当立即制止。

专职安全生产管理人员的配备办法由国务院建设行政主管部门会同国务院其他有关部门制定。

第二十四条 建设工程实行施工总承包的，由总承包单位对施工现场的安全生产负总责。

总承包单位应当自行完成建设工程主体结构的施工。

总承包单位依法将建设工程分包给其他单位的，分包合同中应当明确各自的安全生产方面的权利、义务。总承包单位和分包单位对分包工程的安全生产承担连带责任。

分包单位应当服从总承包单位的安全生产管理，分包单位不服从管理导致生产安全事故的，由分包单位承担主要责任。

第二十五条 垂直运输机械作业人员、安装拆卸工、爆破作业人员、起重信号工、登高架设作业人员等特种作业人员，必须按照国家有关规定经过专门的安全作业培训，并取得特种作业操作资格证书后，方可上岗作业。

第二十六条 施工单位应当在施工组织设计中编制安全技术措施和施工现场临时用电方案，对下列达到一定规模的危险性较大的分部分项工程编制专项施工方案，并附具安全验算结果，经施工单位技术负责人、总监理工程师签字后实施，由专职安全生产管理人员进行现场监督：

（一）基坑支护与降水工程；

（二）土方开挖工程；

（三）模板工程；

（四）起重吊装工程；

（五）脚手架工程；

（六）拆除、爆破工程；

（七）国务院建设行政主管部门或者其他有关部门规定的其他危险性较大的工程。

对前款所列工程中涉及深基坑、地下暗挖工程、高大模板工程的专项施工方案，施工单位还应当组织专家进行论证、审查。

本条第一款规定的达到一定规模的危险性较大工程的标准，由国务院建设行政主管部门会同国务院其他有关部门制定。

第二十七条 建设工程施工前，施工单位负责项目管理的技术人员应当对有关安全施工的技术要求向施工作业班组、作业人员作出详细说明，并由双方签字确认。

第二十八条 施工单位应当在施工现场入口处、施工起重机械、临时用电设施、脚手架、出入通道口、楼梯口、电梯井口、孔洞口、桥梁口、隧道口、基坑边沿、爆破物及有害危险气体和液体存放处等危险部位，设置明显的安全警示标志。安全警示标志必须符合国家标准。

施工单位应当根据不同施工阶段和周围环境及季节、气候的变化，在施工现场采取相应的安全施工措施。施工现场暂时停止施工的，施工单位应当做好现场防护，所需费用由责任方承担，或者按照合同约定执行。

第二十九条 施工单位应当将施工现场的办公、生活区与作业区分开设置，并保持安全距离；办公、生活区的选址应当符合安全性要求。职工的膳食、饮水、休息场所等应当符合卫生标准。施工单位不得在尚未竣工的建筑物内设置员工集体宿舍。

施工现场临时搭建的建筑物应当符合安全使用要求。施工现场使用的装配式活动房屋应当具有产品合格证。

第三十条 施工单位对因建设工程施工可能造成损害的毗邻建筑物、构筑物和地下管线等，应当采取专项防护措施。

施工单位应当遵守有关环境保护法律、法规的规定，在施工现场采取措施，防止或者减少粉尘、废气、废水、固体废物、噪声、振动和施工照明对人和环境的危害和污染。

在城市市区内的建设工程，施工单位应当对施工现场实行封闭围挡。

第三十一条　施工单位应当在施工现场建立消防安全责任制度，确定消防安全责任人，制定用火、用电、使用易燃易爆材料等各项消防安全管理制度和操作规程，设置消防通道、消防水源，配备消防设施和灭火器材，并在施工现场入口处设置明显标志。

第三十二条　施工单位应当向作业人员提供安全防护用具和安全防护服装，并书面告知危险岗位的操作规程和违章操作的危害。

作业人员有权对施工现场的作业条件、作业程序和作业方式中存在的安全问题提出批评、检举和控告，有权拒绝违章指挥和强令冒险作业。

在施工中发生危及人身安全的紧急情况时，作业人员有权立即停止作业或者在采取必要的应急措施后撤离危险区域。

第三十三条　作业人员应当遵守安全施工的强制性标准、规章制度和操作规程，正确使用安全防护用具、机械设备等。

第三十四条　施工单位采购、租赁的安全防护用具、机械设备、施工机具及配件，应当具有生产（制造）许可证、产品合格证，并在进入施工现场前进行查验。

施工现场的安全防护用具、机械设备、施工机具及配件必须由专人管理，定期进行检查、维修和保养，建立相应的资料档案，并按照国家有关规定及时报废。

第三十五条　施工单位在使用施工起重机械和整体提升脚手架、模板等自升式架设设施前，应当组织有关单位进行验收，也可以委托具有相应资质的检验检测机构进行验收；使用承租的机械设备和施工机具及配件的，由施工总承包单位、分包单位、出租单位和安装单位共同进行验收。验收合格的方可使用。

《特种设备安全监察条例》规定的施工起重机械，在验收前应当经有相应资质的检验检测机构监督检验合格。

施工单位应当自施工起重机械和整体提升脚手架、模板等自升式架设设施验收合格之日起30日内，向建设行政主管部门或者其他有关部门登记。登记标志应当置于或者附着于该设备的显著位置。

第三十六条　施工单位的主要负责人、项目负责人、专职安全生产管理人员应当经建设行政主管部门或者其他有关部门考核合格后方可任职。

施工单位应当对管理人员和作业人员每年至少进行一次安全生产教育培训，其教育培训情况记入个人工作档案。安全生产教育培训考核不合格的人员，不得上岗。

第三十七条　作业人员进入新的岗位或者新的施工现场前，应当接受安全生产教育培训。未经教育培训或者教育培训考核不合格的人员，不得上岗作业。

施工单位在采用新技术、新工艺、新设备、新材料时，应当对作业人员进行相应的安全生产教育培训。

第三十八条　施工单位应当为施工现场从事危险作业的人员办理意外伤害保险。

意外伤害保险费由施工单位支付。实行施工总承包的，由总承包单位支付意外伤害保险费。意外伤害保险期限自建设工程开工之日起至竣工验收合格止。

第五章　监督管理

第三十九条　国务院负责安全生产监督管理的部门依照《中华人民共和国安全生产

法》的规定,对全国建设工程安全生产工作实施综合监督管理。

县级以上地方人民政府负责安全生产监督管理的部门依照《中华人民共和国安全生产法》的规定,对本行政区域内建设工程安全生产工作实施综合监督管理。

第四十条 国务院建设行政主管部门对全国的建设工程安全生产实施监督管理。国务院铁路、交通、水利等有关部门按照国务院规定的职责分工,负责有关专业建设工程安全生产的监督管理。

县级以上地方人民政府建设行政主管部门对本行政区域内的建设工程安全生产实施监督管理。县级以上地方人民政府交通、水利等有关部门在各自的职责范围内,负责本行政区域内的专业建设工程安全生产的监督管理。

第四十一条 建设行政主管部门和其他有关部门应当将本条例第十条、第十一条规定的有关资料的主要内容抄送同级负责安全生产监督管理的部门。

第四十二条 建设行政主管部门在审核发放施工许可证时,应当对建设工程是否有安全施工措施进行审查,对没有安全施工措施的,不得颁发施工许可证。

建设行政主管部门或者其他有关部门对建设工程是否有安全施工措施进行审查时,不得收取费用。

第四十三条 县级以上人民政府负有建设工程安全生产监督管理职责的部门在各自的职责范围内履行安全监督检查职责时,有权采取下列措施:

(一)要求被检查单位提供有关建设工程安全生产的文件和资料;

(二)进入被检查单位施工现场进行检查;

(三)纠正施工中违反安全生产要求的行为;

(四)对检查中发现的安全事故隐患,责令立即排除;重大安全事故隐患排除前或者排除过程中无法保证安全的,责令从危险区域内撤出作业人员或者暂时停止施工。

第四十四条 建设行政主管部门或者其他有关部门可以将施工现场的监督检查委托给建设工程安全监督机构具体实施。

第四十五条 国家对严重危及施工安全的工艺、设备、材料实行淘汰制度。具体目录由国务院建设行政主管部门会同国务院其他有关部门制定并公布。

第四十六条 县级以上人民政府建设行政主管部门和其他有关部门应当及时受理对建设工程生产安全事故及安全事故隐患的检举、控告和投诉。

第六章 生产安全事故的应急救援和调查处理

第四十七条 县级以上地方人民政府建设行政主管部门应当根据本级人民政府的要求,制定本行政区域内建设工程特大生产安全事故应急救援预案。

第四十八条 施工单位应当制定本单位生产安全事故应急救援预案,建立应急救援组织或者配备应急救援人员,配备必要的应急救援器材、设备,并定期组织演练。

第四十九条 施工单位应当根据建设工程施工的特点、范围,对施工现场易发生重大事故的部位、环节进行监控,制定施工现场生产安全事故应急救援预案。实行施工总承包的,由总承包单位统一组织编制建设工程生产安全事故应急救援预案,工程总承包单位和分包单位按照应急救援预案,各自建立应急救援组织或者配备应急救援人员,配备救援器材、设备,并定期组织演练。

第五十条 施工单位发生生产安全事故,应当按照国家有关伤亡事故报告和调查处理的规定,及时、如实地向负责安全生产监督管理的部门、建设行政主管部门或者其他有关部门报告;特种设备发生事故的,还应当同时向特种设备安全监督管理部门报告。接到报告的部门应当按照国家有关规定,如实上报。

实行施工总承包的建设工程,由总承包单位负责上报事故。

第五十一条 发生生产安全事故后,施工单位应当采取措施防止事故扩大,保护事故现场。需要移动现场物品时,应当做出标记和书面记录,妥善保管有关证物。

第五十二条 建设工程生产安全事故的调查、对事故责任单位和责任人的处罚与处理,按照有关法律、法规的规定执行。

第七章 法律责任

第五十三条 违反本条例的规定,县级以上人民政府建设行政主管部门或者其他有关行政管理部门的工作人员,有下列行为之一的,给予降级或者撤职的行政处分;构成犯罪的,依照刑法有关规定追究刑事责任:

(一)对不具备安全生产条件的施工单位颁发资质证书的;

(二)对没有安全施工措施的建设工程颁发施工许可证的;

(三)发现违法行为不予查处的;

(四)不依法履行监督管理职责的其他行为。

第五十四条 违反本条例的规定,建设单位未提供建设工程安全生产作业环境及安全施工措施所需费用的,责令限期改正;逾期未改正的,责令该建设工程停止施工。

建设单位未将保证安全施工的措施或者拆除工程的有关资料报送有关部门备案的,责令限期改正,给予警告。

第五十五条 违反本条例的规定,建设单位有下列行为之一的,责令限期改正,处20万元以上50万元以下的罚款;造成重大安全事故,构成犯罪的,对直接责任人员,依照刑法有关规定追究刑事责任;造成损失的,依法承担赔偿责任:

(一)对勘察、设计、施工、工程监理等单位提出不符合安全生产法律、法规和强制性标准规定的要求的;

(二)要求施工单位压缩合同约定的工期的;

(三)将拆除工程发包给不具有相应资质等级的施工单位的。

第五十六条 违反本条例的规定,勘察单位、设计单位有下列行为之一的,责令限期改正,处10万元以上30万元以下的罚款;情节严重的,责令停业整顿,降低资质等级,直至吊销资质证书;造成重大安全事故,构成犯罪的,对直接责任人员,依照刑法有关规定追究刑事责任;造成损失的,依法承担赔偿责任:

(一)未按照法律、法规和工程建设强制性标准进行勘察、设计的;

(二)采用新结构、新材料、新工艺的建设工程和特殊结构的建设工程,设计单位未在设计中提出保障施工作业人员安全和预防生产安全事故的措施建议的。

第五十七条 违反本条例的规定,工程监理单位有下列行为之一的,责令限期改正;逾期未改正的,责令停业整顿,并处10万元以上30万元以下的罚款;情节严重的,降低资质等级,直至吊销资质证书;造成重大安全事故,构成犯罪的,对直接责任人员,依照刑法有关规定追究刑事责任;造成损失的,依法承担赔偿责任:

(一)未对施工组织设计中的安全技术措施或者专项施工方案进行审查的;

(二)发现安全事故隐患未及时要求施工单位整改或者暂时停止施工的;

(三)施工单位拒不整改或者不停止施工,未及时向有关主管部门报告的;

(四)未依照法律、法规和工程建设强制性标准实施监理的。

第五十八条 注册执业人员未执行法律、法规和工程建设强制性标准的,责令停止执业3个月以上1年以下;情节严重的,吊销执业资格证书,5年内不予注册;造成重大安全事故的,终身不予注册;构成犯罪的,依照刑法有关规定追究刑事责任。

第五十九条 违反本条例的规定,为建设工程提供机械设备和配件的单位,未按照安全施工的要求配备齐全有效的保险、限位等安全设施和装置的,责令限期改正,处合同价款1倍以上3倍以下的罚款;造成损失的,依法承担赔偿责任。

第六十条 违反本条例的规定,出租单位出租未经安全性能检测或者经检测不合格的机械设备和施工机具及配件的,责令停业整顿,并处5万元以上10万元以下的罚款;造成损失的,依法承担赔偿责任。

第六十一条 违反本条例的规定,施工起重机械和整体提升脚手架、模板等自升式架设设施安装、拆卸单位有下列行为之一的,责令限期改正,处5万元以上10万元以下的罚款;情节严重的,责令停业整顿,降低资质等级,直至吊销资质证书;造成损失的,依法承担赔偿责任:

(一)未编制拆装方案、制定安全施工措施的;

(二)未由专业技术人员现场监督的;

(三)未出具自检合格证明或者出具虚假证明的;

(四)未向施工单位进行安全使用说明,办理移交手续的。

施工起重机械和整体提升脚手架、模板等自升式架设设施安装、拆卸单位有前款规定的第(一)项、第(三)项行为,经有关部门或者单位职工提出后,对事故隐患仍不采取措施,因而发生重大伤亡事故或者造成其他严重后果,构成犯罪的,对直接责任人员,依照刑法有关规定追究刑事责任。

第六十二条 违反本条例的规定,施工单位有下列行为之一的,责令限期改正;逾期未改正的,责令停业整顿,依照《中华人民共和国安全生产法》的有关规定处以罚款;造成重大安全事故,构成犯罪的,对直接责任人员,依照刑法有关规定追究刑事责任:

(一)未设立安全生产管理机构、配备专职安全生产管理人员或者分部分项工程施工时无专职安全生产管理人员现场监督的;

(二)施工单位的主要负责人、项目负责人、专职安全生产管理人员、作业人员或者特种作业人员,未经安全教育培训或者经考核不合格即从事相关工作的;

(三)未在施工现场的危险部位设置明显的安全警示标志,或者未按照国家有关规定在施工现场设置消防通道、消防水源,配备消防设施和灭火器材的;

(四)未向作业人员提供安全防护用具和安全防护服装的;

(五)未按照规定在施工起重机械和整体提升脚手架、模板等自升式架设设施验收合格后登记的；

（六）使用国家明令淘汰、禁止使用的危及施工安全的工艺、设备、材料的。

第六十三条 违反本条例的规定，施工单位挪用列入建设工程概算的安全生产作业环境及安全施工措施所需费用的，责令限期改正，处挪用费用20%以上50%以下的罚款；造成损失的，依法承担赔偿责任。

第六十四条 违反本条例的规定，施工单位有下列行为之一的，责令限期改正；逾期未改正的，责令停业整顿，并处5万元以上10万元以下的罚款；造成重大安全事故，构成犯罪的，对直接责任人员，依照刑法有关规定追究刑事责任：

（一）施工前未对有关安全施工的技术要求作出详细说明的；

（二）未根据不同施工阶段和周围环境及季节、气候的变化，在施工现场采取相应的安全施工措施，或者在城市市区内的建设工程的施工现场未实行封闭围挡的；

（三）在尚未竣工的建筑物内设置员工集体宿舍的；

（四）施工现场临时搭建的建筑物不符合安全使用要求的；

（五）未对因建设工程施工可能造成损害的毗邻建筑物、构筑物和地下管线等采取专项防护措施的。

施工单位有前款规定第（四）项、第（五）项行为，造成损失的，依法承担赔偿责任。

第六十五条 违反本条例的规定，施工单位有下列行为之一的，责令限期改正；逾期未改正的，责令停业整顿，并处10万元以上30万元以下的罚款；情节严重的，降低资质等级，直至吊销资质证书；造成重大安全事故，构成犯罪的，对直接责任人员，依照刑法有关规定追究刑事责任；造成损失的，依法承担赔偿责任：

（一）安全防护用具、机械设备、施工机具及配件在进入施工现场前未经查验或者查验不合格即投入使用的；

（二）使用未经验收或者验收不合格的施工起重机械和整体提升脚手架、模板等自升式架设设施的；

（三）委托不具有相应资质的单位承担施工现场安装、拆卸施工起重机械和整体提升脚手架、模板等自升式架设设施的；

（四）在施工组织设计中未编制安全技术措施、施工现场临时用电方案或者专项施工方案的。

第六十六条 违反本条例的规定，施工单位的主要负责人、项目负责人未履行安全生产管理职责的，责令限期改正；逾期未改正的，责令施工单位停业整顿；造成重大安全事故、重大伤亡事故或者其他严重后果，构成犯罪的，依照刑法有关规定追究刑事责任。

作业人员不服管理、违反规章制度和操作规程冒险作业造成重大伤亡事故或者其他严重后果，构成犯罪的，依照刑法有关规定追究刑事责任。

施工单位的主要负责人、项目负责人有前款违法行为，尚不够刑事处罚的，处2万元以上20万元以下的罚款或者按照管理权限给予撤职处分；自刑罚执行完毕或者受处分之日起，5年内不得担任任何施工单位的主要负责人、项目负责人。

第六十七条 施工单位取得资质证书后，降低安全生产条件的，责令限期改正；经整改仍未达到与其资质等级相适应的安全生产条件的，责令停业整顿，降低其资质等级直至吊销资质证书。

第六十八条 本条例规定的行政处罚，由建设行政主管部门或者其他有关部门依照法定职权决定。

违反消防安全管理规定的行为，由公安消防机构依法处罚。

参考文献

[1] 李文华,彭尚银,徐兴华. 建筑工程质量检验[M]. 北京:中国建筑工业出版社,2002.

[2] 吴国兴. 建筑施工验收[M]. 北京:中国环境科学出版社,2003.

[3] 中国建筑工业出版社. 现行建筑施工规范大全[M]. 缩印本. 北京:中国建筑工业出版社,2009.

[4] 全国建筑企业项目经理培训教材编写委员会. 施工项目质量与安全管理[M]. 修订版. 北京:中国建筑工业出版社,2002.

[5] 张厚先,王志清. 建筑施工技术[M]. 北京:机械工业出版社,2003.

[6] 李峰. 建筑工程质量控制[M]. 北京:中国建筑工业出版社,2006.

[7] 毛龙泉,沈北安,陆金方,等. 建筑工程施工质量检查与验收手册[M]. 北京:中国建筑工业出版社,2002.

[8] 上海市建筑业联合会,工程建设监督委员会. 建筑工程质量控制与验收[M]. 北京:中国建筑工业出版社,2002.

[9] 曾跃飞. 建筑工程质量检验与安全管理[M]. 北京:高等教育出版社,2005.

[10] 叶刚. 安全员必读[M]. 北京:中国电力出版社,2004.

[11] 白锋. 建筑工程质量与安全管理[M]. 北京:机械工业出版社,2006.

[12] 建设部工程质量安全监督与行业发展司. 建设工程安全生产管理[M]. 北京:中国建筑工业出版社,2004.

[13] 建设部工程质量安全监督与行业发展司. 建设工程安全生产法律法规[M]. 北京:中国建筑工业出版社,2004.

[14] 建设部工程质量安全监督与行业发展司. 建设工程安全生产技术[M]. 北京:中国建筑工业出版社,2007.

[15] 山西省建设厅. GB 50208—2011 地下防水工程质量验收规范[S]. 北京:中国建筑工业出版社,2011.

[16] 上海市基础工程公司. GB 50202—2002 建筑地基基础工程施工质量验收规范[S]. 北京:中国计划出版社,2002.

[17] 陕西省发展计划委员会. GB 50203—2011 砌体结构工程施工质量验收规范[S]. 北京:中国建筑工业出版社,2012.

[18] 马学东. 建筑施工安全技术与管理[M]. 北京:化学工业出版社,2008.

[19] 中国建筑工业出版社. 建筑施工安全规范(工程建设常用规范选编)[S]. 北京:中国建筑工业出版社,2008.

[20] 任铁蕾,马兰,骆中钊. 建筑工程施工安全常识[M]. 北京:化学工业出版社,2006.

[21] 叶刚. 建筑施工安全手册[M]. 北京:金盾出版社,2005.

[22] 任宏,兰定筠. 建设工程施工安全管理[M]. 北京:中国建筑工业出版社,2005.

[23] 李世蓉,兰定筠. 建设工程施工安全控制[M]. 北京:中国建筑工业出版社,2004.

[24] 刘嘉福. 建筑施工安全技术[M]. 北京:中国建筑工业出版社,2004.

[25] 李忠湧. 施工现场安全标准化管理[M]. 上海:同济大学出版社,2001.

[26] 郭劲光,吕方泉. 建设工程安全监理实务手册[M]. 北京:中国建材工业出版社,2006.

[27] 蔡禄全. 安全员[M]. 太原:山西科学技术出版社,1999.

[28] 唐山市建筑工程施工安全监督站. 建筑工程安全生产实用手册[M]. 北京:中国建筑工业出版社,2007.

[29] 钟汉华,斯庆. 建筑工程安全管理[M]. 北京:中国电力出版社,2008.

[30] 王洪德. 安全员[M]. 北京:机械工业出版社,2007.
[31] 刘军,姜敏. 安全员[M]. 2 版. 北京:中国建筑工业出版社,2005.
[32] 天津建工工程总承包有限公司 . JGJ 59—2011 建筑施工安全检查标准[S]. 北京:中国建筑工业出版社,2012.
[33] 中华人民共和国住房和城乡建设部 . JGJ/T 77—2010 施工企业安全生产评价标准[S]. 北京:中国建筑工业出版社,2010.
[34] 中华人民共和国住房和城乡建设部 . JGJ 128—2010 建筑施工门式钢管脚手架安全技术规范[S]. 北京:中国建筑工业出版社,2010.
[35] 中国建筑科学研究院,等 . JGJ 130—2011 建筑施工扣件式钢管脚手架安全技术规范[S]. 北京:中国建筑工业出版社,2011.
[36] 中华人民共和国建设部 . JGJ 65—89 液压滑动模板施工安全技术规程[S]. 北京:中国建筑工业出版社,1990.
[37] 上海市建筑施工技术研究所 . JGJ 80—91 建筑施工高处作业安全技术规范[S]. 北京:中国建筑工业出版社,1999.
[38] 中华人民共和国建设部 . JGJ 33—2012 建筑机械使用安全技术规程[S]. 北京:中国建筑工业出版社,2012.
[39] 天津市建工集团(控股)有限公司,等 . JGJ 88—2010 龙门架及井架物料提升机安全技术规范[S]. 北京:中国建筑工业出版社,2010.
[40] 沈阳建筑大学,等. JGJ 46—2005 施工现场临时用电安全技术规范[S]. 北京:中国建筑工业出版社,2005.
[41] 中华人民共和国电力工业部,等 . GB 50194—93 建设工程施工现场供用电安全规范[S]. 北京:中国计划出版社,1994.
[42] 北京建工集团有限责任公司,等 . JGJ 147—2004 建筑拆除工程安全技术规范[S]. 北京:中国建筑工业出版社,2005.
[43] 中华人民共和国建设部 . JGJ 146—2004 建筑施工现场环境与卫生标准[S]. 北京:中国建筑工业出版社,2007.
[44] 冶金工业部安全技术研究所,等 . GB 6722—2003 爆破安全规程[S]. 北京:国家标准出版社,2004.
[45] 建筑施工手册编写组 . 建筑施工手册[M]. 4 版 . 北京:中国建筑工业出版社,2005.
[46] 刘建航,侯学渊 . 基坑工程手册[M]. 北京:中国建筑工业出版社,1997.
[47] 桩基工程手册编写委员会. 桩基工程手册[M]. 北京:中国建筑工业出版社,1995 .
[48] 顾晓鲁,等 . 地基与基础[M]. 3 版. 北京:中国建筑工业出版社,2003.
[49] 中国建筑科学研究院,等 . GB 50300—2001 建筑工程施工质量验收统一标准[S]. 北京:中国建筑工业出版社,2007.
[50] 中国建筑科学研究院,等 . GB 50204—2002(2010 年版) 混凝土结构工程施工质量验收规范[S]. 北京:中国建筑工业出版社,2011.
[51] 山西省建设厅 . GB 50207—2012 屋面工程质量验收规范[S]. 北京:中国建筑工业出版社,2012.
[52] 胡志根,黄建平. 工程项目管理[M]. 武汉:武汉大学出版社,2005.
[53] 全国一级建造师执业资格考试用书编写委员会. 建设工程项目管理[M]. 北京:中国建筑工业出版社,2006.